普通高等教育"十一五"国家级规划教材

电子信息科学与工程类专业系列教材

微机原理与接口技术

（第5版）

郑初华　夏晓娣　编著

U0290504

電子工業出版社.

Publishing House of Electronics Industry

北京·BEIJING

内 容 简 介

本书由汇编语言、微机原理、接口技术及附录四个部分组成,主要内容有:快速进制转换,真值与补码直接转换,微机硬件基础,8086/88CPU 指令系统以及内部结构、引脚、时序,汇编语言及编程方法,内存的存储原理及与 CPU 的连接,I/O 方式及编程,中断概念及实现,8255、8253、8251 等接口芯片硬件设计及编程驱动,A/D、D/A 转换以及工业自动化控制,键盘及接口,显示及接口,并口通信,串口通信,总线技术,微机系统应用设计,附录等。

本书可作为高等学校有关专业汇编语言、微机原理、接口技术等课程的教材。

未经许可,不得以任何方式复制或抄袭本书部分或全部内容。
版权所有,侵权必究。

图书在版编目(CIP)数据

微机原理与接口技术/郑初华,夏晓娣编著. —5 版. —北京:电子工业出版社,2021.9
ISBN 978-7-121-41844-0

Ⅰ. ①微… Ⅱ. ①郑… ②夏… Ⅲ. ①微型计算机-理论-高等学校-教材 ②微型计算机-接口技术-高等学校-教材 Ⅳ. ①TP36

中国版本图书馆 CIP 数据核字(2021)第 171251 号

责任编辑:韩同平
印　　刷:北京七彩京通数码快印有限公司
装　　订:北京七彩京通数码快印有限公司
出版发行:电子工业出版社
　　　　　北京市海淀区万寿路 173 信箱　邮编:100036
开　　本:787×1092　1/16　印张:22　字数:704 千字
版　　次:2003 年 6 月第 1 版
　　　　　2021 年 9 月第 5 版
印　　次:2023 年 7 月第 2 次印刷
定　　价:65.90 元

凡所购买电子工业出版社图书有缺损问题,请向购买书店调换。若书店售缺,请与本社发行部联系,联系及邮购电话:(010)88254888,88258888。

质量投诉请发邮件至 zlts@ phei. com. cn,盗版侵权举报请发邮件至 dbqq@ phei. com. cn。

本书咨询联系方式:010-88254525,hantp@ phei. com. cn。

前　言

本书第 1、2、3、4 版分别于 2003、2006、2010、2014 年出版,2004 年荣获江西省首届高校优秀教材一等奖(计算机类第一名),2008 年列选普通高等教育"十一五"国家级规划教材。

本书由汇编语言、微机原理、接口技术及附录四个部分组成。本书融入多位老师的教学经验,重点突出,详略有序,分类讲解,图表丰富,有一些讲法是其他同类教材未曾涉及的,如快速进制转换、真值与补码直接转换、指令的 6 个要点等。本书适合作为高等学校有关专业汇编语言、微机原理、接口技术以及它们的组合课程的教材。

本书共 16 章,主要内容有:快速进制转换,真值与补码直接转换,微机硬件基础,8088/8086 CPU 指令系统以及内部结构、引脚、时序,汇编语言及编程方法,内存的存储原理及与 CPU 的连接,I/O 方式及编程,中断概念及实现,8255、8253、8251 等接口芯片硬件设计及编程驱动,A/D、D/A 转换以及工业自动化控制,键盘及接口,显示及接口,并口通信,串口通信,总线技术,微机系统应用设计,书后附有附录 A～E。

本书由郑初华规划并统编定稿。郑初华负责编写第 1—13 章,夏晓娣负责编写第 14—16 章。由于时间紧,书中错误在所难免,欢迎各位老师和同学指正,可通过 85207966@ qq. com 联系。

在此,对曾为本书的编写提出意见及参加校稿的柴明钢、周卫民、袁坤、石永革、赵文龙、戴仕明、郭亮、万光逵、衷裕水、向瑛、周琪、万在红、崔丽珍、肖洁、刘洪、洪连环、冀春涛、邓黎鹏、吴国辉、温靖、龚廷恺、周波、万承兴、黄华、黎明、代冀阳、彭玉玲、宋凯、曹党生、田祖伟等同志一并表示感谢!

本书参考学时建议:汇编部分 40～64 课时,微机原理及接口技术 60～80 课时。汇编部分安排 8 个实验:2～3 个 DEBUG 上机实验便于熟悉第 3 章的指令和调试过程,5～6 个汇编语言完整程序上机实验便于熟悉程序框架及程序编写方法;接口部分安排 4 个实验,熟悉 I/O 方式及编程接口芯片的连接与驱动。另外,部分章节上课顺序可根据需要适当调整。

编著者

目　　录

第一部分　汇 编 语 言

第二部分　微 机 原 理

第四部分　附　　录

第一部分　汇编语言

第1章　进制及码元

进制和码元换算是计算机重要基础之一,计算机内采用的是二进制数值或编码,而在各种汇编语言中习惯使用十六进制,也可使用八进制、二进制和十进制,在 C 语言中可使用八进制、十六进制和十进制,特别是调试程序时更要与进制和码元换算打交道。所以掌握进制和码元换算的快速方法,对学好计算机相关课程特别是汇编语言、微机原理及接口技术非常重要。

本章所介绍的进制转换方法可以完成十进制、二进制、十六进制及八进制数之间的快速转换,一般可以在 10s 内完成万以内的数值转换。此外,本章所介绍的真值(有符号数)与补码(或无符号数)之间的直接转换也是前人未曾涉及的,负数与补码(或无符号数)之间转换也只要 10s 左右。

1.1　进制转换及计算

本节主要讲解进制的快速转换方法,学会此法可在 10s 内实现万以内的数值转换。

1. 进制

现实生活中除了最常用的十进制外,还有秒分时之间的六十进制、月年之间的十二进制以及古代钱两斤之间的十六进制等,在计算机语言中主要采用的是二进制(后缀 B,Binary)、八进制(后缀 O 或 Q,Octal,O 易与 0 混淆,所以一般用 Q 替代 O)、十进制(后缀 D,Decimal,或不要后缀)和十六进制(后缀 H,Hex)。4 种进制基本信息如表 1.1 所示。

表 1.1　计算机语言中的基本进制

进　制	英　文	尾　缀	数据位取值	举　例	算 术 运 算
二	Binary	B	0、1	10110101B	逢二进一,借一等于二
八	Octal	O 或 Q	0~7	123O 或 357Q	逢八进一,借一等于八
十	Decimal	D 或省略	0~9	68D 或 259	逢十进一,借一等于十
十六	Hex	H	0~9、A~F	2FCH	逢十六进一,借一等于十六

N 进制的每个数据位取值范围为 0~N-1,其算术运算规则同十进制,只不过是逢 N 进一、借一等于 N 而已。例如,二进制只有 0 和 1 两个数字,逢 2 进 1,借 1 等于 2;十六进制有 0~9、A~F(分别代表 10~15)16 个数字,逢 16 进 1,借 1 等于 16。

2. 进制转换的一般方法

进制转换的一般方法如图 1.1 和图 1.2 所示。

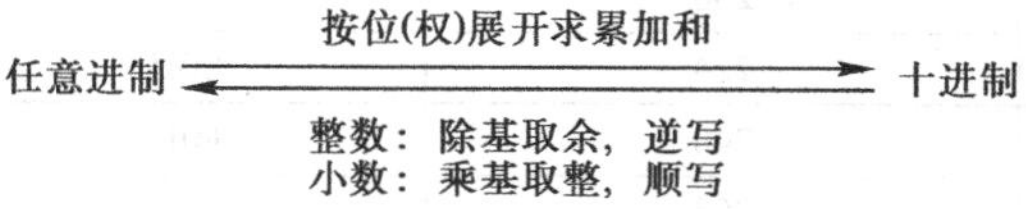

图 1.1　任意进制数与十进制数之间转换关系图 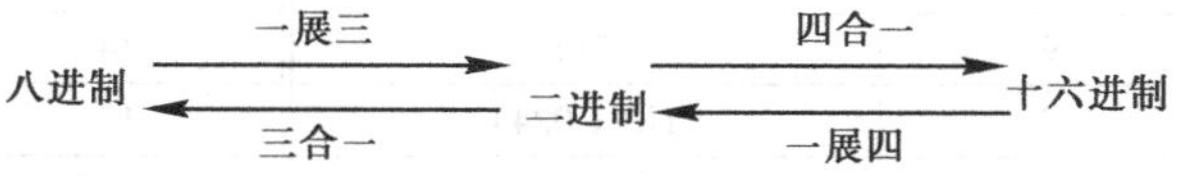　　图 1.2　二进制、八进制、十六进制之间转换关系图

例 1.1 $(101101)_2 = 101101B = 1\times2^5+0\times2^4+1\times2^3+1\times2^2+0\times2^1+1\times2^0 = 45$

例 1.2 $156.4Q = 1\times8^2+5\times8^1+6\times8^0+4\times8^{-1} = 110.5$

例 1.3 $6C.4H = 6\times16^1+12\times16^0+4\times16^{-1} = 108.25$

下式中 a_i 代表 b 进制的第 i 位,任意的 b 进制转化为十进制的一般式子:

$$(a_n a_{n-1}\cdots a_1 a_0, a_{-1}\cdots a_{-m})_b = a_n\times b^n + a_{n-1}\times b^{n-1}+\cdots+a_0\times b^0+a_{-1}\times b^{-1}+\cdots+a_{-m}\times b^{-m}$$

$$= \sum_{i=-m}^{n} a_i \times b^i$$

例 1.4 $123.25 = (1\,111\,011.01)_2 = (173.2)_8 = (7B.4)_{16}$

解题步骤如图 1.3 所示。

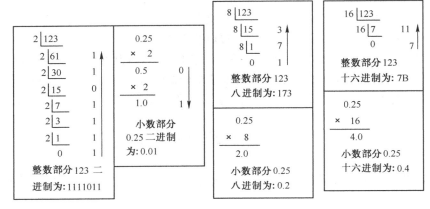

图 1.3 十进制转换为其他进制的一般方法

3. 进制快速转换方法

掌握进制快速转换方法的前提是记住 16 的倍数或 2 的 n 次方,如表 1.2 所示。

表 1.2 2 的指数及 16 的倍数表

n 的值	2^n	n 的值	$16\times n$	十六进制
-4	0.0625	1	16	10H
-3	0.125	2	32	20H
-2	0.25	3	48	30H
-1	0.5	4	64	40H
0	1	5	80	50H
1	2	6	96	60H
2	4	7	112	70H
3	8	8	128	80H
4	16	9	144	90H
5	32	10	160	A0H
6	64	11	176	B0H
7	128	12	192	C0H
8	256	13	208	D0H
9	512	14	224	E0H
10	1K(1 024)	15	240	F0H
15	32K(32768)	1×16	256	100H
16	64K(65536)	2×16	512	200H

n 的值	2^n	n 的值	$16 \times n$	十六进制
20	1M(1 024K)	3×16	768	300H
24	16M	4×16	1024(1K)	400H
30	1G(1 024M)	8×16	2048(2K)	800H
32	4G	1×16×16	4096(4K)	1000H
40	1T(1024G)	2×16×16	8192(8K)	2000H

记住表 1.2 的主要数据后,再结合图 1.4 及图 1.2 就可以在 10s 内完成进制转换。

图 1.4　十进制与十六进制的快速转换思路

具体方法为:

将十进制转换为十六进制,只要把它拆成 16 的倍数之和(注:有时视情况可用 16 的倍数之差)还原成十六进制即可,再利用图 1.2 一展四转换为二进制,而后再用三合一转换为八进制。

反之,其他进制转换为十进制,可将八进制一展三转化为二进制,再将二进制四合一转化为十六进制,然后把十六进制按位展开成 16 的倍数之和(注:有时视情况可用 16 的倍数之差)。

例 1.5　$280 = 256 + 16 + 8 = 118H = 100\ 011\ 000B = 430Q$

例 1.6　$2\ 000 = 2\ 048 - 48 = 800H - 30H = 7D0H = 11\ 111\ 010\ 000B = 3720Q$

例 1.7　$5\ 000 = 4\ 096 + 768 + 128 + 8 = 1388H = 1\ 001\ 110\ 001\ 000B = 11610Q$

也可先将十进制转换为二进制,只要把它拆成 2 的 n 次方之和(注:有时视情况可用 2 的 n 次方之差),有 n 次方的二进制位写成 1,无 n 次方的二进制位写成 0 即可,再利用图 1.2 四合一转换为十六进制及用三合一转换为八进制。

反之,先利用一展三将八进制或一展四将十六进制转化为二进制,再按位展开成 2 的 n 次方之和(注:有时视情况可用之差),求出值即为十进制数。

例 1.8　$280 = 2^8 + 2^4 + 2^3 = 100011000B = 118H = 430Q$

例 1.9　$2000 = 2^{10} + 2^9 + 2^8 + 2^7 + 2^6 + 2^4 = 11111010000B = 7D0H = 3720Q = 2^{11} - 2^5 - 2^4$

例 1.10　$5000 = 2^{12} + 2^9 + 2^8 + 2^7 + 2^3 = 1001110001000B = 1388H = 11610Q$

4. 进制计算

进制计算主要有加、减、乘、除等算术运算及与、或、非等逻辑运算。其他进制加、减、乘、除等算术运算的运算方法与十进制的运算方法类似,要点是逢 N 进一、借一等于 N。与、或、非等逻辑运算一般是指变量取值为二值(0 或 1)的逻辑运算,将 1 当成真,将 0 当成假,与、或、非的真值表如图 1.5 所示。

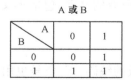

图 1.5　三种位逻辑运算真值表

在本书 3.3 节的汇编指令部分和 4.2 节的表达式部分将给出具体举例。

1.2　码制及其转换

本节介绍计算机主要使用的二进制编码,重点讲解真值(有符号数)与补码(或无符号数)间的快速转换方法。此方法使得 8 位或 16 位二进制补码的求解及有无符号数之间的转换变得轻而易举。

1. BCD 码

常见的 BCD 码有 8421 码、2421 码以及余 3 码等,一般使用 8421 码,它又分为压缩 BCD 码和非压缩 BCD 码。压缩 BCD 码是用 4 位二进制代码表示一位十进制,一个字节可以表示两位十进制(00~99);而非压缩 BCD 码是用 8 位二进制代码中的低 4 位表示一位十进制、高 4 位无效,一个字节只能表示一位十进制(0~9),高 4 位为 0 时则叫标准非压缩 BCD 码。例如,十进制数 35 的压缩 BCD 码为 35H,其标准非压缩 BCD 码为 0305H。它们的比较示意图如图 1.6 所示。

高 4 位	低 4 位
十位	个位

压缩 BCD 码

高 4 位	低 4 位
无效位	个位

非压缩 BCD 码

高 4 位	低 4 位
0000	个位

标准非压缩 BCD 码

图 1.6　三种 8421 BCD 码的比较

2. ASCII 码

ASCII 码使用 8 位二进制编码,占一个字节,最高位为 0 的 ASCII 码称为基本 ASCII 码。重要的 8 个字符的 ASCII 码值如表 1.3 所示,其他字符参看附录 E。

'0'~'9' 的 ASCII 码依次加 1,'A'~'Z' 的 ASCII 码依次加 1,'a'~'z' 的 ASCII 码也是依次加 1,所以记住 '0'、'A' 以及 'a' 的 ASCII 码,也就记住了 62 个字符的 ASCII 码。'0'~'9' 的 ASCII 码是一种特殊的非压缩 BCD 码。例如 '35' 是十进制数 35 的非压缩 BCD 码即 3335H。

表 1.3　重要的 ASCII 字符

字　符	ASCII 码十进制值	ASCII 码十六进制值
NUL(空)	0	00H
LF(换行)	10	0AH
CR(回车)	13	0DH
SP(空格)	32	20H
' $ '	36	24H
'0'~'9'	48~57	30H~39H
'A'~'Z'	65~90	41H~5AH
'a'~'z'	97~122	61H~7AH

3. 汉字内码

汉字在计算机及相关设备内存储、处理以及传输所用的编码称为汉字内码。我国目前主要采用的是国标内码(GB2312),它在计算机内占用两个字节,每个字节的最高位为 1,最多可表示 2^{14} = 16 384 个可区别代码。它与国标区位码的计算关系为:国标内码 = 国标码(十六进制)+8080H = 国标区位码(十六进制)+A0A0H。GB2312—80 中有:一级汉字 3 755 个、按拼音顺序排列,二级汉字 3 008 个、按偏旁笔画数排列,字符 682 个。中国香港地区、中国台湾地区以及新加坡等繁体汉字区主要采用大五码(BIG5),它在计算机内也是占用两个字节,每个字节的最高位也为 1。

为了统一表示世界上各国的文字,1993 年国际标准化组织公布了"通用多八位编码字符集"的国际标准 ISO/IEC10646,简称 UCS(Universal Code Set),其中汉字部分叫 CJK(中、日、韩)统一汉字集。UCS 用 4 字节足以表示世界上所有的文字,包括英文、中文、日文、韩文、俄文以及法文等。我国的相应标准为 GB13000。

4. 原码、反码和补码

原码、反码和补码均为有符号数的编码,正、负号也用二进制编码来表示,它们所代表的实际数值称为"真值或原值"。

原码是直接在真值的绝对值之前增加一个符号位,并取正数的符号为 0,负数的符号为 1。正数的反码、补码与原码相同,负数的反码为原码的符号位不变其他位变反而得,负数的补码为原码的符号位不变其他位变反+1 而得。负的三种编码之间的转换关系如图 1.7 所示。

图 1.7　负数的原、反、补码之间转换关系图

补码是计算机中最基本的有符号数编码方案,最主要原因是因为采用补码后:减法可变加法如 $5-3=5+(-3)$;加减时符号位如同数值位一样参加计算,具体例子请参看 3.3.2 节。

例 1.11 (8 位二进制数的原、反和补码)

$-107=-6BH=-1101011B=11101011B(原)=10010100B(反)=10010101B(补)$

$\qquad=EBH(原)=94H(反)=95H(补)$

$107=6BH(原)=6BH(反)=6BH(补)$

5. 二进制数据的表示范围

二进制数据的表示范围要分有符号数还是无符号数。无符号数的所有二进制位(bit)均作为数值位;有符号数的最高位代表符号位,1 代表负,0 代表正,其余位才是数值位。n 位二进制无符号数的表示范围为 $0 \sim (2^n-1)$。n 位二进制有符号数的表示范围还取决于编码方案,补码为 $-2^{n-1} \sim +(2^{n-1}-1)$;原码、反码的表示范围为 $-(2^{n-1}-1) \sim +(2^{n-1}-1)$。计算机中内外存容量以字节(B,Byte)为单位,一个字节由 8 个二进制位构成(即 1 B = 8 b)。8 位二进制数(1 字节)的无符号数表示范围为 $0 \sim 255$,有符号补码表示范围为 $-128 \sim +127$;16 位二进制(2 字节)的无符号数表示范围为 $0 \sim 65\ 535$,有符号补码表示范围为 $-32\ 768 \sim +32\ 767$。

6. 真值与补码(无符号数)之间的直接转换

正数的真值与补码(无符号数)完全相同,负数的真值与补码(无符号数)之间的直接转换方法如图 1.8 所示(0 在用 n 位二进制补码表示时也代表 2^n,即 $0=2^n$)。

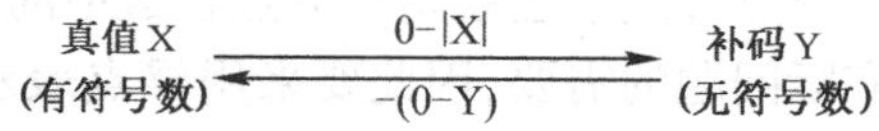

图 1.8 负数的真值与补码之间转换关系图

例 1.12 8 位二进制时:

$20=14H(补)=20(无)$

$-5=0-5=00H-05H=FBH(补)=251(无)=256-5=2^8-5$

$-120=0-120=00H-78H=88H(补)=136(无)=256-120=2^8-120$

$F8H(补)=248(无)=-(00H-F8H)=-08H=-(256-248)=-8(有)$

$5CH(补)=92(无)=92(有)$

16 位二进制时:

$20=0014H(补)=20(无)$

$-5=0-5=0\ 000H-0\ 005H=FFFBH(补)=65\ 531(无)=65536-5=2^{16}-5$

$-120=0-120=0\ 000H-78H=FF88H(补)=65\ 416(无)=65536-120=2^{16}-120$

$FFC6H(补)=0\ 000H-(0\ 000H-FFC6H)=65\ 536-58=65\ 478(无)$

$\qquad=-(0-FFC6H)=-3AH=-58(有)=-(65\ 536-65\ 478)=-58(有)$

$048FH=1\ 024+128+15=1\ 167(无)=1\ 167(有)$

7. 定点数和浮点数

机器数的表示是受设备限制的。计算机一般是以字为单位进行数据的处理、存储和传递的。所以运算器中的加法器、累加器以及其他一些寄存器,都选择与字长相同的位数。字长一定,则计算机所能表示数的范围也就确定了。例如,使用 8 位字长的计算机,它可以表示无符号整数的表示范围为 $0 \sim 255$,补码的有符号数表示范围为 $-128 \sim 127$。如果运算数值超出机器数所能表示的范围,机器就需要进行相应处理。这种现象称为溢出。

计算机中的数,既有整数,也有小数。如何确定小数点的位置呢?通常有两种约定:一种是规定小数点位置固定不变,这时的机器数称为定点数;另一种是小数点位置可以浮动,这样的机器数称为浮点数。

（1）定点数

对于定点数，小数点位置可以固定在符号位之后，这样的机器表示的全是定点小数。例如，假定机器字长为 16 位，符号位占 1 位，数值占有 15 位，于是 -2^{-15} 用机器数原码表示如图 1.9 所示。

其相当于十进制数为 -2^{-15}。

小数点位置固定在数的最后，则该机器表示的全是定点整数。例如，假设机器字长为 16 位，符号位占有 1 位，数值部分占 15 位，图 1.10 表示的机器数相当于十进制数为 $+32\ 767$。

图 1.9　定点小数示意图　　　　　　　图 1.10　定点整数示意图

定点表示法表示的数值范围及精度有限，为了扩大定点数的表示范围或提高精度，可以采用多个字节来表示一个定点数，例如，采用 4 字节或 8 字节来表示。

（2）浮点数

浮点数表示法就是小数点在数中的位置是浮动的。由于定点数表示的数的范围较窄，不能满足实际问题的需要，因此要采用浮点表示法。在同样字长情况下，浮点表示法能表示数的范围扩大了。

浮点表示法包括两部分：一部分是阶码，另一部分是尾数。浮点数在机器中的表示方法如图 1.11 所示。

由尾数部分隐含的小数点位置可知，尾数的绝对值总

图 1.11　浮点数示意图

是小于 1 的数，它给出该浮点数的有效数字，为了有更多位有效数字，一般用规范化小数表示，即尾数的绝对值大于等于 0.5、小于 1。尾数部分的数符确定该浮点数的正负。阶码总是整数，它确定小数点浮动的位数。若阶符为正，尾数的小数点向右移动；若阶符为负，则向左移动。即浮点数的值为：尾数 $\times 2^{阶码}$。

当浮点数的尾数为零或者阶码为最小值时，机器通常规定，把该数看做 0，称为"机器零"。在浮点数的表示和运算中，当一个数的阶码大于机器所能表示的最大阶码时，产生"上溢"，当一个数的阶码小于机器所能表示的最小阶码时，产生"下溢"。

浮点数的取值范围如图 1.12 所示。

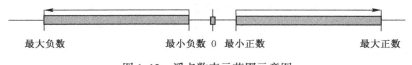

图 1.12　浮点数表示范围示意图

例 1.13　设阶码用 8 位补码表示，尾数部分用 16 位补码表示，则 $-128.0625 = -(2^7 + 2^{-4}) = -(2^{-1} + 2^{-12}) \times 2^8 = -0.100000000001000B \times 2^8$ 的尾数部分为 $-0.100000000001000B$，补码为 $1011111111111000B$；阶码部分为 8，即 $00001000B$，对应的十六进制数为 08BFF8H。

习题

1. 进制转换

129 = _____ H = _____ B = _____ Q

298 = _____ H = _____ B = _____ Q

1000 = _____ H = _____ B = _____ Q

5DH = _____ B = _____ Q = _____ D

3E8H = _____ B = _____ Q = _____ D

357Q = _____ B = _____ H = _____ D

2. 进制计算

101101B+1101001B = _____ B

3FC9H−0FE6H = _____ H

一个字节的 NOT 8 = _____ H = _____（有符号数）

两个字节的 NOT 8 = _____ H = _____（有符号数）

5 AND 6 = _____ D

5 OR 6 = _____ D

3. 数据表示范围

一个字节的无符号数表示范围为_____,有符号数补码表示范围为_____。

两个字节的无符号数表示范围为_____,有符号数补码表示范围为_____。

N 位二进制数的无符号数表示范围为_____,有符号数补码表示范围为_____。

4. 35H 代表的 ASCII 字符为_____,代表十六进制数时等价的十进制值为_____,代表压缩 8421 BCD 码等价的十进制值为_____,代表非压缩 8421 BCD 码等价的十进制值为_____。

5. FFH 代表无符号数时等价的十进制值为_____,代表补码有符号数时等价的十进制值为_____,代表反码有符号数时等价的十进制值为_____,代表原码有符号数时等价的十进制值为_____。

6. −20 的 8 位二进制补码为_____,原码为_____,反码为_____。

    158 的 16 位二进制补码为_____,原码为_____,反码为_____。

7. 英文字符一般在计算机内占用_____个字节,每个字节的最高位一定为_____。全角英文字符在计算机内占用_____个字节,一个汉字在计算机内占用_____个字节,每个字节最高位为_____。

8. 设阶码用 8 位补码表示,尾数部分用 16 位补码表示,则−（1/32+1/128+1/512）的尾数部分及阶码分别为多少?

第2章 微机硬件基础

本章重点介绍学习汇编指令及编程前必须掌握的硬件知识。计算机硬件功能模块如图 2.1 所示,从图中可看出 CPU 可直接访问 CPU、内存和接口,CPU 在执行指令过程中就需要 CPU 去访问 CPU 中的寄存器、内存的存储单元和接口中的端口,所以本章主要介绍 8086/88 CPU 内部结构及寄存器、内在单元地址组织及存放次序、接口及端口等方面的硬件知识。

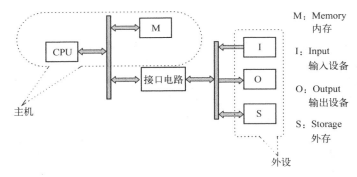

图 2.1 计算机硬件结构图

2.1 8086/88 CPU 的编程结构

8086/88 CPU 的内部结构是理解微机工作原理的重要部分,其寄存器构成及作用是编写汇编程序所必须掌握的。本节内容的掌握对后续章节的学习很重要。

1. 8086/88 CPU 的内部结构

在 8086/88 之前,微处理器执行指令的过程是串行的,即取出指令而后分析执行,再取下一条指令分析执行。为了使取指和分析、执行指令可并行处理、提高 CPU 的执行效率,8086/88 CPU 由两大模块——总线接口单元 BIU(Bus Interface Unit)和执行单元 EU(Execution Unit)组成,如图 2.2 所示。学会从所需功能推导出组成部件。

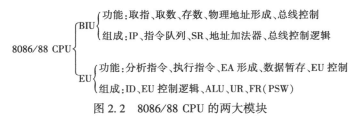

图 2.2 8086/88 CPU 的两大模块

图中英文缩写说明如下。IP:指令指针(Instruction Pointer),SR:段寄存器(Segment Register),ID:指令译码器(Instruction Decoder),ALU:算术逻辑运算单元(Arithmetic Logic Unit),UR:通用寄存器(Universal Register),FR:标志寄存器(Flag Register),PSW:程序状态字(Program Status Word)。

8086/88 CPU 的内部结构如图 2.3 所示。8086/88 之间的内部结构区别主要有一点:8086 指令列队有 6 字节,而 8088 指令列队只有 4 字节。

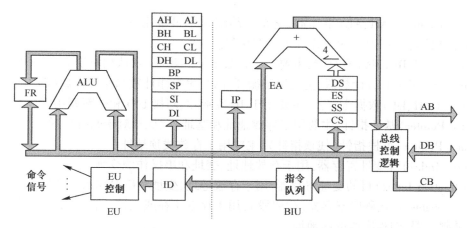

图 2.3　8086/88 CPU 的内部结构图

可以结合 ADD　AX,BX(将 AX+BX 的值送 AX)指令的取指及执行过程理解图2.3,也可在图2.3 的基础上更好地理解指令的取指及执行过程。授课时应该边讲解边画图,在画图的同时讲解指令的取指及执行过程,并且在图上写上相应序号。

（1）取指:①由 CS:IP 形成取指的物理地址;②CPU 将此地址送地址总线 AB;③译码选中内存单元;④CPU 发出取指信号;⑤内存中指令送至数据总线 DB;⑥CPU 将读入的指令存入指令队列;⑦IP＝IP+1(逻辑加 1,即加一条指令长度),移向下一条指令。

（2）执行指令:①指令队列中的指令送指令译码器译码;② 译码后执行单元发出相关命令信号完成指令的执行,即将 AX 送 ALU 的一端、BX 送 ALU 的另一端,并完成相加,结果送 AX,而且根据结果填充标志位。

2. 8086/88 CPU 内部的寄存器

汇编程序设计的要点之一是熟悉 CPU 的寄存器及它们的作用,本节仅对它们进行简单介绍,具体使用请参看 3.3 节。8086/88 CPU 中共有 14 个 16 位寄存器(R),其分类如图2.4所示。这 14 个寄存器均为 16 位二进制的寄存器,其中 4 个通用数据寄存器 AX、BX、CX 和 DX 可分为 8 个 8 位寄存器 AH、BH、CH、DH 和 AL、BL、CL 和 DL 使用。通用寄存器主要用于存放一般数据。

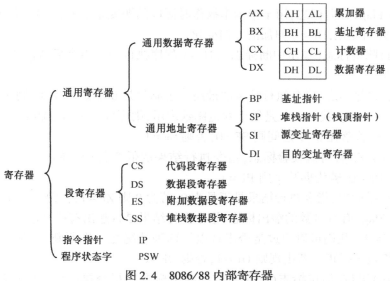

图 2.4　8086/88 内部寄存器

AX(Accumulator)(AH、AL)累加器,它是汇编编程中最常用的一个寄存器,主要用于乘除运算、BCD 运算、换码、I/O 操作、串操作和中断调用等。

BX(Base)(BH、BL)基址寄存器,主要用于存放地址和基址(默认相对于 DS 段)等。

CX(Counter)(CH、CL)计数器,主要用于循环计数、串操作计数和移位计数(CL)等。

DX(Data)(DH、DL)数据寄存器,主要用于 16 位乘除、间接 I/O 和中断调用等。

BP(Base Pointer)基址指针,主要用于存放地址和基址(默认相对于 SS 段)等。

SP(Stack Pointer)堆栈指针(栈顶指针),主要用于存放栈顶地址。

SI(Source Index)源变址寄存器,用于存放地址、变址和串操作源变址。

DI(Destination Index)目的变址寄存器,用于存放地址、变址和串操作目的变址。

CS(Code Segment)代码段寄存器(代码段),用于存放正在或正待执行的程序段的起始地址的高 16 位二进制数据,即程序段的段地址。

DS(Data Segment)数据段寄存器(数据段),用于存放正在或正待处理的一般数据段的起始地址的高 16 位二进制数据,即一般数据段的段地址。

ES(Extra Segment)附加数据段寄存器(附加段),用于存放正在或正待处理的附加数据段的起始地址的高 16 位二进制数据,即附加数据段的段地址。

SS(Stack Segment)堆栈数据段寄存器(堆栈段),用于存放正在或正待处理的堆栈数据段的起始地址的高 16 位二进制数据,即堆栈数据段的段地址。

IP(Instruction Pointer)指令指针,它的内容始终是下一条待执行指令的起始偏移地址,与 CS 一起形成下一条待执行指令的起始物理地址。CS:IP 的作用是控制程序的执行流程。IP 一般会自动加1(逻辑加 1,实际随指令长度变化)移向下一条指令实现顺序执行;若通过转移类指令修改 CS 或 IP 的值,则可实现程序的转移执行。

PSW(Program Status Word)程序状态字,它有 3 个控制标志(IF、DF、TF)和 6 个状态标志(SF、PF、ZF、OF、CF、AF)。控制标志是用于控制 CPU 某方面操作的标志,状态标志是部分指令执行结果的标志(下面介绍的是状态标志的通用填充方法,特定指令特定的填充方法将在指令系统中介绍)。

IF(Interrupt enable Flag)中断允许标志,用于控制 CPU 能否响应可屏蔽中断请求,IF=1 能够响应,IF=0 不能响应。

DF(Direction Flag)方向标志,用于指示串操作时源串的源变址和目的串的目的变址的变化方向,DF=1 向减的方向变化,DF=0 向加的方向变化。

TF(Trap Flag)陷阱标志(单步中断标志),TF=1 程序执行当前指令后暂停,TF=0 程序执行当前指令后不会暂停。

SF(Sign Flag)符号标志,指令执行结果的最高二进制位是 0 还是 1,为 0,则 SF=0,代表正数;为 1,则 SF=1,代表负数。我们一般是用十六进制数表示,则可以看十六进制的最高位是落在 0~7 还是落在 8~F 之间,若落在 0~7 之间则 SF=0,否则 SF=1。

PF(Parity check Flag)奇偶校验标志,指令执行结果的低 8 位中 1 的个数是奇数个还是偶数个,若为奇数个则 PF=0,若为偶数个则 PF=1。

ZF(Zero Flag)零标志,指令执行结果是不是为 0,若为 0 则 ZF=1,否则 ZF=0。

OF(Overflow Flag)有符号数的溢出标志,指令执行结果是否超出有符号数的表示范围,若超过则 OF=1,否则 OF=0。我们可以通过是否出现以下四种情况之一来判断:正加正得负,正减负得负,负加负得正,负减正得正。若出现则 OF=1,否则 OF=0。

CF(Carry Flag)进位/借位标志(无符号数的溢出标志),指令执行结果的最高位是否有向更高位进位或借位,若有则 CF=1,同时也代表无符号数溢出;若无则 CF=0,也代表无符号数未溢出。

AF(Auxiliary carry Flag)辅助进位/借位标志,低 4 位二进制是不是有向高位进位或借位,若有则 AF=1,否则 AF=0,其主要用于 BCD 修正运算。

例 2.1 58H+3CH=94H   SF=1,PF=0,ZF=0,OF=1,CF=0,AF=1

例 2.2 0039H-FCE8H=0351H   SF=0,PF=0,ZF=0,OF=0,CF=1,AF=0

例 2.3 35H+CBH=00H   SF=0,PF=1,ZF=1,OF=0,CF=1,AF=1

2.2 内存地址组织及存放次序

内存用于存放正在运行的程序及数据,而 CPU 是根据内存单元的位置信息即内存地址决定从内存的何处取得指令或数据。若内存地址使用 n 位二进制编码,地址总数(也称寻址能力)可达 2^n 个,地址范围为 $0\sim(2^n-1)$。例如,用 10 位二进制数,寻址能力可达 1K,地址范围为 $0\sim1111111111$ B($0\sim3$FFH)。微机的内存基本单位是字节,用 B(Byte)表示,1B=8b(bit),1K=1 024,1M=1 024K,1G=1 024M,1T=1 024G。

1. 8086/88 系统的内存组织

8086/88 CPU 系统的内存组织是采用分段结构组织的。其原因主要有以下三点。

(1)8086/88 CPU 中的寄存器只有 16 位,如果采用直接寻址,则寻址能力势必限制在 64KB 范围内,而采用分段组织可以较好地实现扩展 CPU 的寻址能力,每段的大小可达64KB,不同段的组合则可寻址更大的范围。

(2)使程序与数据相对独立,不同存取方式的数据也相对独立。

$$
\begin{cases}
程序 & 存放于代码段 CS 中 \\
数据 & \begin{cases} 堆栈方式 & 存放于堆栈段 SS 中 \\ 随机方式 & 存放于数据段 DS 及附加段 ES 中 \end{cases}
\end{cases}
$$

(3)便于程序和数据的动态装配,从一个地方挪到另外一个地方只要更改一下段寄存器的值即可,段内偏移可以不用改变。

其主要缺点是增加了地址计算的复杂度,降低了 CPU 的执行效率。

2. 内存物理地址的计算方法

内存分段组织后,用段地址及段内偏移地址来表示真正的内存地址(物理地址、绝对地址)。段地址及偏移地址一般称为相对地址或逻辑地址,同一物理地址可以有多个不同的段地址与偏移地址与其对应。

8086/88 系统内采用 20 位的物理地址(Physics Address,PA)。系统内规定段的起始地址必须是 16 的倍数,即低 4 位二进制一定为 0,同时,由于系统内用于存放段地址的寄存器只有 16 位,无法存放 20 位的段起始地址信息,既然段的起始地址低 4 位一定为 0,所以干脆就不予保存,也就是说段寄存器中保存的段地址为该段的段起始地址的高 16 位,反之段的起始地址则为段地址×16。段内偏移地址也叫有效地址 EA(Effect Address)。

可知   物理地址=段的起始地址+段内偏移地址

$$=段地址×10H+EA$$

乘以 16(10H)即相当于二进制左移 4 位或十六进制左移 1 位。

分段组织的物理地址的计算方法如图 2.5 所示。

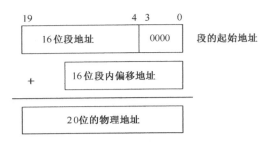

图 2.5　分段组织的物理地址的计算方法

例 2.4　DS = 1234H,相对于 DS 的 EA = 5678H

则物理地址 = 1234H×10H+5678H = 12340H+5678H = 179B8H

例 2.5　已知 DS = 2000H,相对于 DS 偏移 EA1 为 5000H,相对于 ES 偏移 EA2 为 0800H,则指向同一物理地址的 ES 为多少?

解:如图 2.6 所示。

DS×10H+EA1 = ES×10H+EA2

$$ES = (DS×10H+EA1−EA2)/10H$$
$$= (2000H×10H+5000H−0800H)/10H = 2480H$$

3. 内存单元数据的存放次序

内存的物理地址是按字节单元编址的,若仅仅访问字节单元则无所谓数据的存放次序,可是 1 字节的数据表示范围是很小的(无符号数为 0~255,有符号数为−128~+127),所以经常要用多个字节存放一个数据。一个数据占用多字节,必然存在存放次序的问题。在 PC 系列微机中,数据的存放次序是低地址为低字节,高地址为高字节。例如,(10000H) = 12H,(10001H) = 34H,(10002H) = 56H,(10003H) = 78H,按字读则(10000H) = 3412H,按双字读则(10000H) = 78563412H,如图 2.7 所示。

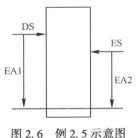

图 2.6　例 2.5 示意图

图 2.7　内存单元数据存放

2.3　接口、端口及端口地址

从图 2.1 中可见,接口电路是主机与外设的通信桥梁,接口电路简称为接口。接口是用于实现主机与外设传输信息的通道,传输信息的种类有数据信息、控制信息和状态信息。由于外设的种类繁多、速度相差很大,接口电路中必须设置传输信息所需的缓冲寄存器。这些缓冲寄存器依据所传输信息的种类自然地也分为数据缓冲寄存器、控制缓冲寄存器和状态缓冲寄存器。

为了与 CPU 的寄存器相区别,接口电路中的这些缓冲寄存器取名为端口,端口分为三类:数据端口、控制端口和状态端口。数据端口有两个方向:一个是 CPU 通过它送给外设(这种叫输出数据端口),另一个是外设通过它送给 CPU(这种叫输入数据端口)。控制端口用于实现 CPU 对外设的控制,所以它只能是输出。状态端口是用于反馈外设的状态信息给 CPU 的,所以它只能是输入。接口、端口在微机中的作用如图 2.8 所示。

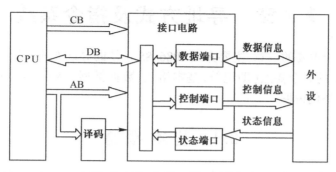

图 2.8　接口、端口作用示意图

　　一个接口中可能有多个端口,一个计算机系统内又有很多个接口,所以通过端口传输信息首先需要区分端口,区分端口可通过端口地址不同来区分(在后面接口电路部分会讲解在端口地址相同时如何区分,有四种方法:读写信号、读写顺序、数据位和索引,在此不详细讲解)。端口地址是端口的位置二进制代码,在 PC 系列微机中,用 16 位二进制编码,端口与内存独立编址(I/O 编址方式请参看 8.1.4 小节)。

　　CPU 访问 I/O 端口有三种方法:(1)用 I/O 指令实现信息传输;(2)通过 BIOS 中断调用实现信息传输;(3)通过 DOS 中断调用实现信息传输。BIOS 中断调用是更低级的中断调用,它是与硬件相关的,兼容性较差,但速度较快;DOS 中断调用是较高级的中断调用,它与硬件无直接关系,兼容性较好,但速度较慢,大多数情况下其内部会再调用 BIOS 中断调用。

习题

1. 请画出计算机系统硬件图。

2. 8086/88 CPU 为什么要分为 BIU 和 EU 两大模块?

3. 简述 8086/88 CPU 的两大模块 BIU 和 EU 的主要功能及组成。

4. 简述 8086/88 CPU 的 14 个寄存器的英文名、中文名及主要作用。

5. 请画出 8086/88 CPU 的内部结构图。

6. 请说明 8086/88 CPU 的标志位的英文名、中文名及通用填充方法。

7. 内存分段组织的优缺点是什么?

8. 1MB 内存最多可有_____个不同的段地址,若不允许重叠的话最多可有_____个不同的段地址。不同的段间_____(可以/不可以)重叠。

9. 设 DS=26FCH,BX=108H,SI=9A8H,试求出使 DS:BX 与 ES:SI 指向同一物理地址的 ES 值。

10. 接口、端口以及端口地址之间的对应关系如何?

11. 访问端口有哪些方法?

12. 请根据图 2.3 说明 ADD AX,BX(将 AX+BX 的值送 AX)指令的取指及执行过程。

13. 8086/88 的 20 位物理地址是怎样形成的? 当 CS=2 000H,IP=0100H,下一条待执行指令的物理地址等于多少?

14. 已知当前数据段位于存储器的 B1 000H 到 BF0FFH 范围内,请指出 DS 段寄存器的取值范围。

第3章 寻址方式及指令系统

本章是汇编语言最重要的一章,主要介绍8086/88系统的寻址方式及指令系统。共介绍97条汇编指令,着重从指令的6个要点(助记符、基本格式、数据类型、寻址方式、功能和对标志位的影响)进行分类介绍,并举例说明。

3.1 基 本 概 念

指令是CPU可以理解并执行的操作命令。指令系统是某种CPU的所有指令的集合。不同的CPU有不同的指令系统,相互不一定兼容。例如8086/88与Z80就完全不兼容,但86系列高档的CPU兼容低档的CPU,如80286、80386以及P4等包含8086/88的指令系统。

程序是为了解决某一问题而编写的有限指令序列,程序有三大特性:目的性、有限性和有序性。电子计算机从1946年发明至今依旧未摆脱冯·诺依曼的工作原理,即存储程序的工作原理。计算机执行程序实质上是CPU依次取出已存储在内存中的程序的各条指令并执行的过程。一条指令的执行过程主要有取指和分析执行两个阶段。其中,CPU中有一指令指针指向内存中待取指令的存放地址,其值在当前指令取出后会自动加1(逻辑上加1)移向下一条指令。8086/88程序执行流程图如图3.1所示。

大多数指令由操作码和操作数两部分构成,操作码用于指出指令所要实现的操作即"做什么操作",操作数部分用于指出指令操作过程中所要用到的数据或数据所存放的位置即"对什么操作"。

指令可分为两个级别:机器级和汇编级。机器指令是指由二进制代码构成的可由CPU直接理解并执行的指令;汇编指令实质上是机器指令符号化的结果,它与机器指令是一对一的关系。机器指令是最难理解,也是最难记忆的,而且书写易出错。汇编指令则用英文助记符代表操作码部分,用相应的符号代表操作数部分,相对来说易于理解和记忆,而且书写不易出错。本书讲解主要基于汇编指令。

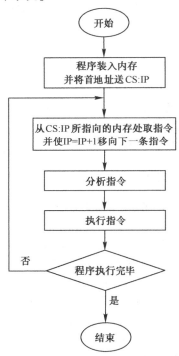

图3.1 程序执行流程图

给出操作数的方式叫操作数的寻址方式。根据操作对象存放位置可将操作数分为4类:立即数(存于指令中)、寄存器操作数(存于寄存器中)、存储器操作数(存于存储器中)和端口操作数(存于端口中)。对应的操作数寻址方式也就分为四大类:立即寻址方式、寄存器寻址方式、存储器寻址方式和端口寻址方式,如图3.2所示。操作数还可根据其在指令中的位置分为第一操作数、第二操作数以及隐含操作数(在指令中不会出现但会用到);根据操作数的作用分为源操作数(仅取出使用)和目的操作数(用于存放结果);根据操作数所对应的操作对象的字节数(也叫数据类型)分为字节操作数(Byte)、字操作数(Word)(8086/88字长为2字节)、双字操作数(Double Word)、8字节操作数(Octal Bytes,Long Word)和10字节操作数(Ten Bytes)。

指令的执行一般是顺序执行,即执行完一条指令接着执行物理上的下一条指令,但有时程序需要产生跳转,所以设置了一些转移指令。转移到某处的方式叫转移寻址方式。子程序调用和返回是一种特殊的转移指令,同样要考虑调用地址或返回地址的寻址方式。

指令分类有不同方式。按操作数的个数将指令分为零地址指令(无操作数)、一地址指令(只有一个操作数)、二地址指令(有两个操作数)和多地址指令(多于两个操作数);按指令级别分为机器指令和汇编指令;按是否转移分为转移指令和顺序指令;按功能分为七大类:传送类、算术运算类、位操作类、I/O 类、串操作类、CPU 控制类和转移类;按指令长度(指令占用的字节数)分为一字节指令、二字节指令……8086/88 指令长度是不同的,叫变字长,不同的指令有不同的指令长度,从一字节到六字节均有;按指令执行期间取操作数是否需要与总线打交道分为内部指令(不需)和外部指令(需要),类似功能的指令内部指令比外部指令执行速度快,所以在编程时尽量采用内部指令即多用寄存器优化程序。

3.2　寻　址　方　式

本节主要讲解 8086/88 系统的操作数的寻址方式,简单说明指令转移寻址方式。

3.2.1　操作数的寻址方式

操作数寻址方式主要有立即寻址方式、寄存器寻址方式、存储器寻址方式、端口寻址方式 4 类,如图 3.2 所示。

$$
\text{操作数的寻址方式}\begin{cases}\text{立即寻址方式} & \text{操作对象存放于指令中}\\ \text{寄存器寻址方式} & \text{操作对象存放于寄存器中}\\ \text{存储器寻址方式} & \text{操作对象存放于内存单元中}\\ \text{端口寻址方式} & \text{操作对象存放于端口中}\end{cases}
$$

图 3.2　操作数的寻址方式

1. 立即寻址

指令中所包含的立即数对应的寻址方式叫立即寻址方式,操作对象就是这个操作数本身。汇编指令所涉及的立即数有:各种进制的常数、字符常数、符号常量、地址(段名、段地址、偏移地址)以及常数表达式等(详见 4.2、4.3 节)。

例 3.1　(以下第二操作数为立即寻址方式,MOV 指令功能是将第二操作数送给第一操作数)

```
MOV   AL,5          ;5 为十进制字节常数("；"为注解开始标志)
MOV   AX,5          ;5 为十进制字常数
MOV   AX,300H       ;300H 为十六进制字常数
MOV   CX,N          ;在此之前 N 已定义为常量
MOV   AX,DATA       ;DATA 为段名,即段地址
MOV   AX,5+2*3      ;5+2*3=11 为常数表达式
```

立即数只能作为源操作数,不能作为目的操作数。立即数的数据类型可能是字节,也可能是字,由指令中另一操作数类型决定。如例 3.1 中的第一条指令"MOV AL,5"中的 5 为字节,第二条指令"MOV AX,5"中的 5 则为字。字节数据的取值范围为 $-128 \sim +255$,字数据的取值范围为 $-32\ 768 \sim +65\ 535$。

2. 寄存器寻址

指令中出现的寄存器名作为操作数的寻址方式叫寄存器寻址方式,操作对象实质上是寄存器

中的内容。汇编指令所涉及的寄存器操作数共有 20 个寄存器名。将其分为两类：段寄存器（Segment Register，SR）和通用寄存器（Universal Register，UR）。段寄存器（SR）有 DS、ES、SS 和 CS 四个，属于字类型，通用寄存器（UR）又分为 8 位通用寄存器和 16 位通用寄存器，8 位通用寄存器（UR_8）有 AH、AL、BH、BL、CH、CL、DH 和 DL 8 个，属于字节类型；16 位通用寄存器（UR_{16}）有 AX、BX、CX、DX、BP、SP、SI 和 DI 8 个，属于字类型。

例 3.2 （例 3.1 中指令的第一操作数均为寄存器寻址方式；以下例子中第一和第二操作数均为寄存器寻址方式）

```
MOV    AX,BX
MOV    DH,CL
MOV    DS,AX
```

寄存器操作数的类型是由其名决定的，不同类型的不能混用，CS 不能作为目的操作数，段寄存器只能在少许几条指令中可以使用。

3. 存储器寻址

指令中操作数是操作对象在内存中的存放地址的寻址方式叫存储器寻址方式，操作对象实质上是内存地址所对应的存储单元中的内容。内存的物理地址是由段地址及段内偏移地址确定的，段地址的确定实质上是确定用哪个段寄存器，段寄存器除非在指令中特别指定（段超越，也叫段前缀，用段寄存器名加"："），其他情况下均为默认的，默认情况如表 3.1 所示（括号内代表可以使用的段超越）。

表 3.1 内存地址对应的 SR 及 EA

情　况	段寄存器 SR	段内偏移 EA
指令	CS	IP
栈顶	SS	SP
目的串	ES	DI
源串	DS	SI
涉及 BP	SS(DS、ES、CS)	计算 EA
其他	DS(ES、SS、CS)	计算 EA

段内偏移地址如表 3.1 中前 4 种情况是固定不变的，后两种情况则需通过一定方法形成 EA，根据形成 EA 的方法将存储器寻址方式分为 5 种：直接寻址方式、寄存器间接寻址方式、寄存器相对寻址方式、基址变址寻址方式和相对基址变址寻址方式，如图 3.3 所示。

$$
存储器寻址方式
\begin{cases}
直接寻址 & EA=n，主要有变量名、变量名 \pm n、[n] 三种形式 \\
寄存器间接寻址 & EA=R，有 [BX]、[BP]、[SI]、[DI] \\
寄存器相对寻址 & EA=R+n，主要有变量名 [R]、[R+n] 两种形式 \\
基址变址寻址 & EA=BR+IR，有 [BX+SI]、[BX+DI]、[BP+SI]、[BP+DI] \\
相对基址变址寻址 & EA=BR+IR+n，有变量名 [BR+IR]、[BR+IR+n] 两种形式
\end{cases}
$$

图 3.3 存储器寻址方式的分类

（1）直接寻址

存储器操作数的内存偏移地址是一个数值的寻址方式叫直接寻址方式，即 EA＝n。主要有常数、常量或常数表达式加 [ ] 以及变量名或变量名加减常量形成的表达式。

例 3.3 （以下第二操作数为直接寻址方式，常量和变量在第 4 章详细讲解）

```
MOV    AX,[2000H]
MOV    BX,[N]           ;N 为常量名
MOV    CX,ES:[2+3*5]
MOV    DX,A             ;A 为字变量名
MOV    SI,A+5           ;A 为字变量名，变量名加减常量依旧为变量
```

（2）寄存器间接寻址（简称间接寻址）

存储器操作数的内存偏移地址部分是由某一个寄存器中的内容作为操作数地址的寻址方式叫

寄存器间接寻址方式，即 EA＝R。写在汇编指令中的内存偏移地址的寄存器只能是 BX、BP、SI 和 DI 四个寄存器之一，若为 BP 则默认相对 SS 段，其他则默认相对 DS 段。

例 3.4　（以下第二操作数为间接寻址方式）

```
MOV  AX,[BX]
MOV  BX,[BP]
MOV  BP,[SI]
MOV  SP,SS:[DI]
```

（3）寄存器相对寻址（简称相对寻址）

存储器操作数的内存偏移地址部分是由某一个寄存器的内容再加上一个相对偏移量作为操作数地址的寻址方式叫寄存器相对寻址方式，即 EA＝R+n。写在汇编指令中的内存偏移地址的寄存器只能是 BX、BP、SI 和 DI 四个寄存器之一，若为 BP 则默认相对 SS 段，其他则默认相对 DS 段。相对偏移量可以是常数、常量、常数表达式以及变量名等。

例 3.5　（以下第二操作数为相对寻址方式）

```
MOV  AX,[BX+6]
MOV  BX,DS:[BP+N]      ;N 为常量名
MOV  BP,A[SI]          ;A 为变量名,变量名常写于"["前
MOV  SP,[DI][8]        ;另一种书写格式
MOV  CX,8[DI]          ;另一种书写格式
```

（4）基址变址寻址

存储器操作数的内存偏移地址部分是由某一个基址寄存器的内容再加上某一个变址寄存中的内容作为操作数地址的寻址方式叫基址变址寻址方式，即 EA＝BR+IR。写在汇编指令中的 BR 只能为 BX 或 BP,IR 只能为 SI 或 DI,所以它们只有 4 种组合:BX+SI、BX+DI、BP+SI 和 BP+DI,若用到 BP 则默认相对 SS 段,其他则默认相对 DS 段。

例 3.6　（以下第二操作数为基址变址寻址方式）

```
MOV  AX,[BX+SI]
MOV  BX,DS:[BP+SI]
MOV  BP,[BX+DI]
MOV  DX,[BP][DI]          ;另一种书写格式
```

（5）相对基址变址寻址

存储器操作数的内存偏移地址部分是由某一个基址寄存器的内容加上某一个变址寄存器中的内容再加上一个相对偏移量作为操作数地址的寻址方式叫相对基址变址寻址方式,即 EA＝BR+IR+n。写在汇编指令中的 BR 只能为 BX 或 BP,IR 只能为 SI 或 DI,所以它们只有四种组合:BX+SI+n,BX+DI+n,BP+SI+n 和 BP+DI+n,若用到 BP 则默认相对 SS 段,其他则默认相对 DS 段。相对偏移量可以是常数、常量、常数表达式以及变量名等。

例 3.7　如图 3.3 所示为存储器寻址方式的总结（以下第二操作数为相对基址变址寻址方式）

```
MOV  AX,[BX+SI+19]
MOV  BX,DS:[BP][SI][8]     ;另一种书写格式
MOV  BP,[BP+DI+N]          ;N 为常量名
MOV  DX,A[BX][DI]          ;A 为变量名
```

5 种存储器寻址方式可用图 3.4 来总结。存储器操作数的类型可能是字节、字以及双字等,可由另外一个操作数类型或定义的类型或指明的类型决定。类型可由 BYTE PTR、WORD PTR 以及 DWORD PTR 分别指明或强行指定。

存储器操作数可以是以上5种存储器寻址方式的一种,对任何一个存储单元可采用任一种存储器寻址方式,如图3.5所示。

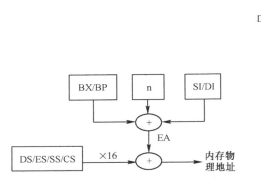

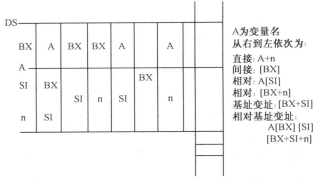

图3.4　存储器寻址方式的总结　　　　图3.5　任一存储单元可采用5种存储器寻址方式的任一种

4. 端口寻址

端口操作数只能出现I/O指令,即IN和OUT指令,端口操作数实质上是指明端口的地址,端口地址所对应的端口中的内容才是操作对象。端口地址给出的方式有两种:一种是常数(叫端口直接寻址方式);另一种是DX寄存器(端口间接寻址方式)。端口直接寻址方式的端口寻址范围为0~255(00H~FFH),即1字节的地址值;端口间接寻址DX的取值范围为0~65 535(0000H~FFFFH),很明显当端口地址超出255时,只能先将地址送给DX,然后再用DX间接寻址。

例3.8

```
IN    AX,41H  ;41H为端口直接寻址
OUT   DX,AL   ;DX为端口间接寻址
```

3.2.2　转移指令的寻址方式

前面讲解过程序的执行流程,指令指针IP会自动加1移向下一条指令,这便是程序的顺序执行,但程序执行过程中经常会发生转移,程序转移实质上是使指令指针指向待转移到的指令处。在8086/88中,除了指令指针还会涉及代码段寄存器CS,CS:IP是控制程序执行流程的段地址:段内偏移。所以86系列微机中,转移指令实质上是对CS:IP的值进行改变。CS:IP值改变的方式就叫转移寻址方式。具体参看3.3.7节对转移指令的讲解。

3.3　指　令　系　统

8086/88共有300多条机器指令,对应300多条汇编指令,后面的讨论是在汇编指令助记符一致及功能一致的情况下对汇编指令进行归并,归并后有97条指令。

指令按功能可以分为7大类:传送类指令、算术运算类指令、位运算类指令、I/O类指令、CPU控制类指令、串操作类指令和转移类指令。本节按照此7大类对指令系统进行介绍。分类理解记忆汇编指令,对每条指令从6个要点去把握。

指令的要点包括助记符、基本格式、功能、数据类型、寻址方式和对标志位的影响。这6个要点熟悉了,说明指令已基本掌握,当然还需要灵活运用,即用它来编写程序。

指令合法性判断主要从以下三个方面着手:

（1）书写格式方面。如单词拼写、标点符号、间隔等。

（2）数据类型方面。如数据类型是否匹配、是否明确。两个操作数类型是否匹配又有三点：①两数数据类型均明确,则必须一致;②两数数据类型均不明确,则必须进行类型说明(用 BYTE PTR 或 WORD PTR);③两数数据类型一方明确,另一方不明确,则一定匹配,不明确方按明确方处理。如是单操作数则要求数据类型明确。

（3）寻址方式方面。如操作数的寻址方式是否合法、两操作数寻址方式是否相匹配。

本书介绍指令系统所用的一些英文缩写如下。

SR:段寄存器

UR:通用寄存器,UR_8:8 位通用寄存器,UR_{16}:16 位通用寄存器

N 或 n:立即数　　　　　　　　　　　　F:标志位

M 或[EA]:存储器操作数　　　　　　　/:或

B:字节,W:字,DW:双字

DST:目的操作数,SRC:源操作数,OD:操作数

3.3.1 传送类指令(12 条)

传送类指令又可分为 5 小类:一般传送、交换传送、堆栈传送、地址传送和标志传送。传送类指令总体分类情况如图 3.6 所示。

1. 一般传送

一般传送只有一条指令即 MOV(赋值)指令。

MOV 指令的 6 个要点如下:

助　记　符　　MOV

基本格式　　MOV DST,SRC

数据类型　　B/W

寻址方式

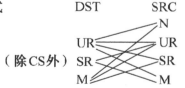

```
                    一般传送　MOV　　　赋值
         交换传送　┌XCHG　　互换
                   └XLAT　　换码
         堆栈传送　┌PUSH　　进栈
                   └POP　　 出栈
传送类指令          ┌LEA　　 装载 EA
         地址传送　│LDS　　 装载 EA 及 DS
                   └LES　　 装载 EA 及 ES
                   ┌LAHF　　PSW 低 8 位送 AH
         标志传送　│SAHF　　AH 送 PSW 低 8 位
                   │PUSHF　 PSW 进栈
                   └POPF　　出栈给 PSW
```

图 3.6　传送类指令分类

功　　能　　将第二操作数送给第一操作数,即 DST←SRC

对 F 影响　　无

依据寻址方式共有 9 根连线,所以下面分 9 种情况进行举例说明。

① N→UR 例(特别注意数据表示范围)

例 3.9

```
    MOV    AL,80         ;AL = 80 = 50H
    MOV    AX,80         ;AX = 80 = 0050H
    MOV    BX,1200
    MOV    CX,N          ;N 为常量
    MOV    AX,DATA       ;DATA 为段名,段名代表段的段地址
    错:MOV  CL,300        ;数据 300 超出字节表示范围
```

② N→M 例(特别注意类型要明确)

例 3.10

```
MOV   A,8                 ;A 为变量名,8 的类
                           型由 A 的变量类型决定
MOV   BYTE PTR [BX],8;字节传送,如图 3.7 左
MOV   WORD PTR [BX],8;字传送,如图 3.7 右
错:MOV  [SI],8            ;类型不明确
```

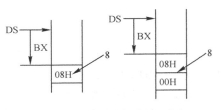

图 3.7 字节/字操作的不同

③ UR→UR 例(特别注意类型要匹配)

例 3.11

```
MOV   AL,AH
MOV   BH,DL
MOV   SP,AX
MOV   CX,CX
错:MOV   CX,BL            ;类型不匹配
```

④ UR→SR 例(特别注意 CS 不能作为目的操作数及类型要匹配)

例 3.12

```
MOV   DS,AX
MOV   ES,DX
错:MOV   CS,AX            ;CS 不能作为目的操作数
错:MOV   SS,CL            ;CL 为字节类型,类型不匹配
```

⑤ UR→M 例(类型由 UR 决定,若变量与 UR 类型不一致,则需类型转换)

例 3.13

```
MOV   [20H],AL
MOV   [BX],BX
MOV   ES:[BP],CX
MOV   A,DX                ;A 为字变量
错:MOV   A,DL             ;A 为字变量,应为上句或 MOV BYTEPTR A,DL
```

⑥ SR→UR 例(特别注意类型要匹配)

例 3.14

```
MOV   AX,CS
MOV   BX,SS
错:MOV   CL,DS            ;类型不匹配
```

⑦ SR→M 例(M 的类型必须为字)

例 3.15

```
MOV   CS:[BX],DS
MOV   [BP],SS
错:MOV   B,CS             ;若 B 为字节变量,则类型不匹配
```

⑧ M→UR 例(类似于 UR→M,只是方向相反)

例 3.16

```
MOV   AL,[20H]
MOV   BX,[BX]
```

⑨ M→SR 例(类似于 SR→M,只是方向相反,而且 SR 不能是 CS)

例 3.17

```
MOV   DS,SS:[20H]
```

20

```
MOV    SS,[BP]
```

另外,有三根连线是没有连接的,如特别要注意:N 不能送给 SR,SR 不能送给 SR 以及 M 不能送给 M,否则是错误的,如①MOV DS,1000H   ②MOV DS,CS   ③MOV A,B;A、B 均为变量,变量实质是存储器的直接寻址方式。又如 MOV AX,[CX] 等不能随便用某一数据加[ ]实现存储器寻址。操作数的寻址方式实质上是指令可以操作的数据形式。

例 3.18　不能直接赋值时,可以通过间接赋值来实现。

```
MOV    AX,DATA
MOV    DS,AX                ;实现将 DATA 段地址送 DS

MOV    AX,CS
MOV    DS,AX                ;实现将 CS 送 DS

MOV    AL,A
MOV    B,AL                 ;A,B 为字节变量,实现将 A 的值送给 B
```

例 3.19　用 MOV 实现两数互换,例如 AX 与 BX 互换可用以下指令序列。

```
MOV    CX,AX
MOV    AX,BX
MOV    BX,CX
```

如果使用互换 XCHG 指令:XCHG AX,BX,则更为简单。

2. 交换传送

交换传送有两条指令:XCHG(互换)和 XLAT(换码)。

(1) XCHG

XCHG 指令的 6 个要点如下:

助 记 符   XCHG
基本格式   XCHG OD1,OD2
数据类型   B/W
寻址方式   OD1   OD2
            UR ＼ ／ UR
            M ／ ＼ M

功　　能   将第二操作数与第一操作数的值互换,即 OD1 ⟵⟶OD2
对 F 影响   无

根据 XCHG 的寻址方式,可见 SR 不能参加互换、立即数不能参加互换以及 M 与 M 不能互换,互换指令要求至少一端操作数为通用寄存器、另一端为通用寄存器或存储器操作数。

例 3.20

```
XCHG    AX,BX
XCHG    AL,AH
XCHG    CL,[BX]
XCHG    [DI],DX
```

例 3.21　A ⟵⟶B(A、B 为字节变量)

```
MOV    AL,A
XCHG   AL,B
```

```
        MOV    A,AL
```

（2）XLAT

XLAT 指令的 6 个要点如下：

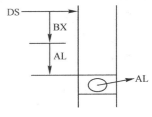

图 3.8　XLAT 的功能

助 记 符	XLAT
基本格式	XLAT［代码表的起始地址］
数据类型	隐含
寻址方式	隐含
功　　能	（BX+AL）→AL
对 F 影响	无

XLAT 经常用于将序号码转换成 ASCII 码、键盘按键代码以及显示代码等其他码元。实际使用时用 BX 指向待转换代码表的起始地址，而且 AL 为代码表的第几个的序号，然后才使用 XLAT 指令实现换码。其功能图如图 3.8 所示。程序如下（可参照表 13.1 介绍显示代码的转换）：

```
        MOV    BX,OFFSET 码表         ;将码表的首地址送 BX
        MOV    AL,序号               ;将需转换的第几个送 AL
        XLAT                         ;将 DS:(BX+AL)对应存储单元内容送 AL
```

3. 堆栈传送

堆栈传送有两条指令：PUSH（进栈）和 POP（出栈）。堆栈操作的基本方法是先进后出和后进先出。在程序调用以及中断调用的子程序中一般使用 PUSH 和 POP 指令实现现场信息的保护及恢复。

（1）PUSH

PUSH 指令的 6 个要点如下：

助 记 符	PUSH
基本格式	PUSH SRC
数据类型	W,只能为字操作
寻址方式	SRC 可以为 SR、UR_{16}、M_{16}
功　　能	将 SRC 的内容压入栈顶,即①SP＝SP−2,②SRC→（SP）
对 F 影响	无

从上可知,PUSH 指令只能是字操作,立即数不能进栈。

例 3.22

合法的例子如下：

```
        PUSH    CS
        PUSH    BX
        PUSH    A                    ;A 为字变量
        PUSH    WORD PTR［BX］
        PUSH    ［BX］                ;一定为字操作,所以类型说明可省略
```

非法的例子如下：

```
        PUSH    AL                   ;字节不能进栈
        PUSH    B                    ;若 B 为字节变量,则不对
        PUSH    1000H                ;立即数不能进栈
```

（2）POP

POP 指令的 6 个要点如下：

助 记 符　　POP

基本格式　　POP DST

数据类型　　W,只能为字操作

寻址方式　　DST 可以为 SR(除 CS 外)、UR_{16}、M_{16}

功　　能　　将栈顶元素出栈给 DST,即①(SP)→DST,②SP = SP+2

对 F 影响　　无

从上可知,POP 指令只能是字操作,立即数和 CS 不能作为目的操作数。

例 3.23

合法的例子如下：

```
POP    DS
POP    BX
POP    A                    ;A 为字变量
POP    WORD PTR  [BX]
POP    [BX]                 ;一定为字操作,所以类型说明可省略
```

非法的例子如下：

```
POP    AL        ;不能出栈给字节
POP    B         ;若 B 为字节变量,则不对
POP    CS        ;CS 不能作为出栈对象
```

用 PUSH 和 POP 的组合也可实现两数的互换,例如实现 AX 与 BX 的互换可用以下指令序列,但一般不建议采用,因为速度慢。

例 3.24　互换原理如图 3.9 所示。

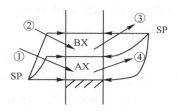

```
PUSH   AX    ;①
PUSH   BX    ;②
POP    AX    ;③
POP    BX    ;④
```

图 3.9　堆栈操作示意图

4. 地址传送

地址传送有 3 条指令:LEA(送有效地址)、LDS(置有效地址及 DS 段地址)和 LES(置有效地址及 ES 段地址)。

（1）LEA

LEA 指令的 6 个要点如下：

助 记 符　　LEA

基本格式　　LEA UR_{16},[EA]

数据类型　　隐含

寻址方式　　包含在基本格式中

功　　能　　将第二操作数存储器操作数的偏移地址送给第一操作数指定的 16 位通用寄存器,即 EA→UR_{16}

对 F 影响　　无

LEA 这条指令在后面编程中是常用的一条指令,经常用某一地址寄存器(BX/BP/SI/DI)指向某一存储单元(相当于高级语言中的指针变量的赋值)。例如换码指令 XLAT 要求 BX 指向代码表的首址即可用 LEA BX,码表变量名。

例 3.25

LEA	BX,TABLE	;BX 指向 TABLE,即 TABLE 的偏移地址送 BX
		;与 MOV BX,OFFSET TABLE 等价
LEA	SI,[2000H]	;SI=2000H,与 MOV SI,2000H 等价
LEA	DI,[BP]	;DI=BP,与 MOV DI,BP 等价

(2) LDS、LES

LDS 与 LES 很类似,二者联合讲解,指令的 6 个要点如下:

助 记 符　　LDS/LES

基本格式　　LDS/LES UR$_{16}$,[EA]

数据类型　　隐含

寻址方式　　包含在基本格式中

功　　能　　将存储器操作数的第一字送给第一操作数指定的 16 位通用寄存器,并将存储器操作数的第二字送给操作码部分指明的段寄存器 DS/ES。即 (EA)→UR$_{16}$,(EA+2)→DS/ES

对 F 影响　　无

LDS/LES 不但使指定的通用寄存器值发生变化,而且 DS/ES 也会发生变化。例如,LDS BX,[SI];BX=(SI),DS=(SI+2),其功能示意图如图 3.10 所示。

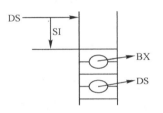

图 3.10　LDS BX,[SI]的功能

5. 标志传送

标志传送有 4 条指令:LAHF(PSW 低 8 位送 AH)、SAHF(AH 送 PSW 低 8 位)、PUSHF(PSW 进栈)和 POPF(出栈给 PSW)。

LAHF 和 SAHF 的功能分别如图 3.11 和图 3.12 所示。

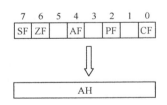

图 3.11　LAHF 的功能

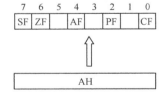

图 3.12　SAHF 的功能

(1) LAHF、SAHF

LAHF/SAHF 指令的 6 个要点如下:

助 记 符　　LAHF/SAHF

基本格式　　LAHF/SAHF

数据类型　　隐含

寻址方式　　隐含

功　　能　　PSW 低 8 位→AH/AH→PSW 低 8 位

对 F 影响　　无/影响除 OF 外的其余 5 个状态标志 SF、ZF、AF、PF 和 CF,AH 的对应位去填充各标志位

LAHF 用于保存除 OF 标志位外的 5 个状态标志于 AH 中。SAHF 则相反,用于从 AH 中恢复 5 个状态标志位。这一对指令主要用于除 OF 外的 5 个状态标志位的保护和恢复。

例 3.26 设置 SF=1,ZF=0,AF=0,PF=1,CF=0。

分析:要置 5 个状态标志位可用 SAHF 指令,先按对应位填充一个立即数送 AH,再用 SAHF 实现将 AH 送 PSW 的低 8 位。

解: MOV　　AH,10000100B;无关位一般填 0,即 84H
　　　SAHF

（2）PUSHF、POPF

PUSHF/POPF 指令的 6 个要点如下:

助　记　符	PUSHF/POPF
基本格式	PUSHF/POPF
数据类型	隐含
寻址方式	隐含
功　　　能	SP=SP-2,PSW→(SP)/(SP)→PSW,SP=SP+2
对 F 影响	无/影响所有状态标志(SF、ZF、AF、PF、OF 和 CF)及所有控制标志(IF、TF 和 DF),弹出的栈顶元素对应位去填充各标志位。PSW 的各位含义如图 3.13 所示。

15	14	13	12	11	10	9	8	7	6	5	4	3	2	1	0
				OF	DF	IF	TF	SF	ZF		AF		PF		CF

图 3.13　PSW 的各位含义

PUSHF/POPF 指令主要用于标志位的保存和恢复,PUSHF 用于保存所有标志位到栈中;POPF 用于从栈中恢复所有标志位。它们是利用堆栈保存和恢复,相对于 LAHF/SAHF 而言速度较慢,所以在只需保存和恢复除 OF 外的 5 个状态标志则最好使用 LAHF/SAHF。

例 3.27　设置 OF=1,DF=0,IF=1,TF=0,SF=1,ZF=0,AF=0,PF=1,CF=0。

分析:要置 9 个状态标志位可用 POPF 指令,先按对应位填充一个立即数送 AX,再将 AX 进栈,而后再用 POPF 实现将栈顶元素出栈送 PSW,即 N→AX→栈→PSW,如图 3.14 所示。(不能直接实现,要学会间接实现,这是汇编编程的一个基本方法。)

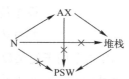

图 3.14　用立即数修改标志位的值

解:MOV　　AX,0000101010000100B;无关位一般填 0,即 0A84H
　　PUSH　AX
　　POPF

3.3.2　算术运算类指令（20 条）

算术运算类指令可分为三小类:加减运算、乘除运算和 BCD 修正。算术运算类指令总体分类情况如图 3.15 所示。

1. 加减运算

加减运算共有 8 条指令,可将其分为两类,有两种分类方法(一种分类方法是分为加法运算和减法运算,另一种分类方法是分为单目运算和双目运算),下面按单、双目分类方法介绍 8 条指令。

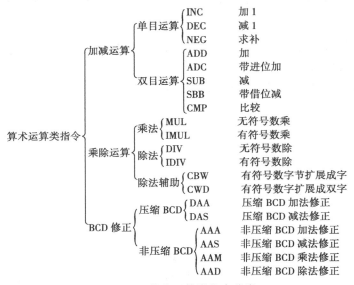

图 3.15 算术运算类指令分类

(1) 单目运算

单目运算指令有 3 条,即 INC(加 1)、DEC(减 1)和 NEG(求补),这 3 条指令的 6 个要点如下:

助 记 符	INC/DEC/NEG
基本格式	INC/DEC/NEG OD
数据类型	B/W
寻址方式	OD 可以为 UR 及 M,即通用寄存器和存储器操作数
功 能	OD=OD+1/OD=OD-1/OD=0-OD
对 F 影响	INC、DEC 对标志位的影响是相同的,除对 CF 标志位无影响外,对其余 5 个状态标志位均有影响;NEG 对 6 个状态标志位均有影响,影响的填充方法按通用填充方法填充

INC 指令用于使某数加 1 后送给自己,DEC 指令用于使某数减 1 后送给自己,NEG 指令是对某数求补(正变负,负变正)后送给自己(注意:不是求补码)。

例 3.28

```
INC    BX                  ;BX=BX+1
DEC    AL                  ;AL=AL-1
INC    BYTE PTR［BX］       ;DS:BX 对应的内存字节单元加 1
DEC    WORD PTR［BP］       ;SS:BP 对应的内存字单元减 1
NEG    DL                  ;DL=-DL,设 DL 原始值为 5,则执行后 DL 为-5,即
                           ;FBH(为-5 的补码),SF=1,PF=0,ZF=0,OF=0,
                           ;CF=1,AF=1
```

可用负数的绝对值求补得到这个负数的补码。这也就是 1.2.5 节所述补码的快速求解方法,负数的补码=0-此数的绝对值=此数绝对值求补。NEG 求补指令只有当对 80H(8 位)或 8000H(16 位)求补时 OF=1,其他情况下 OF=0;只有当对 0 求补时 CF=0,其他情况下 CF=1。INC 加 1 指令只有当对 7FH 或 7FFFH 加 1 时 OF=1。DEC 减 1 指令只有当对 80H 或 8000H 减 1 时 OF=1。

例 3.29 理解下面的程序段,并填充结果。

```
;设 CF=0
MOV   AL,0
MOV   AH,1
DEC   AL
;AX=_____H,CF=_____。
```

分析:主要要理解 AL、AH、AX 三者之间的关系及 DEC 对 CF 无影响。

解:AL=00H−1=FFH,CF 不变,AH 不变,所以 AX=01FFH,CF=0。

(2) 双目运算

双目运算指令有 5 条指令,即 ADD(加)、ADC(带 CF 加)、SUB(减)、SBB(带 CF 减)和 CMP(比较)。这 5 条指令的 6 个要点如下:

助 记 符　　ADD/ADC/SUB/SBB/CMP

基本格式　　ADD/ADC/SUB/SBB/CMP DST,SRC

功　　能　　DST=DST+SRC/DST=DST+SRC+CF/DST=DST−SRC/DST=DST−SRC−CF/DST−SRC

数据类型　　B/W

寻址方式

对 F 影响　　这 5 条指令对 6 个状态标志位均有影响。影响的填充方法按通用填充方法填充

例 3.30　ADD AX,BX;AX=AX+BX

设指令执行前 AX=35C9H,BX=726DH,则执行后 AX=A836H,BX 不变。SF=1,PF=1,ZF=0,OF=1,CF=0,AF=1

例 3.31　ADC BH,DL;BH=BH+DL+CF

设指令执行前 BH=96H,DL=6DH,CF=1,则执行后 BH=04H,DL 不变,SF=0,PF=0,ZF=0,OF=0,CF=1,AF=1

例 3.32　SUB CX,[BX];CX=CX−(BX),字操作

设指令执行前 CX=1296H,DS=2000H,BX=100H,(20100H)=3DH,(20101H)=28H,则(BX)=283DH,执行后 CX=EA59H,BX、(BX)不变,SF=1,PF=1,ZF=0,OF=0,CF=1,AF=1

例 3.33　SBB［DI],BL;(DI)=(DI)−BL−CF,字节操作

设指令执行前 DS=2000H,BL=76H,DI=6DH,(2006DH)=0B2H,CF=1,则(DI)=0B2H,执行后(2006DH)=3BH,DI、BL 不变,SF=0,PF=0,ZF=0,OF=1,CF=0,AF=1

例 3.34　CMP AL,10H

AL−10H,不保存结果,但影响标志,可用于数据大小比较。

设指令执行前 AL=96H,则执行后 AL 不变,AL−10=86H,SF=1,PF=0,ZF=0,OF=0,CF=0,AF=0

无符号数与有符号数的加减运算指令是一致的,但最后判断是否溢出的方法是不同的:无符号数用 CF 判断,CF=1 溢出,否则未溢出;有符号数用 OF 判断,OF=1 溢出,否则未溢出。

CMP 指令主要用于两个数的大小比较,无符号数和有符号数的大小关系比较所用的标志位是不同的。设 A 和 B 为 CMP 指令可以使用的第一操作数和第二操作数。

(1) 无符号数的大小关系相对简单:A>B,即 A 够减 B,则 CF=0 且 ZF=0;A=B,则 ZF=1;

A<B,即 A 不够减 B,则 CF=1。

（2）有符号数的大小关系相对复杂一些,可以举 8 种情况为例,如表 3.2 所示(设为 8 位有符号二进制数补码)。

表 3.2　有符号数大小关系的 8 种情况

类　型	例　子	SF	OF	SF⊕OF	大小关系
正比正	5-3=2=02H	0	0	0	A>B
正比正	3-5=-2=FEH	1	0	1	A<B
负比负	-3--5=2=02H	0	0	0	A>B
负比负	-5--3=-2=FEH	1	0	1	A<B
正比负	5--3=8=08H	0	0	0	A>B
正比负	80--100=180=B4H	1	1	0	A>B
负比正	-5-3=-8=F8H	1	0	1	A<B
负比正	-80-100=-180=76=4EH	0	1	1	A<B

对 8 种情况下的 SF、OF 进行填充,最后得出结论:A>B,SF⊕OF=0 且 ZF=0;A=B,ZF=1;A<B,SF⊕OF=1。

例 3.35　理解下面的程序段,并填充结果。

```
MOV   AX,'爱'
MOV   BX,'AI'
CMP   AX,BX
;SF⊕OF=_____,CF=_____。
```

分析:主要要理解 ASCII 码、汉字内码,以及无符号数、有符号数的大小比较。ASCII 码最高位为 0,汉字内码最高位为 1,所以作为无符号数汉字比英文字符大,作为有符号数汉字比英文字符要小。

解:SF⊕OF=1,CF=0

ADD 与 ADC 配合可用于分段加法,低段用 ADD 加,高段用 ADC 加,例:DX、AX+BX、CX 送给 DX、AX,则可用

```
ADD   AX,CX
ADC   DX,BX
```

两条指令实现。

同理 SUB 与 SBB 配合可用于分段减法,低段用 SUB 减、高段用 SBB 减,例:DX、AX-BX、CX 送给 DX、AX,则可用

```
SUB   AX,CX
SBB   DX,BX
```

两条指令实现。

2. 乘除运算

乘除运算共有 6 条指令:MUL(无符号数乘)、IMUL(有符号数乘)、DIV(无符号数除)、IDIV(有符号数除)、CBW(字节扩展成字)和 CWD(字扩展成双字)。

（1）MUL、IMUL

MUL、IMUL 指令的 6 个要点如下:

助 记 符	MUL/IMUL

基本格式　　MUL/IMUL SRC

数据类型　　B/W

功　　能　　与 SRC 的数据类型有关,SRC 若为字节则为 AL * SRC 送 AX;SRC 若为字则为
AX * SRC 送 DX、AX,DX 保存高 16 位,AX 保存低 16 位

寻址方式　　SRC 只能是 UR 或 M,不能为 N 或 SR

对 F 影响　　对 6 个状态标志均有影响,但只有 CF、OF 有定义,其填充方法为:若字节乘字节
未超过字节表示范围,或字乘字未超过字范围则 CF = 0、OF = 0,否则 CF = 1、
OF = 1

对乘法指令主要注意:一是隐含操作数,被乘数一定为 AL 或 AX,积为 AX 或 DX、AX,不需要在指令中另行指明;二是对 CF、OF 的填充,无符号数只要判断高位段是否为全 0,若是则未超出范围,有符号数只要判断高位段是否为低位的符号位扩展,若是则未超出范围;三是模拟计算,无符号数直接相乘即可,有符号数则需先用绝对值相乘,而后再加符号位(同号得正、异号得负)。

例 3.36　若 AL 为 05H、BL 为 F7H 则 MUL BL 指令执行后 AX =?CF、OF =?

无符号数乘法直接相乘,所以 AX = 05 * F7H = 04D3H、CF = 1、OF = 1。

例 3.37　若 AL 为 05H、BL 为 F7H 则 IMUL BL 指令执行后 AX、CF、OF =?

有符号数乘法先用绝对值相乘,再加符号位,所以 AX = -(05 * 09H) = -2DH = FFD3H、CF = 0、OF = 0。

(2) DIV、IDIV

DIV、IDIV 指令的 6 个要点如下:

助 记 符　　DIV/IDIV

基本格式　　DIV/IDIV SRC

数据类型　　B/W

功　　能　　与 SRC 的数据类型有关,SRC 若为字节则为 AX/SRC 的商送 AL、余数送 AH;
SRC 若为字则为 DX、AX/SRC 的商送 AX、余数送 DX

寻址方式　　SRC 只能是 UR 或 M,不能为 N 或 SR

对 F 影响　　对 6 个状态标志均有影响,但均无定义

对除法指令主要注意:一是隐含操作数,被除数一定为 AX 或 DX、AX,商为 AL 或 AX,余数为 AH 或 DX,不需要在指令中另行指明;二是商超出 AL(除字节)或 AX(除字)范围,不是对 OF 置 1,而是引起 0 号中断即除法溢出中断,一般屏幕上会显示 Divide Overflow 并终止程序的执行,所以特别要注意;三是模拟计算,无符号数直接相除即可,有符号数则需先用绝对值相除,而后再加符号位商的符号(同号得正、异号得负),余数的符号则与被除数相同。

例 3.38　若 AX 为 1005H、BL 为 17H 则 DIV BL 指令执行后 AX =?

无符号数除法直接相除,所以 1005H/17H = 4101/23,商为 178,余数为 7,即 AL = B2H、AH = 07H,因此 AX = 07B2H。

例 3.39　若 AX 为 FF05H、BL 为 17H 则 IDIV BL 指令执行后 AX =?

有符号数除法先用绝对值相除,再加符号位,FF05H 的绝对值为 0 - FF05H = FBH = 251,251/23 的商为 10,余数为 21,商的符号为负,余数的符号也为负,所以 AL = -10 = F6H,AH = -21 = EBH,因此 AX = EBF6H。

（3）CBW、CWD

CBW 和 CWD 指令的 6 个要点如下：

助 记 符	CBW/CWD
基本格式	CBW/CWD
数据类型	隐含
功　　能	CBW 为将 AL 有符号扩展成 AX/CWD 为将 AX 有符号扩展成 DX、AX
寻址方式	隐含
对 F 影响	对标志位无影响

有符号扩展即将较短十六进制数的符号位对要扩展成的较长十六进制数高位全部填充,也就是符号位若为 0,则高位全填 0;符号位若为 1,则高位全填 1。例 AX=5678H,执行 CWD 后,则 DX=0;AX=ABCDH,执行 CWD 后,则 DX=FFFFH。

例 3.40　设 A、B、C 和 D 为字节变量,且 A 除 B 不会溢出,试编写无符号数或有符号数 A/B 商送 C,余数送 D。

```
;无符号数除              ;有符号数除
MOV   AL,A             MOV   AL,A
MOV   AH,0             CBW
DIV   B               IDIV   B
MOV   C,AL            MOV   C,AL
MOV   D,AH            MOV   D,AH
```

例 3.41　理解下面的程序段,并填充结果。

```
MOV   AL,200
MOV   AH,-1
MOV   BL,10
IDIV   BL
;AX=_____H,商十进制为_____。
```

分析:主要要理解除法是谁除谁,AX 除 BL 结果商送 AL,余数送 AH。AX=FFC8H=-56,BL=10,商为-5 即 FBH,余数为-6 即 FAH。

解:AX=FAFBH,商十进制为-5。

3. BCD 修正

BCD 修正共有 6 条指令,可分为压缩 BCD 码修正指令和非压缩 BCD 码修正指令。压缩 BCD 码修正指令有:DAA(加法修正)和 DAS(减法修正)。非压缩 BCD 码修正指令有 AAA(加法修正)、AAS(减法修正)、AAM(乘法修正)和 AAD(除法修正)。应注意,参加运算的数是 BCD 码,修正后的数仍是 BCD 码。

（1）DAA、DAS

DAA、DAS 指令的 6 个要点如下：

助 记 符	DAA/DAS
基本格式	DAA/DAS
数据类型	隐含
功　　能	①若 AL 的低 4 位落在 A 至 F 或 AF=1,则 AL=AL±6 且置 AF 为 1;②若 AL 的高 4 位落在 A 至 F 或 CF=1,则 AL=AL±60H,且置 CF 为 1
寻址方式	隐含

| 对 F 影响 | 对状态标志位 OF 有影响无定义,其余有影响有定义,SF、PF 和 ZF 按一般填充方法填充,AF 和 CF 依功能描述方法填充 |

DAA 一般跟在第一操作数为 AL 的 ADD 或 ADC 指令之后,用于对压缩 BCD 码加法的修正。同样,DAS 一般跟在第一操作数为 AL 的 SUB 或 SBB 指令之后,用于对压缩 BCD 码减法的修正。

例 3.42 用压缩 BCD 码实现 35+48 送 AL。

```
MOV    AL,35H
ADD    AL,48H      ;AL=7DH
DAA                ;AL=83H,低 4 位加 6 修正了,AF=1,CF=0,SF=1,ZF=0,PF=0
```

例 3.43 用压缩 BCD 码实现 75-48 送 AL。

```
MOV    AL,75H
SUB    AL,48H      ;AL=2DH
DAS                ;AL=27H,低 4 位减 6 修正了,AF=1,CF=0,SF=0,ZF=0,PF=1
```

(2) AAA、AAS

AAA、AAS 指令的 6 个要点如下:

助 记 符	AAA/AAS
基本格式	AAA/AAS
数据类型	隐含
功　　能	①若 AL 的低 4 位落在 A 至 F 或 AF=1,则 AL=AL±6 且置 AF、CF 为 1,否则 AF、CF 为 0;②AH=AH±CF ③清除 AL 的高 4 位
寻址方式	隐含
对 F 影响	对状态标志位 OF、SF、PF 和 ZF 有影响无定义,AF 和 CF 有影响有定义,依功能描述方法填充

AAA 一般跟在第一操作数为 AL 的 ADD 或 ADC 指令之后,用于对非压缩 BCD 码加法的修正。同样,AAS 一般跟在第一操作数为 AL 的 SUB 或 SBB 指令之后,用于对非压缩 BCD 码减法的修正。

例 3.44 用非压缩 BCD 码实现 35+8 送 AX。

```
MOV    AX,0305H
ADD    AL,8H       ;AX=030DH
AAA                ;AX=0403H,个位加 6 修正了,十位加 1 修正,AF=1,CF=1
```

例 3.45 用非压缩 BCD 码实现 75-6 送 AX。

```
MOV    AX,0705H
SUB    AL,6H       ;AX=07FFH
AAS                ;AX=0609H,个位减 6 修正了,十位减 1 修正,AF=1,CF=1
```

(3) AAM、AAD

AAM、AAD 指令的 6 个要点如下:

助 记 符	AAM/AAD
基本格式	AAM/AAD
数据类型	隐含
功　　能	AX/10 的商送 AH,余数送 AL/AH * 10+AL 送 AX

寻址方式	隐含
对 F 影响	对状态标志位 OF、AF 和 CF 有影响无定义,SF、PF 和 ZF 有影响有定义,按通用方法填充

AAM 是先乘后修正,可以用于将低于 63H(99) 的十六进制数分解为十位数和个位数,十位数存于 AH,个位数存于 AL。AAD 先修正再除,可以用于实现将非压缩 BCD 码转化为十六进制数据。

例 3.46 用非压缩 BCD 码实现 5 * 8 送 AX。

```
MOV   AL,5
MOV   BL,8
MUL   BL            ;AX = 0028H
AAM                 ;AX = 0400H,即将十六进制数 0028H 变成非压缩 BCD 码 0400H
```

例 3.47 用非压缩 BCD 码实现 25/8 送 AX。

```
MOV   AX,0205H      ;AX = 0205H
MOV   BL,8
AAD                 ;AX = 0019H,即将非压缩 BCD 码 0205H 变成十六进制数 0019H
DIV   BL            ;AX = 0103H,即商为 3、余数为 1
```

3.3.3 位运算类指令(12 条)

位运算类指令分为逻辑运算和移位运算两小类。具体分类如图 3.16 所示。

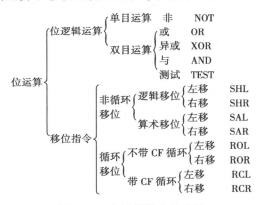

图 3.16 位运算指令的分类

1. 逻辑运算

逻辑运算共有 5 条指令:NOT(非)、OR(或)、XOR(异或)、AND(与)和 TEST(测试)。

(1) 单目运算 NOT

单目运算 NOT 指令的 6 个要点如下:

助 记 符	NOT
基本格式	NOT OD
数据类型	B/W
功　　能	OD 按位取反后送自己,相当于 OD = -(OD+1)
寻址方式	OD 只能是 UR 或 M,不能为 N 或 SR
对 F 影响	无

（2）双目运算 OR、XOR、AND、TEST

双目运算 OR、XOR、AND、TEST 指令的 6 个要点如下：

助 记 符	OR/XOR/AND/TEST
基本格式	OR/XOR/AND/TEST DST,SRC
功　　能	DST＝DST∨SRC/DST＝DST⊕SRC/DST＝DST∧SRC /DST∧SRC
数据类型	B/W

寻址方式
$$
\begin{array}{ccc}
\text{DST} & & \text{SRC} \\
\text{UR} & \diagdown\diagup & \text{N} \\
\text{M} & \diagup\diagdown & \text{UR} \\
& & \text{M}
\end{array}
$$

对 F 影响　　这 4 条指令对 6 个状态标志位均有影响。AF 无定义,CF 和 OF 清 0,SF、PF 和 ZF 按通用填充方法填充

这 5 条指令的作用分别是：NOT 用于使所有位置反；OR 用于使某些位置 1 某些位不变（需置 1 的位与 1 或、不变的位与 0 或）；XOR 用于使某些位置反某些位不变（需置反的位与 1 异或、不变的位与 0 异或）；AND 用于使某些位清 0 某些位不变（需清 0 的位与 0 与、不变的位与 1 与）；TEST 用来测试判断某些位是否同时为 0（被测试位与 1 测试,其余位与 0 测试）,如用 TEST AL,80H,可根据 ZF 标志位判断 AL 的正负。

例 3.48　要使 AX 的 1、3、5 和 15 位置反,0、2、4 和 13 位清 0,6、10、12 和 14 位置 1,其余位不变。

```
XOR   AX,802AH        ;1000 0000 0010 1010B
AND   AX,0DFEAH       ;1101 1111 1110 1010B
OR    AX,5440H        ;0101 0100 0100 0000B
```

2. 移位运算

移位运算共有 8 个助记符,其中 SHL 与 SAL 完全等价,所以认为有 7 条指令。

（1）非循环移位 SHL/SAL、SHR、SAR

非循环移位 SHL/SAL、SHR、SAR 指令的 6 个要点如下：

助 记 符	SAL/SHR/SAR
基本格式	SAL/SHR/SAR OD,1/CL
数据类型	B/W
功　　能	OD 左移 1/CL 位送 OD/OD 逻辑右移 1/CL 位送 OD/OD 算术右移 1/CL 位送 OD,如图 3.17 所示。
寻址方式	OD 只能是 UR 或 M,不能为 N 或 SR。后面的移位次数只能是 1 或 CL,不能出现其他数据。
对 F 影响	这 3 条指令对 6 个状态标志位均有影响。AF 无定义;OF 移 1 次时有定义（正变负、负变正则为 1,否则为 0）;移多次时无定义;CF 是最后移出的那位二进制的值;SF、PF 和 ZF 按通用填充方法填充。

SHL/SAL 主要用于使某数乘以 2 的 n 次方,SHR 主要用于使某无符号数除以 2 的 n 次方,SAR 主要用于使某有符号数除以 2 的 n 次方。

（2）循环移位 ROL、ROR、RCL、RCR

循环移位 ROL、ROR、RCL、RCR 指令的 6 个要点如下：

助 记 符	ROL/ROR/RCL/RCR

基本格式	ROL/ROR/RCL/RCR OD,1/CL
数据类型	B/W
功　能	OD 左循环移 1/CL 位送 OD/OD 右循环移1/CL位送 OD/OD 带进位左循环移 1/CL 位送 OD/OD 带进位右循环移 1/CL 位送 OD,如图 3.17 所示
寻址方式	OD 只能是 UR 或 M,不能为 N 或 SR。后面的移位次数只能是 1 或 CL,不能出现其他数据
对 F 影响	这 4 条指令对 OF 和 CF 标志位有影响。OF 移 1 次时有定义(正变负、负变正则为 1,否则为 0),移多次时无定义,CF 是最后移出的那位二进制的值

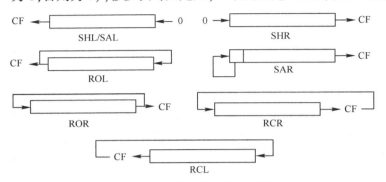

图 3.17　移位指令功能示意图

例 3.49　将 AL 中的压缩 BCD 码转化为两个字节的 ASCII 码送 BX。

```
MOV   BH,AL
MOV   CL,4
SHR   BH,CL       ;右移 4 位,获取高 4 位
ADD   BH,30H      ;加 30H 变成相应的 ASCII 码
MOV   BL,AL
AND   BL,0FH      ;高 4 位清 0,获取低 4 位
OR    BL,30H      ;或 30H 变成相应的 ASCII 码
```

例 3.50　不用乘法指令编写程序段实现 AX 乘以 10 送 AX(设不会溢出)。

```
用移位指令               用加法指令
SHL   AX,1              ADD   AX,AX
MOV   BX,AX             MOV   BX,AX
SHL   AX,1              ADD   AX,AX
SHL   AX,1              ADD   AX,AX
ADD   AX,BX            ADD   AX,BX
```

例 3.51　编写程序段实现 DX 和 AX 中 32 位二进制数左循环移 1 位,如图 3.18 所示。

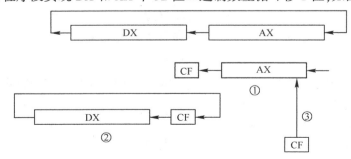

图 3.18　DX、AX 左循环移位一次

```
SHL    AX,1
RCL    DX,1
ADC    AX,0
```

3.3.4　CPU 控制类指令(12 条)

CPU 控制类指令相对比较简单,主要是把它们的功能搞清楚。

CLI　　　;IF=0
STI　　　;IF=1
CLD　　　;DF=0
STD　　　;DF=1
CLC　　　;CF=0
STC　　　;CF=1
CMC　　　;CF 置反
NOP　　　;空指令,机器指令占一字节,主要用在 DEBUG 环境下编程时填空或抹除指令
HLT　　　;暂停,使 CPU 进入暂停状态,当有外部中断或复位时处理器才退出暂停操作状态。
　　　　　在 DEBUG 中可作为程序结束;但作为完整汇编编程时不可使用,否则就会出现类
　　　　　似死机现象
ESC　　　;交权给协处理器
WAIT　　;等待协处理器处理完毕
LOCK　　其他某指令;在其他某指令执行期间对总线加锁,避免其他部件(如协处理器 NPU、
　　　　　DMA 控制器 DMAC)对总线的抢用

3.3.5　I/O 类指令(2 条)

I/O 指令只有两条指令,输入 IN 指令和输出 OUT 指令。

IN　　　AL/AX,PORT/DX　　　;"/"代表或的关系,所以可一分为四
OUT　　PORT/DX,AL/AX　　　;"/"代表或的关系,所以可一分为四

　　IN/OUT 指令主要注意两方面的问题:一是端口直接寻址方式与端口间接寻址方式的区别
(PORT 代表端口直接寻址,其取值范围为 0~255 即 00H~FFH,DX 代表用 DX 寄存器中的内容作
为端口地址,显然其取值范围为 0~65 535 即 0000H~FFFFH);二是字节操作还是字操作,字节直
接对端口地址所对应的端口进行输入或输出,字则是对指定的端口地址对应的端口及指定的端口
地址+1 所对应的端口进行输入或输出,低地址对应 AL,高地址对应 AH,如图 3.19 所示。

图 3.19　字输入或输出功能示意图

3.3.6　串操作类指令(13 条)

　　串操作类指令共有 13 条指令,其中 3 条是前缀指令,另外 10 条是具体操作的指令,其分类情
况如图 3.20 所示。
　　串具体操作指令的共性主要有两点:第一点是源串指针,是 DS:SI,目的串指针是 ES:DI(可见

```
```

表 3.1);第二点是不论哪种串具体操作都包含两部分功能,即完成指定的串操作并修改串指针为下一次串操作做好准备,串指针变化方法如表 3.3 所示。串操作前缀指令本身对标志位无影响。

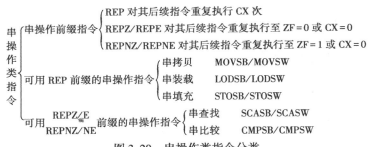

图 3.20 串操作类指令分类

表 3.3 串指针变化

DF\\B/W	B	W
0	+1	+2
1	−1	−2

1. REP 前缀指令

REP 后可跟 MOVSB、MOVSW、LODSB、LODSW、STOSB 和 STOSW 6 条指令。在此仅用 REP MOVSB 作为例子说明其执行流程,如图 3.21 所示。当 CX 初值为 0,循环次数为 0 次时,很明显属于非循环结构。

2. REPE/REPZ 前缀指令

REPE/REPZ 后可跟 SCASB、SCASW、CMPSB 和 CMPSW 4 条指令。REPE 与 REPZ 是等价指令,在此以 REPE CMPSB 为例说明其执行流程,如图 3.22 所示。

3. REPNE/REPNZ 前缀指令

REPNE/REPNZ 后可跟 SCASB、SCASW、CMPSB、CMPSW 4 条指令。REPNE 与 REPNZ 是等价指令,在此以 REPNE SCASB 为例说明其执行流程,如图 3.23 所示。

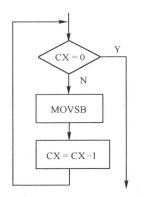 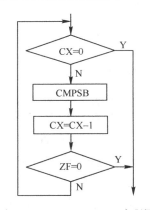 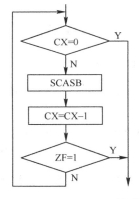

图 3.21 REP MOVSB 流程图　　图 3.22 REPE CMPSB 流程图　　图 3.23 REPNE SCASB 流程图

4. 串拷贝指令

MOVSB 和 MOVSW 指令的 6 个要点如下:

助 记 符　　MOVSB/MOVSW

基本格式　　MOVSB/MOVSW

数据类型　　隐含(前一条指令是 B,后一条指令是 W)

功　　能　　$(DS:SI) \xrightarrow{B/W} (ES:DI)$,SI、DI±1/±2(见表 3.3)

寻址方式　　隐含

对 F 影响　　无影响

这两条指令的隐含已知条件有：DS:SI 指向源串，ES:DI 指向目的串，DF 标志位，加 REP 前缀时还需预置串操作次数 CX。

例 3.52 设已有定义

```
STR1    DB      "SDYUIU45LHGU"      ;定义字符串
N       EQU     $ -STR1             ;定义串长
STR2    DB      N   DUP (?)
```

试编写实现将 STR1 复制到 STR2 的功能程序段。

```
解：MOV    SI,SEG STR1              ;使 DS:SI 指向 STR1
    MOV    DS,SI
    MOV    SI,OFFSET STR1
    MOV    DI,SEG STR2              ;使 ES:DI 指向 STR2
    MOV    ES,DI
    MOV    DI,OFFSET STR2
    CLD
    MOV    CX,N                     ;N 为重复操作次数
    REP    MOVSB
```

5. 串装载指令

LODSB 和 LODSW 指令的 6 个要点如下：

助 记 符	LODSB/LODSW
基本格式	LODSB/LODSW
数据类型	隐含（前一条指令是 B，后一条指令是 W）
功　　能	$(DS:SI) \xrightarrow{B/W} AL/AX, SI \pm 1/\pm 2$（见表 3.3）
寻址方式	隐含
对 F 影响	无影响

这两条指令虽然可加 REP 前缀，但一般都不加。因为若加了，虽然串操作会重复多次做，但只有最后一次从串中取出的数据存在 AL/AX 中。

这两条指令的隐含已知条件有：DS:SI 指向源串，DF 标志位，加 REP 前缀时还需预置串操作次数 CX。

6. 串填充指令

STOSB 和 STOSW 指令的 6 个要点如下：

助 记 符	STOSB/STOSW
基本格式	STOSB/STOSW
数据类型	隐含（前一条指令是 B，后一条指令是 W）
功　　能	$AL/AX \xrightarrow{B/W} (ES:DI), DI \pm 1/\pm 2$（表 3.3）
寻址方式	隐含
对 F 影响	无影响

这两条指令的隐含已知条件有：AL/AX 存放用于填充的字节/字数据，ES:DI 指向目的串，DF 标志位，加 REP 前缀时还需预置串操作次数 CX。

例 3.53 设已有定义

```
STR    DB    50 DUP(?)
N      EQU   $ -STR
```

试编写实现将 STR 中的所有字符填充为'B'的功能程序段。

```
解:MOV    DI,SEG STR
   MOV    ES,DI
   MOV    DI,OFFSET STR
   CLD
   MOV    CX,N
   MOV    AL,'B'
   REP    STOSB
```

7. 串查找指令

SCASB 和 SCASW 指令的 6 个要点如下:

助 记 符	SCASB/SCASW
基本格式	SCASB/SCASW
数据类型	隐含(前一条指令是 B,后一条指令是 W)
功　能	$AL/AX \overset{B/W}{——} (ES:DI), DI\pm1/\pm2$(见表 3.3)
寻址方式	隐含
对 F 影响	对 6 个状态标志均有影响,按通用方法填充

这两条指令的隐含已知条件有:AL/AX 存放待查找字节/字数据,ES:DI 指向目的串,DF 标志位,加 REPZ/E 或 REPNE/NZ 前缀时还需预置串操作次数 CX。

例 3.54 设已有定义

```
STR    DB    "Sdfikjwsmfw893240pYUIUKLHGUkjdshf8"
N      EQU   $ -STR
```

试编写实现在 STR 中查找是否存在'A'的功能程序段。

```
解:MOV    DI,SEG STR   ;使 ES:DI 指向 STR
   MOV    ES,DI
   MOV    DI,OFFSET STR
   CLD
   MOV    CX,N
   MOV    AL,'A'
   REPNE  SCASB
```

执行后可用 ZF 标志位判断查找是否成功,ZF=1 代表成功即 STR 串中存在'A',ZF=0 代表不成功即 STR 串中不存在'A'。

8. 串比较指令

CMPSB 和 CMPSW 指令的 6 个要点如下:

助 记 符	CMPSB/CMPSW
基本格式	CMPSB/CMPSW
数据类型	隐含(前一条指令是 B,后一条指令是 W)
功　能	$(DS:SI) \overset{B/W}{——} (ES:DI), SI、DI\pm1/\pm2$(见表 3.3)

寻址方式　　隐含

对 F 影响　　对 6 个状态标志均有影响,按通用方法填充

这两条指令的隐含已知条件有:DS:SI 指向源串,ES:DI 指向目的串,DF 标志位,加 REPZ/E 或 REPNE/NZ 前缀时还需预置串操作次数 CX。

例 3.55 设已有定义

STR1	DB	"SDYUIU45LHGU"	
N1	EQU	$ -STR1	;N1 为 STR1 串长
STR2	DB	"SDYUIU45LHGU"	
N2	EQU	$ -STR2	;N2 为 STR2 串长

试编写实现判断 STR1 与 STR2 是否相等的功能程序段。

分析:两串相等,首先串长要相等,然后对应字符要相同。

解:

	MOV	AL,N1	
	CMP	AL,N2	
	JNE	NOTEQUAL	;串长不等转不等处
	MOV	SI,SEG STR1	;使 DS:SI 指向 STR1
	MOV	DS,SI	
	MOV	SI,OFFSET STR1	
	MOV	DI,SEG STR2	;使 ES:DI 指向 STR2
	MOV	ES,DI	
	MOV	DI,OFFSET STR2	
	CLD		
	MOV	CX,N1	
	REPE	CMPSB	
	JNE	NOTEQUAL	;不等时转移
⋮			
EQUAL:	...		;相等时
⋮			
NOTEQUAL:	...		;不等时

3.3.7　转移类指令(26 条)

转移类指令可分为无条件转移、程序调用与返回、中断调用与返回和有条件转移四小类。前面介绍 CPU 中的寄存器时讲过 CS:IP 的内容是下一条待执行指令的起始地址,作用是用来控制程序的执行流程,所以转移类指令实质上就是如何形成 CS 和 IP 的值,若 CS 不变则属于段内转移,若 CS 变化则属于段间转移。所有的条件转移指令后均跟标号,属于短转移。学习转移类指令主要是掌握其会转到何处。转移类对标志位均无影响。

转移类指令的分类如图 3.24 所示。

1. 无条件跳转

无条件跳转指令 JMP,有六种寻址方式,如图 3.25 所示。

标号是某条指令的起始地址的标志,定义标号与高级语言一样,标号名后加":"即可,具体请参看 4.1 节。

① 短转移 JMP SHORT 标号

其机器指令占用两字节:第一字节为操作码 EBH,第二字节为 8 位有符号数偏移量 D_8。其新的

IP＝当前 IP+D_8＝IP_{JMP}+2+D_8。例：设当前转移指令 IP 为 1000H，D_8＝20H，则新 IP＝1000H+2+20H＝1022H，若 D_8＝E8H（负数），则新 IP＝1000H+2+FFE8H（有符号扩展）＝0FEAH。短转移的相对偏移量为 8 位二进制有符号数，所以相对于当前 IP 偏移范围为−128～127，又因为短转移指令是 2 字节指令，指令取出后当前 IP 已是短转移指令处的 IP+2，因此相对短转移指令本身的偏移范围为−126～129。

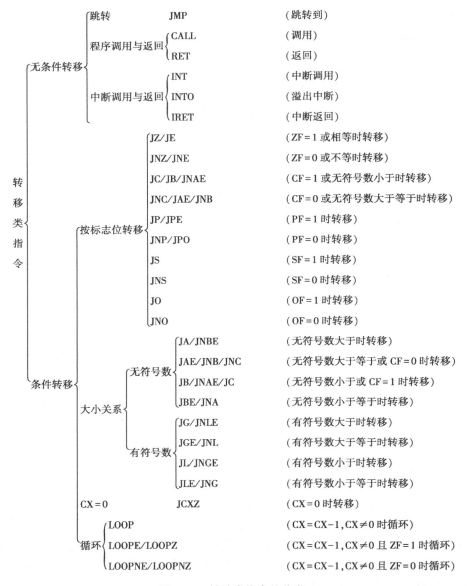

- 转移类指令
  - 无条件转移
    - 跳转：JMP（跳转到）
    - 程序调用与返回
      - CALL（调用）
      - RET（返回）
    - 中断调用与返回
      - INT（中断调用）
      - INTO（溢出中断）
      - IRET（中断返回）
  - 条件转移
    - 按标志位转移
      - JZ/JE（ZF＝1 或相等时转移）
      - JNZ/JNE（ZF＝0 或不等时转移）
      - JC/JB/JNAE（CF＝1 或无符号数小于时转移）
      - JNC/JAE/JNB（CF＝0 或无符号数大于等于时转移）
      - JP/JPE（PF＝1 时转移）
      - JNP/JPO（PF＝0 时转移）
      - JS（SF＝1 时转移）
      - JNS（SF＝0 时转移）
      - JO（OF＝1 时转移）
      - JNO（OF＝0 时转移）
    - 大小关系
      - 无符号数
        - JA/JNBE（无符号数大于时转移）
        - JAE/JNB/JNC（无符号数大于等于或 CF＝0 时转移）
        - JB/JNAE/JC（无符号数小于或 CF＝1 时转移）
        - JBE/JNA（无符号数小于等于时转移）
      - 有符号数
        - JG/JNLE（有符号数大于时转移）
        - JGE/JNL（有符号数大于等于时转移）
        - JL/JNGE（有符号数小于时转移）
        - JLE/JNG（有符号数小于等于时转移）
    - CX＝0：JCXZ（CX＝0 时转移）
    - 循环
      - LOOP（CX＝CX−1，CX≠0 时循环）
      - LOOPE/LOOPZ（CX＝CX−1，CX≠0 且 ZF＝1 时循环）
      - LOOPNE/LOOPNZ（CX＝CX−1，CX≠0 且 ZF＝0 时循环）

图 3.24　转移类指令的分类

- JMP 指令的寻址方式
  - 段内转移（IP 变）
    - 直接转移（相对转移）
      - 短转移　JMP　SHORT　标号　　新 IP＝IP+D_8＝IP_{JMP}+2+D_8
      - 近转移　JMP　NEAR　PTR　标号　　新 IP＝IP+D_{16}＝IP_{JMP}+3+D_{16}
    - 间接转移（绝对转移）
      - R 间接转移　JMP　UR_{16}　　新 IP＝UR_{16}
      - M 间接转移　JMP　WORD　PTR [EA]　　新 IP＝(EA)
  - 段间转移（CS、IP 均变）
    - 直接转移　JMP　FAR　PTR　标号　　新 IP＝(IP_{JMP}+1)，新 CS＝(IP_{JMP}+3)
    - 间接转移　JMP　DWORD　PTR　[EA]　　新 IP＝(EA)，新 CS＝(EA+2)

图 3.25　指令转移的寻址方式

② 近转移 JMP NEAR PTR 标号

其机器指令占用三字节:第一字节为操作码 E9H,第二字节为 16 位有符号数偏移量的低 8 位 $D_{16低}$,第三字节为 16 位有符号数偏移量的高 8 位 $D_{16高}$。其新的 $IP = $ 当前 $IP + D_{16} = IP_{JMP} + 3 + D_{16}$。例:设当前转移指令 IP 为 1000H,$D_{16} = 2620H$,则新 $IP = 1000H + 3 + 2620H = 3623H$,若 $D_{16} = F2E8H$,则新 $IP = 1000H + 3 + F2E8H = 02EBH$。

③ 段内寄存器间接转移 $JMP \ UR_{16}$

主要使用 JMP BX 指令,BX 的值一般为某分支程序的入口地址,所以用这条指令可实现多分支转移。其新的 IP 值 $= BX$。

④ 段内存储器间接转移 JMP WORD PTR [EA]

(EA)对应的字存储单元中的内容送 IP,如图 3.26 所示。即新 $IP = (EA)$。

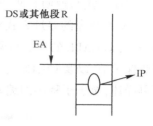

图 3.26 段内存储器间接转移

⑤ 远转移 JMP FAR PTR 标号

这条指令的机器指令长度为五字节:第一字节为操作码 EAH,随后 2 字节为转移到的目标处的偏移地址送 IP,再随后 2 字节为转移到的目标处的段地址送 CS。即新 $IP = (CS:IP_{JMP} + 1)$,新 $CS = (CS:IP_{JMP} + 3)$。

⑥ 段间存储器间接转移 JMP DWORD PTR [EA]

(EA)对应的字存储单元中的内容送 IP,(EA+2)对应的字存储单元中的内容送 CS,如图 3.27 所示。即新 $IP = (EA)$,$CS = (EA+2)$。

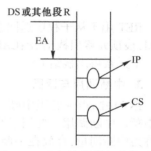

图 3.27 段间存储器间接转移

三种无条件直接转移(短转移、近转移、远转移)后均可直接跟标号("JMP 标号"),系统会根据转移指令与转移到的标号间的地址间隔自动采用短转移、近转移、远转移;段内转移量在 8 位有符号数范围内则是短转移;段内转移量超过 8 位有符号数范围则是近转移;段间则是远转移。

例 3.56 设下列指令执行前,CS = 1000H,IP = 0160H,DS = 3000H,BX = 27C6H,ALPHA = 75H,(327C6H) = 9CH,(327C7H) = 01H,(327C8H) = 00H,(327C9H) = 40H,(3283BH) = 24H,(3283CH) = 30H,试写出下列无条件指令执行后的 CS 和 IP 值。

(1) EB80   JMP SHORT AGAIN

段内短转移,CS 不变,CS = 1000H,新的 $IP = IP_{JMP} + 2 + D_8 = 0160H + 2 + FF80H = 00E2H$

(2) E90010   JMP NEAR PTR OTHER

段内近转移,CS 不变,CS = 1000H,新的 $IP = IP_{JMP} + 3 + D_{16} = 0160H + 3 + 1000H = 1163H$

(3) E3   JMP BX

段内寄存器间接转移,CS 不变,CS = 1000H,新的 $IP = BX = 27C6H$

(4) EA76218060   JMP FAR PTR PROB

段间远转移,新 $CS = CS:(IP_{JMP} + 3) = CS = 6080H$,新的 $IP = CS:(IP_{JMP} + 1) = 2176H$

(5) FF67   JMP WORD PTR ALPHA[BX]

段内存储器间接转移,CS 不变,CS = 1000H,新的 $IP = DS:(BX + ALPHA) = (3283BH) = 3024H$

（6）FFEB　　　　　　　　JMP DWORD PTR［BX］

段间存储器间接转移，新 CS＝DS：（BX+2）＝3000H：（27C6H+2）＝（327C8H）＝4000H，新的 IP＝DS：（BX）＝3000H：（27C6H）＝（327C6H）＝019CH

2. 程序调用与返回

程序调用与返回有两条指令：CALL（调用）和 RET（返回）。

CALL 指令的寻址方式比 JMP 指令少一种，即没有短调用指令，如图 3.28 所示。但其功能又多一个，即 CALL 的功能有两点：一是保护断点，二是产生转移。段内调用只要保护 IP；段间调用则需要保护 IP 以及 CS，CS 先进栈，IP 后进栈。新的 IP 或 CS 的计算方法也同 JMP 指令，所以，在此不再详述，至于子程序的编写及调用在5.5节中介绍。

图 3.28　指令转移的寻址方式

RET 用于从子程序返回主程序，它与 CALL 配对，CALL 若为段内调用，则对应的 RET 则为段内返回，栈顶元素出栈给 IP；CALL 若为段间调用，则对应的 RET 则为段间返回，栈顶元素出栈给 IP，而下一个元素再出栈给 CS。

3. 中断调用与返回

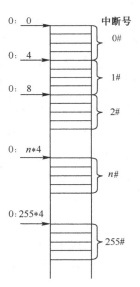

INT 中断指令后跟中断号，中断号取值范围为 00H～FFH，即共有 256 个中断。中断调用主要用于调用系统服务程序，一定是段间调用，其入口地址称为中断向量，存放在中断号 *4 的地址处。内存最起始的 1KB 空间按中断号次序依次存放 256 个中断向量，所以这 1KB 空间也叫中断向量表，如图 3.29 所示。INT XYH 的功能是先保护断点处的 PSW、CS 和 IP，然后从 0：XYH *4 处取出两个字，第一个字送 IP，第二个字送 CS，等价于段间存储器间调用 CALL DWORD PTR 0：［XYH *4］。如 INT 20H 用于返回 DOS，其中断向量地址为 20H*4＝80H，IP＝（0：80H），CS＝（0：82H）。

IRET 中断返回指令一定为段间返回，并同时恢复中断调用前的标志位。

4. 有条件转移指令的共性

有条件转移指令的共性主要有两点：

（1）只有一种寻址方式即短转移。

（2）其格式均为：

　　　　JCC　标号　　　;设 JCC 为某一有条件转移助记符

5. 按标志位转移

图 3.29　中断向量表

按标志位转移共有 10 条指令，除 AF 标志位外其余 5 个状态标志位均可用于产生转移。ZF：JZ（JE）/JNZ（JNE），CF：JC（JB、JNAE）/JNC（JAE、JNB），OF：JO/JNO，PF：JP（JPE）/JNP（JPO），SF：JS/JNS。'/' 前面的指令为相应标志位为 1 时转移，而后面的指令则为相应标志位为 0 时转移，括号内的指令与前面的指令完全等价。这类指令后均跟标号，属短转移。

例 3.57　X，Y 为变量，如果 X＝0，则 Y＝1，否则 Y＝−1。

　　解：　　　　　　　　　CMP　　X，0

```
        JE      EQUAL       ;X=0 转到相等处
        MOV     Y,-1        ;否则 Y=-1
        JMP     DONE
EQUAL:  MOV     Y,1
DONE:   ...
```

6. 按数据大小转移

参看前面比较指令时所提到的需要用不同的标志位来判断无符号数大小及有符号数大小关系,所以有无符号数的大小转移指令不相同(参看 CMP 指令的讲解)。

无符号数的大于、大于等于、小于和小于等于的转移指令分别为:JA(JNBE)、JAE(JNB、JNC)、JB(JNAE、JC)和 JBE(JNA)。

有符号数的大于、大于等于、小于和小于等于的转移指令分别为:JG(JNLE)、JGE(JNL)、JL(JNLE)和 JLE(JNG)。这类指令后均跟标号,属短转移。

7. CX=0 转移

只有一条指令,即 JCXZ。这类指令后跟标号,属短转移。

8. 循环转移指令

有三条指令:LOOP、LOOPE(LOOPZ)和 LOOPNE(LOOPNZ)。这类指令后均跟标号,属短转移。这三条指令的执行流程图分别如图 3.30、图 3.31 和图 3.32 所示。

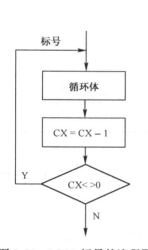
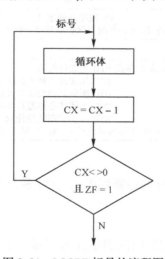
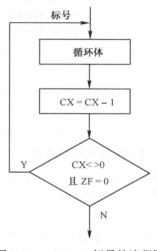

图 3.30　LOOP 标号的流程图　　图 3.31　LOOPE 标号的流程图　　图 3.32　LOOPNE 标号的流程图

例 3.58　求 1~10 的累加和。

```
解:         MOV     CX,10
            XOR     AL,AL
            MOV     BL,1
AGAIN:      ADD     AL,BL
            INC     BL
            LOOP    AGAIN
```

转移类的指令更多的例子可参看 5.3 节及 5.4 节。

3.4　DOS 中断调用和 BIOS 中断调用

中断调用的一般使用程序框架为:

```
;入口参数设置
INT XYH
;出口参数处理
```

1. DOS 中断简介

DOS 中断简介如表3.4所示。

表 3.4　DOS 中断调用简表

中　断　号	功能描述	入　口　参　数	出　口　参　数
20H	程序结束		
21H	系统功能调用	参看附录 A	
22H	结束地址	注意不要直接调用该中断	
23H	Ctrl+C 键处理地址	注意不要直接调用该中断	
24H	严重错误处理地址	注意不要直接调用该中断	
25H	绝对盘读	AL=盘号 CX 所读扇区数 DX 起始扇区号 DS:BX 内存缓冲区首址	成功 CF=0 否则=1 AX 错误码(略)
26H	绝对盘写	同上	同上
27H	结束并驻留内存	CS 程序段段地址 DX 包括 PSP 的要保护的程序 * 终止地址	
28H~2EH	保留		
2FH	假脱机打印控制	AL 命令参数:01H 送文件打印 02H 从文件队列中删除文件 03H 纵队列中的所有文件 04H 为读状态挂起打印任务 05H 为读状态结束挂起 DS:DX 文件缓冲区首址(AL 为 01H、02H)	成功 CF=0 否则 CF=1 AX 错误码(略)

2. DOS 系统功能调用

系统功能调用 INT 21H 是一种特殊的中断调用,它有许多子功能,具体请参看附录 A。下面介绍几个常用的多位功能调用。

(1)从键盘接收一个字符

可用 1 号、7 号和 8 号功能调用,它们的区别是:1 号所键入字符会回显;8 号不会回显,其他同 1 号;7 号不对 Ctrl+C 键和 Tab 键检查,其他同 8 号。所键入字符的 ASCII 码存于 AL 中。

例 3.59

```
MOV   AH,1
INT   21H              ;出口参数在 AL 中,存放所键入字符的 ASCII 码
```

(2)显示一个字符

用 2 号功能调用,需要将待显示字符送给 DL 寄存器。

例 3.60

```
MOV   DL,待显示字符或其 ASCII 值
MOV   AH,2
INT   21H
```

(3)显示一串字符

用 9 号功能调用,DS:DX 要指向待显示字符串,字符串必须以' $ '结束,其程序框架一般为:

```
                          ;DS:DX 指向待显示字符串
      MOV   AH,9
      INT   21H
```

例 3.61　编写显示"How are you!"的功能程序。

解:STR   DB   "How are you! $ "

```
          MOV   DX,SEG STR
          MOV   DS,DX
          LEA   DX,STR
          MOV   AH,9
          INT   21H
```

（4）从键盘接收一串字符

用 0AH 号功能调用,DS:DX 要指向接收字符串的缓冲区,缓冲区定义的前面两个字节分别为最多可接收字符个数+1 和用于存放实际接收的字符个数,而后才是真正接收的字符串存放区域（也要多预留一个字节空间用于存放回车 0DH）。

```
          ;DS:DX 指向待接收字符串的缓冲区
      MOV   AH,0AH
      INT   21H
```

所接收字符串存放于缓冲区首址+2 开始的区域内,实际接收字符串的串长存于缓冲区首址+1 位置的单元中。

例 3.62　编写从键盘最多可接收 80 个字符的功能程序。

```
  BUF   DB    81            ;最多可接收字符个数为 81-1=80
        DB    0             ;实际接收字符个数存放处
        DB    81 DUP（?）    ;所输入字符串存放区域,个数+1,最后要多存一个回车 0DH

          MOV   DX,SEG BUF
          MOV   DS,DX
          LEA   DX,BUF
          MOV   AH,0AH
          INT   21H
```

3. 返回 DOS 的方法

① MOV   AH,4CH

　INT　　21H

② MOV   AH,00H

　INT　　21H

③ MOV   AH,31H

　INT　　21H

　;主要用于编写 TSR 驻留程序,返回 DOS 后,程序依旧驻留内存

④ INT　　20H

⑤ PUSH   DS　　;作为第一条指令,DS:0 进栈,最后 RET 相当 0 送 IP,原 DS 送 CS

　PUSH   AX,AX

　PUSH   AX

　　⋮

  RET   ;作为最后一条指令,相当执行 DS:0 所指内存处 INT 20H 指令

4. BIOS 中断简介

  BIOS 比 DOS 级别低,其与硬件相关性更强,执行速度更快,但兼容性较差。BIOS 中断的中断号为 10H~1FH,表 3.5 给出了 BIOS 中断调用表。

表 3.5   常用 BIOS 中断调用

中断类型号	功　能	中断类型号	功　能
10H	显示器 I/O 调用	18H	磁带 BASIC 调用
11H	设备检验调用	19H	自举程序入口
12H	存储器检验调用	1AH	时间调用
13H	磁盘 I/O 调用	1BH	Ctrl+Break 控制
14H	异步通信口调用	1CH	定时处理
15H	磁带 I/O 调用	1DH	显示器参数表
16H	键盘 I/O 调用	1EH	磁盘参数表
17H	打印机 I/O 调用	1FH	字符点阵结构参数表

  调用方法与 DOS 功能调用类似,在此仅举一例,其余参看附录 B。

  例 3.63 9 号功能的显示器 I/O 调用(在当前光标位置写字符和属性)

  入口参数:AH = 9,BH = 页号,AL = 要写字符的 ASCII 码,BL = 属性值,CX = 重复次数。

```
    MOV   AH,9
    MOV   BH,0
    MOV   AL,'A'
    MOV   BL,17H   ;前景色为白色,背景色为蓝色,8 位二进制编码为 LRGBIRGB
    ;L 代表 BLINK 闪烁,I 代表 BRIGHT 亮色,R 代表 RED,G 代表 GREEN,B 代表 BLUE
    MOV   CX,10;显示十个'A'
    INT   10H
```

习题

  1. 指令是_____可以理解并执行的操作命令,指令由_____和_____两部分组成,指令有两个级别,即_____级和_____级。

  2. 请画出程序执行流程示意图。

  3. 指令主要有哪些分类方式及其主要类别是什么?

  4. 操作数的寻址方式有哪些? 并举例说明其主要特点。

  5. 内存寻址中段寄存器与段内偏移地址对应关系如何?

  6. 设 CS = 1000H,DS = 2000H,ES = 3000H,SS = 4000H,IP = 100H,SP = 200H,BX = 300H,BP = 400H,SI = 500H,则①下一条待执行指令的物理地址为多少?②当前栈顶的物理地址为多少? ③[BX]代表的存储单元的物理地址为多少?④[BP]代表的存储单元的物理地址为多少?⑤ES:[BX+SI]代表的存储单元的物理地址为多少?

  7. 试根据以下要求,分别写出相应的汇编语言指令。

  (1)以寄存器 BX 和 DI 作为基址变址寻址方式把存储器中的一个字送到 DX 寄存器。

  (2)以寄存器 BX 和偏移量 VALUE 作为寄存器相对寻址方式把存储器中的一个字和 AX 相加,把结果送回到那个字单元。

  (3)将 1 字节的立即数 0B6H 与以 SI 作为寄存器间接寻址方式的字节单元相比较。

  (4)将 BH 的高 4 位与低 4 位互换。

  (5)测试 BX 的第 3、7、9、12、13 位是否同时为 0。

  (6)将存放了 0~9 数值的 DL 寄存器中的内容转化为相应的'0'~'9'的字符。

  (7)将存放了'A'~'F'字符的 AL 寄存器中的内容转化为相应的数值。

  8. 写出清除 AX 寄存器的多种方法并比较(要求单指令实现)。

9. 分别用存储器的 5 种寻址方式实现将以 A 为首址的第 5 个字(注意:从第 0 个起算)送 AX 的指令序列。

10. 指出下列指令错误的原因:

(1) MOV　CL,300　　　　　(2) MOV　CS,AX

(3) MOV　BX,DL　　　　　(4) MOV　ES,1000H

(5) INC　[BX]　　　　　　(6) ADD　AX,DS

(7) TEST　BX,[CX]　　　　(8) SUB　[BX],[BP+SI]

(9) JC　[SI]　　　　　　　(10) SHL　BX

11. 假设下列指令执行前,CS = 1000H,IP = 016CH,DS = 6000H,BX = 17C6H,ALPHA = 75H,(617C6H) = 46H,(617C7H) = 01H,(617C8H) = 00H,(617C9H) = 20H,(6183BH) = 70H,(6183CH) = 17H,试写出下列无条件指令执行后的 CS 和 IP 值。

(1) EBE7　　　　　　　　JMP SHORTAGAIN

　　　　　　　　CS = (　　　　　) IP = (　　　　　)

(2) E90016　　　　　　　JMP NEAR PTR OTHER

　　　　　　　　CS = (　　　　　) IP = (　　　　　)

(3) E3　　　　　　　　　JMP BX

　　　　　　　　CS = (　　　　　) IP = (　　　　　)

(4) EA46010020　　　　　JMP FAR PTR PROB

　　　　　　　　CS = (　　　　　) IP = (　　　　　)

(5) FF67　　　　　　　　JMP WORD PTR ALPHA[BX]

　　　　　　　　CS = (　　　　　) IP = (　　　　　)

(6) FFEB　　　　　　　　JMP DWORD PTR [BX]

　　　　　　　　CS = (　　　　　) IP = (　　　　　)

12. 分别说明下列各组指令中的两条指令的区别。

(1) MOV　AX,TABLE　　　　LEA　AX,TABLE

(2) AND　BL,0FH　　　　　OR　BL,0FH

(3) JMP　SHORT L1　　　　JMP　NEAR PTR L1

(4) MOV　AX,BX　　　　　MOV　AX,[BX]

(5) SUB　DX,CX　　　　　CMP　DX,CX

(6) MOV　[BP][SI],CL　　　MOV　DS:[BP][SI],CL

13. 写出判断 AL 为正为负的程序段(请至少用三种方法)。

14. 思考题:试比较以下几条指令的功能。

MOV　　BX,SI

MOV　　BX,[SI]

MOV　　BX,OFFSET [SI]

LEA　　BX,[SI]

LDS　　BX,[SI]

LES　　BX,[SI]

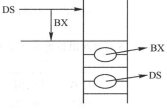

15. 设 B、D 为字节变量,A、C 为字变量,且 A 除 B 可能会溢出,试编写无符号数及有符号数 A/B 商送 C,余数送 D 程序段。

16. 编写程序段实现 DX、AX 中 32 位二进制数 * 10(设不溢出)。

17. 请编写程序段实现如图 3.33 所示功能。

18. 设已有定义

图 3.33　习题 17 示意图

STR　　DB　　"Sdfikjwsmfw893240pYUIUKLHGUkjdshf8"

N　　EQU　　$ -STR1

试编写实现在 STR 中查找是否存在非'A'的功能程序段。即表示 STR 串中大部分是'A',若其中存在不是'A'的

47

字符则查找成功,若 STR 全部为'A'则不成功。

19. 程序理解执行。

（1）　MOV　AH,-1

　　　　MOV　AL,180

　　　　MOV　BL,15

　　　　IDIV　BL

　　程序段执行后,AX =_____ H。

（2）　MOV　AL,0CH

　　　　OR　AL,AL

　　　　SBB　AL,0F0H

　　　　NEG　AL

　　　　ADC　AL,0D4H

　　　　TEST　AL,35H

　　程序段执行后,CF =_____ ,AL =_____。

（3）　MOV　AL,08H

　　　　MOV　AH,-1

　　　　MOV　BX,0F8H

　　　　CMP　AX,BX

　　程序段执行后,SF⊕OF =_____ ,CF =_____。

（4）　MOV　AX,'中'

　　　　MOV　BX,'AB'

　　　　CMP　AX,BX

　　程序段执行后,SF⊕OF =_____ ,CF =_____。

（5）　MOV　AX,'58'

　　　　AND　AX,0F0FH

　　　　AAD

　　程序段执行后,AX =_____ H。

　　程序段的功能是:_____。

20. 程序语句填空。

（1）下列是完成 1~20 之间的奇数累加和存于 AL 中的程序段:

　　　　　　XOR　　AL,AL

　　　　　　_____

　　　　　　MOV　　BL,1

AGAIN：　ADD　　AL,BL

　　　　　　_____

　　　　　　LOOP　AGAIN

（2）下列是在串长为 N 的串 STR 中查找是否有'M'字符的程序段:

　　　　　　_____

　　　　　　MOV　　ES,DI

　　　　　　LEA　　DI,STR

　　　　　　CLD

　　　　　　MOV　　CX,N

　　　　　　MOV　　AL,'M'

　　　　　　_____

```
                    JZ          FOUND          ;转到找到分支
```
(3) 下列是完成 1 位十六进制数 X 显示的程序段：

```
        MOV     DL,X
        AND     DL,0FH
        _____
        CMP     DL,'9'
        JBE NEXT
        _____
NEXT：  MOV     AH,02H
        INT     21H
```

(4) 将 DH 中的二进制数看成压缩 BCD 码并送出显示的程序段如下：

```
        MOV     DL,DH
        _____
        SHR     DL,CL
        ADD     DL,30H
        _____
        INT     21H
        MOV     DL,DH
        _____
        OR      DL,30H
        INT     21H
```

21. 考虑以下的调用序列(SP 原始值为 100H)。

(1) MAIN 调用 NEAR 的 SUBA 过程(调用语句的 CS=2 000H,IP=1 000H)。

(2) SUBA 调用 NEAR 的 SUBB 过程(调用语句的 IP 为 1A70H)。

(3) SUBB 调用 FAR 的 SUBC 过程(调用语句的 IP=2 000H)。

(4) 从 SUBC 返回 SUBB。

(5) 从 SUBB 返回 SUBA。

(6) 从 SUBA 返回 MAIN。

请画出调用关系图,并画出每次调用或返回时堆栈内容和堆栈指针的变化情况。

22. 假定 AX 和 BX 中的内容为带符号数,CX 和 DX 的内容为无符号数,请用比较指令和转移指令实现以下条件转移：

(1) 若 DX 的内容超过 CX 的内容,则转到 L1。

(2) 若 BX 的内容大于 AX 的内容,则转到 L2。

(3) 若 DX 的内容未超过 CX 的内容,则转到 L3。

(4) 判断 BX 与 AX 相比较是否产生溢出,若溢出则转到 L4。

(5) 若 BX 的内容小于等于 AX 的内容,则转到 L5。

(6) 若 DX 的内容小于等于 CX 的内容,则转到 L6。

23. 假设 BX=0A69H,VLUE 变量中存放的内容为 1927H,写出下列各条指令执行后的 BX 的寄存器中和 CF、ZF、SF 与 OF 的值。

(1) XOR BX,VALUE

(2) AND BX,VALUE

(3) OR   BX,VALUE

(4) SUB BX,VALUE

(5) CMP BX,VALUE

(6) TEST BX,VALUE

第4章　MASM汇编语言

本章主要介绍汇编语句、表达式、伪指令、汇编语言编程框架及上机过程。

4.1　汇编语句格式

和高级语言一样,语句是汇编语言程序的组成单位。一个汇编语言源程序有三种基本语句:指令语句、伪指令语句和宏指令语句。指令语句在第3章中已学过,本章主要学习伪指令语句及宏指令语句。

指令语句的基本格式为:

　　　[标号]　指令助记符　　[操作数1[,操作数2]]　　[;注释]

指令助记符是一条指令中不可缺少的部分,它通常表示这条指令要完成的基本操作,并决定操作数的个数;标号则根据转移类指令的需求进行设置;操作数是指令要处理的对象。

伪指令语句的基本格式为:

　　　[名字]　伪指令助记符　[参数表]　　　　　　　[;注释]

伪指令助记符是伪指令语句中不可缺少的部分,它规定了伪指令的操作性质和操作类型,并决定名字的有无;参数是伪指令要处理的对象,参数的类型和个数随伪指令的不同而不同。

宏指令语句的基本格式为:

　　　[标号]　宏指令名　　　[实参表]　　　　　　　[;注释]

宏指令名决定了实参的个数,取决于定义宏指令时所指定的形参个数;标号则根据转移类指令的需求进行设置。宏指令实质上是由多条指令打包而成的一组指令的集合,调用宏指令实质上是依次执行宏中各条指令。

综合以上三种汇编语句的格式,可得汇编语句的一般格式为:

　　　名字项　操作项　操作数项　注释项

其中名字的取名规则如下:①名字可由字母、数字、下画线中的字符组成;②名字的首字符为字母或下画线,不能为数字(注:数值常量必须以0~9的数字打头);③名字最长可达31个字符;④保留字不能作为名字;⑤建议取名能做到"望名思义";⑥尽量不要用易混淆的字母数字,如1和l、0和O、2和Z等。例:A、B2、STRING、DATA、CODE_SEGMENT、FFH等为合法名字,而2B、0FFH、LENGTH、MOV、DATA-SEG、A B等为不合法的名字。

名字项主要有标号名、过程名、变量名、符号常量名、段名、宏名以及模块名等。标号名是指令地址的标记,主要用于程序转移及调用;过程名是汇编子程序的名字,实质上就是子程序的入口地址的标记,是一种特殊的标号名;变量名是内存数据的地址标记;符号常量名是一种符号替代关系;段名是用分段编程每段的标记;宏名是自定义指令的标记;模块名为程序模块名,若无则为源程序基本名。

注释是写给人看的,可省略,须以分号开始,主要是为了提高程序的可读性而写,一般应就某条语句在程序中的作用或一段程序的功能进行注释。注释可单独作为一行。

汇编语句一行只能写一条汇编语句,一条汇编语句也只能写在一行内。建议书写汇编程序时采用缩进格式有利于提高程序的可读性。另外,上机时只有字符串及注释中可包括汉字及全角符号,其他处的标点符号、英文数字必须是半角的(本书印刷时有的标点符号使用了全角,主要为了美观)。

4.2 表 达 式

表达式是由常量、变量及运算符组成的有意义的式子。汇编语言中共有 5 类运算符:算术运算符、关系运算符、位运算符、分析运算符和合成运算符。汇编语言中表达式是在汇编过程中完成计算的,即汇编之后的目标程序中是不包含表达式的。

1. 算术运算

算术运算符主要包括+(加)、−(减)、*(乘)、/(整除)、MOD(求余)。/代表整除(商的符号位是同号得正,异号得负),MOD 代表求余(绝对值求余后再加符号位,符号位与被除数相同)。*、/、MOD 不能用于变量运算。+、−可用于变量与常量之间,变量±常量代表的是变量的地址±常量后作为地址所对应的存储单元。−可用于变量与变量之间,变量−变量实质是两个变量的地址相减,是两个变量之间间隔的字节数。*、/、MOD 比+、−运算优先级别更高。

例 4.1 设

```
A    DB   1,2,3,4
B    DW   1,2,3          ;内存分配图如图 4.1
```

则

```
MOV    AL,A+3         ;AL=04H
MOV    BX,B+3         ;BX=0300H
MOV    CX,B−A         ;CX=0004H
```

例 4.2 如数组 ARRAY 定义如下,试写出把数组的第 4 个字(从第一起算)传送到 BX 寄存器,把数组长度(字数)存入 CX 寄存器的指令。

```
ARRAY     DW  34H,56H,12H,78H
OTHER     DW  ?
```

可用如下指令实现:

```
MOV    BX,ARRAY+(4−1)*2
MOV    CX,(OTHER−ARRAY)/2
```

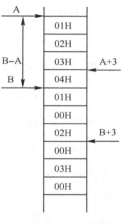

图 4.1 例 4.1 内存分配图

例 4.3

```
MOV    AH,5/3             ;AH=01H
MOV    BH,5 MOD 3         ;BH=2
```

2. 关系运算

关系运算符包括 6 个,其主要是 4 个英文单词的缩写,这 4 个英文单词是 GREAT(大于)、LITTLE(小于)、EQUAL(相等)、NOT(不)。6 个关系运算符为 GT(大于)、GE(大于等于)、LT(小于)、LE(小于等于)、EQ(等于)和 NE(不等于)。关系运算符的两个操作数必须都是数值或是同一段内的两个存储器地址。关系运算的结果只有两个值:结果成立(真)为全 1(−1);结果不成立(假)为全 0(0)。关系运算比算术运算级别低。

例 4.4

```
MOV    AX,5  GT  3                ;真,AX=FFFFH
MOV    BL,8+2*3 LE 5+29/6         ;假,BL=00H
```

51

3. 位运算

位运算有位逻辑运算和移位运算。

（1）位逻辑运算

位逻辑运算符包括4个：NOT（非）、AND（与）、OR（或）和 XOR（异或）。特别需要注意的是逻辑运算为按位运算，将它们展开为二进制位后再运算就不会出错了。逻辑运算符与逻辑运算指令不同，它只能用于数值表达式中。

例 4.5

```
MOV   AL,NOT 5 ;AL=-6=FAH
MOV   BX,25 AND 19;BX=17=0011H
MOV   AX,((M GE N) AND M) OR ((M LT N) AND N)
            ;设 M、N 为常量,将 M、N 中较大者送 AX
```

例 4.6

```
MOV   BX,((A LT 6)AND 20)OR((A GE 6)AND 30)
```

则当 $A<6$ 时,汇编结果是:

```
MOV   BX,20
```

否则,汇编结果是:

```
MOV   BX,30
```

例 4.7 下面两条语句可将变量 A 的段地址值送到 DS 寄存器中:

```
AND      AL   5 AND 6
```

请说明上条指令中两个 AND 的区别。

解:第一个 AND 是指令助记符,在执行时处理;第二个 AND 是运算符,在汇编时处理。

（2）移位运算

移位运算符有 SHR 和 SHL。用 SHR 进行右移位,用 SHL 进行左移位,移位次数由用户自行决定。注意:运算符 SHR、SHL 与移位指令 SHR、SHL 是完全不同的。SHR 可以当成除以 2 的 n 次方,SHL 可以当成乘以 2 的 n 次方,所以有的教材也把它们看成算术运算符。

例 4.8

```
NUMBER=10101101B                    ;常量定义
MOV   AX,NUMBER   SHR 2
SUB   BX,NUMBER   SHL 3
ADD   CX,NUMBER   SHL 5
```

这三条语句执行后,效果和下面的语句等效:

```
MOV   AX,00101011B
SUB   BX,01101000B
ADD   CX,10100000B
```

4. 分析运算

分析（分而析之）运算符包括5个:SEG（段地址）、OFFSET（偏移地址）、TYPE（类型）、LENGTH（长度）和 SIZE（大小）。下面分别说明各个运算符的功能。

（1）SEG

格式：SEG 变量或标号

功能：回送变量或标号所在段的段地址值

例 4.9 下面两条语句可将变量 A 的段地址值送到 DS 寄存器中：

```
MOV   AX,SEG   A
MOV   DS,AX
```

如果 A 变量所在段的段地址值为 0512H,则上面的两条语句可等效于：

```
MOV   AX,0512H
MOV   DS,AX
```

（2）OFFSET

格式：OFFSET   变量或标号

功能：回送变量或标号所在段的段内偏移地址值。

例 4.10

```
MOV   BX,OFFSET   MSG
```

则汇编程序将 MSG 的偏移地址作为立即数回送给指令,在执行时将该偏移地址装入 BX 寄存器中。所以这条指令与指令

```
LEA   BX,MSG
```

是等价的。

（3）TYPE

格式：TYPE   变量或标号

功能：回送变量或标号的类型。

如果是变量,则变量的类型有 5 种:1(DB 字节)、2(DW 字)、4(DD 双字)、8(DQ 8 字节)、10(DT 10 字节)（详见 4.3 节）。如果是标号,则标号的类型有两种:-1(NEAR 段内)和-2(FAR 段间)。

例 4.11

```
ARRAY   DW   7,8,9
```

则对于指令

```
ADD   DI,TYPE ARRAY
```

汇编程序将其等同为:

```
ADD   DI,2
```

（4）LENGTH

格式：LENGTH 变量

功能：LENGTH 后只能跟变量,LENGTH 的返回值规定如下:若变量定义时用了 DUP 重复次数则为重复次数,否则均为 1。若嵌套使用 DUP,则只回送最外层的重复次数。

例 4.12

```
ARRAY1   DW   20H,10H,30H
ARRAY2   DB   50   DUP (0)
ARRAY3   DW   30   DUP (0,5   DUP (2))
ARRAY4   DD   30,30   DUP (0)
```

则对于以下指令:

```
    MOV    BL,LENGTH    ARRAY1
    MOV    BH,LENGTH    ARRAY2
    MOV    CL,LENGTH    ARRAY3
    MOV    CH,LENGTH    ARRAY4
```

汇编程序将使其形成为:

```
    MOV    BL,1
    MOV    BH,50
    MOV    CL,30
    MOV    CH,1
```

（5）SIZE

格式:SIZE 变量

功能:SIZE 后只能跟变量,SIZE 的返回值是 LENGTH 值和 TYPE 值的乘积。

例 4.13 对于例 4.12 中的 ARRAY1～ARRAY4 四个变量,若有以下指令:

```
    MOV    BL,SIZE    ARRAY1
    MOV    BH,SIZE    ARRAY2
    MOV    CL,SIZE    ARRAY3
    MOV    CH,SIZE    ARRAY4
```

则执行上述指令后,各寄存器的内容如下:

```
    BL 寄存器的内容为 1 * 2 = 2;
    BH 寄存器的内容为 50 * 1 = 50;
    CL 寄存器的内容为 30 * 2 = 60;
    CH 寄存器的内容为 1 * 4 = 4。
```

5. 合成运算

合成运算符包括 6 个:SHORT(短)、PTR(属性)、段超越、THIS(当前位置)、HIGH 和 LOW(字节分离)。下面分别说明各个运算符的功能。

（1）SHORT

SHORT 只有一种使用方法,即短转移:JMP SHORT 标号。

（2）PTR

格式:类型 PTR 地址表达式

功能:重新定义表达式的类型。

如果地址表达式是变量,则其类型可以是 BYTE、WORD 和 DWORD,用于对变量的限定说明其数据类型是字节、字或双字。如果地址表达式是标号,则其类型可以是 NEAR 和 FAR,用于对标号的限定说明其是段内或段间。需要注意的是 PTR 运算符并不分配存储单元,而只是在当前指令中临时性地改变变量和标号的类型。

例 4.14

```
    TAB1    DB    65H,20H
    TAB2    DW    129AH
```

则对于以下指令:

```
① MOV    AX,WORD PTR TAB1
② MOV    BL,BYTE PTR TAB2
```

指令①访问由 TAB1 开始的一个字,即 AX = 2065H;指令②将字变量 TAB2 开始的一个字节的内容送入 BL,即 BL = 9AH。

此外,有时指令要求必须使用 PTR 运算符,如

    MOV　［BX］,2

指令把立即数存入 BX 寄存器内容指定的存储单元中,但汇编程序不能分清是存入字节单元还是存入字单元,这时必须用 PTR 运算符来说明属性,应该写明:

    MOV　BYTE PTR［BX］,2　　　;存入字节单元

或　　　MOV　WORD PTR［BX］,2　　　;存入字单元

（3）段超越

格式:段寄存器:存储器操作数

功能:给一个存储器操作数强行指定一个段属性而不用考虑原来隐含的段是什么。共有四种:DS:、ES:、SS:、CS:,例如 MOV AX,ES:［BX］。

（4）THIS

格式:THIS 类型

功能:THIS 可以像 PTR 一样建立一个指定类型 BYTE、WORD、DWORD 或 NEAR、FAR 的地址操作数。该操作数的段地址和偏移地址与下一个存储单元地址相同。

THIS 的用法有两种:一种是代表指令的当前位置,另一种是代表变量的当前位置。举例如下:

例 4.15

例 4.16　THIS 代表变量的当前位置举例。

    A　EQU　THIS　WORD　　　;A 和 B 定义为指向同一内存空间的两个变量
    B　DB　　1,2,3,4,5,6,7,8　　　;A 为字类型的变量,B 为字节类型的变量

上面这两条语句也可等价写为:

    B　EQU　THIS　BYTE
    A　DW　　0201H,0403H,0605H,0807H

（5）HIGH 和 LOW

格式:HIGH 数值表达式

    LOW 数值表达式

功能:字节分离运算符 HIGH 返回数值表达式的高位字节,LOW 返回数值表达式的低位字节。

例 4.17

    DATE　EQU　3912H

则对于以下指令:

    MOV　AL,HIGH　DATE
    MOV　BL,LOW　DATE

汇编程序将使其形成为:

```
MOV   AL,39H
MOV   BL,12H
```

以上说明了五种类型的常用运算符。表达式是常数、寄存器、变量、标号和运算符的组合,在计算表达式的值时,应该先计算优先级高的运算符,然后从左到右地对优先级相同的运算符进行计算。括号也可以改变计算次序,括号内的表达式应优先计算。下面给出常用运算符的优先级别,从高到低排列如下:

(1) 括号中的项。

(2) LENGTH,SIZE。

(3) PTR,OFFSET,SEG,TYPE,THIS 及段超越符。

(4) HIGH 和 LOW。

(5) 乘法和除法:*,/,MOD,SHL,SHR。

(6) 加法和减法:+,−。

(7) 关系运算:EQ,NE,LT,LE,GT,GE。

(8) 逻辑:NOT。

(9) 逻辑:AND。

(10) 逻辑:OR,XOR。

(11) SHORT。

4.3　伪　指　令

伪指令是用于为汇编程序编译时理解程序框架、分配空间(数据定义)等的汇编语句。

1. 符号常量定义

在设计汇编语言程序时,往往在程序段中会多次出现同一个表达式,为方便起见可用符号常量定义伪指令给表达式赋一个符号名,这样在程序设计中凡需要用到该表达式之处就可以用该符号名来代替了。

格式:符号常量名 EQU/= 表达式

功能:将表达式赋给符号常量名。

上式中的表达式可以是任何有效的操作数格式,可以是任何可求出常数值的表达式,也可以是任何有效的助记符。应当说明的是符号常量定义伪指令并不给符号名分配存储单元。

使用符号常量的好处是有助于提高程序的可读性和便于修改,有时也用于简化书写。

例 4.18　常量定义举例。

```
N   EQU   10
M   EQU   N+2*3
B   EQU   [BX+SI]
```

需要注意 EQU 语句的表达式中如果有变量或标号,则应在该语句之前对其定义,否则,汇编程序在汇编时将指示出错。例如在例 4.18 中第二句 M EQU N+2*3 之前对 N 进行定义才行。

=与 EQU 的区别是:EQU 不可再定义、=可再定义,例如:

```
N = 10
   ⋮
N = N+5
```

所定义的符号常量可用 PURGE 取消定义,其格式:

PURGE　　符号常量名表

2. 变量定义（数据定义）

变量定义的助记符有 5 个：DB（定义字节）、DW（定义字）、DD（定义双字）、DQ（定义 8 字节）和 DT（定义 10 字节）。

格式：变量名 DB/DW/DD/DQ/DT 初值表

功能：根据定义类型的不同，为变量分配存储单元，并且把其后跟着的初值存入指定的存储单元，或者只分配存储单元而并不存入确定的数值。

初值表中初值可取值情况见图 4.2。

初值
- 各种进制：…B(二进制)、…Q 或…O(八进制)、…或…D(十进制)、…H(十六进制)，要注意各种类型数据的取值范围，如 89,12H,10111101B、357Q
- 字符串：存入变量的值是英文字符的 ASCII 码或汉字的内码，单个字符可定义为 5 种类型中的任一种，但两个字符的字符串只能使用 DB 或 DW 定义，两个以上字符的字符串只能用 DB 定义，如 'A','AB','好','中国人民'
- 标号名或变量名：只能用 DW 或 DD 定义，用 DW 定义时代表取标号或变量的偏移地址作为所定义变量的初值，用 DD 定义时代表取标号或变量的段地址及偏移地址作为所定义变量的初值，段地址为高字，偏移地址为低字
- 表达式：例 5+2＊3,7AND 11,120/7 GT 3,TYPE A(设 A 为变量名)
- ?：用于分配内存空间，但不赋初值，一般用于对结果变量的定义
- 重复次数 DUP(初值表)：初值表的初值又可以为以上各种初值及 DUP 的嵌套定义

图 4.2　变量初值表中可出现的初值情况

根据变量定义画出内存变量分配示意图或者根据内存变量分配示意图写出变量定义是学习变量定义非常重要的内容。变量的定义实质上就是在内存中为变量分配内存空间，并将初值填入相应的内存单元。

例 4.19　试画出本例中 A、B、C 三个变量的内存分配示意图。

```
A   DB   100,'AB',0,'123'
B   DW   100,'AB',0,1234H
C   DD   12345678H
```

结果如图 4.3 所示，说明：各种类型变量初值在内存空间均为依次分配空间并填入；DB 定义的字符串中各字符也是依次分配空间，DW 定义的两个字符算成一个字，前面字符是高字节，后面字符是低字节；变量类型不止 1 字节的变量初值存放次序为低字节在低地址，高字节在高地址。

例 4.20　已知 A 的定义如下

```
A   DB   1,2,0,0,'ABCD'
```

现要求用 DW 和 DD 定义它使其在内存中分配完全相同。

解：变量 A 的内存分配示意图如图 4.4 所示，所以

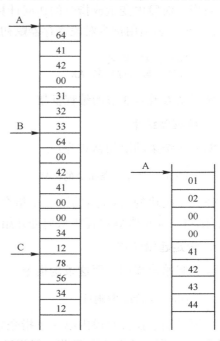

图 4.3　例 4.19 内存　　图 4.4　例 4.20 内存
　　分配示意图　　　　　　分配示意图

57

可用

   A DW 201H,0,'BA','DC'

或   A DD 201H,44434241H

3. 段定义

汇编语言源程序由不同的段组成,而段必须使用段定义伪指令来定义。

格式:

  段名 SEGMENT   ;段定义开始
    :(段体)
    :
  段名 ENDS   ;段定义结束

功能:定义汇编语言程序中的某一个段。

一个完整汇编源程序中可定义段的个数不受限制,但同时起作用的段最多只有四个(因为只有四个段寄存器)。代码段中主要是指令,可以有伪指令。但各种数据段中不能有指令,即使有指令也不可能得到执行,因为用来控制程序执行流程的是 CS:IP,即指令必须放在代码段才能得到执行。

4. 段对应

在汇编语言源程序中必须使用段对应伪指令为每个段指定段寄存器,即指出程序中各个段应通过哪一个段寄存器进行寻址。在一个汇编语言源程序中,至少有一个代码段,所以也至少应该有一个段对应伪指令指出 CS 段寄存器对应的程序段。

格式:ASSUME 段寄存器名:段名[,...]

功能:指出将哪个段寄存器作为寻址寄存器,即指出段名和段寄存器之间的对应关系。

段寄存器可以是 CS、DS、ES 和 SS,而段名是由段定义伪指令 SEGMENT 定义的。段对应伪指令只是指定对段内变量或指令的访问计算物理地址用的段寄存器,但并未对段寄存器赋初值,所以 DS、ES、SS 还必须用指令对段寄存器赋初值(CS 由系统自动完成):

  MOV AX,段名
  MOV 段寄存器名,AX

例子请参看 4.3 节的编程框架。

5. 源程序结束

源程序结束的语句格式为:

  END [第一条指令的标号]

作为主模块的 END 后的第一条指令的标号不可省略,它代表程序开始执行的第一条指令地址,否则将不能正常确定程序从何处开始执行。非主模块的 END 后不能有标号。

6. 设定起始偏移

设定起始偏移用下面这条伪指令:

  ORG 起始偏移地址

主要可用于在代码段内第一条指令之前用 ORG 100H 指定程序相对于 CS 段偏移 100H 处开始存放指令,在此之前 256 字节一般用于存放程序段前缀(PSP)。也可用于定义变量时指定分配起始偏移地址。

7. 设定标题及取模块名

设定标题的伪指令为：

    TITLE   标题   ;标题主要用于源程序打印时的每页的篇眉

取模块的伪指令为：

    NAME   模块名   ;无此伪指令,则模块名自动为源程序的基本名

8. 过程定义

子程序一般有过程和函数两种形式,但汇编语言只有过程一种格式。过程定义的一般格式为：

```
过程名   PROC   NEAR|FAR
            ⋮（过程体）
         RET              ;过程体至少要有一条能够执行到的返回主程序指令
            ⋮
过程名   ENDP
```

过程的调用是使用 CALL 指令,详见 3.3.7 节及 5.5 节的编程举例。

9. 宏定义、宏调用、宏展开

宏实质是一自定义指令,它由若干条指令打包而成。宏定义的格式为：

```
宏名   MACRO   ［形参表］
          ⋮（宏体）
       ENDM
```

例 4.21　定义一个宏实现 A+B 送给 C

```
ABC   MACRO   A,B,C
      MOV     AL,A
      ADD     AL,B
      MOV     C,AL
      ENDM
```

调用宏的一般格式为：

    ［标号：］　宏名　［实参表］　［;注释］

例如上面的宏可调用如下:(宏调用在汇编时会展开为其中各条指令,并以实参按位置一一替代形参,宏展开是一种原封不动的替代合法性主要是在宏展开后判断。)

① ABC　AL,BL,CL

其宏展开为：

```
MOV     AL,AL
ADD     AL,BL
MOV     CL,AL
```

② ABC　3,5,DL

其宏展开为：

```
MOV     AL,3
ADD     AL,5
MOV     DL,AL
```

③ ABC X,Y,Z ;X,Y,Z 为字节变量

其宏展开为：

```
MOV     AL,X
ADD     AL,Y
MOV     Z,AL
```

④ ABC 3,5,3;错误,原因为宏展开后第三句 MOV 3,AL 不可能

10. 宏与子程序的比较

相同点:均可一次定义多次调用,简化源程序的书写。

不同点:①定义格式不同;②调用的格式不同;③参数的传递方式不同(实参替代形参/主子程序参数带进带出);④汇编后目标程序长度不同(宏会展开加长/子程序不会展开较短);⑤程序执行流程不同(宏展开后是顺序执行/子程序调用及返回要转来转去并且还需保护);⑥适用场合不同(程序段较短或参数较多时较适合用宏/程序段较长时较适合用子程序);⑦宏需要宏汇编的支持。

11. 完整汇编程序的编程框架

本书主要介绍完整汇编源程序的编程框架。

(1) 单段程序框架

```
CODE        SEGMENT
            ASSUME  CS:CODE [,DS:CODE]
START:                                       ;[ ]内的部分代表若程序无数据定义则可省略
           [ JMP     BEGIN
            ⋮（数据定义）
BEGIN:      MOV     AX,CS                    ;置 DS 段初值
            MOV     DS,AX ]
            ⋮（功能程序）
            MOV     AH,4CH                   ;返回 DOS
            INT     21H
CODE        ENDS
            END     START
```

(2) 两段程序框架

```
DATA        SEGMENT
            ⋮（数据定义）
DATA        ENDS
CODE        SEGMENT
            ASSUME  CS:CODE,DS:DATA
START:      MOV     AX,DATA                  ;置 DS 段初值
            MOV     DS,AX
            ⋮（功能程序）
            MOV     AH,4CH                   ;返回 DOS
            INT     21H
CODE        ENDS
            END     START
```

(3) 四段程序框架

```
DATA        SEGMENT                          ;置 DS 段初值
            ⋮（数据定义）
```

```
               ⋮
DATA       ENDS
EXTRA      SEGMENT
               ⋮（数据定义）
EXTRA      ENDS
STAK       SEGMENT
BUF        DB         N  DUP（?）            ;N 为预留堆栈区间字节数
TOP        EQU        THIS  WORD
STAK       ENDS
CODE       SEGMENT
           ASSUME     CS:CODE,DS:DATA
           ASSUME     SS:STAK,ES:EXTRA
START:     MOV        AX,DATA               ;置 DS 段初值
           MOV        DS,AX
           MOV        AX,STAK               ;置 SS 段初值
           MOV        SS,AX
           LEA        SP,TOP                ;置栈顶指针
           MOV        AX,EXTRA              ;置 ES 段初值
           MOV        ES,AX
               ⋮（功能程序）
           MOV        AH,4CH                ;返回 DOS
           INT        21H
CODE       ENDS
           END        START
```

4.4 完整汇编源程序的上机过程

本节主要介绍完整汇编源程序的上机过程和常用的 DOS 命令。

1. 上机主要步骤

完整汇编程序的上机步骤主要有四步——编辑、汇编、连接、运行或调试运行。其上机流程图如图 4.5 所示。

（1）编辑录入源程序

EDIT　[[盘符][路径]程序基本名 . ASM]

建议 EDIT 后的文件名不要省略，源程序扩展名必须为 ASM，不能省略。各种语言源程序都属于文本文件，所以使用任一文本编辑器均可编辑录入汇编源程序，如记事本、WORD（存为纯文本文件）等。EDIT 界面如图 4.6 所示，激活菜单用鼠标单击或按 Alt+菜单名的第一个字母键。最常用"文件"菜单中的"Save（保存）"、"Exit（退出，若未存盘会提示是否存盘）"两个命令。例如，执行如下命令（">"前面为当前盘及当前目录，后同此，具体上机时显示取决于你当时的上机环境）。

D：\language\MASM50>edit aa. asm

（2）汇编

汇编命令格式如下：

MASM　[[盘符][路径]程序基本名[. ASM]]

建议源程序基本名不要省略。例如：

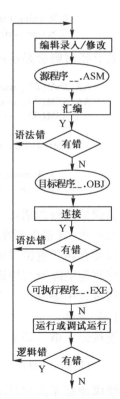

图 4.5　完整汇编上机流程图

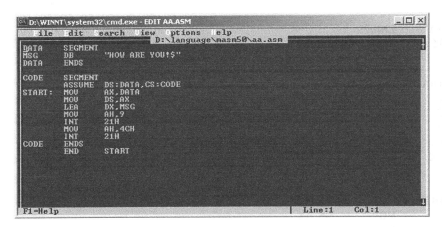

图 4.6　EDIT 的基本界面

D：\language\MASM50>masm aa

若没有错误显示如下：

Microsoft（R）Macro Assembler Version 5. 10
Copyright（C）Microsoft Corp 1981,1988. All rights reserved.

Object filename [aa. OBJ]：　目标文件名
Source listing [NUL. LST]：　源程序列表文件,加行号便于查错
Cross-reference [NUL. CRF]：交叉参考文件,名字信息

49576 + 420869 Bytes symbol space free

0 Warning Errors　　　警告错误
0 Severe Errors　　　严重错误

若有错时则会显示出相应错误信息,如下：

AA. ASM（6）：warning A4001：Extra characters on line
AA. ASM（7）：error A2062：Missing or unreachable CS
AA. ASM（9）：error A2009：Symbol not defined：Dl

49150+411821 Bytes symbol space free

1 Warning Errors
2 Severe　Errors

错误信息行包括：

源程序名(错误所在行号) 错误代码　错误英文描述

只要存在严重错误就不会生成目标程序。若只有警告错误虽会生成目标程序,但建议你修改源程序直至消除所有错误。不论是警告错误还是严重错误均属于语法错误,至于功能错误只有调试运行过程中去发现。有关错误信息的中文含义请参看附录 C。

（3）连接

连接命令格式如下：

LINK　[[盘符][路径]程序基本名[. OBJ]]

建议源程序基本名不要省略,若省略则会询问并要求输入。例如：

D：\language\MASM50>link aa

连接显示信息如下：

```
Microsoft（R）Overlay Linker Version 3.64
Copyright（C）Microsoft Corp 1983-1988. All rights reserved.

Run File [AA. EXE]：        ;可执行文件名
List File [NUL. MAP]：       ;映像文件名,便于改错
Libraries [. LIB]：          ;库文件名
LINK：warning L4021：no stack segment      ;警告错误(无堆栈段)
```

（4）运行或调试运行

如果程序执行结果有显示,则可直接执行看结果,否则需要通过调试运行看结果,调试运行的另一个重要功能是查找程序中的功能错误。程序调试是程序设计过程非常重要的环节,虽然我们目前学习的程序都较简单短小,上机时一定要学会调试。具体 DEBUG 的命令的使用格式参看附录或实验指导教材,这里主要介绍一下调试运行程序时主要用的命令及过程。

运行命令的格式如下：

[盘符][路径]程序基本名[. EXE]

如执行：   D：\language\MASM50>AA
则显示：   HOW ARE YOU！。

调试运行的格式如下：

[盘符][路径] DEBUG [盘符][路径]程序基本名 . EXE

如执行 DEBUG   AA. EXE

进入后显示'-' ,用'U'命令查看程序;若有数据定义用若干个'T'或'P'命令置段寄存器初值,然后再用'D'命令查看原始数据;而后再用'T'、'P'、'G'命令执行程序的各条语句。边执行边看结果,检查核对是否有误。DEBUG 中命令及使用方法参看附录 D。

2. 其他会用到的 DOS 命令

纯 DOS 启动或切换到 MS-DOS 方式下完成汇编的上机过程,另外,为了使上机过程另外,更为轻松方便,应该对以下几条 DOS 命令的使用有所了解。

PATH [搜索路径列表]

PATH 命令显示/设置可执行文件(外部命令)的自动搜索路径,以便用户使用这些路径中的可执行文件可在任意盘符目录下直接键入命令名而无须指明其所在盘符和路径。建议搜索路径应包含盘符和绝对路径。设 DOS 的外部命令在 C：\WINDOWS\SYSTEM32,设汇编、连接的命令在 D：\MASM,则可用

PATH C：\WINDOWS\SYSTEM32;D：\MASM

命令建立自动搜索路径后,汇编上机的四条命令就可以直接使用。

DOSKEY ;DOS 命令记忆器,运行后最近输入的命令将会被记住,可用上、下光标键调出再次或修改后执行,可用 F7 显示记住的所有命令,可用 F9 指定所需的命令行。

```
DIR   [盘符][路径][文件名]        ;显示文件目录,可用于查找文件
MD    [盘符][路径]新目录名         ;创建子目录
CD    [盘符][路径]               ;显示/切换当前路径
TYPE  [盘符][路径]具体文本文件名 ;显示文本文件内容
```

习题

1. 名词解释题

指令　伪指令　宏指令　汇编语句　汇编语言　汇编源程序　汇编程序　汇编　连接程序　连接

2. 写出三种汇编语句的基本格式并进行说明。

3. 由用户取名的名字项有哪些？名字项的取名规则如何？

4. 请计算下列表达式的值：

(1) 3+6/3 * 4 mod 3　　　　　　(2) M GT N AND N OR M LE N AND M

(3) 5 GT 3　（作为 8 位和 16 位二进制数各为多少）

(4) 20 AND 77（作为 8 位和 16 位二进制数各为多少）

(5) 5 AND -1　　　　　　(6) 5 OR -1

(7) NOT 5（作为 8 位和 16 位二进制数各为多少）

(8) 设有定义如下：

A　DB　2,4,6,8
B　DW　2,4,6,8
C　DW　5 DUP (2,4,6,8)

则　TYPE A、TYPE B 和 TYPE C 分别为多少？

　　LENGTH A、LENGTH B 和 LENGTH C 分别为多少？

　　SIZE A、SIZE B 和 SIZE C 分别为多少？

5. 汇编语言中的数据类型与其他高级语言的数据类型相比较有哪些特点？

6. 设有如下定义：

A　DB　1101B,34,56Q,78H,4 DUP（?）,'ABCD'

请画出内存分配示意图并将其改成内存中存放次序相同的 DW 及 DD 的等价定义语句。

7. 一个汇编源程序最多可以定义多少个段？段寄存器与所定义的段之间的对应关系是怎样实现的？

8. 设置一个数据段 DATA，其中连续存放 6 个变量，用段定义语句和数据定义语句写出数据段，并画出内存分配示意图。

(1) A1 为字符串变量：'Example'。

(2) A2 为数值字节变量：100,127,-1,80H,35Q,1101110B。

(3) A3 为 4 个 0 的字变量。

(4) A4 为 A3 的元素个数。

(5) A5 为 A3 占用的字节数。

(6) A6 为 A1,A2,A3,A4,A5 占用的总字节数。

9. 指出下列每一小题中的伪指令表达的操作哪些是错误的？错误在哪里？

(1) ALPHA　　　EQU　　　78H

　　BETA　　　　EQU　　　ALPHA+1

(2) DATA　　　DB　　　375

(3) ALPHA　　　EQU　　　BETA

(4) XYZ　　　　DATA

　　　⋮

　　XYZ　　　　ENDS

(5) COUNT　　　EQU　　　100

　　COUNT　　　EQU　　　10

(6) MAIN　　　PROC

　　　⋮

	END	
(7) ARRAY	DW	10 DUP（?）
⋮		
	JMP	ARRAY
(8) SEGMENT	DATA	
⋮		
ENDS	DATA	

(9) N = 3

N = 120

10. 指令 OR AX,0FC8H OR 563FH 中,问两个 OR 操作分别在什么时候进行？有什么区别？用立即数写出此等价指令。

11. 指出下列每一对伪指令语句的区别：

(1) X1	DB	76	X2	EQU	76
(2) X1	DW	3576H	X2	EQU	BYTE PTR X1
(3) X1	=	76	X2	EQU	76
(4) X1	DW	7654H	X2	DB	76H,54H
(5) X1	DW	7654H	X2	DW	7654
(6) X1	SEGMENT		ASSUME	ES：X2	

12. 请进行宏与子程序的比较。

13. 请用流程图表示完整汇编程序的上机过程。

14. 请默写两段程序的基本框架。

15. 请写出两字节数据相乘保存于字中的宏定义。

第5章　汇编程序设计

本章主要通过举例介绍汇编程序设计的基本框架、编程思路。为了便于上机验证,本书大部分例子是带输入输出功能的,可在汇编环境下直接编辑、汇编、连接、运行看结果;少数例子是不带输入输出功能的,如例 5.1、5.7、5.8 必须在 DEBUG 环境下调试运行看结果。

5.1　程序结构

程序的基本结构有三种:顺序、分支(选择)和循环(重复)。

顺序程序结构就是各种非转移类指令的顺序摆放,其摆放顺序即为执行顺序。其流程图如图 5.1 所示。

分支程序结构是指包含条件转移或无条件跳转指令的程序,可以具体再分为单分支程序、双分支程序和多分支程序。它们的流程图分别如图 5.2、图 5.3 和图 5.4 所示。

循环程序结构是指包含循环执行某一段指令序列的程序,其又可分为当循环和直到循环。它们的流程图分别如图 5.5 和图 5.6 所示。

另外,还有子程序调用,包含自定义过程的调用 CALL 和中断调用 INT。当然会涉及子程序的设计,其结构参看 5.5 节。

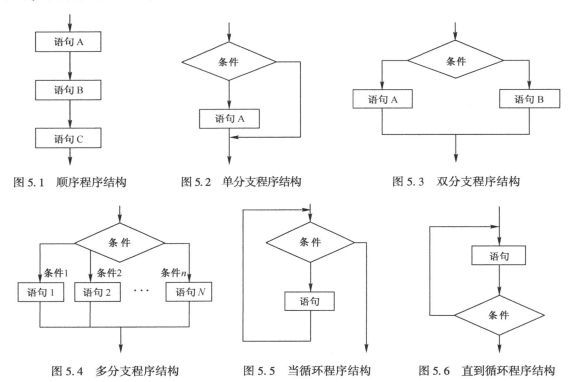

图 5.1　顺序程序结构　　图 5.2　单分支程序结构　　图 5.3　双分支程序结构

图 5.4　多分支程序结构　　图 5.5　当循环程序结构　　图 5.6　直到循环程序结构

5.2　顺序程序设计

例5.1　实现 C＝A+B,设 A,B,C 均为字变量。

```
DATA     SEGMENT
A        DW        5F73H
B        DW        98CDH
C        DW        ?
DATA     ENDS
CODE     SEGMENT
         ASSUME    CS:CODE,DS:DATA
START:   MOV       AX,DATA         ;置 DS 段初值
         MOV       DS,AX
         MOV       AX,A
         ADD       AX,B
         MOV       C,AX            ;C＝A+B
         MOV       AH,4CH          ;返回 DOS
         INT       21H
CODE     ENDS
         END       START
```

5.3　分支程序设计

5.3.1　单分支程序设计

单分支程序流程一般如图5.7所示。

例5.2　将1字节二进制数据以十六进制数显示出来。

分析:1字节为8位二进制数据即二位十六进制数据,所以以十六进制数据显示也就是分离出高位和低位十六进制数据并分别送出显示。可以通过右移4位获取高位十六进制数据,可以通过屏蔽高4位二进制数据获取低位十六进制数据。十六进制数值为0~F,2号功能显示只用于字符显示,所以还必须将它们转化为对应的 ASCII 码字符,0~9对应的 ASCII 码要加30H,A~F对应的 ASCII 码要加37H。从表面上看属于双分支,稍加变通处理即可转化为单分支。即先均加30H,再判断是否比'9'大,若大再加7,否则不加。用单分支显然比双分支更为简单。完整程序如下:

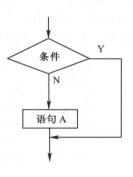

图5.7　单分支程序流程图

```
DATA     SEGMENT
A        DB        5FH
DATA     ENDS
CODE     SEGMENT
         ASSUME    CS:CODE,DS:DATA
START:   MOV       AX,DATA         ;置 DS 段初值
         MOV       DS,AX
         MOV       DL,A
         MOV       CL,4
         SHR       DL,CL           ;右移4位获得高4位
         ADD       DL,30H          ;0~9加30H,A~F加37H
```

```
                CMP         DL,'9'              ;将双分支转化为单分支
                JBE         NEXT1
                ADD         DL,7
NEXT1：         MOV         AH,2
                INT         21H                 ;显示高位十六进制
                MOV         DL,A
                AND         DL,0FH              ;高4位清0获得低4位
                ADD         DL,30H
                CMP         DL,'9'
                JBE         NEXT2
                ADD         DL,7
NEXT2：         INT         21H                 ;显示低位十六进制
                MOV         AH,4CH              ;返回DOS
                INT         21H
CODE            ENDS
                END         START
```

5.3.2 双分支程序设计

双分支程序设计框架表一般如图 5.8 所示。

例 5.3 在某串中查找某个特定字符,找到显示'Y',未找到显示'N'。

分析:在串中查找可用两种方法实现:串查找和循环比较。串查找方法的核心指令为 REPNE SCASB,使用这条指令之前必须预置 ES、DI、AL、DF 和 CX 的初值。ES:DI 指向待查字符串,CX 为串长,AL 存放待查字符,DF 决定串指针 DI 的变化方向(一般为 0 即向加的方向变化)。循环比较方法的核心指令为比较指令及 LOOPNE 标号,这里特别要注意,LOOPNE 所判断的 ZF 应为比较指令所影响的 ZF,而非参数改变影响的 ZF。循环比较方法程序参看例 5.9,本例只给出串查找方法。

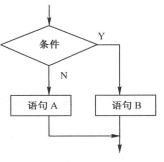

图 5.8 双分支程序流程图

```
DATA            SEGMENT
STRING          DB          "How are you!,welcome to china!"
N               EQU         $ -STRING
DATA            ENDS
CODE            SEGMENT
                ASSUME      CS:CODE,ES:DATA
START：         MOV         AX,DATA             ;置ES段初值
                MOV         ES,AX
                LEA         DI,STRING
                MOV         CX,N
                CLD
                MOV         AH,1
                INT         21H                 ;从键盘输入待查字符
                REPNE       SCASB
                JZ          FOUND               ;转到找到分支
                MOV         DL,'N'              ;未找到处理
                JMP         DISP                ;转到后续公共位置处
FOUND：         MOV         DL,'Y'
DISP：          MOV         AH,2
                INT         21H
                MOV         AH,4CH              ;返回DOS
                INT         21H
CODE            ENDS
```

END　　　　　START

5.3.3 逻辑分解法多分支程序设计

逻辑分解法的一般流程图如图5.9所示。类似于高级语言的 IF 语句的嵌套。

例 5.4 从键盘输入一个十六进制数并将其转换为数值。

分析:键盘所输入的是 ASCII 码字符,首先要判断所输入的是否为'0'~'9'或'A'~'F'或'a'~'f'中的一个字符。若不是要求重新输入,否则进行转换。转换方法为:'0'~'9'减 30H,'A'~'F'减 37H,'a'~'f'减 57H。

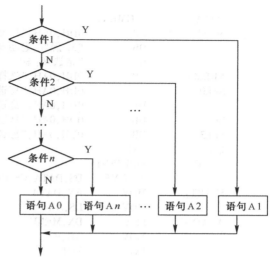

图 5.9　逻辑分解多分支程序流程图

```
CODE      SEGMENT        ;单段程序
          ASSUME    CS:CODE
AGAIN:    MOV       AH,1
          INT       21H
          CMP       AL,'0'
          JB        AGAIN
          CMP       AL,'9'
          JBE       BT0_9
          CMP       AL,'A'
          JB        AGAIN
          CMP       AL,'F'
          JBE       BTUPA_F
          CMP       AL,'a'
          JB        AGAIN
          CMP       AL,'f'
          JBE       BTLWA_F
          JMP       AGAIN
BT0_9:    SUB       AL,30H      ;所输入字符介于'0'~'9'
          JMP       OK
BTUPA_F:  SUB       AL,37H      ;所输入字符介于'A'~'F'
          JMP       OK
BTLWA_F:  SUB       AL,57H      ;所输入字符介于'a'~'f'
OK:       MOV       AH,4CH      ;AL 即为转化后的结果
          INT       21H
CODE      ENDS
          END       AGAIN
```

5.3.4 转移表法多分支程序设计

转移表法多分支程序设计的基本思路是:将转到各分支程序的转移指令依次罗列形成一个转移表,让 BX 指向转移表的首地址,从键盘接收或用其他方式获取要转到的分支号,再让 BX 与分支号进行运算,使 BX 指向对应转移表中转到该分支的转移指令处,最后即可使用 JMP BX 指令实现所要转到的分支。这种编程思路主要用于菜单程序设计,程序设计流程图如图 5.10 所示。

例 5.5 编程实现菜单选择,根据不同的选择做不同的事

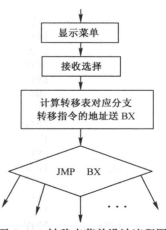

图 5.10　转移表菜单设计流程图

情。(下面给出的只是一个简单的示例,具体使用时不同的分支可调不同的子程序。)

```
DATA        SEGMENT
MENU        DB          0DH,0AH,"1. 欢迎光临    2. 谢谢再次光临"
            DB          "3. 您好,老朋友    0. 再见"
            DB          "请选择: $ "
ERRMSG      DB          0DH,0AH,"选择有误,请重新选择! $ "
SEL0        DB          0DH,0AH,"您选择了 0,BYE-BYE! $ "
SEL1        DB          0DH,0AH,"您选择了 1,WELCOME! $ "
SEL2        DB          0DH,0AH,"您选择了 2,THANK YOU! $ "
SEL3        DB          0DH,0AH,"您选择了 3,HOW ARE YOU! $ "
DATA        ENDS
CODE        SEGMENT
            ASSUME      DS:DATA,CS:CODE
START:      MOV         AX,DATA
            MOV         DS,AX
AGAIN:      LEA         DX,MENU                 ;显示菜单
            MOV         AH,9
            INT         21H
            MOV         AH,1                    ;接收选择
            INT         21H
            CMP         AL,'0'                  ;判断是否合法选择
            JB          ERROR
            CMP         AL,'3'
            JA          ERROR
            LEA         BX,BRATAB               ;计算转移分支
            SUB         AL,30H
            SHL         AL,1                    ;短转移乘2,近转移乘3,远转移乘5
            XOR         AH,AH                   ;无符号数扩展
            ADD         BX,AX
            JMP         BX                      ;产生多分支转移
ERROR:      MOV         DX,OFFSET ERRMSG
            MOV         AH,9
            INT         21H
            JMP         AGAIN                   ;选择错误提示出错信息后重复选择
BRATAB:     JMP         SHORT A0                ;转移表
            JMP         SHORT A1
            JMP         SHORT A2
            JMP         SHORT A3
A0:         LEA         DX,SEL0                 ;各分支程序
            MOV         AH,9
            INT         21H
            JMP         DONE
A1:         LEA         DX,SEL1
            MOV         AH,9
            INT         21H
            JMP         AGAIN
A2:         LEA         DX,SEL2
            MOV         AH,9
            INT         21H
            JMP         AGAIN
A3:         LEA         DX,SEL3
            MOV         AH,9
            INT         21H
            JMP         AGAIN
DONE:       MOV         AH,4CH
            INT         21H
```

```
CODE        ENDS
            END     START
```

5.3.5　地址表法多分支程序设计

地址表法多分支程序设计的基本思路是:将各分支程序的入口依次罗列形成一个地址表,让 BX 指向地址表的首地址,从键盘接收或用其他方式获取要转到的分支号,再让 BX 与分支号进行运算,使 BX 指向对应分支入口地址的存放地址,最后即可使用 JMP WORD/DWORD PTR [BX]指令实现所要转到的分支(段内用 WORD、段间用 DWORD)。这种编程思路主要用于菜单程序设计,程序设计流程图如图 5.11 所示。

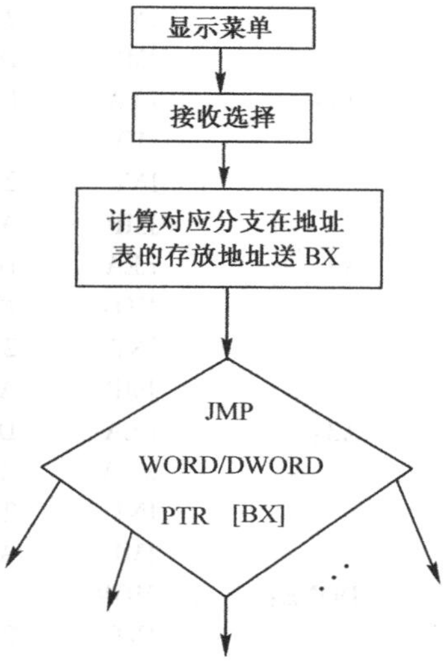

例 5.6　题目要求同例5.5。

```
DATA        SEGMENT
MENU        DB      0DH,0AH,"1. 欢迎光临   2. 谢谢
再次光临"
            DB      "3. 您好,老朋友   0. 再见"
            DB      "请选择: $"
ERRMSG      DB      0DH,0AH,"选择有误,请重新选择! $ "
SEL0        DB      0DH,0AH,"您选择了 0,BYE-BYE! $ "
SEL1        DB      0DH,0AH,"您选择了 1,WELCOME! $ "
SEL2        DB      0DH,0AH,"您选择了 2,THANK YOU! $ "
SEL3        DB      0DH,0AH,"您选择了 3,HOW ARE YOU! $ "
ADDRTAB     DW      A0,A1,A2,A3
DATA        ENDS
CODE        SEGMENT
            ASSUME  DS:DATA,CS:CODE
START:      MOV     AX,DATA
            MOV     DS,AX
AGAIN:      LEA     DX,MENU         ;显示菜单
            MOV     AH,9
            INT     21H
            MOV     AH,1            ;接收选择
            INT     21H
            CMP     AL,'0'          ;判断是否合法选择
            JB      ERROR
            CMP     AL,'3'
            JA      ERROR
            LEA     BX,ADDRTAB      ;计算转移分支
            SUB     AL,30H
            SHL     AL,1            ;段内转移乘2,段间转移乘4
            XOR     AH,AH           ;无符号数扩展
            ADD     BX,AX
            JMP     WORD PTR [BX]   ;产生多分支转移
ERROR:      MOV     DX,OFFSET ERRMSG
            MOV     AH,9
            INT     21H
            JMP     AGAIN           ;选择错误提示出错信息后重复选择
A0:         LEA     DX,SEL0
            MOV     AH,9
```

流程图:
显示菜单 → 接收选择 → 计算对应分支在地址表的存放地址送 BX → JMP WORD/DWORD PTR [BX]

图 5.11　地址表菜单设计流程图

```
                INT      21H
                JMP      DONE
        A1:     LEA      DX,SEL1
                MOV      AH,9
                INT      21H
                JMP      AGAIN
        A2:     LEA      DX,SEL2
                MOV      AH,9
                INT      21H
                JMP      AGAIN
        A3:     LEA      DX,SEL3
                MOV      AH,9
                INT      21H
                JMP      AGAIN
        DONE:   MOV      AH,4CH
                INT      21H
        CODE    ENDS
                END      START
```

5.4　循环程序设计

　　循环程序设计在已知循环次数或最多循环次数下一般采用 LOOP、LOOPE/Z 以及 LOOPNE/NZ 来实现编程,否则一般采用条件转移指令实现循环。一个循环结构程序框架一般由四部分构成:循环初值设置、循环操作、循环参数改变和循环条件控制,最主要的是要找准循环操作,第一次进行循环操作前的状态即为循环初值,下次操作时参数如何变化即为参数改变,什么情况下结束循环即循环条件控制。汇编编程主要采用直到循环,直到循环程序的一般结构如图 5.12 所示,直到循环次数至少为 1 次,所以也叫非 0 次循环。有时也用当循环结构,如果循环次数可能为 0 次的只能使用当循环结构,如图 5.13 所示,所以当循环有时也叫 0 次循环。

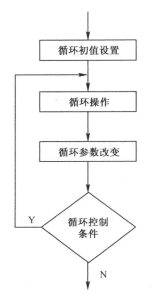

图 5.12　直到循环程序结构的框架

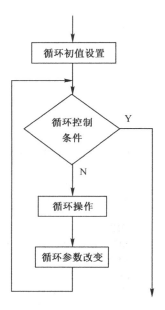

图 5.13　当循环程序结构的框架

在程序中嵌套使用循环结构成为多重循环结构。

例 5.7 求 1~10 的累加和送 AL。

分析:循环操作为累加,和初值为 0,参数初值为 1,累加到 10 为止,即循环次数为 10 次,本例采用直到循环编程,下例采用当循环编程。

```
CODE        SEGMENT
            ASSUME CS:CODE
START:      MOV     CX,10
            MOV     BL,1
            XOR     AL,AL
AGAIN:      ADD     AL,BL
            INC     BL
            LOOP    AGAIN
            MOV     AH,4CH
            INT     21H
CODE        ENDS
            END     START
```

例 5.8 对例 5.7 用当循环法编程。

```
CODE        SEGMENT
            ASSUME CS:CODE
START:      MOV     BL,1
            XOR     AL,AL
AGAIN:      CMP     BL,10       ;CMP   BL,11
            JA      DONE        ;JZ    DONE
            ADD     AL,BL
            INC     BL
            JMP     AGAIN
DONE:       MOV     AH,4CH
            INT     21H
CODE        ENDS
            END     START
```

例 5.9 对例 5.3 用循环比较法编程。(分析请看例 5.3)

```
DATA        SEGMENT
STRING      DB      "How are you! Welcome to China!"
N           EQU     $ -STRING
DATA        ENDS
CODE        SEGMENT
            ASSUME  CS:CODE,DS:DATA
START:      MOV     AX,DATA
            MOV     DS,AX           ;置 DS 段初值
            LEA     DI,STRING-1
;置串指针初值,因为循环中参数改变需要置于比较指令之前,所以应先减 1
            MOV     CX,N
            MOV     AH,1
            INT     21H
AGAIN:      INC     DI              ;参数改变
            CMP     AL,[DI]         ;比较查找
            LOOPNE  AGAIN           ;未找到且没找完继续查找
            JZ      FOUND           ;转到找到分支
            MOV     DL,'N'          ;未找到处理
            JMP     DISP            ;转到后续公共位置处
FOUND:      MOV     DL,'Y'
```

```
DISP:        MOV     AH,2
             INT     21H
             MOV     AH,4CH              ;返回 DOS
             INT     21H
CODE         ENDS
             END     START
```

例 5.10 从键盘接收一串不多于 10 个的数字串,求出其中数字的累加和并显示出来。

分析:用 10 号功能调用从键盘接收一串数字,并循环比较判断是否为数字字符,若是减 30H 转化为数值并累加,之后再求出和的十位和个位并转化为对应的 ASCII 码送出显示。分离 0~99 范围内数值的十位和个位主要有两种方法:一种为除 10 法,商为十位,余数为个位;另一种使用 BCD 乘法修正指令 AAM,存放于 AX 的介于 0~99 的数值可以分解为十位(AH)和个位(AL)。其流程图如图 5.14 所示。

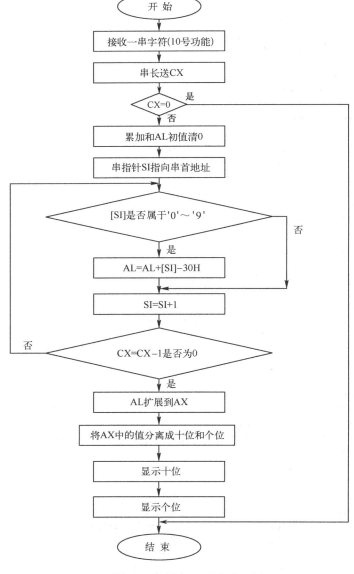

图 5.14 例 5.10 程序流程图

```
DATA        SEGMENT
BUF         DB          11,0,11 DUP（?）            ;定义键盘接收缓冲区
DATA        ENDS
CODE        SEGMENT
            ASSUME      DS:DATA,CS:CODE
START:      MOV         AX,DATA
            MOV         DS,AX
            LEA         DX,BUF                      ;10 号功能调用从键盘接收一串字符
            MOV         AH,10
            INT         21H
            MOV         CL,BUF+1                    ;实际接收字符个数作为循环次数
            XOR         CH,CH                       ;无符号扩展,高位段清 0
            JCXZ        DONE
            LEA         SI,BUF+2                    ;SI 指向所接收的字符串的首址
            XOR         AL,AL
AGAIN:      CMP         BYTE PTR[SI],'0'
            JB          NEXT
            CMP         BYTE PTR[SI],'9'
            JA          NEXT
            ADD         AL,[SI]
            SUB         AL,30H                      ;'0'~'9'转化为 0~9 累加入 AL
NEXT:       INC         SI
            LOOP        AGAIN
            XOR         AH,AH
            AAM                                     ;将累加和 AL 分解为十位存于 AH,个位存于 AL
            PUSH        AX
            MOV         DL,0DH                      ;显示回车换行
            MOV         AH,2
            INT         21H
            MOV         DL,0AH
            INT         21H
            POP         AX
            MOV         DH,AL                       ;暂存个位
            MOV         DL,AH                       ;显示十位
            ADD         DL,30H
            MOV         AH,2
            INT         21H
            MOV         DL,DH                       ;显示个位
            ADD         DL,30H
            INT         21H
DONE:       MOV         AH,4CH
            INT         21H
CODE        ENDS
            END         START
```

5.5　子程序设计

　　模块化是程序设计的基本方法,子程序设计是模块化设计的基础。在汇编语言中子程序是以两种形式出现的:自定义过程和中断服务程序。中断服务程序一般是由系统提供的,也可自编,至于中断服务程序具体的编程方法参看 9.5 节。在本节主要介绍过程的定义和调用。

　　过程的定义和调用主要包括这几个方面:过程定义的基本格式、参数的带进带出、现场的保护和恢复以及主程序中对过程的调用。

1. 过程定义的基本格式

过程定义的基本格式为：

```
;过程的有关说明(过程名、功能、入口参数、出口参数等)
过程名   PROC NEAR|FAR        ;NEAR 代表段内子程序,FAR 代表段间子程序
         ;保护现场
           ⋮                 ;过程体
         ;恢复现场
         RET                  ;过程体至少要有一条可以执行到的 RET 指令
过程名   ENDP
```

2. 主程序调用子程序的一般方法

主程序调用子程序的一般方法如下。

```
;入口参数设置
CALL 子程序名
;出口参数处理
```

3. 参数传递的方法

汇编语言过程的参数传递只能通过类似于高级语言中的全局变量方式实现参数的带进带出，没有类似高级语言中的实参和形参的概念。具体实现参数传递有三种方法。

（1）用寄存器实现参数传递。这也是最常用的方法,主要原因有寄存器是一种不用定义的全局寄存器变量、存取速度极快,但传递参数的个数有限,所以适用于传递较少的参数信息。如例 5.13 和例 5.14 中均采用了这种方法。

（2）用内存变量实现参数传递。这种方法可以用于传递大量的参数,但其存取速度较慢。汇编语言中所定义的变量均为全局变量,无局部变量的概念。内存变量应用类似高级语言,在此不再举例。

（3）用堆栈实现参数传递。这种方法容易引起错误,因为调用子程序时主程序的断点也在堆栈中,稍不留神就有可能使程序飞了(运行流程发生变化)。这种方法主要在多种语言混合编程时采用。

例 5.11 利用堆栈传递参数的第一种方法。

```
;主程序
         PUSH   X          ;参数代入
         CALL   ABC        ;调用子程序,注意调用子程序时断点会入栈
;子程序错误的写法
ABC      PROC   NEAR
         POP    AX         ;想传递参数,但未完成,实质上将断点送 AX
           ⋮
         RET               ;栈顶元素是 X 的值,无法正常返回断点处,即程序飞了
ABC      ENDP
;子程序的正确写法
ABC      PROC   NEAR
         POP    BX         ;将断点送 BX,段内调用出 IP,段间还需出 CS
         POP    AX         ;参数传递 X→AX
           ⋮               ;子程序的功能程序
         PUSH   BX         ;断点进栈
         RET               ;可以正常返回断点处
ABC      ENDP
```

例 5.12 利用堆栈传递参数的第二种方法。段间调用利用堆栈传递参数堆栈变化示意图如图 5.15 所示。

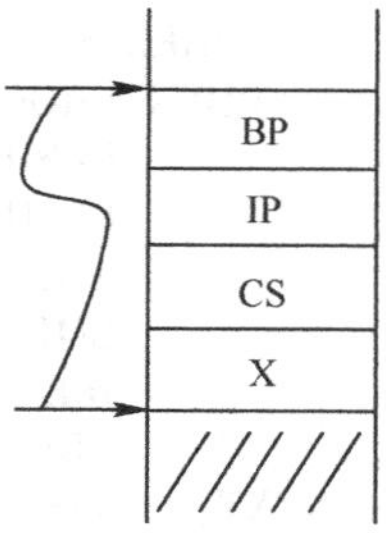

```
        ;主程序
        PUSH   X           ;参数代入
        CALL   ABC         ;调用子程序
;子程序
ABC     PROC   NEAR/FAR
        PUSH   BP          ;BP 进栈
        MOV    BP,SP
        MOV    AX,[BP+4/6]
                           ;参数传递 X→AX,段内调用为 4,段间调用为 6
        ⋮                  ;子程序的功能程序
        POP    BP
        RET    2           ;返回断点处的同时删除所带参数
ABC     ENDP
```

图 5.15　段间调用堆栈变化

4. 现场信息的保护和恢复方法

如果汇编语言寄存器和变量均为全局,那么如何实现各子程序相对独立呢? 这要通过对现场信息的保护和恢复来实现。现场信息的保护和恢复方法有两种。

(1) 用堆栈实现。用进栈实现保护,用出栈实现恢复,但一定要注意先进后出,后进先出,并且成对出现。

(2) 内存缓冲区实现。主要使用 MOV 指令将要保护对象送给内存缓冲区,而后再回送实现还原。

那么哪些内容才是需要保护和恢复的现场信息呢? 在此总结如下:现场是指那些在子程序中发生变化的而且又不是用于带出结果的寄存器或内存变量。所以现场的保护和恢复应在写完子程序的功能程序后再填入相应位置。

5. 子程序的嵌套调用

一个过程被其他程序调用的同时它又调用其他过程的程序结构叫子程序的嵌套调用。它可多层嵌套调用。

下面再举个子程序的实例。

例 5.13 将 1 字节的二进制数据以十六进制数的格式送到屏幕显示。

```
DATA    SEGMENT
X       DB      10110110B       ;10110110B 代表任一个已知的字节数据
DATA    ENDS
CODE    SEGMENT
        ASSUME  DS:DATA,CS:CODE
START:  MOV     AX,DATA
        MOV     DS,AX
        MOV     DL,X
        MOV     CL,4
        SHR     DL,CL           ;入口参数设置,高位十六进制送 DL
        CALL    DISPHEX         ;子程序调用
        MOV     DL,X
        AND     DL,0FH          ;入口参数设置,低位十六进制送 DL
        CALL    DISPHEX         ;子程序调用
        MOV     AH,4CH          ;返回 DOS
        INT     21H
;段内子程序应放在返回 DOS 之后,代码段结束之前
```

```
;DISPHEX 子程序的功能是将存于 DL 中的一位十六进制数送出显示
DISPHEX  PROC    NEAR
         PUSH    DX
         PUSH    AX                    ;子程序的功能程序部分 DX.AX 会变
         ADD     DL,30H
         CMP     DL,'9'
         JBE     NEXT
         ADD     DL,7
NEXT:    MOV     AH,2
         INT     21H
         POP     AX
         POP     DX
         RET
DISPHEX  ENDP
CODE     ENDS
         END     START
```

5.6　综合应用举例

例 5.14　从键盘接收一串不多于 99 个字符的字符串,对其进行分类统计,显示其中数字字符个数、大写英文字母个数以及小写英文字母个数以及其他字符个数。

分析:本例题主要包括汇编程序结构、字符串输出、字符串输入、分类统计(循环内有分支)、码元转换、数值显示以及子程序设计及调用等方面,是一道综合性较强的编程题。其流程图如图 5.16 所示。

```
DATA     SEGMENT
MSG      DB      0DH,0AH,"输入一串字符:$"
MSG1     DB      0DH,0AH,"大写字母数目:$"
MSG2     DB      0DH,0AH,"小写字母数目:$"
MSG3     DB      0DH,0AH,"数字数目:$"
MSG4     DB      0DH,0AH,"其他数目:$"
BUF      DB      100                   ;键盘接收缓冲区
         DB      0
         DB      100 DUP(?)
BIG      DB      0                     ;大写字母个数
LITTLE   DB      0                     ;小写字母个数
DIG      DB      0                     ;数字个数
OTHER    DB      0                     ;其他字符个数
DATA     ENDS
CODE     SEGMENT
         ASSUME  DS:DATA,CS:CODE
START:   MOV     AX,DATA
         MOV     DS,AX
         MOV     DX,OFFSET MSG         ;9 号功能调用显示提示信息
         MOV     AH,9
         INT     21H
         LEA     DX,BUF                ;10 号功能调用接收一串字符
         MOV     AH,10
         INT     21H
         MOV     CL,BUF+1              ;将实际接收字符个数送 CX
         XOR     CH,CH
         JCXZ    DONE
         LEA     SI,BUF+2              ;SI 指向接收的串首
AGAIN:   CMP     BYTE PTR [SI],30H     ;分类统计
         JB      OTHERS
         CMP     BYTE PTR [SI],39H
```

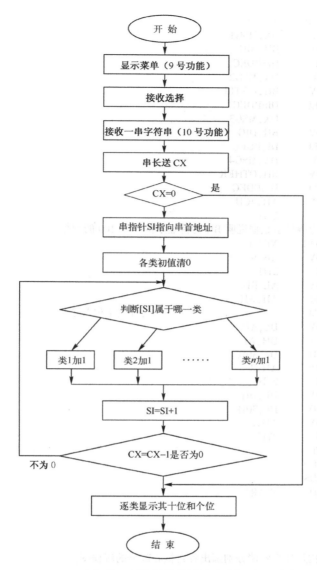

图 5.16   例 5.14 程序流程图

```
            JBE        DIGITALS
            CMP        BYTE PTR [SI],41H
            JB         OTHERS
            CMP        BYTE PTR [SI],5AH
            JBE        BIGS
            CMP        BYTE PTR [SI],61H
            JB         OTHERS
            CMP        BYTE PTR [SI],7AH
            JBE        LITTLES
OTHERS：    INC        OTHER
            JMP        OK
DIGITALS：  INC        DIG
            JMP        OK
LITTLES：   INC        LITTLE
            JMP        OK
BIGS：      INC        BIG
OK：        INC        SI
```

```
                LOOP       AGAIN
DONE:           LEA        DX,MSG1          ;显示结果
                MOV        BH,BIG
                CALL       DISPDEC
                LEA        DX,MSG2
                MOV        BH,LITTLE
                CALL       DISPDEC
                LEA        DX,MSG3
                MOV        BH,DIG
                CALL       DISPDEC
                LEA        DX,MSG4
                MOV        BH,OTHER
                CALL       DISPDEC
                MOV        AH,4CH
                INT        21H
;入口参数:DX 为待显示数据说明 BH 为待显示的小于 100 的数据
DISPDEC         PROC       NEAR
                MOV        AH,9
                INT        21H
                MOV        AL,BH
                XOR        AH,AH
                AAM                          ;分离十位及个位
                MOV        DL,AH
                MOV        DH,AL
                ADD        DL,30H
                MOV        AH,2
                INT        21H
                MOV        DL,DH
                ADD        DL,30H
                MOV        AH,2
                INT        21H
                RET
DISPDEC         ENDP
CODE            ENDS
                END        START
```

习题

1. 程序的三种基本结构是什么？请分别画出各自核心部分的流程图。

2. 请画出将 1 字节二进制数据转化成十六进制数显示的流程图。

3. 编程实现 2 字节变量相乘送字变量的程序。

4. 编程实现从键盘接收 2 个一位十进制数并计算和显示它们的积(如输入 7 和 9 则显示为:7*9=63)。

5. 编程实现从键盘接收两位十六进制数并将其转化为等值的十进制数显示出来(如输入 7CH=124,要求至少设计一个子程序)。

6. 编程实现三个变量值的排序(分别用无符号数和有符号数处理)。

7. 编程实现任意个有符号字节数据之和(和要求用字变量存放)。

8. 编写一个菜单选择处理程序。

9. 编写一子程序实现从某字数组中求出最大值。

10. 编写一子程序实现从某字数组中求出平均值(设其和会超出范围)。

11. 从键盘接收一串字符,并另起一行逆序显示该字符串。

12. 假设密码为"123456",从键盘接收密码并验证,若正确则显示"欢迎使用本系统!",否则显示"密码错误,您无权使用!"。

13. 从键盘输入 1 字节的两位十六进制数据,并分别用二进制、八进制、十进制、十六进制显示出来其等价的值。

第二部分 微机原理

第6章 Intel 8086/88 微处理器

8086/88 CPU 由 Intel 公司于 1978 年研制,1981 年在 IBM PC 和 PC/XT 系列微机中全面采用,并将其技术公开,使 PC 得到迅速发展和普及应用。虽然迄今已发展了好几代 CPU,但其基本原理并没有太大的变化,故直到目前微机原理教材几乎都还是以 8086/88 作为典型 CPU。

8086/88 CPU 是 40 引脚双列直插式芯片,采用单 5V 工作电源,标称工作频率 5MHz(时钟周期 $T=200ns$),在 PC 中实际采用 4.77MHz(时钟周期 $T=210ns$)。它们有两种工作模式,提供 20 位地址线,内存寻址能力达 1MB;对端口寻址使用其中 16 位地址,端口寻址能力达 64K 个。8088 的内部提供 16 位并行处理能力,而对外的数据线只有 8 位,是准 16 位 CPU,8086 则是全 16 位 CPU。

6.1 8086/88 引脚及其功能

8086/88 CPU 的内部结构的内容请参看 2.1 节。

学习和掌握 8086/88 引脚的方法是记住和理解逻辑引脚及其功能,记忆芯片引脚及功能的最简单方法是根据芯片的功能分类理解记忆,而引脚的物理位置能够看懂图表检索即可。8086/88 的物理引脚排列如图 6.1 所示,其中加上划线的引脚表示低电平有效,部分引脚还采用了分时复用技术以减少引脚线数。

6.1.1 8086 CPU 最小工作模式下的引脚

(1)最小/最大工作模式控制(输入):MN/$\overline{\text{MX}}$。该引脚在最小模式下接+5V。MN 代表最小模式(Minimum),$\overline{\text{MX}}$ 代表最大模式(Maximum)。

(2)地址(输出)、数据(双向)和状态(输入):$AD_0 \sim AD_{15}$、$A_{16}/S_3 \sim A_{19}/S_6$ 和 $\overline{\text{BHE}}/S_7$。A 表示地址(Address),D 表示数据(Data),S 表示状态(Status),$\overline{\text{BHE}}$(Byte High Enable)控制是否进行高位字节数据($D_8 \sim D_{15}$)传送,它与地址总线的 A_0 组合控制数据操作的宽度和类型(16 位或高 8 位、低 8 位,见表 7.9,详见 7.5 节)。这 21 个引脚是复用引脚,在一个总线周期内分时传送不同信号,T_1 期间传送地址,$T_2 \sim T_4$ 期间传送数据或状态信号(详见 6.4 节)。其中 S_7 未使用,S_6 为 0 表示 8086 CPU 占用总线,S_5 指示输出 IF 的状态,$S_4 S_3$ 指明 CPU 正在使用的段寄存器:00 对应 ES、01 对应 SS、10 对应 CS 以及 11 对应 DS。

(3)读写传输控制(输出):M/$\overline{\text{IO}}$、$\overline{\text{RD}}$、$\overline{\text{WR}}$、ALE、$\overline{\text{DEN}}$ 和 DT/$\overline{\text{R}}$。M/$\overline{\text{IO}}$ 表示内存(Memory)操作或 IO(Input Output)操作;$\overline{\text{RD}}$ 代表读(Read);$\overline{\text{WR}}$ 代表写(Write);ALE 为地址锁存允许(Address Lock Enable);$\overline{\text{DEN}}$ 为数据传送允许(Data Enable);DT/$\overline{\text{R}}$ 表示数据发送/接收(Data Transmission/Reception)。

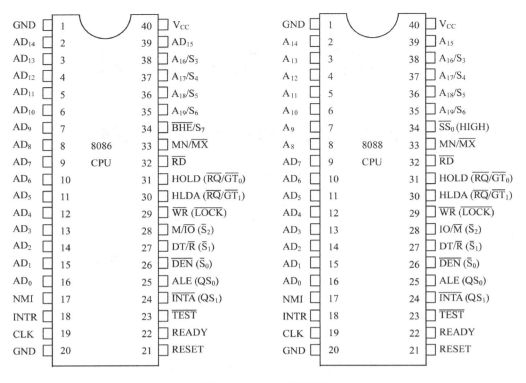

图 6.1　8086/88 引脚图

（4）中断请求及响应：NMI、INTR 和 $\overline{\text{INTA}}$。NMI 为不可屏蔽中断请求（Non-Masking Interrupt），输入；INTR 为可屏蔽中断请求（Interrupt Request），输入；$\overline{\text{INTA}}$ 是对可屏蔽中断请求的中断响应（Interrupt Acknowledge），输出。

（5）总线请求及响应：HOLD 和 HLDA。HOLD 为总线请求保持信号，输入；HLDA 为总线请求响应，输出。

（6）时钟、复位和协调：CLK、RESET、READY 和 $\overline{\text{TEST}}$。CLK 为 CPU 工作时钟（Clock）输入；RESET 为复位信号输入；READY 为准备好信号输入，用于外部电路与 CPU 的工作速度协调；$\overline{\text{TEST}}$（输入）用于执行 WAIT 指令期间控制重复执行 WAIT 指令（引脚电平为 H）还是脱离等待状态、执行后续指令，或者在最大方式下用来与协处理器 8087 协调工作。

（7）电源和地线：V_{CC} 和 GND。V_{CC}（Voltage）接 +5 V 电源；GND（Ground）接地。

6.1.2　8088 引脚与 8086 的区别（最小模式）

（1）数据引脚减少 8 条，即 $AD_0 \sim AD_{15}$ 改为 $AD_0 \sim AD_7$ 和 $A_8 \sim A_{15}$。

（2）$\overline{\text{BHE}}/S_7$ 引脚功能改为 $\overline{SS_0}$，该引脚在最大方式下保持高电平，在最小方式下与 $IO/\overline{M}$ 和 $DT/\overline{R}$ 组合以确定总线的状态，如表 6.1 所示。

（3）$M/\overline{IO}$ 改为 $IO/\overline{M}$。

6.1.3　8086/88 最大模式的引脚与最小模式的区别

在最大模式下，$\overline{\text{RD}}$ 无效，最小模式的 8 条引脚 $\overline{\text{INTA}}$、ALE、$M/\overline{IO}$（或 $IO/\overline{M}$）、$DT/\overline{R}$、$\overline{\text{DEN}}$、

HOLD、HLDA 和 $\overline{\text{WR}}$ 的信号依次改变为：QS_1、QS_0、$\overline{S}_2$、$\overline{S}_1$、$\overline{S}_0$、$\overline{RQ}/\overline{GT}_0$、$\overline{RQ}/\overline{GT}_1$ 和 $\overline{\text{LOCK}}$。

QS_1 和 QS_0：指示 CPU 中指令队列的状态（Queue Status），二位编码为 00 表示空操作、01 为取指令操作码、10 表示指令队列空以及 11 为取指令后续字节。

$\overline{S}_2$、$\overline{S}_1$ 和 $\overline{S}_0$：总线操作状态编码输出，三位编码的含义如表 6.2 所示。

$\overline{RQ}/\overline{GT}_1$ 和 $\overline{RQ}/\overline{GT}_0$：总线请求与响应（Request/Get），负脉冲有效，详见 6.4 节。

$\overline{\text{LOCK}}$：总线锁定信号输出。当执行前缀指令 LOCK 后，其后的一条指令执行期间，$\overline{\text{LOCK}}$ 引脚将输出低电平信号锁定总线，以避免因其他部件抢占总线而打断该指令的执行。

表 6.1 8088 最小模式总线状态

$IO/\overline{M}$ $DT/\overline{R}$ $\overline{SS}_0$ 编码	总线状态
100	中断响应
101	读 IO
110	写 IO
111	暂停
000	取指
001	读内存
010	写内存
011	空闲

表 6.2 $\overline{S}_2\overline{S}_1\overline{S}_0$ 编码的含义

$\overline{S}_2\overline{S}_1\overline{S}_0$ 编码	总线状态	对应命令
000	中断响应	$\overline{\text{INTA}}$
001	读 IO	$\overline{\text{IORC}}$
010	写 IO	$\overline{\text{IOWC}}$ $\overline{\text{AIOWC}}$
011	暂停	
100	取指	$\overline{\text{MRDC}}$
101	读内存	$\overline{\text{MRDC}}$
110	写内存	$\overline{\text{MWTC}}$ $\overline{\text{AMWC}}$
111	空闲	

6.2 8086/88 CPU 子系统的基本配置

本节主要讲解 8086/88CPU 在最小模式和最大模式下 CPU 子系统的基本组成。

1. 8284 时钟发生器

8284 主要向 CPU 提供三路控制信号：时钟信号 CLK、复位信号 RESET 和准备好信号 READY。其逻辑引脚及内部逻辑组成如图 6.2 所示，为 18 脚双列直插式芯片。在 PC/XT 中 $\overline{\text{RES}}$ 接电源的 PWGD 电源好信号，在主机上电后产生 RESET 信号，使主机自动执行复位操作。X_1 和 X_2 接 14.318 18MHz 的晶振，$F/\overline{C}$、$\overline{\text{SYNC}}$、$\overline{\text{ASYNC}}$ 和 RDY_2 接地，EFI 浮空，$\overline{\text{AEN}}_2$ 接 +5V。$\overline{\text{AEN}}_1$ 来自等待电路，不需等待时为低电平；RDY_1 信号来自 DMA 应答电路，在非 DMA 操作时为高电平，DMA 操作期间引起 READY 输出低电

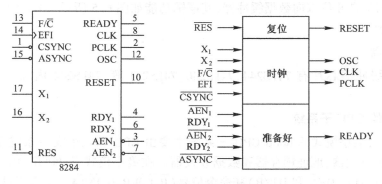

图 6.2 8284 时钟发生器引脚

83

平,使 CPU 等待。时钟输出 OSC 的频率与晶振相同,CLK 是晶振的 3 分频(4.77MHz),PCLK 是晶振的 6 分频(2.385MHz)。

2. 地址锁存器

常用的地址锁存器芯片主要有 74LS373、Intel 8282 以及 Intel 8283 等,它们都是 8 位锁存缓冲器,其逻辑功能如图 6.3 所示,74LS373 内部组成及逻辑引脚如图 6.4 所示。

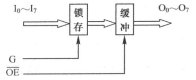

图 6.3　地址锁存器的逻辑功能

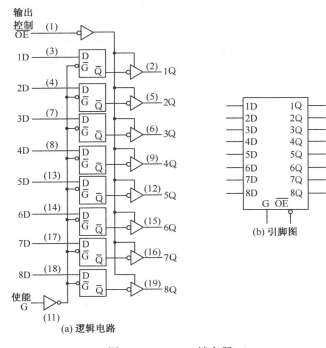

图 6.4　74LS373 锁存器

从 74LS373 内部组成图中可看出控制引脚及数据引脚非非还原,不单指逻辑数据(0、1)的还原,更主要是信号电平(0V、5V)的还原,提高抗干扰能力。

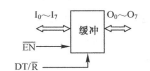

图 6.5　数据缓冲器的逻辑功能

3. 数据收发器

常用的数据收发器芯片主要有 74LS245、Intel 8286 以及 Intel 8287 等,它们都是 8 位双向数据缓冲器,其逻辑功能如图 6.5 所示,74LS245 内部组成及逻辑引脚如图 6.6 所示。

4. 单向缓冲器

常用的单向缓冲器芯片有 74LS244、74LS240、74LS241 等,74LS244 内部组成及逻辑引脚如图 6.7 所示。

5. 最小模式的 CPU 子系统

如图 6.8 所示,最小模式的 8086 CPU 子系统主要由 CPU 和三个支持系统工作的部件组成。这三个部件是时钟发生器、地址锁存器和数据收发器。在最小模式下,8086 CPU 直接产生全部总线控制信号($M/\overline{IO}$、ALE、$\overline{DEN}$ 和 DT/$\overline{R}$)和命令信号($\overline{RD}$、$\overline{WR}$ 和 $\overline{INTA}$),以及总线请求的响应信号 HLDA。地址锁存器用于锁存地址送系统地址总线,并控制系统地址总线与 CPU 引脚隔离。数据

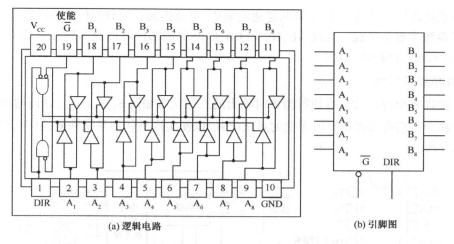

(a) 逻辑电路

(b) 引脚图

图 6.6　74LS245 总线收发器

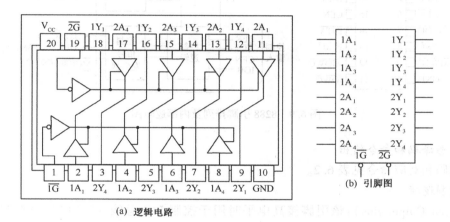

(a) 逻辑电路

(b) 引脚图

图 6.7　74LS244 缓冲器

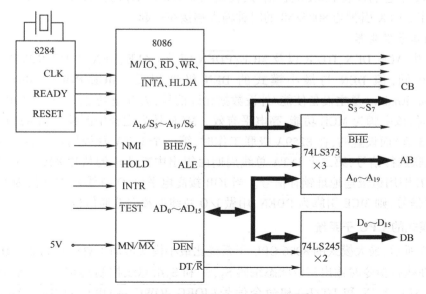

图 6.8　最小模式的 8086 CPU 子系统

收发器控制系统数据总线与 CPU 引脚的连通或隔离,以及连通时的数据传送方向。

CPU 子系统主要是形成三总线 AB、DB 和 CB,以便其他部件可以挂接到三总线上。最小模式的 CB 主要是 CPU 引脚直接引出。

6. 8288 总线控制器

该芯片接收 8086/88 CPU 在执行指令时输出的三位状态编码 $\overline{S}_2$、$\overline{S}_1$ 和 $\overline{S}_0$,译码输出读/写控制和中断响应命令。它可以提供灵活多变的系统配置,以便实现最佳的系统性能,其引脚排列及内部逻辑如图 6.9 所示。

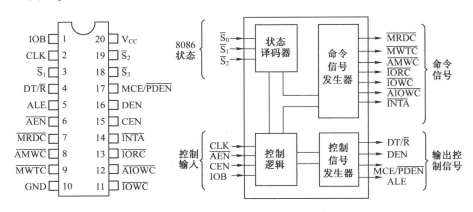

图 6.9   8288 引脚排列及内部逻辑图

(1)状态译码和命令输出

状态编码和对应命令见表 6.2。

(2)控制逻辑

IOB(Input Output Bus):该引脚接高电平时用于控制 I/O 总线,接低电平时控制系统总线。$\overline{AEN}$(Address Enable)和 CEN(Command Enable)引脚为 8288 的使能端,必须同时有效才允许 8288 工作,在 PC/XT 中它们接收 DMA 应答信号,控制在非 DMA 操作时允许 8288 工作,DMA 操作期间禁止 8288 工作。CLK 引脚与 8086/88 的时钟输入端接在一起。

(3)控制信号发生器

该电路产生 ALE、DEN、DT/$\overline{R}$ 以及 MCE/$\overline{PDEN}$ 信号。ALE、DEN 和 DT/$\overline{R}$ 的功能与最小模式的同名信号相同,但 DEN 与最小模式的 $\overline{DEN}$ 极性相反。MCE/$\overline{PDEN}$(Main Chip Enable/Peripherals Data Enable)是主设备使能/外设数据允许信号,为双重功能引脚,当 IOB 接低电平(系统总线方式)时,该引脚为 MCE 功能,高电平有效。MCE 是为配合中断控制器 8259A 的级联工作模式(参看 9.3 节)而设置的,在 8259A 级联工作时,第一个 $\overline{INTA}$ 总线周期由主片 8259A 向从片 8259A 发出级联选择信号,第二个 $\overline{INTA}$ 总线周期由提出中断请求的从片 8259A 将中断信号送上数据总线,MCE 即用做级连地址锁存信号。当 IOB 接高电平(I/O 总线方式)时,因 DEN 是系统总线的数据选通信号,则 MCE 引脚为 $\overline{PDEN}$,用做 I/O 总线的数据选通信号。

7. 最大模式的 CPU 子系统

如图 6.10 所示,最大模式的 8086 CPU 子系统比最小模式增加了总线控制器。在最大方式下,8086 CPU 将在执行指令时输出三位状态编码 $\overline{S}_2$、$\overline{S}_1$ 和 $\overline{S}_0$ 给总线控制器 8288,由 8288 译码发出总线控制信号(ALE、$\overline{DEN}$ 和 DT/$\overline{R}$)和命令信号($\overline{IORC}$、$\overline{IOWC}$、$\overline{AIOWC}$、$\overline{MRDC}$、$\overline{MWTC}$、$\overline{AMWC}$ 和 $\overline{INTA}$)。

最大模式的 CB 主要由 CPU 控制总线控制器 8288 来实现,再由 8288 引脚引出。DMA 操作期间(参看 8.3.4 节)就是控制 8288 不工作实现 CPU 脱离三总线,由 DMAC 接管总线并实现 DMA 操作。

此外,当系统配置成有两个以上主 CPU 的多处理器系统时,还必须增加总线仲裁器 8289,用来保证系统中的各处理器同步工作,实现总线共享。

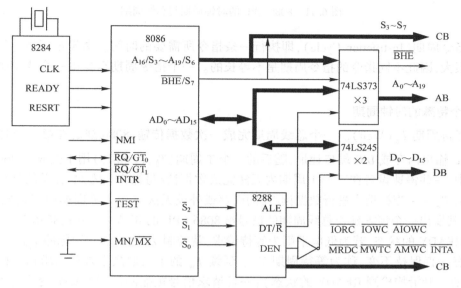

图 6.10　最大模式的 8086 CPU 子系统

6.3　总线工作时序

微机是按照事先编制好并已存放在内存中的程序进行工作的,程序中每条指令的执行由取指令、译码和执行等操作组成。为保证有关操作的正确完成,必须使用统一的工作时钟信号,由 CPU 控制系统按照一定的时间顺序发出精确定时的控制脉冲,控制微机的各个部件协调工作予以实现。微机运行过程中,完成指定任务所需的各步操作之间的时间顺序及其定时关系即称为工作时序。简而言之,时序即 CPU 为完成指定任务所涉及引脚有效的先后次序。

6.3.1　指令周期、总线周期和时钟周期

1. 三种工作周期及其关系

为了减少时序控制和实现的复杂性,需要将工作时序尽可能标准化。为此,微机中一般将其系统总线的工作时序分解成以下三种工作周期。

(1) 时钟周期(Clock Cycle),即微机系统工作时钟脉冲的重复周期,又称为 T 周期或 T 状态。它是 CPU 的时间基准,等于计算机主频的倒数,如 IBM PC/XT 的主频为 4.77MHz,则 1 个时钟周期就是 210ns。

(2) 总线周期(Bus Cycle),即 CPU 通过系统总线与外部电路(内存或输入输出端口)完成一次读信息或者写信息过程所需要的时间。由于这种过程至少要有传送地址和传送数据两个阶段,需要按一定顺序先后发出多个脉冲才能完成,因此一个总线周期应由多个时钟周期组成。例如,8086 CPU 的总线周期至少由 4 个时钟周期组成,分别用 T_1、T_2、T_3 和 T_4 表示,如图 6.11 所示。

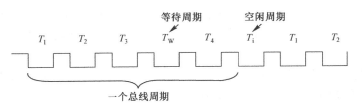

图 6.11　8086 CPU 的时钟周期与总线周期

（3）指令周期（Instruction Cycle），即执行一条指令所需要的时间。由于不同指令所需完成的操作差别很大，因此不同指令的指令周期是不等长的。一个指令周期至少由一个或多个总线周期组成。

2. 两个特殊的时钟周期

（1）等待周期 T_W（Wait）。一个总线周期完成一次数据传输，8086 规定在第一个时钟周期 T_1 期间由 CPU 输出内存或 I/O 端口地址，随后的三个 T 周期（T_2、T_3 和 T_4）用于完成数据操作。但在实际应用中，一些慢速设备在三个 T 周期内无法完成数据读/写操作。为此，在总线周期中允许插入等待周期 T_W——当被选中进行数据读/写的内存或外设无法在三个 T 周期内完成数据读/写操作时，就由其发出一个请求延长总线周期的信号给 8086 CPU 的 READY 引脚；8086 CPU 在 T_3 的上升沿采样 READY 的状态，若为低电平则为等待请求，就控制 T_3 之后的时钟脉冲不做有效操作，总线上的状态一直保持不变，称为等待周期 T_W。延续 T_W 的个数取决于外部请求信号的持续时间（每个 T_W 的上升沿均检测 READY 的状态）；一旦请求信号被撤除后（READY 变成高电平），CPU 就将下一个时钟脉冲作为 T_4 使用。

（2）空闲周期 T_i（Idle）。当系统总线上不进行数据传输操作时，系统总线处于空闲状态，此时对应的时钟周期称为空闲周期 T_i。在两个总线周期之间出现多少个 T_i 与 CPU 执行的指令有关。例如，在执行一条乘法指令时，需用 124 个时钟周期，而其中可能使用总线的时间极少，而且装满预取指令队列也不用太多的时间，则相应的 T_i 可能达到 100 多个。

在空闲周期期间，20 条复用引脚的高 4 位（$A_{19}/S_6 \sim A_{16}/S_3$）上，8086 CPU 仍保持前一个总线周期输出的状态信息。同时，如果前一个总线周期为写周期，则 CPU 会在复用引脚的低 16 位 $AD_{15} \sim AD_0$ 上继续保持数据信息 $D_{15} \sim D_0$；如果前一个总线周期为读周期，则在空闲周期中，复用引脚的低 16 位处于高阻状态。

6.3.2　基本的总线时序

8086 CPU 的操作是在指令译码器输出的电平信号和外部输入的时钟信号联合作用产生的一系列脉冲控制下进行的，可分为内部操作与外部操作两种。内部操作控制 CPU 内部各部件的工作，可以不必关心；外部操作是 CPU 对系统的控制或者系统对 CPU 的控制，通过不同的总线周期予以实现。8086 CPU 的总线周期包括：内存或 I/O 端口读出、内存或 I/O 端口写入、中断响应、总线请求/响应以及复位与启动等。以下讨论的都是 8086/88 CPU 子系统的总线时序。

时序图不是用来死记硬背的，而是在理解的基础上画出时序图或通过时序图更好地理解 CPU 做某种操作的处理思路。

画出时序图主要分三步：第一步，搞清 CPU 做某种操作内部需要哪几个步骤（微操作）来实现，如读内存需要送地址、发出读信号、传输数据至 CPU；第二步，每个步骤（微操作）实现过程中会涉及哪些引脚及有效时刻（如送地址主要在 T_1 期间完成，涉及 AD_0 至 AD_{15}、A_{16}/S_3 至 A_{19}/S_6、$\overline{BHE}/S_7$、ALE 等）；

第三步,画出时序图(时钟信号、单根信号、成组信号),参见图6.12。

1. 内存或I/O端口读时序(最小模式)

基本的读总线周期由 T_1、T_2、T_3 和 T_4 组成,在该周期内 8086 CPU 对内存或I/O端口完成一次读信息操作。当所选中的内存或I/O端口因工作速度较慢而在 4 个时钟周期内不能完成所需操作时,可在 T_3 和 T_4 之间延续若干个等待周期 T_w。其中,每个 T 周期开始的电平负跳变或中间的正跳变用于操作控制。最小模式下的内存(I/O端口)读总线周期参见图6.12,其操作时序如下。

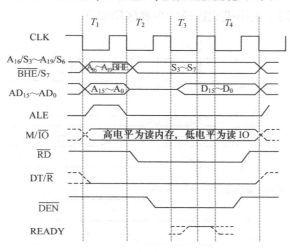

图6.12　8086读总线周期时序图(最小模式)

(1) 由于 8086 CPU 规定读和写周期的 T_1 一定是传送内存或I/O端口的地址码,因此在进入该周期之前的总线周期结束时,已将 $\overline{DEN}$ 和 ALE 置成高电平,前者控制关闭数据总线收发器,后者则打开地址总线锁存器。

(2) 在 T_1 周期,开始的负跳变执行以下操作:①CPU 从地址/状态复用引脚 $A_{19}/S_6 \sim A_{16}/S_3$ 和地址/数据复用引脚 $AD_{15} \sim AD_0$ 输出 20 位地址码,从 $\overline{BHE}/S_7$ 复用引脚输出 $\overline{BHE}$ 信号,经地址锁存器送往系统地址总线。②根据是对内存操作还是对I/O端口操作,将 $M/\overline{IO}$ 置成高电平(内存操作)或低电平(I/O操作)。③将 $DT/\overline{R}$ 置成低电平表示当前为读周期,并控制数据总线收发器的数据传送方向为从外部电路输入 CPU。

T_1 周期中间的正跳变控制 ALE 信号回到低电平,关闭地址锁存器,将 20 位地址和 $\overline{BHE}$ 信号锁存,并将系统地址总线与 CPU 的 20 位地址/状态、地址/数据复用引脚隔离。

(3) T_2 周期开始的负跳变控制:①$A_{19}/S_6 \sim A_{16}/S_3$ 和 $\overline{BHE}/S_7$ 复用引脚输出状态信号,$AD_{15} \sim AD_0$ 复用引脚关闭。②$\overline{RD}$ 和 $\overline{DEN}$ 翻转成低电平,控制内存或I/O端口进行读数据操作,打开数据总线收发器准备读入数据。

(4) 8086 CPU 默认提供 T_2 和 T_3 两个时钟周期,等待内存或I/O端口进行译码选择等内部操作,并将数据传送到 CPU。如果在这段时间内,内存或I/O端口来不及提供数据,必须向 CPU 的 READY 引脚提供一个低电平信号,当数据准备好后再将该信号置成高电平。因此,CPU 在 T_2 和 T_3 期间,仅做一项操作:用 T_3 的正跳变检测 READY 引脚电平,若为高电平,则 T_3 之后的下一时钟周期执行 T_4 的操作;若为低电平,则 T_3 后续的若干个时钟周期将作为等待周期 T_w,并且每个 T_w 都执行 T_3 的操作,一旦检测到 READY 引脚为高电平,即脱离等待状态,进入 T_4 周期。以下各读/写总线周期中引入 T_w 的方法与此类似。

（5）T_4 周期开始的负跳变控制执行两项操作：①将 $\overline{\text{RD}}$ 从低电平跳成高电平，利用这个跳变结束读内存/端口。②将 $\overline{\text{DEN}}$ 置高电平，关闭数据总线收发器，结束读数据操作。

T_4 周期的正跳变则将 ALE 恢复到高电平，将 CPU 的 21 位地址/状态、地址/数据复用引脚关闭成为高阻态。

2. 内存或 I/O 端口读时序（最大模式）

最大模式下的内存（I/O 端口）读总线周期参见图 6.13。由于在最大模式下必须使用总线控制器 8288，因此该总线周期与最小模式比较的主要区别如下。

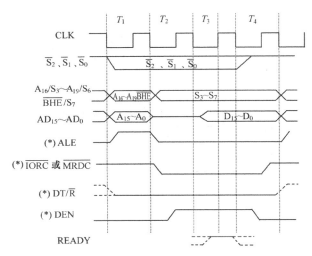

图 6.13　8086 读总线周期时序图（最大模式）

（1）在 T_1、T_2 和 T_3 期间，CPU 将输出和保持三位总线状态信号编码 $\overline{S_2}$、$\overline{S_1}$ 和 $\overline{S_0}$，提供给 8288 译码产生有关控制信号。

（2）由 8288 的 ALE、DT/$\overline{\text{R}}$ 和 DEN 信号取代了最小模式的 ALE、DT/$\overline{\text{R}}$ 和 $\overline{\text{DEN}}$ 信号，$\overline{\text{MRDC}}$（内存读）或 $\overline{\text{IORC}}$（I/O 读）信号取代了最小模式的 $\overline{\text{RD}}$ 和 M/$\overline{\text{IO}}$ 信号。

3. 内存或 I/O 端口写时序（最小模式）

当 8086 CPU 进行内存或 I/O 端口写操作时，进入写总线周期。最小模式下的内存（I/O 端口）写总线周期参见图 6.14，其时序与读操作时序相似，主要不同之处在于先送数再写：

（1）$\text{AD}_{15} \sim \text{AD}_0$：在 T_2 到 T_4 期间传送 CPU 输出的数据，无高阻态。

（2）$\overline{\text{WR}}$：从 T_2 的负跳变开始翻转成低电平，到 T_4 的正跳变回到高电平，控制将数据写入由地址码选中的内存单元或 I/O 端口。

（3）DT/$\overline{\text{R}}$：在整个总线周期内保持高电平，表示本总线周期为写周期。

4. 内存或 I/O 端口写时序（最大模式）

参见图 6.15，该总线周期与最小模式比较的主要区别如下。

（1）在 T_1、T_2 和 T_3 期间，CPU 将输出和保持三位总线状态信号编码 $\overline{S_2}$、$\overline{S_1}$ 和 $\overline{S_0}$。

（2）用 8288 的 ALE、DT/$\overline{\text{R}}$ 和 DEN 信号取代了最小模式的 ALE、DT/$\overline{\text{R}}$ 和 $\overline{\text{DEN}}$ 信号。

（3）用 $\overline{\text{MWTC}}$、$\overline{\text{AMWC}}$（内存写）和 $\overline{\text{IOWC}}$、$\overline{\text{AIOWC}}$（I/O 写）信号取代了最小模式的 $\overline{\text{WR}}$、M/$\overline{\text{IO}}$ 信号。其中，$\overline{\text{AMWC}}$ 和 $\overline{\text{AIOWC}}$ 保持低电平有效的时间，从 T_2 的负跳变开始，到 T_4 的负跳变结束；$\overline{\text{MWTC}}$ 和 $\overline{\text{IOWC}}$ 则滞后到 T_3 的负跳变才翻转成低电平，以适应低速设备的需要。

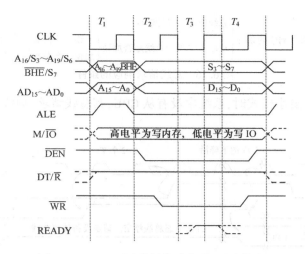

图 6.14　8086 写总线周期时序图(最小模式)

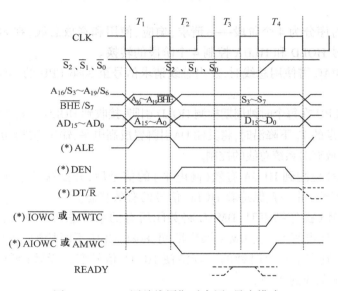

图 6.15　8086 写总线周期时序图(最大模式)

5. 8088 的最小模式读/写内存/IO 时序与 8086 的区别

8088 的最小模式读/写内存/IO 时序与 8086 的区别主要有:

(1) $AD_{15} \sim AD_0$ 换成 $AD_7 \sim AD_0$ 和 $A_{15} \sim A_8$, $A_{15} \sim A_8$ 在 T_1、T_2、T_3 和 T_4 期间一直传送地址信号。

(2) $M/\overline{IO}$ 换成 $IO/\overline{M}$。

(3) 无 $\overline{BHE}$ 信号。

6. 总线请求/响应时序(最小模式)

能够控制系统总线工作的设备称为总线主设备。在微机中,总线主设备除了主 CPU 外,还有从 CPU(如 NPU 8087、IOP 8089)和 DMA 控制器(DMAC,如 8237、8257 等芯片)等。当 CPU 以外的总线主设备向 CPU 提出总线请求时,CPU 在合适的条件下才响应该请求,响应的条件如图 6.16 所示。

$$\text{总线请求响应的条件}\begin{cases}\text{总线空闲} \quad \text{立即响应}\\ \\ \text{总线不空闲} \quad \text{总线是否加锁}\begin{cases}\text{未锁} \quad \text{当前总线周期结束}\\ \text{加锁} \quad \text{当前指令周期结束}\end{cases}\end{cases}$$

图 6.16　总线请求响应的条件

当 8086 系统工作于最小模式时,系统中没有从 CPU,其总线请求/响应时序如图 6.17 所示(以 DMAC 为例予以说明)。

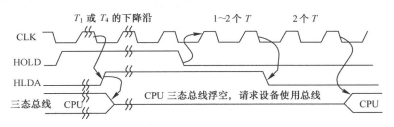

图 6.17　总线请求/响应时序图(最小模式)

总线请求/响应时序分为 4 个阶段——请求、响应、使用和释放总线,在 8086 系统的最小模式下,使用一对联络信号 HOLD 和 HLDA 控制 4 个阶段的转换。

(1) 请求。当 DMAC 需使用总线时,发出总线请求信号至 8086 CPU 的 HOLD 引脚,并不断检测 HLDA 信号。

(2) 响应。8086 CPU 在每个时钟周期检测 HOLD 引脚,接收到 HOLD 有效的信号后,在当前总线周期的 T_4 或下一总线周期的 T_1 下降沿时,将其 HLDA 引脚置成高电平,输出总线响应信号,同时将所有的三态引脚置成高阻态,放弃对系统总线的控制。

(3) 使用。DMAC 检测到 HLDA 有效(高电平)的信号后,开始接管系统总线的控制权,控制系统总线进行 DMA 操作,并一直保持着 HOLD 信号的有效状态。

(4) 释放。当 DMA 操作结束时,DMAC 将关闭所有的系统总线控制电路,释放总线,同时使 HOLD 信号变成无效(低电平)。在 DMA 操作期间,8086 CPU 不断检测 HOLD 引脚的电平,发现 HOLD 回到低电平后,则在下一个时钟的下降沿使 HLDA 信号变为无效(低电平),并打开所有的三态引脚,恢复对系统总线的控制。

7. 总线请求/响应时序(最大模式)

当 8086 系统工作于最大模式时,系统配置有从 CPU,其总线请求/响应时序如图 6.18 所示。由于只能使用一条信号线控制总线请求、响应、使用和释放 4 个阶段的转换,因而使用连续的三个负脉冲信号进行联络控制,其脉冲宽度为一个时钟周期,以保证它们能被正确检测。

(1) 请求。当从 CPU 需使用总线时,应向 8086 CPU 发出第一个负脉冲(总线请求信号 $\overline{RQ}$),CPU 不断检测信号线 $\overline{RQ}$。

(2) 响应。8086 CPU 在每个时钟周期检测信号线,发现 $\overline{RQ}$ 信号后,在当前总线周期的 T_4 或下一总线周期的 T_1 下降沿时,发出第二个负脉冲(总线响应信号 $\overline{GT}$),同时放弃对系统总线的控制。

(3) 使用。从 CPU 检测到 $\overline{GT}$ 信号后,开始接管系统总线的控制权并使用系统总线。

(4) 释放。当从 CPU 使用总线结束时,将释放总线,同时发出第三个负脉冲通知 CPU 接管总线。在从 CPU 操作期间,8086 CPU 不断检测信号线 $\overline{RQ}$,发现负脉冲后,则在下一个时钟的下降沿打开所有的三态引脚,恢复对系统总线的控制。

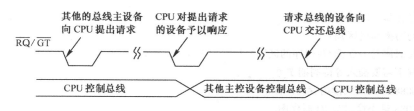

图 6.18 8086 总线请求/响应时序图(最大模式)

8. 中断响应时序

详细讲解参见 9.2.2 节。

9. 系统复位时序

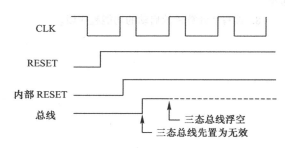

图 6.19 系统复位时序图

8086 CPU 的 RESET 引脚用来启动或再启动系统,当 8086 在 RESET 引脚上检测到一个脉冲的上跳沿时,就停止正在进行的所有操作,进入初始化状态,直到 RESET 信号变低。复位时序如图 6.19 所示。

在图 6.19 中,RESET 信号由外部电路输入,CPU 内部使用工作时钟 CLK 来同步外部的复位信号,因而内部 RESET 是在外部引脚 RESET 信号有效后的系统时钟上升沿有效。复位时,8086 CPU 将处于如下状态。

地址引脚浮空(高阻态)直到 8086 CPU 脱离复位状态,开始从 FFFF0H 单元取指令执行;ALE 和 HLDA 信号变为无效(低电平);其他控制信号线先变高一段时间(对应系统时钟脉冲低电平的宽度),然后浮空。此外,复位后 8086 CPU 的内部寄存器状态为:

- 标志寄存器、指令指针(IP)、DS、SS 和 ES 清零;
- CS 置 FFFFH;
- 指令队列清空。

习题

1. 8086/88 和传统的 8 位计算机相比在执行指令方面有什么不同? 有什么优点?

2. 8086 有哪两种工作模式? 其主要区别是什么?

3. 请画出 8086/88 CPU 功能模块图。

4. 请说明 8088 与 8086 的主要区别。

5. 请画出 8088 CPU 最小模式核心示意图。

6. 请画出 8088 CPU 最大模式核心示意图。

7. 8284 时钟发生器的功能是什么? 它产生哪些信号? 这些信号有何作用?

8. 8086/88 的基本总线周期由几个时钟周期组成? IBM PC/XT 机中 CPU 的时钟周期包括多少? 一个输入或输出总线周期包括多少个时钟周期?

9. 在 T_1 状态下,8086/88 的数据/地址线上传送的是什么信息? 用哪个信号可将此信息锁存起来? 数据信息是在什么时候送出的? 在 IBM PC/XT 机中是怎样使系统地址总线和系统数据总线同时分别传送地址信息和数据信息的?

10. 简述读内存的基本过程。

11. 简述写内存的基本过程。

12. 根据 8086 内存读/写时序图,回答如下问题:

（1）地址信号在哪段时间内有效？

（2）读操作与写操作的区别？

（3）内存读写时序与 I/O 读/写时序的区别？

（4）什么情况下需要插入等待周期 T_w？

13. 请画出 8088 最大模式读内存时序图。

14. 请画出 8088 最小模式写 IO 时序图。

15. 总线响应的条件是什么？

16. 简述总线请求/响应的基本过程。

17. RESET 信号来到后,8086/88 系统的 CS 和 IP 分别为什么内容？复位时执行的第一条指令的物理地址是多少？

18. 编写使计算机软启动的功能程序段。

第7章　内存组成、原理与接口

7.1　微机存储系统概述

存储器是计算机系统中必不可少的组成部分,用来存放计算机系统工作时所用的信息——程序和数据。计算机配置了存储器之后,才具有"记忆"功能,从而可以不需要人的直接干预而自动地进行工作。

1. 存储器的分类

微机系统中所用的存储器可以按其特性和用途进行不同的分类。

（1）按用途分类

可以分成两大类:内部存储器(简称内存、主存)和外部存储器(简称外存、辅存)。内存用于存放当前正在运行的程序和正在使用的数据,CPU 可以直接对它进行访问。内存相对于外存而言,其主要特点是存取速度快、存储容量较小以及成本较高,通常由半导体存储器组成。外存用于存放当前暂不使用的或需要永久性保存的程序、数据和文件,在需要使用时才成批地调入内存。外存的主要特点是存储容量大、成本较低以及存取速度较慢,一般需要使用专门的设备(如磁盘驱动器、光盘驱动器以及磁带机)才能访问,一般使用磁性介质(如磁盘或磁带)或光介质(如光盘)实现。但随着技术的发展和快速存取的需要,外存也开始采用半导体存储器,如 U 盘即闪盘、固态硬盘等。

（2）按存储介质分类

可以分成半导体集成电路存储器、磁存储器和光存储器等。

（3）按信息存取方式分类

可以分成只读型、直接存取型和顺序存取型三类。只读型存储器在正常使用时只能读出信息,用户不能写入信息或只能在特定条件下写入信息,如 ROM 半导体存储器芯片和普通光盘;直接存取型存储器在正常工作条件下即可以直接对任一存储单元读出和写入信息,如磁盘、RAM 半导体存储器芯片和可读写光盘;顺序存取型存储器在读出和写入信息时只能按地址的先后顺序进行(如磁带),其速度较慢。

2. 半导体存储器的分类与特点

半导体存储器的主要优点是:①速度快,存取时间可达到 ns 级;②高度集成化,存储单元、译码电路和缓冲寄存器都制作在同一芯片中,体积特别小;③消耗功率小,一般只需几十毫瓦。因此被大量用于微机的内存和高速缓存。

从器件组成的角度来分类,半导体存储器可分为单极型存储器和双极型存储器两种。双极型存储器是用 TTL(Transistor-Transistor Logic,晶体管晶体管逻辑)电路制成的存储器,其特点是速度快、功耗不大,但集成度较低,成本较高;单极型存储器是用 MOS(Metal-Oxide-Semiconductor,金属氧化物半导体)电路制成的存储器,其特点是集成度高、功耗低、价格便宜,而且随着半导体集成工艺和技术的发展,目前 MOS 存储器的速度已经可以同双极型 TTL 存储器相媲美。

从工作特点、作用和制作工艺的角度,半导体存储器可以分为以下几种,如图 7.1 所示。RAM 和 ROM 具体存储器原理参见 7.2 节。

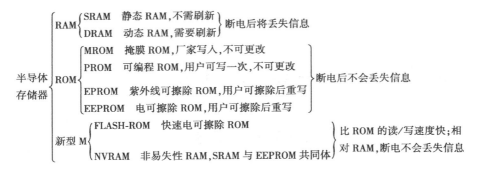

图 7.1 半导体存储器的分类

（1）只读存储器 ROM（Read Only Memory）

1）MROM（Masked ROM，掩膜 ROM）。

2）PROM（Programmable ROM，可编程 ROM）。

3）EPROM（Erasable Programmable ROM，紫外线可擦除可编程 ROM）。

4）EEPROM 或 E²PROM（Electrically Erasable Programmable ROM，电可擦除可编程 ROM）。

（2）随机存取存储器 RAM（Random Access Memory）

1）SRAM（Static RAM，静态 RAM）。

2）DRAM（Dynamic RAM，动态 RAM）。

3. 新型半导体存储器

（1）快闪存储器（Flash Memory，FM）简称闪存。这种存储器继承了 EEPROM 电可擦除和结构简单的基本优点，同时通过采用块擦除阵列结构、吸取了 RAM 访问速度快的优点。因此，它兼有大存储容量、高读取速度、信息非易失、低功耗、可在线读写和高抗干扰能力等优点，是一种可以替代其他 ROM 的、很有前途的器件。由于闪存兼有 ROM 和 RAM 的优点，其应用日益广泛，如可升级的主板 BIOS、显卡 BIOS、USB 闪盘（优盘、U 盘）、PDA 以及手机等的存储芯片大都采用闪存。

（2）非易失 RAM（Non Volatile RAM，NVRAM）。这种 RAM 由 SRAM 和 EEPROM 共同组成，正常工作时相当于 SRAM，一旦发生掉电或电源故障时，它将自动地将信息保存到 EEPROM 中，从而使信息不被丢失。它主要用于存储重要信息和掉电保护。

随着半导体集成电路技术的发展，新的半导体存储器还将不断出现。目前，微机系统中常用的是 SRAM、DRAM、EPROM、EEPROM 和 FM 这几种半导体存储器。

4. 存储器的主要性能参数

（1）存储容量

存储器的存储容量是指存储器可以容纳的二进制信息量，用可以存储的总位数表示，它与存储器的字长和地址编码长度直接相关。对于 M 位地址总线、N 位数据总线的半导体存储器芯片的存储容量则为 $2^M \times N$ 位，即存储单元个数×每个存储单元数据位数。由于在微机中，数据传送和处理的最基本单位是字节，因此存储器的总容量也经常以字节为单位计算，如 64KB 即指 64K×8 位的存储容量。当计算机的内存容量确定后，容量大的芯片可以少用几片，这样不仅使电路连接简单，而且功耗也可以降低。

（2）存取速度

存储器的存取速度可以用两个时间参数表示。一个是"存取时间"（Access Time）T_A，定义为从启动一次存储器操作到完成该操作所经历的时间。例如，在存储器读操作时，从给出读命令到所需要的信息稳定在存储数据寄存器的输出端之间的时间间隔,即为"读取时间";在存储器写操作时,从给出写命令到数据总线上的信息稳定写入存储器之间的时间间隔,即为"写入时间"。另一个是"存储周期"(Memory Cycle) T_MC,定义为连续进行两次独立的存储器操作之间所需的最小时间间隔。存储周期 T_MC 略大于存取时间 T_A,否则微机无法正常工作。存储速度取决于存储器的具体结构及工作机制。

（3）可靠性

存储器的可靠性用 MTBF(Mean Time Between Failures),即平均故障间隔时间来衡量,MTBF 越长,可靠性越高。

（4）功耗

使用功耗低的存储器芯片构成存储系统,不仅可以减少对电源容量的要求,而且还可以提高存储系统的可靠性。

（5）性能/价格比

这是一个综合性指标,性能主要包括上述三项指标——存储容量、存储速度和可靠性,有时还会涉及品牌。对不同用途的存储器有不同的要求。例如,有的存储器以要求大的存储容量为主,有的存储器如高速缓存,则要求以存取速度为主。

5. 微机存储系统结构

现代计算机系统希望存储器的工作速度很快,存储容量很大,其价格又要合理,而高速度、大容量以及低价格之间是相互矛盾的。为此,现代计算机系统往往采用多种存储技术,组成层次结构的存储系统予以解决,图 7.2 所示即为用于微机系统的一种典型的存储系统结构。

该系统包括六个层次,其基本组成原则是:从上往下各层的单位价格依次降低,工作速度依次减慢,存储容量依次增大,CPU 的访问频度依次减少。

其中,Cache 一般由高速 SRAM 组成,已在现代微机中大量使用,如从 486 开始 CPU 内部就集成了 Cache(称一级或片内 Cache)。随着 CPU 性能的提高,集成的 Cache 容量越来越大、速度越来越快,PⅢ和 P4 CPU 内部带有 128KB、256KB 甚至 512KB 的片内 Cache,主板上或 CPU 内还设置了二级 Cache。

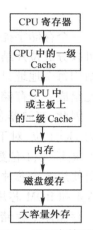

图 7.2 微机存储系统

Cache-内存层次主要用于解决 CPU 工作速度与内存工作速度不匹配的问题。利用程序执行时访问存储器操作时间与空间上的局部性特点,将预计 CPU 即将要使用的程序与数据预先从内存读取到 Cache 中;CPU 需要时可直接到 Cache 中高速访问,仅在访问 Cache 失败时,才访问内存。由此,减少了 CPU 访问内存的次数,提高了其访问程序和数据的速度。

内存-外存层次则主要用于解决内存容量不足的问题,其工作原理与 Cache-内存层次类似,主要区别在于 Cache-内存层次的控制由硬件实现,内存-外存层次则由软件实现。

存储系统的总体目标是:工作速度接近于 Cache,存储容量和单位价格接近于外存。

7.2 半导体存储器结构与原理

本节主要介绍典型半导体存储器芯片的内部结构及其存储原理。

7.2.1 芯片基本结构

半导体存储器芯片的典型内部结构如图 7.3 所示,一般由存储体、地址锁存器、地址译码驱动电路、数据缓冲电路和读写控制逻辑 5 个部分组成。存储体由若干个位存储单元组成,一个位单元存储一位二进制信息,是构成存储器的最基本单位。一个或多个位单元组成一个存储字,属于同一存储字的各位是并行操作的。为了区分不同的存储字,必须给它们分别赋予不同的地址,由地址译码器对地址译码产生相应的控制信号,经驱动电路选择指定存储字的单元进行操作。地址锁存器用于在地址译码期间保持地址的稳定。I/O 控制电路由读出放大器、输出数据传送门与缓冲器、输入数据控制门、缓冲器以及写入电路等组成,控制对所选中的单元进行信息读/写操作。读/写控制逻辑根据外部控制信号控制芯片是否被选中工作,以及进行输入或输出操作。

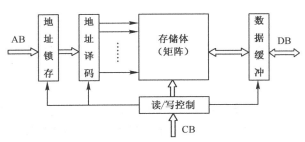

图 7.3　内存芯片基本结构

一个存储字提供并行操作的位单元数(对应二进制位数)称为存储器的字长。据此,存储器芯片可以分成位片结构(字长=1 位)和字片结构(字长>1 位),目前常用的字长是1 位和 8 位。1 位片结构每个地址只能选中芯片中的一个位单元进行一位数据操作,8 位字片则将芯片中每 8 个位单元组成一个存储字,每一个地址同时选中某个存储字中的 8 个位单元进行 8 位数据(1 字节)操作。因此,存储器芯片容量一般用字数×字长表示,例如同样是 1K 位的芯片,对于 1 位片的存储容量为1K×1 位,对于 8 位片则为 128×8 位。二者的主要区别是:①芯片所需引脚数不同,前者需要10 位地址线,1 位数据线;后者只需要7位地址线,但需要 8 位数据线。②使用的灵活性不同,前者需要使用 8 个芯片并行工作才能提供字节宽度的数据操作;后者只需一个芯片即可实现。因此,SRAM 和 ROM 芯片一般为 8 位字片结构,DRAM 则通常使用 1 位片结构以减少芯片引脚数。

存储体中存储单元的组织方法有三种基本结构:字片式一维阵列结构、字片式二维阵列结构和多维阵列结构,其示例分别如图 7.4、图 7.5 和图 7.16 所示。对于字结构和存储容量相同的芯片,使用一维结构和二维结构,地址译码电路的复杂程度差别很大。例如,对于存储容量 1024 位的位片结构芯片,需要 10 位地址码(对应 2^{10} 个地址),如果将 1024 个存储单元按一维结构组织,需要译码产生 1024 路控制信号,而使用二维阵列结构组成 32×32 矩阵,将 10 位地址码分为行(X 向)地址 $A_4 \sim A_0$ 和列(Y 向)地址 $A_9 \sim A_5$ 分别译码产生行线(X 选择线)和列线(Y 选择线)选择信号,由行线和列线的交点来选择所需要读/写的存储单元,就只需要 32+32＝64 路控制信号,从而大大简化译码控制电路。

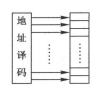

图 7.4　字片一维阵列结构

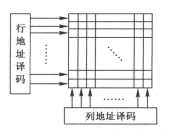

图 7.5　字片二维阵列结构

7.2.2　RAM 存储原理

随机存取存储器 RAM 的特点是在正常工作时可以随时对其进行读/写信息操作,对其中任一存储单元进行读/写操作所需时间基本相同,但断电后将丢失所保存的信息。它又可分为 SRAM 和 DRAM 两种。

1. 6管 SRAM 存储单元

SRAM 的典型存储单元如图 7.6 所示,称为 6 管静态 MOS 存储单元,其中:$T_1 \sim T_6$ 组成一个位单元,$T_1 \sim T_4$ 组成双稳态触发器,T_1 和 T_2 为有源负载管,T_3 和 T_4 为放大管。T_1、T_3 组合相当一个非门,T_2、T_4 组合相当一个非门,两个非门互相钳制,形成类似 RS 触发器。T_5 和 T_6 是行选门控管。

当行选信号为高电平时导通,使触发器 A 点与原码数据线 D 接通,B 点与反码数据线 $\overline{D}$ 接通。这时如果要写入代码'1',则对应 A 点为高电平,B 点为低电平,使 T_4 截止,T_3 导通。当行选信号消失后,T_3 和 T_4 的互锁将保持写入的状态不变,并由电源提供其工作电流,只要不断电,该状态就将一直保持下去,除非写入新的信息。如果要写入代码'0',则有关状态相反。所以,SRAM 不需要刷新。

当选中该单元读信息时,若 A 点为高电平,B 点为低电平,则读出'1',否则读出'0'。读出不破坏其中内容。

由于 SRAM 单元使用的器件较多且维持信息时需消耗电流,故其相对 DRAM 的集成度较低、功耗较大,但因为不需要刷新而简化了外部电路。

2. 单管 DRAM 存储单元

单管 DRAM 的位单元原理电路如图 7.7 所示。该单元中只有一个门控管 T_S,信息保存在 MOS 管与地线之间的分布电容 C_S 上。当 C_S 上充有电荷时,表示存储了代码'1',当电容上无电荷(未充电或被放电)时,表示存储了代码'0'。当对其进行读操作时,若有放电电流,则读出了'1',否则读出了'0'。

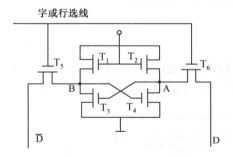

图 7.6　6管 SRAM 存储单元

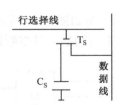

图 7.7　单管 DRAM 单元

这类存储器需要解决以下三个问题:

(1) 读放大。读出'1'时,C_S 的放电电流太小,只能产生 0.2V 左右的电压,还要与数据线上的分布电容进行分压,真正输出的高电平只有 0.1V 左右,因此需要使用高灵敏度的读出放大器对输出信号进行放大。

(2) 读出重写。进行一次读操作后,C_S 中的电荷几乎被放完,使其所保存的'1'信息被丢失,称为破坏性读出。为此,每次读操作后必须利用读出放大器进行一次重写操作。

（3）动态刷新。由于漏电,即使不进行读操作,C_S 中的电荷也会在 2ms 左右的时间内消失而丢失'1'信息。为此,必须定期进行刷新操作,方法是利用读出放大器每隔 1～2ms 自动进行一次"空读"操作,即只做一次读出重写操作,其数据不予输出。

7.2.3 ROM 存储原理

只读存储器 ROM 的特点是正常工作时只能读出其中信息,用户不能或者必须在特定的条件下才能修改和写入新的信息,但是可以永久性或半永久性地保存所写入的信息。

1. MROM

掩膜 ROM 是由生产厂家采用二次光刻掩膜技术写入信息,其存储单元可以由二极管、三极管或场效应管构成,图 7.8 给出了使用三种不同器件实现的原理图。

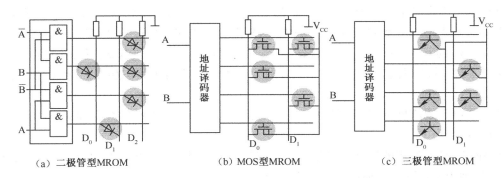

（a）二极管型MROM　　　　（b）MOS型MROM　　　　（c）三极管型MROM

图 7.8　MROM 的基本原理

图 7.9 给出了一种简单的 4×4 位 MOS 管 MROM 组成示意图,采用一维译码字片结构。在存储阵列的行、列交叉点处,若制作了 MOS 管,则该单元被选中时,因 MOS 管导通而使对应列线接地,从而输出逻辑'0';如果不制作 MOS 管,则该单元被选中时,对应列线输出逻辑'1'。因此,当地址码 $A_1A_0 = 00$ 时,选中 0 号字,对应输出为"1010"。

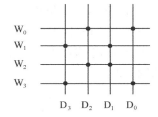

图 7.9　简易 MROM 原理图

2. PROM

PROM 的存储电路如图 7.10 所示。当一个位单元的熔断器未熔断时保存有逻辑'1',熔断后则为逻辑'0'。由于熔断器一旦熔断即不可恢复,所以 PROM 只能写入一次信息,不可改写。

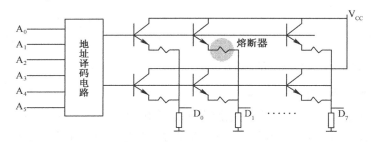

图 7.10　PROM 存储原理图

3. EPROM

EPROM 是一种可擦除、可编程的只读存储器。擦除是用紫外线照射芯片上的窗口,即可消除存储的内容。擦除后的芯片可以使用专门的编程器编程。EPROM 存储电路以浮动栅极 MOS（FAMOS）管为核心组成,其结构如图 7.11 所示。

浮栅管与普通 P 沟道增强型 MOS 管类似,唯一区别是其栅极没有引出线,完全封闭在 SiO_2 绝缘层中,称为"浮动栅极"。

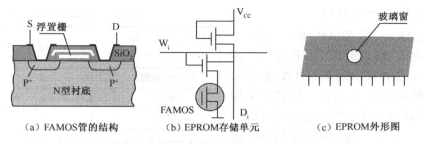

（a）FAMOS 管的结构　　（b）EPROM 存储单元　　（c）EPROM 外形图

图 7.11　EPROM 基本原理及芯片外型

在初始状态,浮栅上没有电荷,该管没有导通沟道而处于截止状态。如果在漏极和源极之间加上一个较高的电压（12.5V、21V 或 25V）,可导致漏极、源极与浮栅之间很薄的 SiO_2 绝缘层产生"软击穿"而形成电流。当外加电压撤除后,SiO_2 绝缘层将瞬间恢复绝缘,使滞留在浮栅上的电子被封闭在浮栅中。这些电子在室温和无光照的条件下可长期保存在浮栅中,并在硅表面上感应生成一个连接漏极和源极的反型层,使源漏极之间呈低阻状态。

用一个 FAMOS 管和一个门控管串联即可组成一位存储单元电路。当行选线选中该单元时,若浮栅管的栅极带电,其漏极和源极将导通,使位线输出逻辑'0',否则截止而输出逻辑'1'。EPROM 出厂时栅极都是不带电的,处于全'1'状态。

EPROM 上方有一个石英玻璃窗口,将芯片放入专用的 EPROM 擦除器中,在紫外线灯下照射十几分钟,可将其内容清成全'1',然后用专用的 EPROM 读/写器和读/写软件即可写入新的信息。室内外也有紫外线,为了更好地保存 EPROM 中的信息,要用不透明不干胶贴住石英窗。

4. EEPROM

EEPROM 的结构原理是以 EPROM 的浮栅管为基础,并在浮动栅极之外增加第二栅极,与漏极形成一个隧道二极管。在第二栅极与漏极之间的特定电压作用下,可使电荷从漏极流向浮栅,实现编程;若施加反向电压,也可使电荷从浮栅流向漏极,实现擦除信息。其原理如图 7.12 所示。

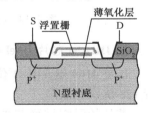

图 7.12　EEPROM 原理图

7.3　典型的半导体存储器芯片

本节通过介绍 4 种典型内存芯片 SRAM、DRAM、EPROM 和 E^2PROM,了解和掌握半导体存储器芯片的内部结构、主要引脚及基本特性。

1. SRAM 芯片 HM6116

HM6116 是一种 2K×8 位的高速静态 CMOS 随机存取存储器,其引脚如图 7.13 所示。芯片内共有 16 384（16K）个存储位单元,排列成 128×128 的矩阵,字长 8 位,共 2K 个字,构成 2KB 的内存芯片。2K 个字需要 $\log_2 2K$ 即 11 位地址线,其 7 位行地址 $A_4 \sim A_{10}$ 经行译码选中一行,4 位列地址 $A_0 \sim A_3$ 经列译码同时选中 8 列。一个 11 位地址码同时选中 8 个存储位单元,实现 8 位数据的并行操作,相应需要 8 位数据线 I/O_0~I/O_7 与同一地址的 8 个位单元相连,进行 8 位数据的读出与写入。

从图 7.13 可见,6116 的 24 个引脚中除 11 条地址线、8 条数据线、1 条电源线 V_{CC} 和 1 条接地线 GND 外,还有 3 条控制引脚——芯片允许(选中)$\overline{CE}(\overline{E})$、写允许信号 $\overline{WE}(\overline{W})$ 和输出允许信号 $\overline{OE}(\overline{G})$。这三位控制信号的组合控制 6116 芯片的工作方式,如表 7.1 所示。

2. SRAM 芯片 Intel 2114

该芯片为 1K×4 位 SRAM,单一+5V 电源,4 位数据输入/输出引脚,并采用三态控制,所有的输入端和输出端都与 TTL 电平兼容,其引脚排列如图 7.14 所示。该芯片采用 NMOS 管静态存储电路,存储容量为 1K×4 位,即 1024 个字,每字 4 位,排列成 64×64 的存储矩阵。主要引脚包括 10 位地址线($A_0 \sim$

表 7.1　6116 的工作模式

引脚 工作方式	$\overline{CE}$	$\overline{OE}$	$\overline{WE}$	$D_0 \sim D_7$
未选中(待用)	H	X	X	高阻
读出	L	L	H	D_{out}
写入	L	H	L	D_{in}

注:L——低电平,H——高电平,X——任意电平

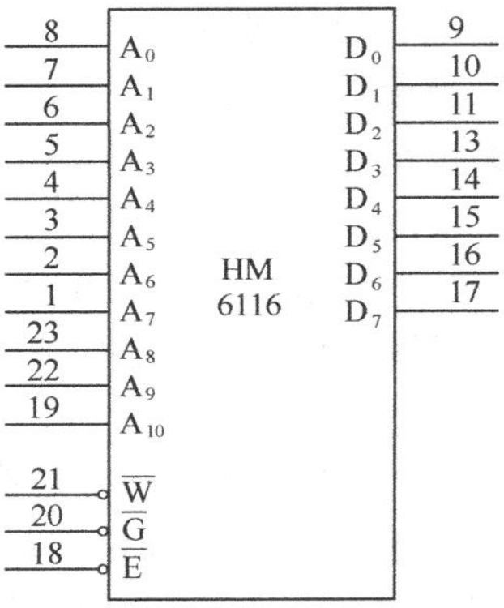

A_9)、4 位数据线($I/O_0 \sim I/O_3$)、芯片允许 $\overline{CE}(\overline{E})$ 以及读写控制 $RD/\overline{WR}(R/\overline{W})$ 等共 18 条引脚。

图 7.13　6116 芯片引脚图 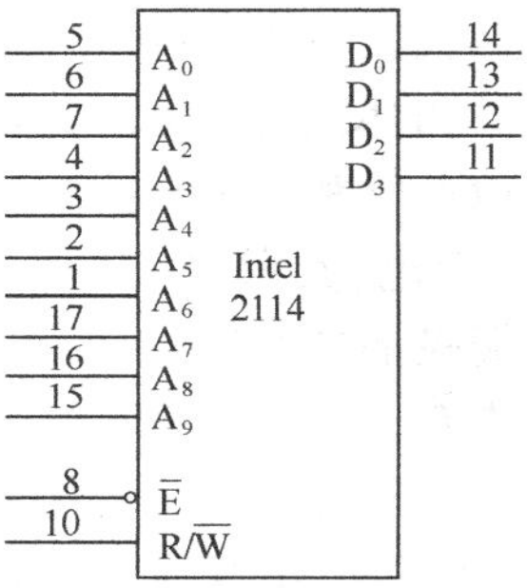　　　　　图 7.14　2114 芯片引脚排列图

3. DRAM 芯片 Intel 4164

Intel 4164 是 64K×1 位的芯片,每 2ms 需要刷新一遍,每次刷新 512 个存储单元,2ms 内需要执行 128 次刷新操作。

芯片的引脚排列与内部功能框图分别如图 7.15 和图 7.16 所示。

4164A 共有 64K(65 536)个内存单元,字长 1 位,片内要寻址 64K 个字,需要 16 位地址线。为了减少封装引脚,将地址码分为两部分(8 位行地址和 8 位列地址)分时传送,这样就只需要 8 条地址引脚。片内设置 8 位行地址锁存器和 8 位列地址锁存器,利用外接的多路开关,由行地址选通信号 $\overline{RAS}$ 将先送入的 8 位行地址送到片内行地址锁存器;随后出现的列地址选通信号 $\overline{CAS}$ 将后送入的 8 位列地址送到片内列地址锁存器(参看图 7.26 及图 7.27)。这是大容量存储器芯片普遍采用的技术。

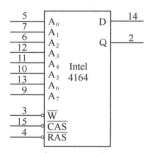

图 7.15　4164 芯片引脚排列图

由于在 DRAM 进行刷新操作期间,CPU 不能对它进行存取操作,在 2ms 的刷新周期内,刷新操作占用时间越长,CPU 的效率就越低。因此,为减少刷新操作占用的时间,芯片中的 64K 个位单元

组成 4 个 128×128 的存储矩阵,如图 7.16 所示,每个矩阵使用 7 位行地址和 7 位列地址进行选择。7 位行地址 $RA_0 \sim RA_6$(对应 16 位地址的 $A_0 \sim A_6$)经过行译码同时在 4 个矩阵中各选中一行,7 位列地址 $CA_0 \sim CA_6$(对应 16 位地址的 $A_8 \sim A_{14}$)经过列译码同时在 4 个矩阵中各选中一列,从而同时选中 4 个存储矩阵中各一个存储单元。然后由 RA_7 与 CA_7(对应 16 位地址的 A_7 和 A_{15})控制 4 选 1 的 I/O 门电路选中其中 1 个单元进行读/写操作。

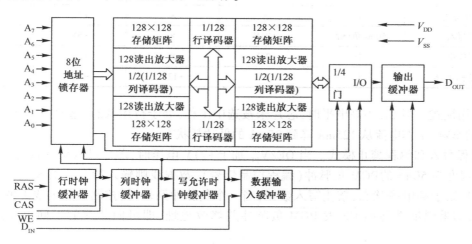

图 7.16　4164 内存芯片的内部功能框图

Intel 4164A 的数据线是输入和输出分开的,由 $\overline{WE}(\overline{W})$ 信号控制读/写。当 $\overline{WE}$＝高电平时为读出,所选中单元的内容经过输出三态缓冲器,从 D_{OUT} 引脚读出;当 $\overline{WE}$＝低电平时为写入,D_{IN} 引脚上的内容经过输入缓冲器写入指定单元。

刷新时,只需输入 7 位行地址 $RA_0 \sim RA_6$,在 4 个存储矩阵中各选中一行中的 128 个列单元,通过 4×128＝512 个读出放大器同时对 512 个存储单元进行刷新,从而在 2ms 的刷新周期内,只需进行 128 次刷新操作即可完成对全部单元的一轮刷新。

Intel 4164A 芯片不使用专门的片选信号,由行地址选通信号 $\overline{RAS}$ 和列地址选通信号 $\overline{CAS}$ 作为片选信号。

4. EPROM 芯片 Intel 27×××

27×××是由 Intel 公司开发的 EPROM 芯片系列,常见的有 2716、2732、2764、27128、27256、27512(存储容量为 [×××/8] K×8 位) 和 27010、27020、27040(存储容量为 [×××/80] M×8 位)等。

(1) Intel 2732A

2732A 的存储容量是 4K×8 位,其引脚排列如图 7.17 所示。

芯片的主要引脚包括:12 条地址线 $A_{11} \sim A_0$、8 条数据线 $Q_0 \sim Q_7 (D_0 \sim D_7)$、芯片允许 $\overline{CE}$(兼编程控制 $\overline{PGM}$)、输出允许 $\overline{OE}$(兼编程电压 V_{PP} 输入)和工作电压输入 V_{CC}。

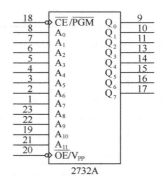

图 7.17　2732A 芯片引脚排列图

2732A 有 6 种工作模式,列于表 7.2(V_{CC} 均为+5V)。

① 读模式和输出禁止模式。当 $\overline{CE}$ 和 $\overline{OE}$ 均为 TTL 低电平时,数据线输出指定存储的字内容;若 $\overline{OE}$ 为高电平,则数据线为高阻态。

表 7.2　2732A 的工作模式

工作方式 ＼ 引脚	$\overline{CE}/PGM$	$\overline{OE}/V_{pp}$	A_9	V_{CC}	$Q_7 \sim Q_0$
读出	L	L	×	+5V	D_{OUT}
输出禁止	L	H	×	+5V	高阻
未选中(待用)	H	×	×	+5V	高阻
编程写入	50ms 负脉冲	+21V	×	+5V	D_{IN}
编程禁止	H	+21V	×	+5V	高阻
读 Intel 标识符	L	L	+12V	+5V	编码

② 待用模式。当 $\overline{CE}$ 为高电平时,芯片未被选中工作,处于待用状态,这时数据线为高阻抗,不受 $\overline{OE}$ 的影响,工作电流从 125mA 降到 35mA 的低功耗状态。

③ 编程写入和编程禁止模式。当 $\overline{OE}/V_{pp}$ 加上 +21V 电压时,芯片进入编程状态。此时,CE 引脚输入宽度为 50ms 的 PGM 负脉冲(编程控制信号),数据线则输入待写入的 8 位数据。在无脉冲时,$\overline{CE}$ 处于高电平状态,禁止写入数据;当一个负脉冲到来时,控制将数据线上的数据写入指定单元;如果周期性地向 $\overline{CE}$ 发 PGM 负脉冲并修改地址,即可向芯片的不同单元连续写入数据。

④ 编程校验。在编程过程中,为检查数据写入是否正确,可以立即进行校验。当写入 1 字节后,有关引脚的电平立即转换为读模式而地址不变,即可将刚写入的数据立即读出,与原数据比较,检查数据写入的正确性。

⑤ 读 Intel 标识符模式。在读模式下,若给 A_9 引脚加上 11.5 ~ 12.5V 的高电压,可从数据线上读出制造商编码和器件类型编码。

（2）27×××系列芯片

27×××系列芯片的地址引脚数 $=\log_2$ 字数,数据引脚 8 条,控制引脚共有 4 条:$\overline{CE}$、$\overline{PGM}$、$\overline{OE}$ 和 V_{PP}。这 4 条控制引脚可能两两合二为一,前两条优先合并,具体情况如表 7.3 所示。2716、27512 和 27010 的引脚如图 7.18 所示。

表 7.3　27 系列芯片引脚排列

引脚号	2716	2732	2764	27128	27256	27512	27010	27020	27040
1							V_{PP}	V_{PP}	V_{PP}
2							A_{16}	A_{16}	A_{16}
3　1			V_{PP}	V_{PP}	V_{PP}	A_{15}	A_{15}	A_{15}	A_{15}
4　2			A_{12}	A_{12}	A_{12}	A_{12}	A_{12}	A_{12}	A_{12}
5　3　1	A_7	A_7	A_7	A_7	A_7	A_7	A_7	A_7	A_7
6　4　2	A_6	A_6	A_6	A_6	A_6	A_6	A_6	A_6	A_6
7　5　3	A_5	A_5	A_5	A_5	A_5	A_5	A_5	A_5	A_5
8　6　4	A_4	A_4	A_4	A_4	A_4	A_4	A_4	A_4	A_4
9　7　5	A_3	A_3	A_3	A_3	A_3	A_3	A_3	A_3	A_3
10　8　6	A_2	A_2	A_2	A_2	A_2	A_2	A_2	A_2	A_2
11　9　7	A_1	A_1	A_1	A_1	A_1	A_1	A_1	A_1	A_1
12　10　8	A_0	A_0	A_0	A_0	A_0	A_0	A_0	A_0	A_0

引脚号			2716	2732	2764	27 128	27 256	27 512	27 010	27 020	27 040
13	11	9	D_0	D_0	D_0	D_0	D_0	D_0	D_0	D_0	D_0
14	12	10	D_1	D_1	D_1	D_1	D_1	D_1	D_1	D_1	D_1
15	13	11	D_2	D_2	D_2	D_2	D_2	D_2	D_2	D_2	D_2
16	14	12	GND	GND	GND	GND	GND	GND	GND	GND	GND
17	15	13	D_3	D_3	D_3	D_3	D_3	D_3	D_3	D_3	D_3
18	16	14	D_4	D_4	D_4	D_4	D_4	D_4	D_4	D_4	D_4
19	17	15	D_5	D_5	D_5	D_5	D_5	D_5	D_5	D_5	D_5
20	18	16	D_6	D_6	D_6	D_6	D_6	D_6	D_6	D_6	D_6
21	19	17	D_7	D_7	D_7	D_7	D_7	D_7	D_7	D_7	D_7
22	20	18	$\overline{CE/PGM}$	$\overline{CE/PGM}$	$\overline{CE}$	$\overline{CE}$	$\overline{CE/PGM}$	$\overline{CE/PGM}$	$\overline{CE}$	$\overline{CE}$	$\overline{CE/PGM}$
23	21	19	A_{10}	A_{10}	A_{10}	A_{10}	A_{10}	A_{10}	A_{10}	A_{10}	A_{10}
24	22	20	$\overline{OE}$	$\overline{OE}/V_{PP}$	$\overline{OE}$	$\overline{OE}$	$\overline{OE}$	$\overline{OE}/V_{PP}$	$\overline{OE}$	$\overline{OE}$	$\overline{OE}$
25	23	21	V_{PP}	A_{11}	A_{11}	A_{11}	A_{11}	A_{11}	A_{11}	A_{11}	A_{11}
26	24	22	A_9	A_9	A_9	A_9	A_9	A_9	A_9	A_9	A_9
27	25	23	A_8	A_8	A_8	A_8	A_8	A_8	A_8	A_8	A_8
28	26	24	V_{CC}	V_{CC}	NC	A_{13}	A_{13}	A_{13}	A_{13}	A_{13}	A_{13}
29	27			$\overline{PGM}$	$\overline{PGM}$	A_{14}	A_{14}	A_{14}	A_{14}	A_{14}	A_{14}
30	28				V_{CC}	V_{CC}	V_{CC}	V_{CC}	NC	A_{17}	A_{17}
31									$\overline{PGM}$	$\overline{PGM}$	A_{18}
32									V_{CC}	V_{CC}	V_{CC}

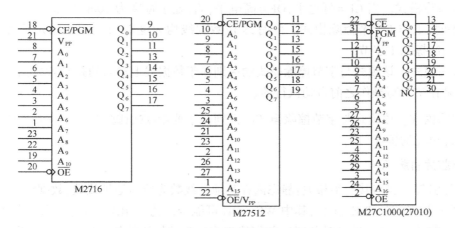

图 7.18　27 系列芯片引脚排列图

（3）EPROM 芯片使用时要注意的问题

① 当 V_{PP} 端加有编程电压时，不能插拔 EPROM 芯片。

② 编程时，必须先接通 V_{CC}（+5V）后，再给 V_{PP} 加上编程电压。编程结束时，必须先断开 V_{PP} 再断开 V_{CC}。正常工作时，V_{PP} 不能在低电平和编程电压之间转换。

③ 不同型号的 EPROM 所用的编程电压 V_{PP} 有三种规格:12.5V、21V 和 25V,在写入操作前必须按规定值选用,否则将毁坏芯片或不能写入信息。

④ 由于自然光中也含有紫外线,长时间照射有可能使 EPROM 丢失信息,因此在不对 EPROM 进行正常擦除操作时,应将其窗口用不透明胶纸盖上。

5. EEPROM 芯片 28F010

Intel 28F010 的引脚排列如图 7.19 所示,其存储容量为 128K×8 位,主要引脚与 27010 相似,包括 17 条地址线、8 条数据线、芯片允许 $\overline{CE}$、输出允许 $\overline{OE}$、写允许 $\overline{WE}$、工作电压输入 V_{CC} 和编程电压输入 V_{PP}。

28010 的 5 种工作模式列于表 7.4。

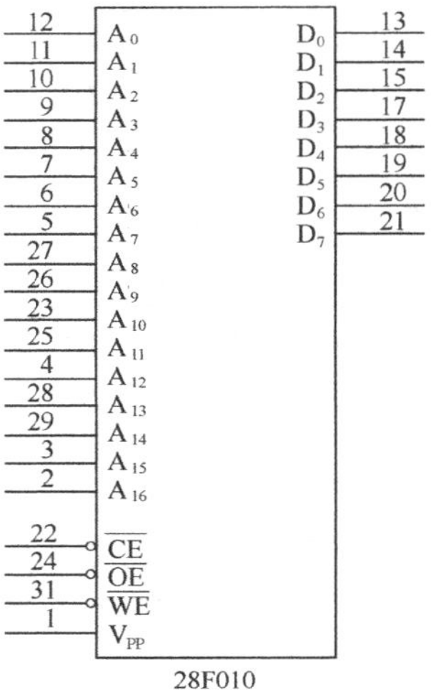

表 7.4 28F010 的工作模式   ($V_{CC}=5V$)

工作方式 \ 引脚	$\overline{CE}$	$\overline{OE}$	$\overline{WE}$	$D_0 \sim D_7$
读出	L	L	H	D_{OUT}
未选中(待用)	H	X	X	高阻
字节擦除	L	H	L	全'1'
字节写入	L	H	L	D_{IN}
片擦除	L	+9~+15V	L	全'1'

图 7.19 28F010 引脚排列图

① 读模式。$\overline{CE}$、$\overline{OE}$ =低电平,V_{PP} = +4~+6V。

② 待用模式。当 $\overline{CE}$ 为 TTL 高电平时,芯片处于待用状态(又称为静止等待方式),这时数据线呈现高阻抗,工作电流从 100mA 降到 40mA 的低功耗状态。

③ 字节擦除模式。当 $\overline{CE}$ =低电平,$\overline{OE}$ =高电平,V_{PP} 处于宽度为 10ms 的 21V 正脉冲(编程脉冲)的高电平时,工作于字节擦除模式。此时,8 位数据线均为逻辑'1',写入指定地址单元,每一个编程脉冲控制擦除 1 字节。

④ 字节写模式。该模式与字节擦除模式的区别在于数据线上输入的是有效数据。实际上,字节擦除操作是在字节写操作之前自动执行的。

⑤ 片擦除模式。该模式与字节擦除模式的区别在于要给 $\overline{OE}$ 引脚加上 +9~+15V 的电压,则将把芯片的全部单元均置成'1'。

6. 内存芯片引脚总结

内存芯片引脚一般与其类型相关:静态内存其地址线数为所需地址线数,数据线也为所需数据线数,控制线一般有 $\overline{CE}$、$\overline{WE}$、$\overline{OE}$,其中 $\overline{WE}$、$\overline{OE}$ 可能合二为一 $RD/\overline{WE}$;动态内存其地址线数为所需地址线数的一半(采用分时共享),数据线也为所需数据线数的两倍(输入、输出分离),控制线一般有 $\overline{RAS}$、$\overline{CAS}$、$RD/\overline{WE}$;EPROM、EEPROM 其地址线数为所需地址线数,数据线也为所需数据线数,控制线一般有 $\overline{CE}$、$\overline{PGM}$、$\overline{OE}$、V_{pp},在引脚不够的情况下其中 $\overline{CE}$、$\overline{PGM}$ 可能合二为一 $\overline{CE}/\overline{PGM}$,$\overline{OE}$、$V_{pp}$ 也可能合二为一 $\overline{OE}/V_{pp}$,前一对优先合并。前面所举例内存芯片型号、容量及引脚如表 7.5 所示。

表 7.5 所举内存芯片型号、容量及引脚对照表

类型	型号	容量	地址线数	数据线数	控制线	总引脚数	备注
SRAM	6116	2K×8 位	11	8	$\overline{CE}$、$\overline{OE}$、$\overline{WE}$	24	所需地址线数,所需数据线数,控制线有$\overline{CE}$、$\overline{OE}$、$\overline{WE}$,OE/WE 可能合并
SRAM	2114	1K×4 位	10	4	$\overline{CE}$、$\overline{OE}$、$\overline{WE}$	18	
EPROM	2716	2K×8 位	11	8	$\overline{CE/PGM}$、$\overline{OE}$、Vpp	24	所需地址线数,所需数据线数,控制线有$\overline{CE}$、$\overline{WR}$、$\overline{OE}$、Vpp,但总引脚数是 4 的倍数,$\overline{CE/PGM}$、$\overline{OE/Vpp}$ 可能两两合并,$\overline{CE/PGM}$优先合并
EPROM	27512	64K×8 位	16	8	$\overline{CE/PGM}$、$\overline{OE/Vpp}$	28	
EEPROM	28010	128K×8 位	17	8	$\overline{CE}$、$\overline{WR}$、$\overline{OE}$、Vpp	32	
DRAM	4164	64K×1 位	8	Din Dout	$\overline{RAS}$、$\overline{CAS}$、$\overline{OE}$、$\overline{WE}$	16	所需地址线的一半,数据线一分为二 Din、Dout,控制线有$\overline{RAS}$、$\overline{CAS}$、$\overline{OE}$、$\overline{WE}$

7. 内存条

内存条是将多个大容量 DRAM 芯片制作在一块印刷电路板上的条状插件,可以直接提供多字节宽度的存取能力,便于用户安装和扩充内存容量以及减小体积。内存条有多种存储容量供用户选择,如 512MB、1GB、2GB 等,在选择内存条的时候,还要注意存储器芯片的类型、芯片的工作速度、是否带硬件奇偶校验以及引脚线的类型。

早期 PC(如 80386)中使用的内存条是单边 30 引脚的内存模块,简称 SIMM(Single-Inline Memory Module),其缺点是只有 8 位数据线,在 32 位机中需要使用 4 条内存条才能构成 32 位的内存。为此,又开发了直接提供 32 位数据引脚的 72 引脚 SIMM 内存条标准,这 72 条引脚仍安排在内存条的一面,在其另一面也有引脚,但两面的引脚是一样的。采用这种内存条后,32 位机型只需安装一块内存条就可以正常工作。这种内存条在许多奔腾机型中也广泛采用,但因奔腾机的数据总线是 64 位的,所以需要采用两条相同容量的这种 SIMM 内存条才能正常工作。

为了适应奔腾系列机的需要,又设计了 64 位的内存条,采用 168 或更多条引脚。由于引脚数量较多,为了不使内存条太长,采用了双面连线结构,简称 DIMM(Dual-Inline Memory Module)。在带有奇偶校验时,DIMM 内存条的数据线为 72 位。在 64 位机型中,只需一块这种内存条就可以正常工作,而且不同容量的内存条可以混合使用。此外,DIMM 内存条还支持 3.3V 电源,而 SIMM 内存条的工作电压必须是 5V。

一个 DRAM 模组所需内存条数=CPU 数据引脚数/内存条数据位数。

内存条有 2 片式和 3 片式的,也有 8 片式和 9 片式的,一般 9 片式和 3 片式内存带有奇偶校验,8 片式和 2 片式内存条是否带奇偶校验则取决于所用芯片本身是否带校验位。

8. DRAM 主要产品

(1)快速页面模式(Fast-Page Mode,FPM DRAM)

这是最早期发展的 DRAM 模组,当时主要应用在 486 或旧型 Pentium 主板上,FPM 读取数据的动作启动乃是根据与时钟周期同步的 CPU 命令执行,然后再由 DRAM 本身的内部动作读取数据。

(2)延伸数据存取内存(Extended Data Output,EDO DRAM)

这是 Intel 在 SDRAM 还没普及之前,为了加强内存工作的效率而设计的规格。因为 EDO 的内存是 32 位的模组,而 CPU 一次要抓 64 位的数据,所以一次要向两条 EDO 的模组抓数据。因此,必须以 2 的倍数的方式插到主板上,如果插上单数的 EDO 内存模组,有些主板就不能正常工作了,它可以有效地使 CPU 在某一段内存的读取前与前一段读取间有些重叠。对于不同内存区块的读取不会有太大改善,可是对连续的内存可比 DRAM 快。

（3）同步动态随机存取内存（Synchronous Dynamic RAM，SDRAM）

这是 DRAM 的加强板。简单地说，就是在原来没有时钟信号的 DRAM 上加上时钟信号，但实际技术上更复杂，速度比 DRAM 快了六倍，同时也不限制插在主板上的内存条数。常见的有以下几种型号：PC-66，PC-100，PC-133 以及 PC-150，等等，如图 7.20 所示。

图 7.20　SDRAM（168 芯）

（4）双倍速同步动态随机存取内存（Double Data Rate SDRAMS；DDR SDRAM）

DDR 是由一些半导体厂商所组成的 JEDEC 协会制定的一套内存规格，它将 PC-133 的工作时钟脉冲加倍，利用频宽 64 位的汇流排，配合和 Rambus 相同的双边触发技术，使得 DDR 在 266MHz 的工作时钟脉冲下可达到 $8 \times 266 = 2.128GB$ 的传输效率。

DDR SDRAM 使用和目前 PC-100 或是 PC-133 相同的内存芯片，所以它不如 Rambus 需要较高的技术门槛，而且不需要支付 Rambus 高额的专利费，又获得威盛电子的全力支援，所以现在市场上大多数都是 DDR SDRAM，有 DDR200（PC-1600）、DDR266（PC-2100）、DDR333（PC-2700）以及 DDR433（PC-3500）等。最新的外频已达到 433MHz，传输速率已达 3.5GB/s，DDR 已成为内存标准，如图 7.21 所示。

图 7.21　DDR266（PC2100、184 芯）

（5）直接 Rambus 动态随机存取内存（Direct Rambus DRAM；DRDRAM）

由 1990 年 Mike Farmwald 与 Mark Horowitz 创立的 Rambus 公司，以开发高速串列式专属内存界面技术为目标。为了迎接高速 PC 世纪到来，保护将来高速处理器不会受 SDRAM 内存频宽限制，Intel 想将 PC 内存规格由 Pallel 架构的 PC-100 直接跳到 600~800MHz Serial 汇流排的 Direct Rambus 内存，串列架构的 Rambus 以 Channel 或 Bus 概念运作，每组 Channel 上最多容纳 36 组芯片，工作电压 1.5V，16 位数据宽度（SDRAM 为 64 位），在实际 300~400MHz Clock 时钟脉冲以 Double Data Rate（电压上升下降时都视为信号改变）方式运作，如图 7.22 所示。

（6）磁阻式随机内存（Magnetoresistive RAM，MRAM）

磁阻式随机内存的原理和硬盘相似，都是采用磁性效果存储器数据，根据磁化方向判别 1 或 0。MRAM 属非挥发性内存，运用磁力达到数据存取效能，拥有低功率、低耗能以及高数据存取的优势，即使断电，数据仍可储存，它同时兼具 SRAM 高速读写能力、DRAM 高集成度以及与 Flash 不

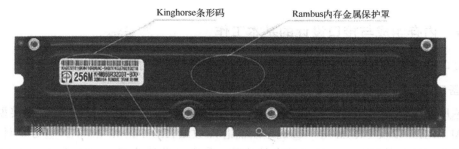

图 7.22　RAMBUS DRAM

挥发的特性,可说是集各种内存优点于一体的产品。MRAM 目前最大的问题是做写入进行磁碟转换时需要的电流较大,消耗的电力也不少,因此造成集成时困难,尤其容量提高以后,电力消耗可能超过 SRAM 与 DRAM。

（7）强介电内存(Ferro RAM,FRAM)

FRAM 为美国 RAMTRON 公司与日本最大真空技术集团 ULVAC 合作开发的内存,具有高速、耗电量低以及重复读写寿命长等优点,兼具 Flash 和 DRAM 的优点,可应用在 IC 卡、携带用小型机器以及应用在存储器容量需求大的多媒体。

7.4　内存组成及其与系统总线的连接

内存是微机系统中不可缺少的组成部分,本节以一个 8 位内存子系统为例,说明内存的组成及其与系统总线连接的基本方法,以及必须注意的问题。

本例所用内存子系统的结构如图 7.23 所示,是一个用于 8 位微机数据总线的内存子系统,CPU 为 8088,使用 2 片 2716 EPROM 组成 4KB 的 ROM 区,4 片 2114 SRAM 组成 2KB 的 RAM 区,共组成 6KB 的内存空间。

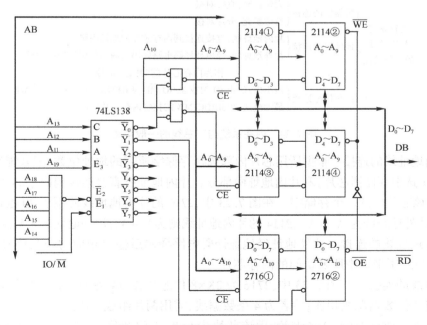

图 7.23　内存与系统总线的连接示例

7.4.1 内存组成与接口设计的基本工作

内存接口设计应从准备开始,做好地址、数据、控制三总线的连接。

1. 准备工作

(1) 芯片选型。主要应考虑以下问题:①根据系统需求和可选芯片确定芯片类型和单片容量——ROM、SRAM 以及 DRAM 等。②确定所需芯片数量,ROM 区和 RAM 区应分别计算,其值等于系统所需总存储位数除以单片提供的存储位数。③所选芯片能否与 CPU 的正常工作时序匹配。内存芯片同 CPU 连接时,要保证 CPU 正确、可靠地存取,必须考虑其工作速度能否与 CPU 的速度匹配。如果内存的速度跟不上 CPU 的速度,就必须设计有关电路,请求 CPU 在正常的总线周期中插入等待周期 T_w。

(2) 芯片分组。根据系统所要求的数据宽度和所选芯片的位数对芯片进行分组,其每组芯片数=数据总线位数/内存芯片位数。如当系统的数据总线宽度为 8 位时,若使用 8 位的芯片,则每组只需要一片就可以提供字节操作,每一芯片同时连接到 8 位数据总线上;若使用 1 位的芯片,每组就需要 8 片才能实现字节访问操作,每一芯片各自连接到数据总线的不同位。

(3) CPU 总线的负载能力。通常 CPU 总线的负载能力为一个 TTL 器件或 20 个 MOS 器件,当总线上挂接的器件超过上述负载时,总线的驱动能力有可能不足。此时,需在总线上加接缓冲器或驱动器,以增加 CPU 的负载能力。常用的驱动器和缓冲器有单向的 74LS244、74LS373 以及 Intel 8282、8283 等,用于单向传输的地址总线和控制总线的驱动;对双向传输的数据总线通常采用数据收发器 74LS245 或 Intel 的 8286、8287 等。

2. 芯片引脚与系统总线的连接

内存芯片与系统三总线 AB、DB、CB 的连接是构建内存子系统的主要工作,如图 7.24 所示,主要包括以下 4 部分内容。

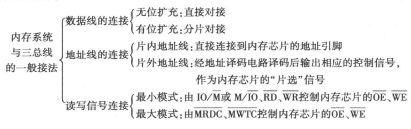

图 7.24　内在系统与三总线的一般接法

(1) 片内地址线的连接。根据所用芯片内部选择存储字所需的地址位数,把系统地址总线分为片外地址(用于选中存储器芯片)和片内地址两部分。片内地址线直接连接到内存芯片的地址引脚,用来直接选中该芯片中的一个存储字。在图 7.23 中,2716 的片内地址线使用了 20 位地址总线中的 $A_{10} \sim A_0$,因而片外地址线为 $A_{19} \sim A_{11}$;2114 的片内地址线则为 $A_9 \sim A_0$,片外地址线为 $A_{19} \sim A_{10}$;

(2) 片外地址线的连接。片外地址经地址译码电路译码后输出相应的控制信号,作为内存芯片的"片选"信号,用来选中所要访问的内存芯片。

(3) 数据线的连接。在图 7.23 中,2716 为 2K×8 位芯片,2114 为 1K×4 位芯片,前者有 8 条数据线可直接与 8 位数据总线相连;后者为 4 条数据线,需用两片组成一组进行位扩充后再与 8 位数据总线相连。如果改用 Intel 4164 芯片,因该芯片为 64K×1 位芯片,只有一位数据线,必须使用 8 片 4164 芯片才能构成 64K 字节的内存,因此 8 片 4164 的数据线必须分别与 8 位数据线相连,每一芯片提供其中的一位数据。

（4）控制信号线的连接。即如何将 CPU 的内存读/写控制信号、地址译码信号与内存芯片的控制信号线连接，以控制内存子系统的选中工作及正确地进行读/写操作。

RAM 芯片通常有三条控制信号线——片选信号 $\overline{CE}$（或 $\overline{CS}$）、写允许信号 $\overline{WE}$ 和输出允许信号 $\overline{OE}$，这些控制信号的连接如图 7.23 所示，$\overline{CE}$ 接地址译码器输出，$\overline{OE}$ 接读控制信号 $\overline{RD}$，$\overline{WE}$ 接写控制信号 $\overline{WR}$。ROM 芯片常采用 $\overline{CE}$ 和 $\overline{OE}$ 双线控制，一般与 RAM 的连接方法相同，这样可以保证未被选中的器件处于低功耗状态。

对于 80X86 系统，还需使用 I/O 或内存操作控制信号（如 8088 的 IO/$\overline{M}$）来控制内存子系统仅在，一般可用该信号控制是否允许地址译码电路工作，即控制是否发出片选信号来实现。

7.4.2 用译码器实现芯片选择

CPU 要对内存进行读/写操作，首先要选择存储器芯片，即进行"片选"，然后在被选中的芯片中选择所要读/写的存储单元，即进行"字选"——选择存储字。片选是通过地址译码来实现的，并且经常使用专门的集成译码器芯片作为地址译码器。

1. 74LS138 译码器

在微机系统中，中规模集成电路芯片 74LS138 是一种常用的 3~8 线译码器，其引脚如图 7.25 所示，主要包括：三位二进制编码输入引脚 C、B 和 A，三个"使能"控制信号输入引脚（即片选控制）$\overline{G_{2A}}(\overline{E_1})$、$\overline{G_{2B}}(\overline{E_2})$ 和 $G_1(E_3)$，8 个译码信号输出引脚 $\overline{Y_0} \sim \overline{Y_7}$。其真值表见表 7.6。

表 7.6　74LS138 真值表

输　　入						输　　　出							
E_3	$\overline{E_1}$	$\overline{E_2}$	C	B	A	$\overline{Y_7}$	$\overline{Y_6}$	$\overline{Y_5}$	$\overline{Y_4}$	$\overline{Y_3}$	$\overline{Y_2}$	$\overline{Y_1}$	$\overline{Y_0}$
			L	L	L	H	H	H	H	H	H	H	L
			L	L	H	H	H	H	H	H	H	L	H
			L	H	L	H	H	H	H	H	L	H	H
H	L	L	L	H	H	H	H	H	H	L	H	H	H
			H	L	L	H	H	H	L	H	H	H	H
			H	L	H	H	H	L	H	H	H	H	H
			H	H	L	H	L	H	H	H	H	H	H
			H	H	H	L	H	H	H	H	H	H	H
其他组合			X	X	X	H	H	H	H	H	H	H	H

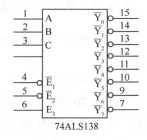

图 7.25　74LS138 引脚排列图

2. 连接方法与地址计算

以图 7.23 的内存子系统为例，地址译码器 74LS138 的"使能"控制端 $\overline{E_2}$ 经与非门与系统地址总线 A_{14}、A_{15}、A_{16}、A_{17} 和 A_{18} 连接，$\overline{E_1}$ 连接 IO/$\overline{M}$，E_3 与 A_{19} 连接，三位二进制编码输入引脚 C、B 和 A 分别与 A_{13}、A_{12} 和 A_{11} 连接。于是，74LS138 译码器被选中工作的条件是：①进行内存读/写操作（IO/$\overline{M}$ = 低电平）；②$A_{19} \sim A_{14}$ 为 '111111'。此时，$A_{13}A_{12}A_{11}$ 从 '000' 到 '111' 的 8 种不同地址组合，分别对应输出 $\overline{Y_0} \sim \overline{Y_7}$ 控制信号（低电平有效），用于选择不同的芯片。

其中，由于 2716 与 2114 的存储容量不同，导致它们各自需使用的片选译码地址不同，前者为 $A_{19} \sim A_{11}$ 高 9 位地址，后者为 $A_{19} \sim A_{10}$ 高 10 位地址。为此，译码器只能对 $A_{19} \sim A_{11}$ 进行译码，从而保证 $\overline{Y_1}$ 和 $\overline{Y_2}$ 这 2 路信号分别选中 1 片 EPROM 芯片，每路译码信号覆盖 2K 个地址。对于 2114，每一芯片只需要 1K 个地址，因此每路译码信号将同时选中两组 4 片 2114 芯片，必须进一步使用 A_{10} 配合$\overline{Y}_0$来区分。

综上,如将2片2716芯片分别编号为2716①和2716②,4片2114芯片的编号分别为2114①、2114②、2114③和2114④,则各芯片地址范围的计算如表7.7所示。

表7.7　图7.20中各内存芯片地址分析表

芯片	A_{19}	A_{18}	A_{17}	A_{16}	A_{15}	A_{14}	A_{13}	A_{12}	A_{11}	A_{10}	A_9	A_8	A_7	A_6	A_5	A_4	A_3	A_2	A_1	A_0
	E_3	$\overline{E_2}$					C	B	A											
2114	1	1	1	1	1	1	0	0	0	0	0	0	0	0	0	0	0	0	0	0
①②	1	1	1	1	1	1	0	0	0	1	1	1	1	1	1	1	1	1	1	1
2114	1	1	1	1	1	1	0	0	1	0	0	0	0	0	0	0	0	0	0	0
③④	1	1	1	1	1	1	0	0	1	1	1	1	1	1	1	1	1	1	1	1
2716	1	1	1	1	1	1	0	1	0	0	0	0	0	0	0	0	0	0	0	0
①	1	1	1	1	1	1	0	1	1	1	1	1	1	1	1	1	1	1	1	1
2716	1	1	1	1	1	1	1	0	0	0	0	0	0	0	0	0	0	0	0	0
②	1	1	1	1	1	1	1	0	1	1	1	1	1	1	1	1	1	1	1	1

由上可得各芯片的地址范围如下:

2114①②组:	FC000H~FC3FFH	1KB
2114③④组:	FC400H~FC7FFH	1KB
2716①:	FC800H~FCFFFH	2KB
2716②:	FD000H~FD7FFH	2KB

7.4.3　实现芯片选择的方法

内存系统实现芯片选择的方法有三种:全译码、部分译码和线选法(在8.2节有更详细的介绍举例)。

(1)全译码法

在图7.20所示的内存译码电路中,系统的全部地址总线$A_{19}\sim A_0$都参与地址译码,对应存储器芯片中的每一个存储字都有唯一确定的地址,称之为"全译码"法。

(2)部分译码法

片外地址中有一部分不参加对内存的片选译码,称为"部分译码"法。例如,在图7.23的译码电路中,如果将74LS138的E_3端接+5V,使A_{19}不参加译码,则A_{19}不论是'0'还是'1',只要$A_{18}\sim A_{11}$满足11111000都能选中2114①和2114②。这时,它们的地址范围既可以是7C000H~7C3FFH,也可以是FC000H~FC3FFH,即一个存储字可以由两个地址码来选中,这种情况称之为"地址重叠"。

(3)线选法

如果只使用一些基本的逻辑门电路——与门、或门和非门的组合,对若干位片外地址译码实现对内存的片选,称为"线选法"。如果在一个微机应用系统中,所要求的内存容量较小,而且不需要扩充内存容量,则适于使用线选法。

全译码法不会出现"地址重叠",可以充分利用CPU的地址空间,但电路较复杂,成本较高,适用于大容量内存系统和需要扩充内存容量的系统(如PC)。部分译码或线选法的特点则与之相反,会产生地址重叠,适用于内存容量较小而且不需要扩充内存容量的系统(如工控机)。

7.4.4 DRAM 的连接

DRAM 芯片与 CPU 的连接中需着重解决三个问题,下面以 IBM PC/XT 机的 RAM 子系统为例予以说明,如图 7.26 所示。该 RAM 子系统采用 4164DRAM 芯片,可选择安装 1 到 4 组芯片(编号 0~3),每组 9 片,其中 8 片组成 64KB 容量的内存,1 片提供奇偶校验位,因此可选择配置 64KB、128KB、192KB 以及 256KB 容量的内存。在图 7.26 中,MA 为 RAM 子系统内部的 8 位存储地址总线,MD 为 8 位存储数据总线,奇偶校验芯片的数据引脚连往奇偶校验电路(图中未给出)。

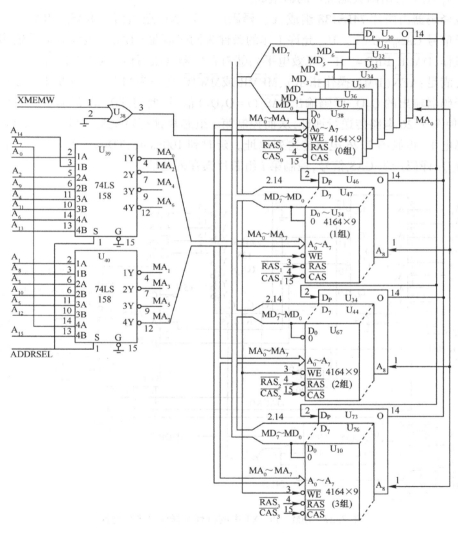

图 7.26　IBM　PC/XT 的内存子系统

1. 行地址和列地址的分时传送

送到每个芯片的行、列地址由两片 74LS158(二选一多路开关)组成的地址多路器提供,其真值表如表 7.8 所示。

在 PC/XT 机中,其使能控制引脚固定接低电平,输入切换引脚 S 接信号 ADDRSEL(来自图 7.27),当

表 7.8　74LS158 真值表

使能控制	输入切换	输入	输出
$\overline{G}$	S	1A~4A,1B~4B	1Y~4Y
L	L	X	Y = A
L	H	X	Y = B

113

$\overline{\text{XMEMR}}$ 或 $\overline{\text{XMEMW}}$ 有效时(存储器读或写),ADDRSEL 信号先为低电平,控制输出 A 组地址 $A_0 \sim A_7$(行地址);延时 60ns 后,ADDRSEL 翻转成高电平,控制输出 B 组地址 $A_8 \sim A_{15}$(列地址);它们先后在 $\overline{\text{RAS}}$(行地址选通)和 $\overline{\text{CAS}}$(列地址选通)信号控制下,通过 MA 分时送到所有芯片的 8 位地址引脚并锁存到指定芯片内。

2. $\overline{\text{RAS}}$ 和 $\overline{\text{CAS}}$ 信号的产生

$\overline{\text{RAS}}$ 和 $\overline{\text{CAS}}$ 信号产生电路如图 7.27 所示。该电路产生对应 4 组 DRAM 存储器的 $\overline{\text{RAS}_0} \sim \overline{\text{RAS}_3}$ 和 $\overline{\text{CAS}_0} \sim \overline{\text{CAS}_3}$,由两级地址译码器组成。

第二级译码器由两片 74LS138 组成,U_{56} 译码产生行地址选通信号 $\overline{\text{RAS}_0} \sim \overline{\text{RAS}_3}$;$U_{42}$ 译码产生列地址选通信号 $\overline{\text{CAS}_0} \sim \overline{\text{CAS}_3}$。$U_{56}$ 允许工作的条件为同时满足:①第一级译码器的输出 $Q_0 = \text{'H'}$;②非刷新操作,$\overline{\text{DACK}_0\text{BRD}} = \text{'H'}$(无效电平);③有存储器读或写信号 $\overline{\text{XMEMR}}$、$\overline{\text{XMEMW}}$。U_{42} 的工作条件还需满足:$\overline{\text{AEN}}$(DMA 操作指示)、$\overline{\text{MEMR}}$ 或 $\overline{\text{MWTC}}$ 之一为 'L'。当满足上述条件时,U_{56} 将对第一级译码器输出的 $Q_2 Q_1$ 译码输出 $\overline{\text{RAS}_i}(i = Q_2 Q_1)$ 信号,此时 TD_1 的 60ns 输出(ADDRSEL 信号)= 'L',使图 7.26 电路传送行地址,从而控制第 i 组芯片锁存行地址。延时 60ns 后,ADDRSEL 信号变成高电平,控制图 7.26 电路传送列地址。延时到 100ns 时,TD_1 的 100ns 输出变成高电平,使 U_{42} 对 $Q_2 Q_1$ 译码产生 $\overline{\text{CAS}_i}$ 信号,控制第 i 组芯片锁存列地址。

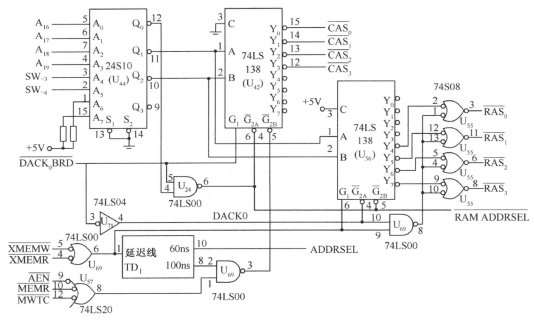

图 7.27 IBM PC/XT 中的行列选择信号产生电路

第一级译码器由 24S10(U_{44})组成,是一个 256×4 位的 ROM 芯片,在 256 个 4 位存储字中,预先写入适当的 4 位控制码 $Q_3 Q_2 Q_1 Q_0$。地址线 $A_7 \sim A_0$ 用来选中一个存储字,$S_2 S_1$ 为输出控制端,当 $S_2 S_1$ 均为低电平时,24S10 从 $Q_3 Q_2 Q_1 Q_0$ 输出由 $A_7 \sim A_0$ 指定存储字中的控制码。图中,$A_7 A_6$ 恒为高电平,$A_5 A_4$ 接系统板上的配置开关 SW_4 和 SW_3,$A_3 \sim A_0$ 接系统地址总线的高 4 位 $A_{19} \sim A_{16}$。

SW_4 和 SW_3 的状态,反映系统板配置的 RAM 组情况:若只配置了第 0 组芯片时,SW_3 和 SW_4 相当于都接地($A_5 A_4 = 00$);若配满了 4 组芯片,SW_3 和 SW_4 都接 +5V($A_5 A_4 = 11$);若配置了第 0、

组芯片或第 0、1 和 2 组芯片时，A_5A_4 分别为 01 或 10。

根据第二级译码要求，24S10 芯片中有关单元应写入的数据如表 7.9 所示。

表中，因 Q_3 未使用而未列出，Q_0 用于控制第二级译码器是否工作。当系统配满了 4 组芯片时，$A_5A_4=11$，对应 $A_{19} \sim A_{16}$ 为 0000、0001、0010 和 0011 时，都有 $Q_0=1$，都允许第二级译码器工作。此时，Q_2Q_1 分别为 00、01、10 和 11，送到第二级译码器的代码输入端 B 和 A，分别译码输出 $\overline{RAS/CAS_0}$ 到 $\overline{RAS/CAS_3}$ 信号，用来选中一组芯片。而当系统板上只配置了第 0 组和第 1 组芯片时，$A_5A_4=01$，当

表 7.9 24S10 有关存储字中写入的控制码

总线地址 \ $Q_2Q_1Q_0$		SW₄SW₃(24S10 的 A_5A_4)			
		00	01	10	11
$A_{19} \sim A_{16}$ (24S10 的 $A_3A_2A_1A_0$)	0000	001	001	001	001
	0001	000	011	011	011
	0010	000	000	101	101
	0011	000	000	000	111

$A_{19} \sim A_{16}=0000$ 时，$Q_0=1$，$Q_2Q_1=00$，第二级译码输出 $\overline{RAS/CAS_0}$ 选中第 0 组 RAM；当 $A_{19} \sim A_{16}=0001$ 时，$Q_0=1$，$Q_2Q_1=01$，输出 $\overline{RAS/CAS_1}$，选中第 1 组 RAM；对于 $A_{19} \sim A_{16}=0010$ 和 0011 时，$Q_0=0$ 使得第二级译码器不工作，无 $\overline{RAS/CAS}$ 有效信号输出，因为此时系统板未安装第 2 组和第 3 组芯片。其余情况依此类推。

3. 刷新控制

PC/XT 机中使用可编程定时器芯片 8253 的通道 1 和可编程 DMA 控制器芯片 8237 的通道 0 控制实现对 DRAM 的动态刷新操作。

4164DRAM 的容量为 64K×1 位，有 64K 个存储单元，分成 4 个 128×128 的存储矩阵，每当 $\overline{RAS}$ = L(有效)时，将根据地址码 $A_6 \sim A_0$ 的值在每个矩阵中同时选中一行进行刷新，共刷新 4×128 个存储单元。要求 2ms 内对全部存储单元刷新一遍，则对每一行进行刷新操作的时间间隔为 2ms/128 = 15.625μs，在 PC/XT 机中采用 15μs。

8253 的通道 1 每隔 15μs 时间发出一次定时信号，作为 DMA 请求信号送往 8237 通道 0 的 DREQ₀，8237 向 CPU 发出 HOLD(总线请求)信号，CPU 则发出 HLDA(总线响应)信号予以响应。此后，8237 开始一次刷新操作，将刷新地址 $A_6 \sim A_0$ 送到各组 DRAM 芯片，并向 RAM 子系统送出 $\overline{DACK_0}$ 低电平信号，即图 7.27 中的 $\overline{DACK_0BRD}$。

在图 7.27 中，当 $\overline{DACK_0BRD}$ 变为低电平时，经 U_{24} 与非门后输出高电平使 U_{42} 的 $\overline{G_{2A}}$ 和 U_{56} 的 $\overline{G_{2B}}$ 无效，则第二级译码器不工作，不产生 $\overline{RAS}$ 和 $\overline{CAS}$ 有效信号。同时，$\overline{DACK_0BRD}$ 经非门 U_{71} 反相为高电平，送到与非门 U_{69}；U_{69} 的另一输入端来自延迟线 TD_1 的输入端，当 $\overline{XMEMW}$ 或 $\overline{XMEMR}$ 有效时，TD_1 输入为高电平，经 U_{69} 与非后输出低电平信号加到 U_{55} 的 4 个负或门，同时输出 4 组 RAM 芯片的 $\overline{RAS_0} \sim \overline{RAS_3}$，使每个芯片都对指定行(共 4×128 个存储单元)进行一次刷新。完成一次刷新后，8237 内部将地址自动加 1，等待下一次刷新请求。8237 完成一行刷新操作的时间为 840ns，占一次刷新周期 15μs 的 1/18，在此时间内 CPU 不能使用系统总线。

7.4.5 RAM 的备份电源技术

对于由 RAM 组成的内存系统，一旦电源发生故障，其保存的信息将会丢失，而许多应用场合需要在电源发生短时故障的情况下数据仍然存在。为此，可以在系统中配置备份电源；当系统因故瞬间掉电时，可以由备份电源维持 RAM 中的信息不被丢失。由于 MOS RAM 在保持信息状态时的功耗很小，因此可以使用电池(微机中一般使用钮扣电池)对它进行短时间保护。当系统检测到掉

电故障时,就进入掉电保护程序,将当前 RAM 中的信息保存到非易失的存储器中,待系统恢复正常后,再将信息恢复到 RAM 中继续使用。

图 7.28 给出了一种使用可充电电池的备份电源系统原理图。在正常情况下,由稳压电源对 RAM 供电,其输出电压为 V_{CC}。此时,电池电压低于 V_{CC},二极管 D_1 导通,D_2 截止,电池工作于充电状态。一旦发生掉电,电容 C 开始放电,当其电压下降到低于电池电压时,二极管 D_2 导通,D_1 截止,开始由电池向 RAM 供电。系统恢复正常后,又自动回到 D_1 导通,D_2 截止的情况。

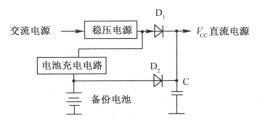

图 7.28　RAM 的备份电源电路

7.5　PC 系列微机的内存组织

本节主要介绍在 PC 系列微机中内存系统的组织方法及内存空间的管理。

7.5.1　内存分体结构

当 CPU 的数据宽度大于 8 位时,要求内存系统既能实现单字节数据操作,也能实现多字节的操作。为此,在 PC 系列微机中使用分体结构来组织内存系统。

1. 8086 微机的内存分体

对于使用类似于 8086 CPU 的 16 位微机系统,要求内存系统结构的设计能实现对内存的一次访存操作,既可以处理一个 16 位字,也可以只处理 1 字节。

以 8086 系统为例,8086 CPU 有 20 位地址线,可直接寻址 1M 字节的内存地址空间。由于 8086 CPU 的数据总线是 16 位的,而内存地址空间是按字节顺序排列的,为了能满足上述要求,8086 系统中 1M 字节的内存地址空间实际上分成两个 512K 字节的存储体——"偶地址存储体"和"奇地址存储体"。偶地址存储体连接 8086 的低 8 位数据总线 $D_7 \sim D_0$,奇地址存储体则连接 8086 的高 8 位数据总线 $D_{15} \sim D_8$,地址总线的 $A_{19} \sim A_1$ 与两个存储体中的地址线 $A_{18} \sim A_0$ 直接连接,最低位地址线 A_0 和 8086 的"总线高允许"信号 $\overline{BHE}$ 则用来选择存储体,如图 7.29 所示。A_0 和 $\overline{BHE}$ 对存储体选择的编码表见表 7.10。

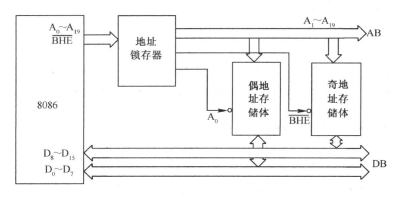

图 7.29　8086 系统内存的分体结构

使用这种内存分体管理方式后,对于单字节的内存访问操作,只需分别给出偶数地址或奇数地址,即可在一个总线周期内完成。对于双字节的内存访问操作,则由于8086 CPU规定只需给出第一字节的地址,因而有以下两种可能的情况。

（1）当16位字的访存地址为偶数地址时,其A_0为低电平而自动选中偶地址存储体,并由地址$A_{19} \sim A_1$选中其中的一个字节。

表7.10　$\overline{\text{BHE}}$与A_0的组合控制

$\overline{\text{BHE}}$	A_0	操作	涉及的数据线
0	0	读/写从偶数地址开始的一个字	$D_{15} \sim D_0$
0	1	读/写奇数地址的一个字节	$D_{15} \sim D_8$
0	1	读/写从奇数地址开始一个字 先读/写奇地址字节	$D_{15} \sim D_8$
1	0	后读/写偶地址字节	$D_7 \sim D_0$
1	0	读/写偶数地址的一个字节	$D_7 \sim D_0$
1	1	无效	

同时,CPU将自动置$\overline{\text{BHE}}$为低电平,选中奇地址存储体,同样由地址$A_{19} \sim A_1$选中其中的一个字节,显然该字节的地址等于所给偶数地址加1。于是,分属于两个存储体但地址码连续的两个字节将分别通过数据总线的高8位和低8位同时传送,从而在一个总线周期中完成16位字(称为对准好的字)的访存操作。

（2）若访存地址为奇数地址时,因其A_0为高电平,无法自动选中偶地址存储体,则CPU只能使用两个总线周期,分两步完成所要求的访存操作:第一步,将$\overline{\text{BHE}}$置低电平,在奇地址存储体中选中指定的一个字节,通过数据总线的高8位传送,用一个总线周期完成第一字节的访存操作。第二步,将所给奇数地址加1成为偶数地址,将$\overline{\text{BHE}}$置高电平,选中偶地址存储体中的指定字节,通过数据总线的低8位传送,在第二个总线周期中完成第二字节的访存操作。这种情况需要使用两个总线周期才能完成16位字(称为未对准好的字)的访存操作,应尽量避免。

2. 80386、80486微机的内存分体

80386和80486 CPU的数据总线为32位,因而要求一次访存操作能够分别实现8位、16位以及32位数据的处理。为此,其内存系统分成4个存储体,每个存储体的容量为1GB,分别连接到32位数据总线中的8位数据线。系统地址总线的$A_{31} \sim A_2$直接与内存连接,而最低两位$A_1 A_0$经译码产生4路控制信号$\overline{\text{BE}_3}$、$\overline{\text{BE}_2}$、$\overline{\text{BE}_1}$以及$\overline{\text{BE}_0}$,分别用做4个存储体的选中信号,如图7.30所示。于是,如果在一个总线周期中要完成32位数据的访问,则4路信号同时有效,同时选中4个存储体工作;如果访问的是16位数据,则选中两个存储体工作(一般是$\overline{\text{BE}_3}/\overline{\text{BE}_2}$或$\overline{\text{BE}_1}/\overline{\text{BE}_0}$);如果只访问8位数据,则只选中一个存储体工作。

3. Pentium系列微机的内存分体

Pentium系列CPU的数据总线都是64位,因而需要将内存分为8个存储体来管理,其结构与32位微机的内存系统类似。如Pentium Pro的内存,可以由8个8位的存储芯片组成一组,分别由$\overline{\text{BE}_7} \sim \overline{\text{BE}_0}$控制选中工作,它们由系统地址总线的$A_2 A_1 A_0$译码产生。

7.5.2　内存空间分配

IBM PC管理和使用的内存空间可划分成三个部分:系统内存、扩展内存(XMS)和扩充内存(EMS)。

1. 系统内存(System Memory)

如图7.31所示,系统内存对应的地址范围是00000H~FFFFFH,对应早期微机(没有XMS区)的1MB内存地址,又分成常规内存和保留内存两部分。

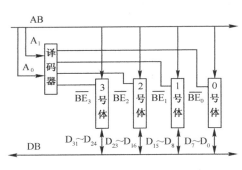

图7.30 32位CPU的内存分体

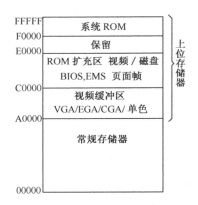

图7.31 IBM PC系统内存的分配

（1）常规内存。这是系统内存中地址从00000H~9FFFFH的640KB的RAM区，又称为"基本内存"、"传统内存"、"实存"等。该内存区主要用来存放操作系统的核心程序、系统工作参数和一些应用程序，其最低端的00000H~003FFH为中断向量表。

（2）保留内存。它对应地址从A0000H~FFFFFH，共384KB，由ROM或Flash ROM及RAM组成，又分成以下4个区：

A0000H~BFFFFH 128KB的视频缓冲区，用于缓存显示的视频图形和文本信息。

C0000H~DFFFFH 为128KB的ROM扩充区，用于视频图像ROM、扩充卡缓存和存放EMS页面帧等。

E0000H~EFFFFH 为64KB的保留区。

F0000H~FFFFFH 为64KB的系统ROM区，存放开机引导程序、诊断程序和系统BIOS。

2. 扩展内存（Extended Memory）

扩展内存是指地址高于FFFFFH的内存区。扩展内存又称为XMS存储器，必须安装一个独立的XMS驱动程序才能管理和使用，如HIMEM. SYS等。根据Microsoft、Intel、Lotus和AST公司的共同定义（eXtended MemorySpecification），扩展内存又分成三个特定的存储区：

（1）高端内存区HMA（High Memory Area）。这是扩展内存中最低地址的64KB内存，地址为100000H~10FFFFH。HMA只能由80286以上的CPU使用，通过启用系统地址总线的A_{20}，可以在实地址工作方式下访问。HMA必须完整地使用，即只能存放一个单独的程序，一般用来存放规模接近64KB的一个程序。

（2）上位内存块UMB（Upper Memory Block）。指系统内存的上位内存（即640KB至1MB间的384KB）中一些未使用的内存区，可以通过专用硬件和内存管理程序找到后，组成UMB，并可在实地址工作模式下访问。

（3）扩展内存块EMB（Extended Memory Block）。由地址从110000H开始的EMS组成，只能在保护虚地址工作方式下访问。

3. 扩充内存（Expanded Memory）

扩充内存是在CPU寻址范围之外的物理存储器，又称EMS（Expanded Memory System）存储器。Lotus/Intel/Microsoft（LIM）先后共同制定了三个EMS标准：EMS3. 2、增强的EMS3. 2和EMS4. 0，其中EMS4. 0可以在CPU正常寻址范围之外访问32MB的扩充内存。要使用扩充内存，还必须安装和运行相应的设置程序和驱动程序。

扩充内存的使用方法是，将其按照16KB、32KB或64KB的格式分成若干个存储块，成为页面帧;需要使用时,将一个或多个页面帧从扩充内存卡调入到上位内存块中,使用完毕后再将这些页面帧写回到扩充内存。EMS 扩充内存可被各种 CPU 使用,但只能存放数据,不能存放程序。

4. 内存管理举例

在纯 DOS 环境下,程序一般只能使用基本内存,为了能够访问 XMS 和 EMS 扩展内存空间,可以在启动盘根目录下的系统配置文件 CONFIG. SYS 和自动批处理文件 AUTOEXEC. BAT 进行配置。

CONFIG. SYS 的设置一般如下:

```
DEVICEHIGH＝C:\WINDOWS\HIMEM. SYS          ;扩展内存管理
DEVICEHIGH＝C:\WINDOWS\EMM386. EXE RAM      ;将扩展内存管理转化为兼容的扩
                                            充内存管理
DOS＝HIGH,UMB                              ;DOS 驻留高端内存(HMA),并
                                            实现上位内存管理
DEVICEHIGH＝其他设备驱动程序
```

AUTOEXEC. BAT 主要是在驻留程序前加 LH,使其可以不占用基本内存而驻留在上位内存或高端内存。

习题

1. 存取周期是指( )。
   A. 存储器的读出时间
   B. 存储器的写入时间
   C. 存储器进行连续读或写操作所允许的最短时间间隔
   D. 存储器进行连续写操作所允许的最短时间间隔

2. 某计算机的字长是 16 位,它的存储器容量是 64KB,若按字编址,那么它的最大寻址范围是( )。
   A. 64K 字　　　　　B. 32K 字　　　　　C. 64KB　　　　　D. 32KB

3. 某一 RAM 芯片的容量为 512×8 位,除电源和接地线外,该芯片的其他引脚数最少应为( )。
   A. 25　　　　　　　B. 23　　　　　　　C. 21　　　　　　D. 19

4. EPROM 是指( )。
   A. 随机读写存储器　　　　　　　　　B. 只读存储器
   C. 可编程的只读存储器　　　　　　　D. 可擦除可编程的只读存储器

5. 下列 RAM 芯片各需要多少个地址引脚和数据引脚?
   (1) 4K×8 位　　　　(2) 512K×4 位　　　　(3) 1M×1 位　　　　(4) 2K×8 位

6. 下列 ROM 芯片各需要多少个地址引脚和数据引脚?
   (1) 16×4 位　　　　(2) 32×8 位　　　　(3) 256×4 位　　　　(4) 512×8 位

7. 存储器按功能、性质和信息存取方式分别可分为哪些类型?

8. 计算机的内存和外存有什么区别?

9. 微机中为什么要使用层次结构的存储系统?

10. 简要回答以下问题:
   (1) 按信息存储的方式,RAM 可分为哪三种?
   (2) 只读存储器按功能可分为哪四种?
   (3) SRAM 和 DRAM 主要有哪些区别?
   (4) 闪存 Flash ROM 的主要优点是什么?

11. 用下列芯片构成存储系统,各需要多少个 RAM 芯片?需要多少位地址作为片外地址译码?设系统为 20 位地址线,采用全译码方式。
   (1) 512×4 位 RAM 构成 16KB 的存储系统。

（2）1024×1 位 RAM 构成 128KB 的存储系统。

（3）2K×4 位 RAM 构成 64KB 的存储系统。

（4）64K×1 位 RAM 构成 256KB 的存储系统。

12. 已知某微机控制系统中的 RAM 容量为 4K×8 位，首地址为 4 800H，求其最后一个单元的地址。

13. 某微机系统中内存的首地址为 3 000H，末地址为 63FFH，求其内存容量。

14. 某微机系统中 ROM 为 6KB，最后一个单元的地址为 9BFFH，RAM 为 3KB。已知其地址为连续的，且 ROM 在前，RAM 在后，求该内存系统的首地址和末地址。

15. 用半导体存储器芯片组成内存子系统时需注意哪些问题？三总线 AB、DB、CB 的一般接法？

16. 内存系统的芯片选择通常有哪几种形式？各有何特点？

17. 相对于 SRAM，DRAM 需要解决哪些特殊问题？

18. 在图 7.23 中，如果将片选控制信号从 $\overline{Y}_0$、$\overline{Y}_1$、$\overline{Y}_2$ 依次改接到 $\overline{Y}_5$、$\overline{Y}_6$、$\overline{Y}_7$，各芯片的地址范围为多少？

19. 使用 2732、6116 和 74LS138 构成一个存储容量为 16KB ROM（地址 00 000H～03FFFH）、8KB RAM 地址（04 000H～05FFFH）的内存系统。设系统地址总线 20 位，数据总线 8 位，全译码。请画出原理图。

20. 若将习题 19 中的数据总线改为与 16 位的 CPU 8086 相连，问：需要多少内存芯片？还需要考虑哪些问题？如何解决？

第8章 输入/输出（I/O）系统

如图2.1所示,微型计算机由三大部分组成,它们是微处理器(CPU)、存储器和I/O接口。I/O设备与I/O接口连接,它是微机系统的一个重要组成部分。I/O设备又被称为外部设备(Peripheral),简称外设。我们把I/O接口和I/O设备合在一起,称做I/O系统,它实现处理机和存储器与外部世界的通信。

本章介绍输入/输出的一般原理,主要涉及I/O接口的基础知识、I/O端口读/写技术以及I/O传输控制方法。

8.1 接口技术概述

本节主要介绍接口的概念、功能、组成、编址方式。

8.1.1 接口的概念

从图8.1可以看出,各类外部设备和存储器都是通过各自的接口电路接到微机系统总线上的。选用不同的外部设备,配置相应的接口电路,把它们挂到系统总线上,构成不同用途、不同规模的应用系统。

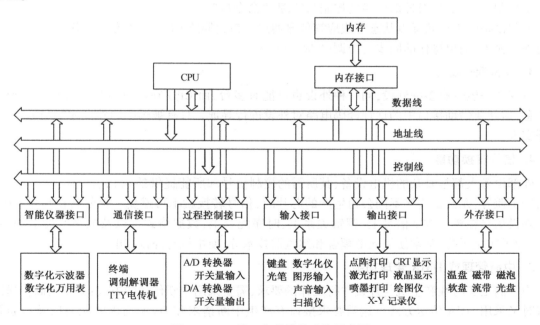

图8.1 I/O接口与总线的连接示意图

接口(Interface)是微处理器CPU与外部设备、存储器或者两种外部设备之间或者两种机器之间通过总线进行连接的逻辑电路。它是CPU与外界进行信息交换的中转站,比如原始数据或源程序通过接口从输入设备(例如键盘)输入,运算结果通过接口输出到输出设备(例如打印机、显示器);控制命令通过接口送到被控对象(例如步进电机),现场采集的信息通过接口传输进来(例如温度值或转速值)。要使各种外部设备正常工作,一是要设计正确的接口电路,二是要编制相应的软件。可以说微机接口技术是采用硬件与软件相结合的方法,来研究微处理器如何与外部世界进行最佳耦合与匹配,以便在 CPU 与外部世界之间实现高效、可靠的信息交换技术。

8.1.2 接口的功能

外部设备的种类繁多,可以是机械式的、电子式的、机电式的、磁电式的以及光电式的等。输入/输出的信息多种多样,有数字信号、模拟信号以及开关信号等;信息传输的速度也不相同,手动键盘输入速度为秒级,而磁盘输入可达 1 兆字节/秒至数十兆字节/秒,不同外部设备处理信息的速度相差十分悬殊。另外,微型计算机与不同的外围设备之间所传送信息的格式和电平高低等也是多种多样的。这就形成了外设接口电路的多样性和复杂性。

CPU 与外设之间的接口主要有如下功能。

1. 数据的寄存和缓冲功能

为了解决主机高速与外设低速的矛盾,避免因速度不一致而丢失数据,使 CPU 的工作效率得到充分发挥,接口内设置数据寄存器或者用 RAM 芯片组成数据缓冲区,使之成为数据交换的中转站。接口的数据保持能力在一定程度上缓解了主机与外设速度差异所造成的冲突,并为主机与外设的批量数据传输创造了条件("数据口")。

2. 对外设的控制和监测功能

接口接收 CPU 送来的命令字或控制字,再由接口电路对命令代码进行识别和分析,并分解成若干个控制命令,实施对外部设备的控制与管理("命令口")。

外部设备的工作状况以状态字或应答信号通过接口返回给 CPU,以"握手联络"过程来保证主机与外设输入/输出操作的同步与协调("状态口")。

3. 设备选择功能

系统中一般带有多种外设,同一种外设也可能有多台,而 CPU 在同一时刻只能与一台外设交换信息,这就要借助接口中的地址译码电路对外设进行寻址。只有被选中的外设才能与 CPU 进行数据交换。

4. 信号转换功能

外部设备大都是复杂的机电设备,其所需的控制信号和所能提供的状态信号往往同微机的总线信号不兼容,尤其是连接不同公司生产的芯片时,信号转换就不可避免。信号转换包括 CPU 信号与外设信号在模拟数字信号上、逻辑关系上、时序配合上、数据格式上以及电平匹配上的转换。此外,为了防止干扰,常常使用光电耦合和继电器技术等,使主机与外设在电气上隔离。

5. 中断管理或 DMA 管理功能

为了满足实时性和主机与外设并行工作的要求,需要采用中断传送的方式;为了提高传送的速率有时又采用 DMA 传送方式。这就要求接口有产生中断请求和 DMA 请求的能力以及中断管理和 DMA 管理的能力。

6. 可编程功能

对一些通用的、功能齐全的接口电路,应该具有可编程的能力,即可用软件来选用多功能接口电路的某些功能,以适应具体工作的要求,这也是现代接口电路的发展方向。

并非每种接口都要求具备上述功能,对不同配置和不同用途的微机系统,其接口功能不同,接口电路的复杂程度也大不相同。但是,设备选择、数据寄存与缓冲以及输入/输出操作的同步能力是各种接口都应具备的基本功能。

8.1.3　CPU 与外设之间传送的信息

一个简单的、基本的外设接口框图如图 2.8 所示。外设接口一边通过三总线(即 DB、AB、CB)同 CPU 连接,一边通过三种信息——数据信息、控制信息和状态信息同外设联系,CPU 通过外设接口同外设交换的信息就是这三种。

1. 数据信息(Data)

微机中的数据信息大致包括三种基本类型。

(1) 数字量　以二进制码形式提供的信息,通常是 8 位、16 位和 32 位数据。

(2) 模拟量　当微机用于控制时,诸如温度、压力、流量及位移等各种非电量现场信息,经由传感器及其相关电路转换成的电量大多是模拟电压或电流。这些模拟量必须先经过 A/D 转换后才能输入微机;微机的控制输出则必须先经过 D/A 转换后才能去控制执行机构。

(3) 开关量　这是一些只有两个状态的量,如开关的合与断以及 LED 的亮与灭等。开关量只要用一位二进制数即可表示,故 8 位数据总线的微机一次输入或输出可控制 8 个开关量。

2. 状态信息(Status)

表示外设当前所处的工作状态,例如 READY(就绪信号)表示输入设备已准备好数据,BUSY(忙信号)表示输出设备是否能接收信息。

3. 控制信息(Control)

控制信息是由 CPU 发出的用于控制外设接口工作方式,以及外设的启动和停止的信息。

数据信息、状态信息和控制信息通常都以数据形式通过 CPU 的数据总线同 CPU 进行传送,这些信息分别存放在外设接口的不同类型的寄存器中。CPU 同外设之间的信息传送实质上是对这些寄存器进行"读"或"写"操作。"接口"中这些可以由 CPU 进行读或写的寄存器被称为"端口"(Port)。按存放信息的类型,这些端口可分为"数据口"、"状态口"与"控制口",分别存放数据信息、状态信息和控制信息。在一个外设接口中往往需要有几个端口才能满足和协调外设工作,CPU通过访问这些端口来了解外设的状态、控制外设的工作以及与外设之间的数据传输。

8.1.4　端口地址的编址方式

CPU 对外设的访问实质上是对外设接口电路中相应的端口进行访问。I/O 端口地址的编址方式有两种:独立编址和存储器映射编址。

1. 独立编址(专用的 I/O 端口编址)

独立编址方式的硬件结构及地址空间分配如图 8.2 所示。这种编址方式的特点是:存储器和I/O 端口在两个独立的地址空间中,I/O 端口不占用存储器空间,I/O 端口的读、写操作由硬件信号 $\overline{\text{IOR}}$ 和 $\overline{\text{IOW}}$ 来实现,访问外设端口用专用的 IN 指令和 OUT 指令。大型计算机和普通微机采用这种编址方式。

独立编址方式的优点是:I/O 端口的地址码较短(一般比同系统中存储单元的地址码短),地址译码器较简单;端口操作指令执行时间短,指令长度短;端口操作指令形式上与存储器操作指令不同,使程序编制和阅读较清晰。它的缺点是:需要有专用的 I/O 指令,而这些指令的功能一般不如存储器访问指令丰富,所以程序设计的灵活性较差。

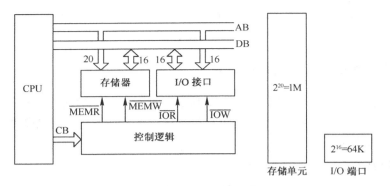

图 8.2 专用的 I/O 端口编址

2. 存储器映射编址(统一编址)

存储器映射编址方式的硬件结构及地址空间分配如图 8.3 所示。

这种编址方式的特点是:存储器和 I/O 端口公用统一的地址空间;一部分地址空间分配给 I/O 端口以后,存储器就不能再占有这一部分的地址空间。例如:整个地址空间为 1M,地址范围是00000H~FFFFFH,如果 I/O 端口占有 00000H~0FFFFH 这 64K 个地址,那么存储器的地址空间只有从 10000H~FFFFFH 的 960K 个地址。在这种编址方式下,I/O 端口的读写操作同时由硬件信号内存读写信号来实现,用访问内存指令实现

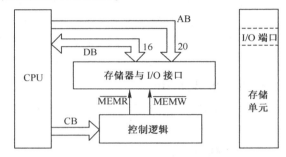

图 8.3 存储器映射的 I/O 端口编址

访问 I/O。6800 系列、6502 系列和 Intel MCS-51 等系列单片机就采用这种编址方式。

存储器映射编址方式的优点是:任何对存储器数据进行操作的指令都可用于 I/O 端口的数据操作,不需要专用的 I/O 指令,从而使系统编程比较灵活;I/O 端口的地址空间是内存空间的一部分,这样 I/O 端口的地址空间可大可小,从而使外设的数目几乎可以不受限制,这对大型控制系统和数据通信系统是很有意义的。它的缺点是:I/O 端口占用了内存空间的一部分,影响了系统的内存容量;同时,访问 I/O 端口与访问内存一样,由于访问内存时的地址长,指令的机器码也长,执行时间显然增加,并使端口地址译码电路变得复杂。

8.2   I/O 端口读/写技术

本节以独立编址的计算机为例来讨论 I/O 端口读写技术。每当 CPU 执行 IN 或 OUT 指令时,就进入输入/输出总线周期,首先是地址信号有效,然后是 I/O 读写信号$\overline{\text{IOR}}$、$\overline{\text{IOW}}$有效。地址译码电路将来自地址总线上的地址代码翻译为所需访问的端口译码选中信号,将此信号与有关的控制信号进行组合,即产生对端口访问所需的读写选择信号。控制信号除 CPU 执行 I/O 指令产生的$\overline{\text{IOR}}$ 或$\overline{\text{IOW}}$信号外,还应有区分是 DMA 传送还是非 DMA 传送的 AEN 信号。此外,还可用$\overline{\text{BHE}}$ 信号控制端口奇偶地址,用$\overline{\text{I/OCS}}$ 信号控制是 8 位还是 16 位 I/O 端口。

8.2.1   I/O 端口地址译码技术

I/O 端口地址译码的方法灵活多样,可由地址和控制信号的不同组合去选择端口地址。一般

原则是把地址分为两部分:一部分是高位地址线与 CPU 的控制信号组合,经译码电路产生 I/O 接口芯片片选信号$\overline{CS}$,实现片间寻址;另一部分是低位地址线直接连到 I/O 接口芯片,实现 I/O 接口芯片的片内寻址,即访问片内的端口,端口地址译码电路与前面介绍内存地址译码方法类似,本节将进行详细的介绍。若按译码电路的形式可分为固定式和可选式译码;若按译码采用的元器件可分为门电路译码和译码器译码;若按端口与地址的对应关系,可分为全译码方式与部分译码方式。

译码电路的分析建议采用逆向分析(即输出这样,输入必须怎样,依此类推,直到输入端为止)。逆向分析时主要采用有效无效的说法,如与的关系输出有效要求各输入必须同时有效,而或的关系输出无效则要求各输入必须同时无效。

1. 固定式端口地址译码

所谓固定式译码是指接口中用到的端口地址不能更改。

(1) 利用门电路进行地址译码,在固定式译码方式中,若仅需一个端口地址时,则采用门电路构成译码电路。例如,要产生端口 34EH 的译码信号$\overline{CS}$,即当地址线出现:

A_9	A_8	A_7	A_6	A_5	A_4	A_3	A_2	A_1	A_0
1	1	0	1	0	0	1	1	1	0

且 AEN 为低时,则$\overline{CS}$为低,即

$$\overline{CS}=\overline{A_9 \cdot A_8 \cdot A_6 \cdot A_3 \cdot A_2 \cdot A_1 \cdot \overline{(A_7+A_5)} \cdot \overline{(A_4+A_0+AEN)}}$$

译码电路如图 8.4 所示。

(2) 采用译码器进行地址译码,若接口电路中需使用多个端口地址时,通常用译码器芯片。以下是采用 74LS138 译码器的全译码和部分译码的实例(7.4 节也有讲解)。

全译码法 CPU 的全部地址总线都参与地址译码,因此一个端口对应唯一的一个地址。例如,产生 340H～347H 8 个端口地址的译码信号,CPU 输出的全部地址信号 A_9～A_0(IBM PC 只用 10 根地址线,A_{15}～A_{10}不用)全部参加地址译码,如图 8.5 所示。译码器的 8 个端口只占主机的 8 个地址,没有地址浪费,但使用的地址线多,电路也比较复杂。

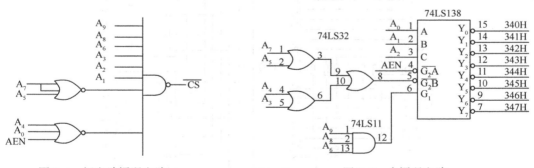

图 8.4　门电路译码电路　　　　　　图 8.5　全译码电路

部分译码法 CPU 输出的地址信号只有部分参与地址译码,另一部分(一般为低位地址)未参与,因此一个译码输出对应若干个端口地址,这就是地址重叠现象。这种方法,使用地址线少,电路简单。IBM PC/XT 机中系统板上的接口译码电路如图 8.6 所示,大部分地址都被浪费,如 Y_0 地址范围为 00～1FH,实际只使用 00～0FH。

A_9	A_8	A_7	A_6	A_5	A_4	A_3	A_2	A_1	A_0
0	0	0	0	0	0	X	X	X	X

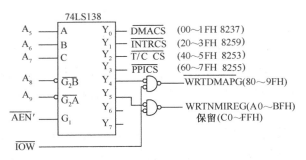

图 8.6　部分译码电路

2. 开关式可选端口地址译码

如果用户要求接口卡的端口地址能适应不同的地址分配场合,可采用开关式(主要采用跳线帽或 DIP 开关)端口地址译码、参数式端口地址译码(编程控制译码输入端)、即插即用(带自动检测冲突的编程控制译码输入端)。开关式可选端口译码方式可以通过开关使接口卡的 I/O 端口地址根据要求加以改变而无须改动线路。

如图 8.7 所示,图中 DIP 开关状态的设置就决定了译码电路的输出,若改变开关状态,就改变了 I/O 端口地址。电路中使用了一片 8 位比较器 74LS688,它以两组 8 位输入端 $P_{0\sim7}$ 和 $Q_{0\sim7}$ 信号进行比较,形成一个输出端"P = Q"的信号,其规则为:

当 $P_{0\sim7} \neq Q_{0\sim7}$ 时,"P = Q"输出高电平。

当 $P_{0\sim7} = Q_{0\sim7}$ 时,"P = Q"输出低电平。

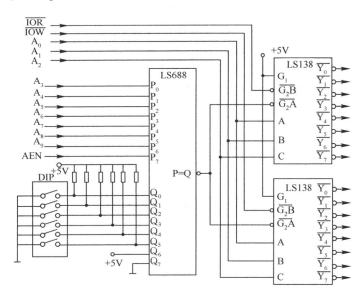

图 8.7　开关式可选端口地址译码

我们把 $P_{0\sim7}$ 连接地址线和控制线,$Q_{0\sim7}$ 连接地址开关,而将"P = Q"接到 74LS138 的控制端 G_2A 上。根据比较器的特性,当输入端 $P_0\sim P_7$ 的地址与输入端 $Q_0\sim Q_7$ 的开关状态一致时,输出为低电平,打开译码器 138 进行译码。因此,使用时可预置 DIP 开关为某一值,得到一组所要求的端口地址。图中让 $\overline{IOR}$ 和 $\overline{IOW}$ 信号参加译码,分别产生 8 个读/写端口地址。此电路必须在 $A_9 = 1$,AEN = 0 时才是有效译码。

8.2.2　I/O 端口的读/写控制

I/O 端口的读写主要通过 I/O 读/写信号及地址译码输出信号共同作用,实现端口中的信息的读出与写入。

1. 端口寄存器的写操作

CPU 在向外部输出数据时要进行端口写操作(即执行输出指令),通常选用 D 触发器之类的芯片作为寄存器。在写入控制端 CP 出现上升沿时,就可将 D 端数据写入 Q 端。CP 端用包含 AEN 信号的地址译码信号 $\overline{Y_{240H}}$ 来控制,如图 8.8 所示,利用后沿(上升沿)锁存数据。

2. 端口读操作

通常会有一些状态信息或数据信息需要输入给 CPU,这些数据已存放于寄存器中,通过端口读操作可以读入微处理器。这些寄存器不能直接接到系统数据总线上,以免长时间占用总线,而应该通过三态缓冲器接至数据总线。只有对该寄存器占用的端口进行读操作时才打开三态门,将数据送上总线;其他时间三态门处于高阻状态。常用的三态缓冲器是 74LS244、74LS245 等。当如图 8.9 所示的 74244 控制端为低电平时,数据由 1A、2A 端送到 1Y、2Y 即数据总线上。译码信号和 $\overline{IOR}$ 信号通过一个或门控制 $\overline{1G}$、$\overline{2G}$ 端。例如,当 CPU 执行 IN AL, DX(DX = 240H) 时,$\overline{1G}$ 和 $\overline{2G}$ 为低电平,三态缓冲器导通,使数据送上数据总线而到达 AL。

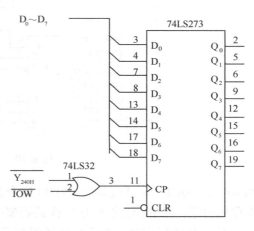

图 8.8　端口写实例

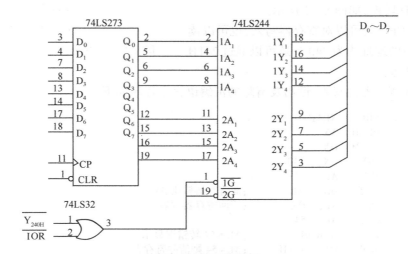

图 8.9　端口读实例

3. 利用端口读/写提供控制脉冲

有时对某些端口的读/写操作,并非真正对这些端口读/写数据,而是利用输入/输出指令执行时产生的译码信号和 $\overline{IOR}$、$\overline{IOW}$ 信号产生一定宽度的脉冲以完成某种任务,即使用"假读"或"假写"来实现清零、启动等操作。例如,若在图 8.10 中的 CLR 端接入一个或门,或门的输入是 $\overline{Y_{241H}}$

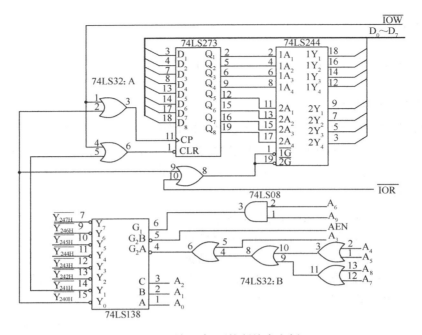

图 8.10　端口读/写控制综合实例

和 $\overline{\text{IOW}}$,则 OUT DX,AL(DX = 241H)指令就使输出寄存器清零。又如,有的 A/D 转换器需要一个正脉冲的下降沿进行启动,则可以将译码信号 $\overline{Y_{340H}}$ 和 $\overline{\text{IOW}}$ 信号进行或非以后加至 A/D 转换器的启动端 START,用一条输出指令 OUT DX,AL(DX = 340H),就可以启动 A/D 转换,如图 8.11 所示。

图 8.10 中 CPU 既可以对寄存器写入,也可以读取其内容,读/写的地址均为 240H,还可以通过 241H 来消除寄存器内容。

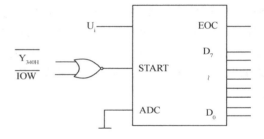

图 8.11　利用端口写操作启动 A/D 转换

对 74LS273 寄存器的写入、读出及清除的汇编语言子程序如下:

```
PORTTEST  PROC  NEAR
          PUSH  AX
          PUSH  DX
          MOV   DX，240H
          MOV   AL，54
          OUT   DX，AL      ;向寄存器输出 54
          IN    AL，DX      ;读回寄存器内容
          CMP   AL，54
          JNZ   ERROR       ;AL≠54 转错误显示
          MOV   DX，241H    ;AL=54 则清除寄存器
          OUT   DX，AL
            ⋮
ERROR：
            ⋮
          POP   DX
          POP   AX
          RET
PORTTEST  ENDP
```

先写入 54,然后读回检查是否正确,正确则清除寄存器,不正确转错误处理。

8.3 I/O 设备数据传送控制方式

在计算机操作中最基本和最频繁的操作是数据传送。在微机系统中,数据主要在 CPU、内存和 I/O 接口之间传送,传送过程中的关键问题是数据传送的控制方式。按照 I/O 控制组织的演变顺序以及外设与主机并行工作的程度,计算机系统中数据传送的控制方式可分为程序控制传送方式、DMA(Directly Memery Access,内存直接存取)方式和 IOP(Input-Output processor,输入/输出处理机)方式。

程序控制的数据传送分为无条件传送、查询传送和中断传送。这类传送方式的特点是以 CPU 为中心,数据传送的控制来自 CPU,通过预先编制好的输入或输出程序实现数据的传送。这种传送方式的数据传送速度较低,传送路径要经过 CPU 内部的寄存器,同时数据的输入/输出的响应也较慢。

直接存储器访问 DMA 是在存储器与 I/O 设备之间直接传输数据,传送过程中并不需要 CPU 干预,而是由一个 DMA 控制器(DMAC)加以控制的。处理机所要做的工作仅仅是对 DMAC 进行初始化,内容包括 I/O 数据在存储器中的地址、传输的字节数以及数据的传输方向等。

I/O 处理机专门负责 I/O 数据的传送。实际上 IOP 并不构成一种新的传送方式,它只是把用于 I/O 传输控制的各种接口及控制器等集成在一个芯片中,并且像处理机那样,能够执行指令而已。IOP 用类似于 DMA 的方式完成数据传输之后,再要用中断方式通知处理机。

8.3.1 无条件传送方式

无条件传送方式又称"同步传送方式",它适合于外设总是处于准备好或准备好时间相对固定的情况。例如,主机对开关设备的操作无非是读取开关状态或者设置开关状态。又如,CPU 通过锁存器及驱动器控制 LED 显示器的数码显示时,LED 显示器随时准备接收 CPU 的控制。通常采用的办法是:将 I/O 指令插入到程序中,当程序执行到该 I/O 指令时,外设必定已为传送数据做好了准备,于是在此指令时间内完成数据传送任务。

无条件传送的输入方式如图 8.12 所示。输入时认为来自外设的数据已出现在三态缓冲器的输入端。CPU 执行输入指令,指定的端口地址经系统地址总线(例如 PC 为 $A_9 \sim A_0$)送至地址译码器,译码后产生 $\overline{Y}$ 信号。$\overline{Y}$ 为低电平,说明地址线上出现的地址正是本端口的地址;AEN 为低电平,说明 CPU 控制总线;端口读控制信号 $\overline{IOR}$ 有效(低电平)时,说明 CPU 正处在端口读周期。三者均为低电平时,经或门(负逻辑与门)后产生低电平,开启三态缓冲器使来自外设的数据进入系统数据总线而到达累加器。

无条件传送的输出方式如图 8.13 所示。在输出时,CPU 的输出数据经数据总线加至输出锁存器的输入端,端口地址译码信号 $\overline{Y}$ 与 AEN 和 $\overline{IOW}$ 信号相或非后产生锁存器的控制信号。锁存器控制端 $\overline{C}$ 为高电平时,其输出端不随输入端变化;$\overline{C}$ 为低电平时输出端锁存数据,送到外设。

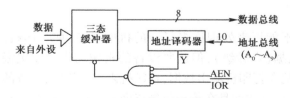

图 8.12 无条件传送的输入接口

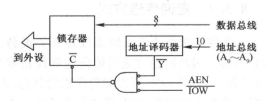

图 8.13 无条件传送的输出接口

例 8.1 一个采用无条件传送方式的数据采集系统如图8.14所示。图中 U_5 为继电器(U_{5a} 为继电器的 8 个控制触点,U_{5b} 为继电器的 8 个线圈),继电器线圈 P_0,P_1,$\cdots$,P_7 控制 8 个触点 K_0,K_1,$\cdots$,K_7 逐个接通,对 8 个输入模拟量进行采样,采样输入的模拟量送入一个 4 位 10 进制数字电压表 U_1 测量,把被采样的模拟量转换成 16 位 BCD 码,高 8 位和低 8 位通过两个 8 位端口 U_2(端口地址为 11H)和 U_3(端口地址为 10H)送上系统的数据总线,CPU 通过 IN 指令读入转换后的数字量。至于究竟采集哪一通道的模拟量,则由 CPU 通过 U_4(端口地址为 20H)输出控制信号,以控制继电器线圈 $P_0 \sim P_7$ 中电流的通断,继而控制继电器触点 $K_0 \sim K_7$ 的吸合,以实现对不同通道模拟量的采集("0"使线圈 P 电流"断","1"使线圈 P 电流"通")。

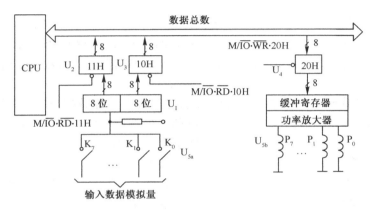

图 8.14　无条件传送实例

数据采集过程,可用以下程序来实现。

```
START: MOV    BX,0100H      ;01→ BH,设置闭合第一个继电器的代码
                            ;00→BL,设置断开所有继电器代码
       LEA    SI,DSTOR      ;输入数据缓冲区的地址偏移量→SI
       XOR    AL,AL         ;清 AL 及进位标志
AGAIN: MOV    AL,BL
       OUT    20H,AL        ;断开所有继电器线圈
       CALL   DELAY1        ;模拟继电器触点的释放时间
       MOV    AL,BH
       OUT    20H,AL        ;使 Pi 吸合(i=0,1,…,7)
       CALL   DELAY2        ;模拟触点闭合及数字电压表的转换时间
       IN     AX,10H        ;输入
       MOV    [SI],AX
       INC    SI
       INC    SI
       RCL    BH,1          ;BH 左移一位,为下一个触点闭合做准备
       JNC    AGAIN         ;8 个模拟量未输入完,继续循环
       ⋮
```

8.3.2　查询传送方式

无条件传送方式可以用来处理开关设备,但不能用来处理许多复杂的机电设备,如打印机。CPU 能够以很高的速度成组地向这些设备输出数据(微秒级),但这些设备的机械动作速度很慢(毫秒级)。如果 CPU 不查问打印机的状态,不停地向打印机输出数据,打印机来不及打印,后续的数据必然覆盖前面的数据,造成数据丢失。查询传送方式就是在传送前先查询一下外设的状态,当外设准备好了才传送;若未准备好,则 CPU 等待。

1. 查询式输入

查询式输入程序流程图如图 8.15 所示。CPU 先从状态口输入外设的状态信息,检查外设是否已准备好数据。若未准备好,则 CPU 进入循环等待,直到准备好后才退出循环,输入数据。所以,查询式输入除了必须配备数据口外,还必须配备状态口,状态口只用 1 位,指出数据是否准备好。

查询式输入接口电路框图如图 8.16 所示。当输入装置的数据准备好以后,发出一个选通信号(例如一定宽度的负脉冲)。该信号一方面把数据送入锁存器,另一方面使 D 触发器置"1",即置准备好状态信号 READY 为真,并将此信号送到状态口的输入端。锁存器输出端连接数据口的输入端,数据口的输出端接系统数据总线。状态口的输出也连接至系统数据总线中的某一条。CPU 先读状态口,查 READY 信号是否为高(准备好)。若为高就输入数据,同时使 D 触发器清零,使 READY 信号为假;若未准备好,则 CPU 等待。查询输入的部分程序如下:

```
POLL:MOV    DX,STATUSPORT        ;DX=状态端口号
     IN     AL,DX                ;输入状态信息
     TEST   AL,01H               ;检查 READY 是否为高,设 READY 接 D_0
     JE     POLL                 ;未准备好,循环等待
     MOV    DX,DATAPORT          ;准备好,读入数据
     IN     AL,DX                ;输入数据
```

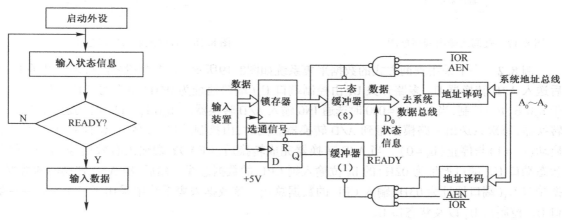

图 8.15 查询式输入程序流程图   图 8.16 查询式输入的接口电路

2. 查询式输出

查询式输出时,CPU 必须先查外设的 BUSY 状态,看外设的数据缓冲区是否已空。所谓的"空"就是外设已将数据区中的数据读走,数据缓冲区可以接收 CPU 输入的新数据。若缓冲区空,则 BUSY 为假,CPU 执行输出指令;否则 BUSY 为真,CPU 就等待。其程序流程图如图 8.17 所示。

查询式输出接口电路框图如图 8.18 所示。输出装置把 CPU 输出的数据输出以后,发出$\overline{ACK}$ (Acknowledge)信号,使 D 触发器清零,即 BUSY 线变为"0"。CPU 读状态口后知道外设已"空",于是就执行输出指令。在 AEN、$\overline{IOW}$ 和译码器输出信号共同作用下,数据锁存到锁存器中,同时使 D 触发器置"1"。它一方面通知外设数据已准备好,可以执行输出操作;另一方面在输出装置尚未完成输出以前,一直维持 BUSY=1,阻止 CPU 输出新的数据。查询输出部分程序为:

```
POLL:MOV    DX,STATUSPORT        ;DX=状态口地址
     IN     AL,DX                ;输入状态信息
```

```
        TEST      AL,80H              ;检查 BUSY 位,设 BUSY 接 D₇
        JNE       POLL               ;BUSY 则循环等待
        MOV       DX,DATAPORT        ;否则准备输出数据
        MOV       AL,BUFFER          ;从缓冲区取数据
        OUT       DX,AL              ;输出数据
```

查询式交换方式也称应答式交换方式。相应地状态信息 READY 和 BUSY 称为握手(Hand-shake)信号。

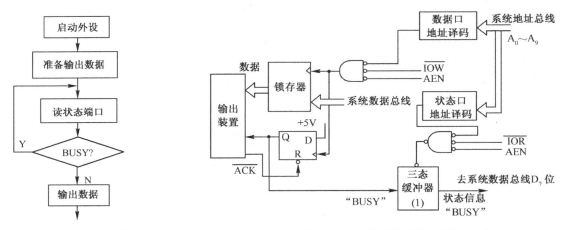

图 8.17　查询式输出程序框图　　　　　图 8.18　查询式输出接口电路

例 8.2　一个采用查询方式的数据采集系统如图 8.19 所示。8 个模拟量经过多路开关 U_5 选择后送入 A/D 转换器 U_1,多路开关 U_5 由控制端口 U_4(端口地址为 04H)输出的三位二进制码(对应于 $b_2b_1b_0$ 位)控制,当 $b_2b_1b_0=000$ 时选通 IN0 输入 A/D 转换器,$\cdots b_2b_1b_0=111$ 时选通 IN_7 输入 A/D 转换器,每次只送出一路模拟量到 A/D 转换器。同时,由控制端口 U_4 的 b_4 位控制 A/D 转换器的启动($b_4=1$)与停止($b_4=0$)。当 A/D 转换器完成转换后,READY 端输出有效信号(高电平)经过状态端口 U_2(端口地址为 02H)的 b_0 位输入到 CPU 的数据总线。然后,经 A/D 转换后的数据由数据端口 U_3(端口地址为 03H)输入 CPU 的数据总线。该数据采集系统中采用了三个端口——数据口 U_3、控制口 U_4 以及状态口 U_2。

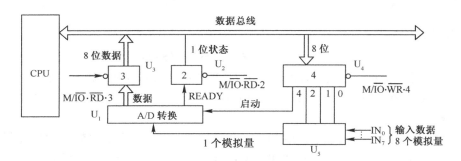

图 8.19　查询式数据采集系统

根据上述要求,可编写如下数据采集程序:

```
START:MOV   DL,0F8H                  ;设置启动 A/D 转换的信号
      MOV   DI,SEG DSTOR
      MOV   ES,DI
```

```
            CLD
            MOV    DI,OFFSET DSTOR      ;输入数据缓冲区的地址偏移量送 DI
AGAIN: MOV    AL,DL
            AND    AL,0EFH              ;使 $D_4=0$
            OUT    4,AL                 ;停止 A/D 转换
            CALL   DELAY                ;等待停止 A/D 操作的完成
            MOV    AL,DL
            OUT    4,AL                 ;启动 A/D 转换,且选择模拟量 $IN_i(i=0\sim7)$
POLL: IN    AL,2                 ;输入状态信息
            SHR    AL,1
            JNC    POLL                 ;若未 READY,程序循环等待
            IN     AL,3                 ;否则,输入数据
            STOSB                       ;存至内存
            INC    DL                   ;修改多路开关控制信号
            JNE    AGAIN                ;8 个模拟量未输入完,循环
            ⋮                           ;已完,执行别的程序段
            ⋮
```

注意理解例 8.1 与例 8.2 中 8 选 1 及循环次数控制的实现方法。

8.3.3　中断传送方式

在查询传送方式中,CPU 要不断地询问外设;当外设未准备好时,CPU 就得等待。从而浪费了 CPU 的大量时间。这种工作方式 CPU 和外设是串行工作的,各外设之间也只能是串行工作的,采用中断方式则可以免去 CPU 的查询等待时间。当外设没有准备好时,CPU 可以去做其他的工作。因此在中断方式中,CPU 和外设以及外设与外设之间是并行工作的。中断传送方式请参看第 9 章。

8.3.4　DMA 方式及 DMAC

相对于查询传送方式来说,中断传送方式大大提高了 CPU 的利用率,但其中断传送方式仍然是由 CPU 通过指令来传送的。每传递 1 字节(或一个字)就得把主程序停下来,转而去执行中断服务程序,在执行中断服务程序前要做好现场保护,执行完中断服务程序后还得恢复现场。由于在中断方式中数据传送过程始终受 CPU 的干预,CPU 需要取出和执行一系列指令,每一字节(或字)数据都必须经过 CPU 的累加器才能输入/输出,这就从本质上限制了数据传送的速度,不能满足高速的外部设备(例如磁盘、CRT 显示器、高速模/数转换器)与内存间信息交换的要求。为此提出了在外设与内存之间直接传送数据的方式,即 DMA 传送方式。

1. DMA 传送基本原理

DMA 方式不使用指令,而是直接用硬件控制数据在外设和存储器之间的传送。CPU 首先对 DMA 控制器(DMAC,如 8237、8257 等芯片)初始化,告诉 DMAC 数据的传送方向(是从外设到内存,还是从内存到外设)、存储器的起始地址以及需要传送的次数等。当外设准备好数据时,DMAC 向 CPU 发出总线请求,让 CPU 暂时让出总线控制权。CPU 响应请求后,把自己驱动总线的驱动器关掉,令总线处在浮空状态,即 CPU 脱离三总线,并通知 DMAC。DMAC 接到通知后,驱动总线并发出合适的读/写信号,进行连续的外设与内存之间的数据传送。在规定的传送次数到达时,DMAC 再把总线的控制权交还给 CPU。由于是在硬件的直接控制下进行数据传送的,其速度和效率都比用执行指令的办法来传送数据要快得多。

2. DMAC(DMA 控制器)的基本功能

在 DMA 方式中,DMAC 是控制存储器和外设之间高速传送数据的硬件电路,是一种完成直接

数据传送的专用处理器,它必须能够取代 CPU 和软件在程序控制传送中的各项功能。因此 DMAC 应该具有如下功能。

(1) 能接收外设的 DMA 请求信号 DREQ,并能向外设发出 DMA 响应信号 DACK。

(2) 能向 CPU 发出总线请求信号 HRQ,当 CPU 发出总线响应信号 HLDA 后能接管对总线的控制权,进入 DMA 方式。

(3) 能发出地址信息对存储器寻址并能修改地址指针。

(4) 能发出读、写等控制信号,包括存储器访问信号和 I/O 访问信号。

(5) 能决定传送的字节数,并能判断 DMA 传送是否结束。

(6) 能发出 DMA 结束信号,释放总线,使 CPU 恢复正常工作。

3. DMAC 结构

DMAC 工作原理如图 8.20 所示。

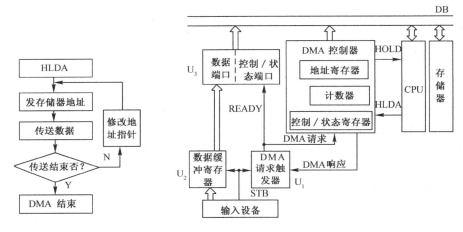

图 8.20　DMA 工作原理框图

该电路的工作过程如下:当输入设备准备好数据时,发出选通脉冲 STB,该信号一方面选通"数据缓冲寄存器"U_2,把输入数据通过 U_2 送入"锁存器"U_3;另一方面将"DMA 请求触发器"U_1 置"1",作为锁存器 U_3 的准备就绪信号 READY,打开锁存器 U_3,把输入数据送上数据总线;同时 DMA 请求触发器向 DMAC 发出 DMA 请求信号,CPU 在现行总线周期结束后给予响应,发出 HLDA 信号;DMAC 接到该信号后接管总线控制权,向地址总线发寄存器地址信号,向外设端口发 DMA 响应信号和读控制信号,因而将外设端口数据送上数据总线,并发出存储器写命令。这样就把外设输入的数据直接写入到存储器中,然后修改地址指针,修改计数器,检查数据传送是否结束。若未结束则循环传送直至整个数据块传送完,在全部数据传送完后,DMAC 撤除总线请求信号 HOLD (变低),在下一个 T 周期的上升沿,CPU 使 HLDA 变为无效恢复对总线的控制。上述过程工作波形如图 8.21 所示。

DMA 传送方式还可以在存储器的两

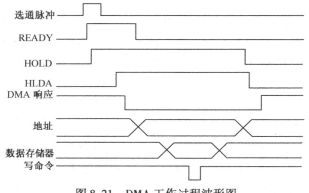

图 8.21　DMA 工作过程波形图

个区域或两种高速的外设之间进行。

8.3.5 IOP 方式

IOP 是计算机系统中的一个部件,可以和 CPU 并行工作,提供高速的 DMA 处理能力,实现数据的高速传送。此外,有些 IOP 还提供数据的变换、搜索和字装配/分拆能力。

例如,在 8 位和 16 位微机中使用的 Intel 8089 I/O 处理器。8089 IOP 用以承担中央处理器中的 I/O 处理、控制和实现高速数据传送任务,它的主要功能是预置和管理外围设备以及支持通常的 DMA 操作,可对被传送的数据进行某些操作。例如,通过查表实现数据的变换以及进行屏蔽比较等。

主机 CPU 和 IOP 之间的通信原则上是通过共享主存储器来实现的。CPU 将通道程序放入 8089 使用的存储器空间,并由硬件产生一个通道注意信号引起 8089 对该程序的注意,使 8089 执行该程序。CPU 可以在必要时终止或重新启动通道程序的执行。8089 还能在主存储器中存储它的有关状态和任意外围设备的状态。

现在高档显卡中的三维(3D)图形处理器是典型的 IOP。

习题

1. 简述 I/O 接口的基本功能。

2. 数据信息有哪几类?CPU 和输入输出设备之间传送的信息有哪几类?相应的端口称为什么端口?

3. 简述 I/O 端口独立编址方式和存储器映射方式的特点及优缺点。

4. CPU 和外设之间的数据传送方式有哪几种?各种传送方式通常用在什么场合?

5. 何为全译码方式?何为部分译码方式?其优、缺点各是什么?

6. 分析图 8.22 所示的译码电路,当地址信号 $A_{15} \sim A_7$ 是多少时,74LS138 才能允许工作?$Y_0 \sim Y_7$ 有效(为低电平)时对应的地址各是什么?

7. 设计一个外设端口地址译码器,使 CPU 能寻址四个地址范围:(1) 240～247H;(2) 248～24FH;(3) 250～257H;(4) 258～25FH。

8. 试用 74LS244 作为输入接口,读取三个开关的状态,用 74LS273 作为输出接口,点亮红、绿、黄三个发光二极管,示意图如图 8.23 所示。请画出 PC/XT 机系统总线的完整接口电路(包括端口地址译码的设计),端口地址为 340H 和 348H,并编写能同时实现以下三种功能的程序。

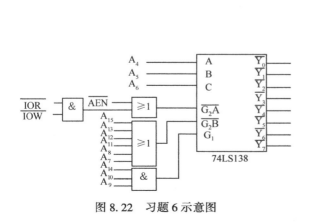

图 8.22 习题 6 示意图

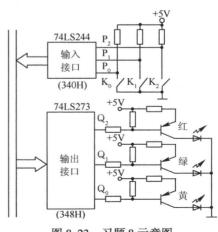

图 8.23 习题 8 示意图

(1) K_0、K_1、K_2 全部合上时,红灯亮;

（2）K_0、K_1、K_2 全部断开时,绿灯亮;

（3）其他情况黄灯亮。

9. 图 8.24 为一个 LED 接口电路,写出使 8 个 LED 管自上至下依次发亮 2s 的程序(设延迟 2s 的子程序为 DELAY2s),并说明该接口属于何种输入/输出控制方式? 为什么?

10. 看图 8.25 写程序,根据此图写出采用查询式从输入数据端口输入 100 个数据存放到 BUF 缓冲区的程序段(基于 8088,正脉冲 START 启动外设)。

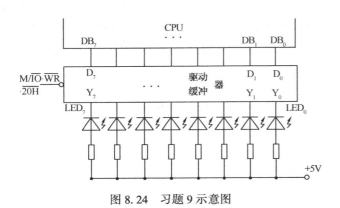

图 8.24　习题 9 示意图

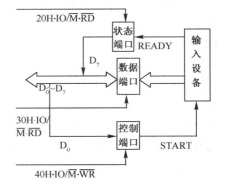

图 8.25　查询式接口电路接法

第9章 中断技术

中断方式是 CPU 被动地等待外设请求服务的一种 I/O 方式,CPU 是预先不知道外设何时产生中断请求,因此,中断具有随机性。但随着中断技术的发展,中断已不再限于只能由外设硬件产生,也可由程序安排即软件中断。中断是指 CPU 在正常运行程序时,由于内部/外部事件或由程序的预先安排引起 CPU 中断正在运行的程序,而转到为内部/外部事件或为预先安排的事件服务的程序中去,服务完毕再返回去继续执行被暂时中断的程序。

9.1　中断的基本原理

本节介绍中断过程,并对中断优先权和中断嵌套进行讨论。

9.1.1　中断过程

虽然不同的微型计算机的中断系统有所不同,但实现中断时都有一个相同的中断过程。它包括中断请求、中断判优及响应、中断服务和中断返回 4 个阶段。

1. 中断请求与中断源

外设需要 CPU 服务时,首先要提出中断请求。在具有中断控制功能的接口电路中必须包含中断请求触发器,它用于保存外设的中断请求信号,直到 CPU 响应这个中断请求后才清除。

发出中断请求的外部设备或引起中断的内部原因称为中断源。中断源一般有:

(1) 数据输入/输出外设请求中断。

(2) 定时器时间到请求中断。例如 CPU 定时做某项工作,利用可编程定时器完成定时任务,规定的时间一到就向 CPU 申请中断,CPU 响应后,在中断服务程序里去完成该项工作;PC/XT 机中的 Intel 8253 计数器每隔 55ms 申请一次中断,CPU 以此为基准计算时间。

(3) 故障报警或程序出错引起的中断。例如,电源掉电、存储出错、运算溢出、除数为零以及控制系统中某参数越限等情况时申请中断,请求 CPU 紧急处理。

(4) 程序调试设置断点产生的中断。一个新的程序编制好后,在调试时,为了检查中间结果或者寻找问题,往往要在程序中设置断点或单步操作。

(5) 软件中断。由软件中断指令产生的软中断,这是在程序中预先安排好的。

当外设有中断请求后,用程序方式有选择地封锁部分中断,而允许其余部分中断仍得到响应,称为中断屏蔽。通常在接口电路中增设一个中断屏蔽触发器,用程序方法将该触发器置"1",将相应设备的中断请求信号封锁;若将其置"0",才允许该设备的中断请求送出。

2. 中断判优及响应

CPU 接到外部的中断请求信号后,是否立即响应去为中断服务呢? 这要看中断的类型。对可屏蔽中断(从 INTR 引脚接收的请求信号),CPU 必须在以下四个条件同时被满足时才能响应:①无总线请求。系统中若有其他总线设备,例如别的微处理器或 DMA 控制器,它们必须没有发出总线请求信号;②无非屏蔽中断请求;③CPU允许中断,即 CPU 内部的中断允许寄存器置"1",对 8086/88 来说,IF = 1;④CPU执行完现行指令。

对非屏蔽中断(从 NMI 引脚来的请求信号),要求满足以上除第②、③条以外的两个条件才予以响应。

CPU 在响应中断后,将自动完成以下工作。

(1)关闭中断,对 8086/88 来说,IF 清 0;

(2)程序断点地址入栈,状态标志入栈。对 8086/88 来说,即 CS、IP 以及 PSW 入栈;

(3)转入中断服务程序进行中断处理。对 86 系列机器来说,即将中断服务程序的段地址送 CS,偏移地址送 IP。

当有多个中断请求时,中断响应过程中必须判断中断的优先级,对最高级别的请求予以响应。中断级别判断方法详见 9.1.2 小节。

3. 中断处理

CPU 响应了中断就转入中断服务程序。尽管不同计算机对中断的处理各具特色,不同的中断源对中断服务的要求也互不相同,但就多数而言,中断处理过程可归纳为以下几步(如图 9.1 所示)。

(1)保护现场。

CPU 响应中断时自动保护了断点地址和标志寄存器,但在中断服务程序中会用到另一些寄存器,而且中断具有随机性,所以为了保证中断返回主程序能继续执行,必须把这些寄存器压入堆栈予以保护,这称为保护现场。

(2)开中断。

CPU 在中断响应周期已自动关闭中断,不允许其他的中断干扰中断响应周期的操作。如果在执行中断服务程序时允许中断嵌套,则需要用 STI 指令开中断。如图 9.1 所示的虚线部分的两个处理框的前一个。

(3)中断服务。

这是中断服务程序的核心,实际有效的中断处理工作是在此程序段中实现的。不同的中断源期望的中断服务不同,如有的外部中断期望与 CPU 交换数据,则中断服务主要是进行输入/输出操作;有的外部中断期望 CPU 给予控制,则中断服务主要是进行参数修改。

图 9.1 中断服务程序的一般框架

(4)关中断。

若在中断处理过程中曾开中断,则此时要关中断。关中断的目的是让后面恢复现场的工作顺利进行,而不被其他的中断请求所中断。

(5)恢复现场。

在中断返回前要把保护现场时压入堆栈的寄存器内容回送原寄存器。

(6)中断返回。

中断服务的最后一条指令是中断返回指令(IRET)。执行 IRET 指令,CPU 自动从堆栈中弹出标志寄存器和断点地址(PSW 和 CS、IP),返回主程序继续执行。对于中断响应时不自动压入标志寄存器的 CPU,还需要在返回前开中断,以保持 IF 和中断前一致。

4. 中断返回

如前所述,在中断服务程序的最后安排一条中断返回指令(IRET)完成中断返回,即回到中断前的地址继续执行被中断的程序。

9.1.2 中断优先权

1. 设置中断优先权的原因

在计算机系统中,往往有多个 I/O 设备及相应的 I/O 接口连接到处理机上,因此有可能多个 I/

O 接口同时发出中断请求。在这种情况下，CPU 必须决定首先响应哪个中断请求。还有一种情况，就是 CPU 正在执行中断服务程序，这时又有新的中断请求，CPU 必须决定是否响应。

为了解决上述两个问题，在设计中断系统时，要求为每个中断源指定一个优先级。各优先级有高低之分，按轻重缓急给它们排一个次序，这个次序就是中断源的优先权。指定优先权的一般原则是让速度较快的 I/O 设备有较高的优先权。在有多个中断请求同时发出时，CPU 首先响应优先权较高的中断。而对于 CPU 正在处理中断时又有新的中断请求的情况，通常的做法是响应更高优先权的中断请求，同级或低级的中断请求则不予响应，这种做法叫中断嵌套。

2. 中断识别及优先级判断

在有多个中断同时请求时，CPU 要能辨别优先权最高的中断源并响应之，可以有软件查询、简单硬件排队、编码比较电路以及专用硬件处理四种方法来确定中断源。

（1）用软件查询方法确定中断源。

该方法是 CPU 响应中断后用软件查询方法确定具有最高优先权的中断源并为之服务。软件方法也需要配置一定的硬件，首先要把外设的中断请求触发器按优先权次序组合成一个端口（中断请求寄存器）供 CPU 查询；同时把这些中断请求信号相"或"后，作为 INTR 信号，这样任何一个外设有请求都可向 CPU 送 INTR 信号，其硬件接口电路如图 9.2 所示。

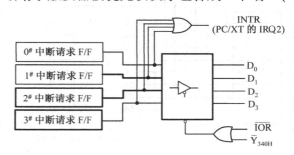

软件完成优先权排队的做法如下：当 CPU 响应中断后，总是转移到一个固定的程序入口，读入中断请求寄存器的内容，依照优先权排队的先后次序，从高到低依次查询各位的状态，若有中断请求（某位 = 1）就转到相应的中断服务程序入口。查询程序如下：

图 9.2　软件查询方法的接口电路原理图

```
        XOR   AL,AL          ;CF 清 0
        MOV   DX,340H
        IN    AL,DX          ;读入中断请求寄存器
        RCR   AL,1
        JC    SERV0          ;若 0# 有请求,则转 0# 中断服务程序
        RCR   AL,1
        JC    SERV1          ;若 1# 有请求,则转 1# 中断服务程序
        RCR   AL,1
        JC    SERV2          ;若 2# 有请求,则转 2# 中断服务程序
        RCR   AL,1
        JC    SERV3          ;若 3# 有请求,则转 3# 中断服务程序
         ⋮
```

（2）硬件优先权排队电路。

硬件优先权排队电路形式众多。这里介绍两种：中断响应链和中断请求链。

① 中断响应链

中断响应链是一种适用于矢量中断识别的方法，称为雏菊花环式（Daisy-Chain）的优先权排队电路。本电路包括中断矢量形成电路和雏菊环式优先权排队电路。优先权排队电路识别具有最高优先权的中断源，而中断矢量形成电路则给出该中断源的中断矢量（中断号）。

矢量中断方式是为每一个中断源设置一个中断矢量，CPU 可以根据中断矢量求取相应的中断

服务程序入口地址。当 CPU 响应某个 I/O 设备的中断请求时,控制逻辑就将该设备的矢量标志送入 CPU,使 CPU 能转到该设备对应的中断服务程序。很多中断控制器芯片会自动发出中断矢量。产生中断矢量的原理电路如图 9.3 所示。

当图中多路开关中的某一位 S_i 接通时,244 输入端的对应位为 0,否则为 1,故 8 位开关可以将 74LS244 的输入置于 00~FFH 范围,从而形成所需的中断矢量。当中断响应信号到来时,三态门打开,8 位数据进入数据总线,为 CPU 获得。由于中断矢量与中断服务程序入口地址有一定关系,因而 CPU 得以转向中断服务程序,为中断源服务。

雏菊花环式优先权排队电路如图 9.4 所示。

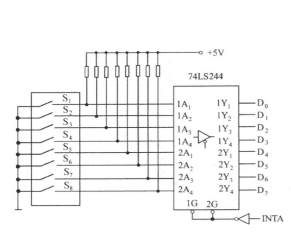

图 9.3　中断矢量产生电路原理图

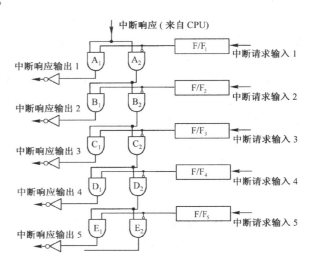

图 9.4　雏菊花环式优先权排队电路原理图

当多个外设有中断请求时,则由中断请求信号或电路产生 INTR 信号送至 CPU。CPU 在当前指令执行完后响应中断(高电平有效)。CPU 究竟响应哪个中断呢? 若 F/F$_1$ 有中断请求,则它的输出为高,于是与门 A$_1$ 输出为高,经反相为低电平,由它控制中断矢量 1 的发出。CPU 收到矢量后转至中断 1 的服务程序入口。A$_2$ 输出为低电平,使 B$_1$、B$_2$、C$_1$、C$_2$……所有下面各级门的输出全为低电平,即封锁了所有别的各级中断请求。

若第一级没有中断请求,即 F/F$_1$=0,则中断响应输出 1 为高电平,中断矢量 1 不能发出;A$_2$ 输出为高电平,把中断响应信号传送到中断请求 2。若此时 F/F$_2$=1,则 B$_1$ 输出为高,经反相为低电平,由它控制中断矢量 2 的发出,控制转向中断服务程序 2。B$_2$ 输出为低,封锁以下各级的中断请求。若 F/F$_2$=0,则中断响应信号传至中断请求 3,……依次类推,在雏菊花环式电路中,排在环最前面的中断源优先权最高,排在环最后面的中断源级别最低。

② 中断请求链

还有一种排队电路称为中断请求链,即级别高提出请求时则级别低的无权提出请求,只有在级别高的无请求时级别低的才有权提出请求。其功能模块图如图 9.5 所示。其中 IEI 为中断允许输入(Interrupt Enable Input),IEO 为中断允许输出(Interrupt Enable Output),IEO$_i$=IEI$_i$·$\overline{\text{INTR}_i}$。

图 9.5　中断请求链示意图

（3）编码比较电路。

具体参看 9.1.3 节。

（4）专用硬件处理。

利用专用的可编程中断控制器,如 8259 等,具体参看 9.3 节。

9.1.3　中断嵌套(多重中断)

在实际应用中,当 CPU 正在处理某个中断源,即正在执行某个中断服务程序时又会出现新的中断请求。一般情况下,在处理某级中断时,与它同级的或比它低级的中断请求应不予响应,而比它优先级高的中断请求应该予以响应,即 CPU 暂停对原中断服务程序的执行,转去执行新的中断请求的服务程序,处理完后再返回执行原中断服务程序,这就是中断嵌套。通常采用如图 9.6 所示的由编码器和比较器组成的中断优先级排队电路来实现中断嵌套。

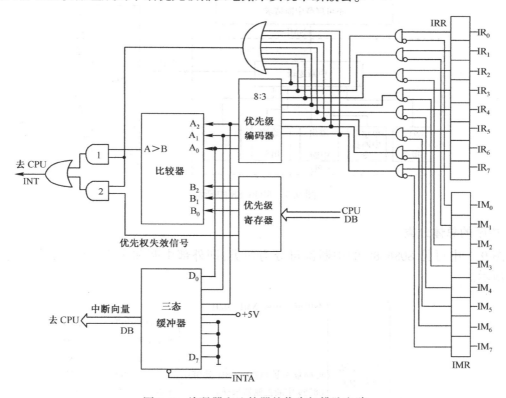

图 9.6　编码器和比较器的优先权排队电路

如图 9.6 所示编码比较电路,设有 8 个中断源,当任何一个有中断请求时,通过"或"门即可产生一个中断请求信号,但它能否送至 CPU 的中断请求线,还受比较器的限制。

8 条中任何一条中断请求线经过编码器可以产生三位二进制优先级编码 $A_2A_1A_0$,而且若有多个中断请求输入线同时输入,则编码器只输出优先级最高的编码。

正在进行中断处理的外设的优先级编码,由 CPU 通过软件,经数据总线送至优先级寄存器,然后输出编码至 $B_2B_1B_0$ 至比较器。比较器对编码 $A_2A_1A_0$ 与 $B_2B_1B_0$ 的大小进行比较,若 $A \leqslant B$,则"A>B"端输出低电平,封锁与门 1,禁止向 CPU 发出新的中断请求;只有当 A>B 时,比较器才输出高电平,允许向 CPU 发出新的中断请求。

若 CPU 不想屏蔽低级的中断请求,则可置优先级失效信号为高电平,此时如有任一中断源请求中断,都能通过与门 2 向 CPU 发出 INT 信号。

新来中断请求优先级编码器的编码通过三态缓冲器产生中断向量送 CPU。据此不同的编码,即可转入不同的入口地址。

图 9.6 中 IRR 为中断请求寄存器,IMR 为中断屏蔽寄存器。

9.2 8086/88 的中断系统

8086/88 有一个简单而灵活的中断系统,每个中断都有一个中断类型码,以供 CPU 进行识别,8086/88 最多能处理 256 种不同的中断类型。中断可以由 CPU 外的硬设备驱动,也可由软件中断指令启动。在某些情况下,也可由 CPU 自动启动,8086/88 的中断源如图 9.7所示。

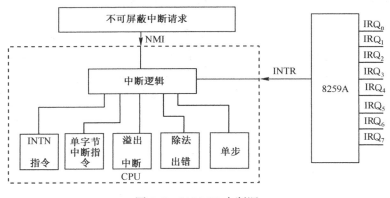

图 9.7　8086/88 中断源

1. 中断的总体分类

从图 9.7 中可见 8086/88 的中断源可分为两类,即外部中断和内部中断,总体分类情况如图 9.8 所示。

- 中断的分类
  - 外部中断(硬件中断)
    - 不可屏蔽中断 NMI　02H
    - 可屏蔽中断 INTR　08H 至 0FH(8259 中断控制器采样)
      - 实时时钟中断　08H
      - 键盘中断　09H
      - 显示中断或保留　0AH
      - 同步通信中断　0BH
      - 异步通信中断　0CH
      - 硬盘中断　0DH
      - 软盘中断　0EH
      - 打印机中断　0FH
  - 内部中断(软件中断)
    - CPU 内部中断
      - 除法出错或溢出中断　00H
      - 单步中断　01H
      - 断点中断　03H
      - 溢出中断　04H
      - 屏幕打印中断　05H
      - 保留　06H、07H
    - BIOS 中断　10H 至 1FH 号,具体见表 3.5 及附录 B
    - DOS 中断　20H 至 2FH 号,具体见表 3.4 及附录 A

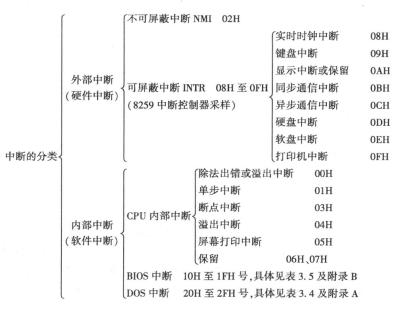

图 9.8　8086/88 中断的分类

2. 外部中断

8086/88 有两条中断信号线——INTR 和 NMI,可供外设向 CPU 发中断请求信号。

（1）可屏蔽中断 INTR

可屏蔽中断请求线 INTR 通常由 Intel 8259A PIC 驱动,该控制器又与需要中断服务的设备相连。当 INTR 信号有效(为"H")时,CPU 将根据中断允许标志 IF 的状态而采取不同的措施。如果 IF=0,表示 INTR 线上的中断被屏蔽或被禁止,CPU 将不理会该中断请求而处理下一条指令。如果 IF=1,表示 INTR 线上的中断开放,CPU 在完成当前正在执行的指令后,识别该中断请求,并进行中断处理。中断允许标志 IF 可以用 STI 指令置位,用 CLI 指令清 0。由于 CPU 并不锁存 INTR 信号,因此 INTR 信号必须保持有效状态,直到收到响应信号(电平触发)或撤销请求为止。

CPU 对 INTR 中断请求的响应过程是执行两个 INTA(中断响应)总线周期,如图 9.9 所示。每个响应周期都由 4 个 T 状态组成,而且都发出有效的中断响应信号 $\overline{\text{INTA}}$。在第一个中断响应总线周期内 $\overline{\text{INTA}}$ 信号通知 8259A,中断请求已被接受;在第二个总线周期内 $\overline{\text{INTA}}$ 信号有效时,8259A 必须把请求服务的那个外设的中断类型码输至 CPU 的数据总线,该中断类型码是 8259A 在初始化过程中由 8086/88 写入的。CPU 读入中断类型码后,由此调用相应的中断服务程序。8086 中断响应时序相对 8088 在两个中断响应周期加插了三个空闲周期 T_i。

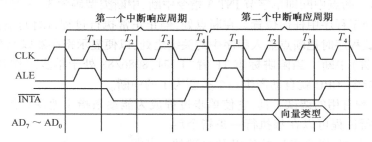

图 9.9　8088 中断响应周期时序(最小模式)

最大模式仅比最小模式增加了一路控制信号 $\overline{\text{LOCK}}$,该信号从第一个中断响应周期的 T_1 到第二个中断响应周期的 T_2 保持低电平,禁止其他的总线主设备在中断响应操作期间请求系统总线控制权,以保证中断响应操作不被打断。其时序图如图 9.10 所示。

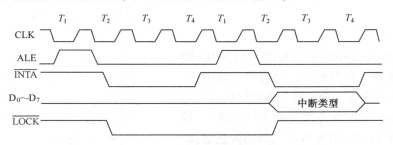

图 9.10　8088 中断响应时序图(最大模式)

（2）不可屏蔽中断 NMI

出现在 NMI 线上的中断请求,不受 IF 的限制,用来通知 CPU 发生了故障事件,如电源掉电、存储器读写出错以及总线奇偶位出错等。这种不受 IF 屏蔽的中断称为不可屏蔽中断。NMI 线上的请求信号能立即被 CPU 锁存,因此采用边沿触发(上升沿触发),不需要电平触发。8086/88 要求 NMI 上的中断请求脉冲的有效宽度(高电平的持续时间)必须大于两个时钟周期。NMI 的优先级也比 INTR 高。不可屏蔽中断的类型号为 2,在 CPU 响应 NMI 时,不必由中断源提供中断类型码,因此 NMI 响应也不需要执行中断响应周期。

3. 内部中断

内部中断也称软件中断,是由指令的执行引起的中断,包括溢出中断、除法出错中断、单步中断、INT n 指令中断以及断点中断。这种中断无法通过 IF=0 屏蔽。

(1) 除法出错中断 在执行除法指令 DIV 或 IDIV 时,若发现除数为 0 或商超过目标寄存器所能表达的范围,则 CPU 立即产生一个类型为 0 的内部中断。

(2) INT n 指令中断 8086/88 执行 INT 指令所引起的中断,其中断类型 n 由指令指定。

(3) 溢出中断 如果上一条指令使溢出标志 OF 置"1",那么在执行溢出中断指令INTO 时,立即产生一个类型号为 4 的中断。例如:

```
MOV   AL,num1
ADD   AL,num2        ;两数相加
JNO   L1            ;不溢出
INTO               ;溢出
L1: :
```

(4) 断点中断 断点中断即单字节 INT 3 指令中断,中断类型码为 3。3 号中断是专供断点用的,断点一般可以处于程序中任何位置。在断点处,停止正常执行过程,以使执行某种类型的特殊处理。通常,在调试程序时把断点插入程序中的关键之处,以便显示寄存器以及存储单元的内容。

(5) 单步(陷阱)中断 当陷阱标志 TF 置"1"时,8086/88 处于单步工作状态。在单步工作时,每执行完一条指令,CPU 就自动产生一个类型为 1 的中断。

单步方式是一种有用的调试工具,它使单步过程成为能逐条指令地观察系统操作的一个"窗口"。例如单步中断过程可以在每执行一条指令后打印或显示寄存器内容、指令指针的值以及关键的存储器变量等,这样就能详细地跟踪一个程序的具体执行过程,确定问题的所在。

4. 8086/88 的中断管理

本节主要介绍 8086/88 的中断向量表的组织及中断优先次序。

(1) 中断向量表

中断向量表是存放中断服务程序入口地址(即"中断向量")的表格。它存放在存储器的最低端,共1024 字节,每 4 字节存放一个中断服务程序的入口地址(共可存放 256 个中断服务程序的入口地址)。较高地址的 2 字节存放中断服务程序入口的段基值;较低地址的 2 字节存放入口地址的段内偏移量;这 4 个单元的最低地址称为向量表地址指针(中断向量地址),其值为对应的中断类型码乘4。如键盘硬中断号为 9,其中断向量地址为 0:0024H。8086/88 的中断向量表结构如图 9.11 所示(对照图 3.29,两种不同的画法)。

由图 9.11 可见,8086/88 的中断向量表由三部

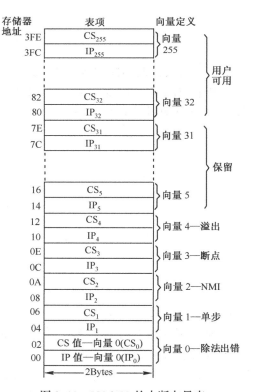

图 9.11 8086/88 的中断向量表

144

分组成:专用的 5 个(0#~4#),保留的 27 个(5#~31#),可供用户定义的 224 个(32#~255#)。"专用的"是指已为系统定义,不容用户修改的中断。"保留的"是系统备用中断,是 Intel 公司为软、硬件开发保留的中断,不允许改做它用。

（2）中断处理顺序

8086/88 的 256 级中断处理也有个优先权次序,如图 9.12 所示。从图左边可以看出内部软件中断最优先,然后是 NMI 和 INTR 外部中断,最后是单步中断。而且从图水平方向还可看出只有 INTR 对 IF 敏感及只有 INTR 有中断响应过程,其他类型中断与 IF 当前状态无关,也无中断响应过程。

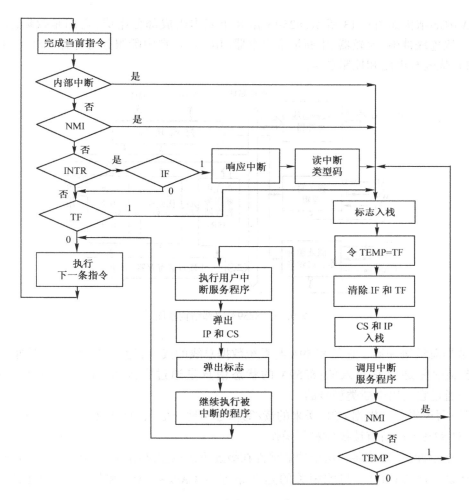

图 9.12　中断处理顺序

9.3　可编程中断控制器 8259A(PIC)

8259A PIC(Programmable Interrupt Controller)是一种可编程序中断控制器,又称"优先权中断控制器"(Priority Interrupt Controller),具有强大的中断管理功能。

8259A 的主要功能有:

（1）每一片 8259A 可管理 8 级优先权中断源,通过 8259A 的级连,最多可管理 64 级优先权的中断源。

（2）对任何一级中断源都可单独进行屏蔽，使该级中断请求暂时被挂起，直到取消屏蔽为止。

（3）能向 CPU 提供可编程的标识码，对于 8086/88 CPU 来说就是中断类型码。这个功能使原来没有能力提供中断类型的 8255A、8253 以及 8251A 等可编程接口芯片，借助 8259A 同样可以采用中断 I/O 方式来进行管理。

（4）具有多种工作方式和中断优先权管理方式，能满足各种系统要求。

9.3.1　8259A 的结构及逻辑功能

8259A 内部结构如图 9.13 所示，8259A 由 8 个基本组成部分组成，它们是数据总线缓冲器、读/写逻辑、级连缓冲器/比较器、中断请求寄存器（IRR）、正在中断服务寄存器（ISR）、中断屏蔽寄存器（IMR）、优先权电路和控制逻辑。

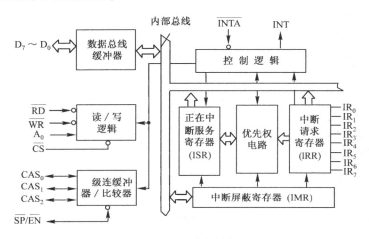

图 9.13　8259A 内部结构框图

（1）数据总线缓冲器　它是 8259A 与系统数据总线的接口，为 8 位双向三态缓冲器。CPU 对 8259A 的控制字是通过它写入的；8259A 的状态信息是通过它读入 CPU 的；在中断响应周期，8259A 也是通过它送出中断类型号的。

（2）读/写逻辑　是根据 CPU 送来的读/写信号和地址信息，通过数据总线缓冲器有条不紊地完成 CPU 对 8259A 的所有读操作和写操作。

（3）级连缓冲器/比较器　这个功能部件在级连方式的主从结构中，用来存放和比较系统中各 8259A 的从设备标志（ID）。与此相关的是 3 条连线 $CAS_0 \sim CAS_2$ 和从片编程/允许缓冲器$\overline{SP}/\overline{EN}$线。

（4）中断请求寄存器（IRR）　8 位。8259A 有 8 条外界中断请求线 $IR_0 \sim IR_7$，每一条请求线有 1 个相应的触发器来保存中断请求信号，哪一根 IR 线上有请求，哪一位触发器就置 1。

（5）正在中断服务寄存器（ISR）　8 位。该寄存器用来存放当前正在进行服务的中断。当 CPU 正为某个中断源服务时，8259A 则使 ISR 中的相应位置"1"。当 ISR 为全"0"时，表示 CPU 正执行主程序，无任何中断服务。

（6）中断屏蔽寄存器（IMR）　8 位。用来存放 CPU 送来的屏蔽信号，当它的某一位或某几位为"1"时，则对应的中断请求就被屏蔽，即对该中断源的有效请求置之不理。

（7）优先权电路　该电路用来管理和识别各个中断源的优先级别。它根据保存在 IRR 中的各个中断请求位和IMR中的中断屏蔽位分析出未屏蔽优先级最高的中断源;同时判别是否可以进入多重中断,即判别新产生的中断源的优先级别是否高于正在处理的中断级别。

(8) 控制逻辑　按照编程设置的工作方式管理8259A的全部工作。在IRR中有未被屏蔽的中断请求时,控制逻辑输出高电平的INT信号,向CPU申请中断。在中断响应期间,它允许ISR的相应位置位,并发出相应的中断类型码,通过数据总线缓冲器输出到系统总线上。在中断服务结束时,它按照编程规定的方式对ISR进行处理。

9.3.2　8259A 的引脚

8259A引脚如图9.14所示,各引脚功能说明如下。

$\overline{CS}$:片选信号,输入,低电平有效。$\overline{CS}$为低电平时,CPU可以通过数据总线设置命令或对内部寄存器进行读出。当进入中断响应时,这个引脚的状态与进行的处理无关。该信号一般接译码器输出。

$\overline{WR}$:写控制信号,输入,低电平有效,与系统总线上的$\overline{IOW}$信号相连接,由CPU向8259A写入命令字。

$\overline{RD}$:读控制信号,输入,低电平有效,与系统总线上的$\overline{IOR}$信号相连接,由CPU读8259A的内部寄存器。

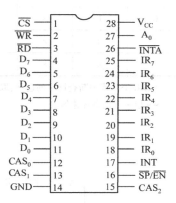

图 9.14　8259A 引脚图

$D_0 \sim D_7$:双向三态数据线,与系统数据总线相连。

$CAS_0 \sim CAS_2$:级连信号线。在多片8259A连接时用来构成8259A主-从式级连控制结构。当8259A作为主片时,它们是输出信号;当8259A作为从片时,它们是输入信号。编程时设定的从设备标志保存在级连缓冲器内。在中断响应期间,主8259A把所有申请中断的从片中优先级最高的从8259A的从设备标志输出到$CAS_0 \sim CAS_2$上,从8259A把这个从设备标志与级连缓冲器内保存的从设备标志进行比较。在第二个$\overline{INTA}$脉冲期间,被选中的从8259A的中断类型号送到数据总线上。这个中断类型号也是在编程时预先设定的,保存在控制逻辑部件内。只使用一片8259A时,不使用这些引脚。

$\overline{SP}/\overline{EN}$:主从片选择/缓冲器允许线,双向,低电平有效。这条信号线有两种功能:当工作在缓冲方式时,它是输出信号($\overline{EN}$),用来控制总线缓冲器的发送和接收;当工作在非缓冲方式时,它是输入信号($\overline{SP}$),用来指明该8259A是作为主片工作($\overline{SP}=1$)还是作为从片工作($\overline{SP}=0$)。

INT:中断请求信号,输出,高电平有效。跟8086/88的INTR引脚相连。

$IR_0 \sim IR_7$:外设中断请求信号,输入。当8259A工作在边沿触发方式时,要求$IR_i(i=0 \sim 7)$输入应有由低到高的上升沿,此后保持为高,直到被响应。在电平触发方式时,IR_i输入应保持高电平直到被响应为止。

$\overline{INTA}$:中断响应信号,输入,低电平有效。与8086/88的中断响应信号相连。

A_0:地址信号,输入,它必须与$\overline{CS}$、$\overline{WR}$和$\overline{RD}$联合使用,用来对8259A内部寄存器进行选择。通常接地址总线的A_0。

9.3.3　端口区分

CPU对8259A寄存器(或命令字)的寻址如表9.1所示。端口区分方法可用不同的端口地址来区分,但在接口芯片中经常会出现多个端口共用一个端口地址的现象。端口地址相同的多个端口区分方法主要有四种:读写信号区分、数据位区分、读写顺序区分和索引区分。在 8259A 芯片中这几种方法均采用了。8259A 的端口区分方法如图 9.15 所示。

表 9.1　8259A 的读写操作

A_0	D_4	D_3	$\overline{RD}$	$\overline{WR}$	$\overline{CS}$	操　作
0			0	1	0	IRR,ISR 或中断查询字送数据总线(＊)
1			0	1	0	IMR 送数据总线
0	0	0	1	0	0	数据总线→OCW_2
0	0	1	1	0	0	数据总线→OCW_3
0	1	×	1	0	0	数据总线→ICW_1
1	×	×	1	0	0	数据总线→OCW_1,ICW_2,ICW_3,ICW_4(＊＊)
×	×	×	1	1	×	高阻

＊IRR、ISR 或中断查询字的选择,取决于在读操作前写入 OCW_3 的内容。

＊＊以一定的顺序来区分。

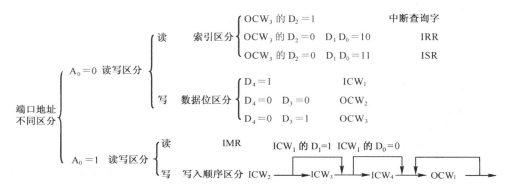

图 9.15　8259A 的端口区分方法

9.3.4　中断响应过程

在 8086/88 系统中 8259A 中断响应过程如下:

(1) 当有一条或若干条中断请求线($IR_0 \sim IR_7$)变高时,则使中断请求寄存器 IRR 的相应位置"1"。

(2) 8259A 接收这些请求,分析它们的优先级,在未屏蔽时向 CPU 发出中断请求信号 INT。

(3) 若 CPU 处于开中断状态(IF=1),则在当前指令执行完后,发出 $\overline{INTA}$ 中断响应信号。

(4) 8259A 接收到第一个 $\overline{INTA}$ 信号,把允许中断的最高优先级的相应 ISR 位置"1",并清除 IRR 中的相应位。

(5) CPU 启动第二个 $\overline{INTA}$ 脉冲,8259A 发出中断类型号。如果是自动结束中断 AEOI 方式, $\overline{INTA}$ 脉冲后沿复位 ISR 的相应位;在其他方式中,ISR 相应位要由中断服务程序结束时发出的 EOI 命令(中断结束命令)来复位。

(6) CPU 接收到中断类型号,将它乘以 4,就可从中断向量表中取出中断服务程序入口地址,转至中断服务程序。

附带说明:若 8259A 为级连方式的主从结构,并且某从片 8259A 的中断请求优先级最高,则在

第一个 $\overline{\text{INTA}}$ 脉冲结束时,主 8259A 把这个从片标志 ID 送到级连线上。各个从片 8259A 把这个标志与自己级连缓冲器中保存的标志相比较,在第二个 $\overline{\text{INTA}}$ 期间,被选中的(两标志相等)从 8259A 将其中断源的中断类型号送到数据总线上。

9.3.5　8259A 的编程

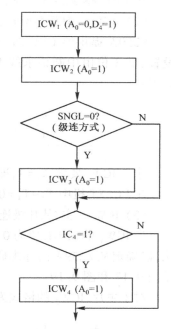

8259A 的编程包括两类:初始化编程和操作编程。初始化编程是在 8259A 正式工作前进行的,它需要使用到 8259A 的初始化命令字 $\text{ICW}_1 \sim \text{ICW}_4$。在微机中是在上电初始化时由 BIOS 完成的。操作编程是在 8259A 工作时根据实际需要动态进行的,它需要使用 8259A 的操作命令字 $\text{OCW}_1 \sim \text{OCW}_4$。

1. 初始化编程

8259A 有 4 个初始化命令字 $\text{ICW}_1 \sim \text{ICW}_4$,它们的区分方法请参看图 9.15 所示。另外,$\text{ICW}_1$ 和 ICW_2 是必须输入的,ICW_3 和 ICW_4 是否要输入则由 ICW_1 的相应位决定。其初始化流程如图 9.16 所示。8259A 在级连时(即 SNGL = 0)需分别对主片和从片的 ICW_1、ICW_2 和 ICW_3 进行初始化编程,至于 ICW_4 则取决于 ICW_1 的 IC_4 位,当 $\text{IC}_4 = 1$ 时,需要输入 ICW_4。对 8086/88 系统而言,ICW_4 总是要写入的。

（1）ICW_1　芯片控制初始化命令字。

图 9.16　8259A 的初始化流程图

ICW_1 的格式如下所示:

A_0	D_7	D_6	D_5	D_4	D_3	D_2	D_1	D_0
0	A_7	A_6	A_5	1	LTIM	ADI	SNGL	IC_4

ICW_1 的特征是 $A_0 = 0$(偶地址),并且 $D_4 = 1$。无论何时,当 CPU 向 8259A 写命令字,只要地址线 $A_0 = 0$,数据线的 $D_4 = 1$ 时,就被 8259A 译码为 ICW_1。

写入 ICW_1 后,8259A 内部有一初始化过程:清除 IMR 和 ISR;指定 IR_0 优先权最高 IR_7 最低;将从设备标志 ID 置成 7;清除特殊屏蔽方式;使边沿触发器复位,即中断请求采用电平触发方式;自动循环 EOI 复位;顺序逻辑置位,准备按 ICW_2、ICW_3 和 ICW_4 接收初始化命令。

ICW_1 各位的作用如下。

$A_7 \sim A_5$:在 8086/88 系统中不用。

$D_4 = 1$:$D_4 = 1$ 和 $A_0 = 0$ 是 ICW_1 的标志。当初始化命令字设置完后,当 $A_0 = 0$ 时,$D_0 = 0$ 表示是操作控制字 OCW_2 或 OCW_3。

LTIM:中断输入信号 IR 的输入触发方式。LTIM = 0 为边沿触发,IR 输入信号由低到高的跳变被识别且送入 IRR;LTIM = 1 为电平触发方式,IR 输入为高电平即进入 IRR,不进行边沿检测。在两种触发方式下,IR 输入的高电平在置位 IRR 相应位后仍要保持,直到中断被响应为止。在再次响应前应撤销,以防出现第二次中断。

ADI:8086/88 系统中不用。

SNGL:单片/级连方式指示。SNGL = 0 为级连方式,这时在 ICW_1、ICW_2 之后要跟 ICW_3,以设置级连方式的工作状态。SNGL = 1 表示系统中只有一片 8259A,初始化过程中不需要 ICW_3。

IC_4:指示初始化过程中有无 ICW_4。$IC_4 = 0$ 表示不需要写 ICW_4;$IC_4 = 1$,表示要写 ICW_4。8086/88 系统中 IC_4 必须置"1",即需要写 ICW_4。

在 8086/88 系统中 ICW_1 设置一般为:00011011B。

(2) ICW_2 中断类型码初始化命令字。

8259A 提供给 CPU 的中断类型码是一个 8 位代码,其高 5 位通过 ICW_2 的高 5 位 $T_7 \sim T_3$ 设置,低 3 位由中断请求线 $IR_0 \sim IR_7$ 的二进制编码(如 IR_4 编码为 100B)决定。ICW_2 的格式如下:

A_0	D_7	D_6	D_5	D_4	D_3	D_2	D_1	D_0
1	T_7	T_6	T_5	T_4	T_3	×	×	×

输入 ICW_2 要求 $A_0 = 1$,即奇地址。

在 PC/XT 机中 $T_7 \sim T_3 = 00001$,故 $IR_0 \sim IR_7$ 对应的中断类型为 08~0FH。

(3) ICW_3 主/从片级连方式命令字。

当 ICW_1 的 SNGL 位为 0 时 8259A 工作于级连方式,主 8259A 和从 8259A 都需用 ICW_3 初始化,以确定从 8259A 的标志码。主片与从片的 ICW_3 格式不同,从片的 INT 脚接主片的 IR。参见图 9.17 和图 9.19。

对于主片,ICW_3 的格式为:

A_0	D_7	D_6	D_5	D_4	D_3	D_2	D_1	D_0
1	IR_7	IR_6	IR_5	IR_4	IR_3	IR_2	IR_1	IR_0

$D_7 \sim D_0$ 对应于 $IR_7 \sim IR_0$ 引脚上的连接情况。当某一引脚上接有从片,则对应位为 1,否则为 0。例如,若仅有主片的 IR_6 和 IR_2 上接有从片,则 ICW_3 应是 01000100B。ICW_3 应该送到 8259A 的奇地址,即 $A_0 = 1$。

对于从片,ICW_3 的格式如下:

A_0	D_7	D_6	D_5	D_4	D_3	D_2	D_1	D_0
1	×	×	×	×	×	ID_2	ID_1	ID_0

其中,$D_7 \sim D_3$ 不用。$D_2 \sim D_0$ 的取值 $ID_2 ID_1 ID_0$ 即为从片的标识码 ID,它取决于从片的 INT 脚连到主片的哪个中断请求输入脚。例如,若从片 INT 接在主片的 IR_6 上,则 $D_2 \sim D_0$ 为 110B。从片的 ICW_3 也送奇地址,主、从片的地址是不相同的,各占两个地址。

主从片的 $CAS_0 \sim CAS_2$ 同名脚连在一起。主片的 $CAS_0 \sim CAS_2$ 作为输出,从片的 $CAS_0 \sim CAS_2$ 则作为输入。当第一个 $\overline{INTA}$ 到达时,主片经优先权处理后将向主片的 IR 脚提出请求的最高优先级的从片标识码送到 $CAS_0 \sim CAS_2$ 上。各个从片收到标识码后,与自己的 ICW_3 规定的标识码比较,如果相等,则在第二个 $\overline{INTA}$ 到来时,将向自己提出中断请求的优先权最高的中断类型号送上数据总线。

(4) ICW_4 方式控制初始化命令。

ICW_4 规定 8259A 的工作方式,如中断结束方式,中断嵌套方式,是否工作在缓冲方式并在级连时指定主片和从片。ICW_4 是 ICW_1 的 $IC_4 = 1$ 时才使用,输入 ICW_4 要求用奇地址,即 $A_0 = 1$。其格式如下:

A$_0$	D$_7$	D$_6$	D$_5$	D$_4$	D$_3$	D$_2$	D$_1$	D$_0$
1	0	0	0	SFNM	BUF	M/$\overline{\text{S}}$	AEOI	μPM

其中各位含义如下。

μPM：指定 CPU 类型。μPM = 1 时 8259A 工作于 8086/88 系统中。

AEOI：指定中断结束方式。此处的中断结束是指通过适当的手段将当前 CPU 正在进行处理的中断相应的 ISR 位清"0"。AEOI = 1 时，为自动中断结束方式。指定这种方式时，在第二个 $\overline{\text{INTA}}$ 信号的后沿，8259A 自动将得到响应的中断源对应的 ISR 位复位。当 AEOI = 0 时，为非自动中断结束方式。这时必须在中断服务程序结束前使用 EOI 命令（中断结束命令），使当前正在服务的中断在 ISR 中的相应位复位。

BUF：这一位规定 8259A 工作于缓冲方式还是非缓冲方式。

BUF = 1 为缓冲方式。所谓缓冲方式是指 8259A 工作于级连等多机大系统中，其输出的级连地址和数据等需要加一缓冲器予以放大，这时 8259A 把 $\overline{\text{SP}}/\overline{\text{EN}}$ 作为输出端，输出一允许信号，用作允许缓冲器接收和发送的控制信号 $\overline{\text{EN}}$。此时，因 $\overline{\text{SP}}/\overline{\text{EN}}$ 被占用，需要用另一标志规定主片和从片，这个标志就是 M/$\overline{\text{S}}$ 位。

BUF = 0 为非缓冲方式。这时若选用级连方式，$\overline{\text{SP}}/\overline{\text{EN}}$ 用作主片/从片选择的输入控制信号 $\overline{\text{SP}}$。$\overline{\text{SP}}$ = 1 时，8259A 为主片；$\overline{\text{SP}}$ = 0 时，8259A 为从片。

M/$\overline{\text{S}}$：M/$\overline{\text{S}}$ 位与 BUF 位配合使用。当 BUF = 1 时，8059A 工作于缓冲方式，此时因 $\overline{\text{SP}}/\overline{\text{EN}}$ 引脚已用于允许缓冲器工作的 $\overline{\text{EN}}$ 信号，故主片和从片由 M/$\overline{\text{S}}$ 位的状态决定。M/$\overline{\text{S}}$ = 1 为主片，M/$\overline{\text{S}}$ = 0 为从片。若 BUF = 0，则 M/$\overline{\text{S}}$ 不起作用。

SFNM：用来规定 8259A 的嵌套方式。SFNM = 0，表示 8259A 工作于一般全嵌套方式；SFNM = 1，则为特殊全嵌套方式。在一般全嵌套方式下，8259A 只响应更高优先权的中断请求；而在特殊全嵌套方式下，8259A 响应同级或高级的中断请求。

2. 操作控制字（OCW）的编程

用初始化命令字初始化后，8259A 就进入工作状态，准备好接收 IR 输入的中断请求信号。在 8259A 工作期间，可通过操作控制字 OCW 来使它按不同的方式操作。操作控制字共有 3 个，可以独立使用。

（1）OCW$_1$——中断屏蔽操作命令字

OCW$_1$ 的格式如下：

A$_0$	D$_7$	D$_6$	D$_5$	D$_4$	D$_3$	D$_2$	D$_1$	D$_0$
1	M$_7$	M$_6$	M$_5$	M$_4$	M$_3$	M$_2$	M$_1$	M$_0$

OCW$_1$ 必须送到奇地址，即 A$_0$ = 1。它用于设置 8259A 的屏蔽操作。M$_7$ ～ M$_0$ 对应着 IR$_7$ ～ IR$_0$，M$_i$ = 1 就屏蔽对应的 IR$_i$ 输入，禁止它产生中断请求输出信号 INT；M$_i$ = 0 则允许对应 IR$_i$ 输入信号产生 INT 输出，向 CPU 请求服务。中断屏蔽寄存器 IMR 的内容，CPU 可以通过读 8259A 的奇地址得到。

（2）OCW$_2$——控制中断结束和优先权循环的操作命令字

OCW$_2$ 的格式如下：

A_0	D_7	D_6	D_5	D_4	D_3	D_2	D_1	D_0
0	R	SL	EOI	0	0	L_2	L_1	L_0

其中各位含义如下。

$D_4D_3=00$ 是 OCW_2 的标志。OCW_2 必须写入偶地址,即 $A_0=0$。

R:优先权循环位。$R=1$ 为循环优先权,$R=0$ 为固定优先权。

SL:是 $L_2L_1L_0$ 是否有效的标志。$SL=1$,则 $L_2L_1L_0$ 有效,由 R 和 EOI 联合规定的操作在 $L_2L_1L_0$ 指定的 IR 编码级别上执行。$SL=0$ 时,$L_2 \sim L_0$ 无效。若 $R=0$ 且 $EOI=0$,则 $SL=1$ 无意义。

EOI:中断结束命令位。在初始化命令 ICW_4 中定义为非自动中断结束方式($AEOI=0$)的情况下才必须使用中断结束命令。当 $EOI=1$ 时为中断结束命令,它使 ISR 中最高优先权的位复位;$EOI=0$ 则不起作用。EOI 命令常用在中断服务程序中,中断返回指令前。

这三个控制位的组合格式所形成的命令和方式如下:

R	SL	EOI	功能
0	0	1	一般 EOI 命令
0	1	1	特殊 EOI 命令
1	0	1	循环优先权的一般 EOI 命令
1	0	0	设置优先级自动循环方式的命令
0	0	0	结束优先级自动循环方式的命令
1	1	1	特殊优先级循环的 EOI 命令
1	1	0	设置特殊优先权循环方式命令
0	1	0	无效

（3）OCW_3

OCW_3 主要控制 8259A 的中断特殊屏蔽方式,查询中断源和读寄存器的状态。OCW_3 的格式如下:

A_0	D_7	D_6	D_5	D_4	D_3	D_2	D_1	D_0
0	×	ESMM	SMM	0	1	P	RR	RIS

其中各位含义如下。

$D_4D_3=01$ 是 OCW_3 的标志。OCW_3 必须写入偶地址,即 $A_0=0$。

ESMM:允许或禁止 SMM 位起作用的控制位。$ESMM=1$,允许 SMM 位起作用;$ESMM=0$,禁止 SMM 位起作用。

SMM:设置屏蔽方式位。当 $ESMM=1$ 且 $SMM=1$ 时,选择特殊屏蔽方式;当 $ESMM=1$ 且 $SMM=0$,消除特殊屏蔽方式,恢复一般屏蔽方式;当 $ESMM=0$ 时,该位不起作用。

P:查询命令位,$P=1$ 时是查询命令,$P=0$ 时不是查询命令。OCW_3 设置查询方式后,8259A 便把随后送到其 RD 端的读脉冲(读偶地址产生的 $\overline{IOR}$ 信号)作为中断响应信号,读出最高优先权的中断请求 IR 级别码(详见 9.3.6 节第 5 点——查询方式)。

RR:读寄存器命令位。$RR=1$ 时,RIS 位有效;$RR=0$ 时,RIS 位无效。

RIS:读 IRR 或 ISR 选择位。本位必须 $RR=1$ 才有效,如果 $RR=1$ 且 $RIS=1$,则允许通过读偶地址读取中断服务寄存器 ISR 内容;如果 $RR=1$ 且 $RIS=0$,则允许读中断请求寄存器 IRR。

9.3.6　8259A 的操作方式

8259A 具有丰富的命令集(4 条初始化命令,3 条操作命令),其中有些命令本身又是若干子命令的集合(例如 ICW_4,OCW_2,OCW_3),这使得 8259A 的工作方式和操作方式呈现多样化。例如,嵌套方式有一般全嵌套和特殊全嵌套之分;优先级有固定优先级和循环优先级之分;屏蔽方式有一般屏蔽方式和特殊屏蔽方式之分;中断结束有自动中断结束方式和非自动中断结束方式之分;使用情况有单片使用方式和级连方式之分;与系统总线的连接有缓冲方式和非缓冲方式之分;中断触发方式有电平触发和边沿触发之分,等等。用户可根据实际情况组合出符合要求的中断系统,现就上述各类操作方式开展讨论。

1. 嵌套方式

8259A 的嵌套方式有一般全嵌套方式和特殊全嵌套方式之分。8259A 在输入 ICW_1 命令后初始化为一般全嵌套方式,但可用 ICW_4 命令设置为特殊全嵌套方式。

一般全嵌套方式:在这种方式下,当中断系统正在处理某一级中断时,8259A 只响应高级的中断请求,同级的或低级的中断请求不响应。一般全嵌套方式适用于单片 8259A 或级连时的从 8259A。

特殊全嵌套方式:在特殊全嵌套方式下,当处理某一级中断时,如果有同级的中断请求,8259A 也会给予响应。特殊全嵌套方式适用于 8259A 级连应用时的主片。

在 8259A 级连使用时,主片要求工作在特殊全嵌套方式,而从片则工作在一般全嵌套方式。这样,当来自某一从片的中断请求正在处理时,一方面和一般全嵌套方式一样,对来自主片的优先级较高的其他引脚上的中断请求进行开放;另一方面,对来自同一从片的较高优先级的请求也会开放。对后者,在主片引脚上反映出来是与当前正在处理的中断请求处于同一级的,但从从片内部看,中断请求一定比正在处理的优先级别高。

特殊全嵌套方式不适于 8259A 单片使用,因为在中断请求频繁时,可能会造成不必要的同级中断的多重嵌套,从而引起混乱。另外,在级连时若主片不使用特殊全嵌套而使用一般全嵌套方式,那么,由于此时主片把从片看做一级,尽管从片内部可以判断输入该片的各中断请求的优先级,但由于从片的中断请求输出 INT 信号是接在主片的一个中断请求输入信号 IR_i 上的,故主片不会对来自从片的由更高优先级的中断源引起的中断请求做出反应。

特殊全嵌套方式由 ICW_4 的 D_4 位 SFNM = 1 设定。

2. 优先级循环方式

8259A 有固定优先级方式和优先级自动循环方式。8259A 在输入 ICW_1 后初始化为固定优先级方式,但在工作期间可用 OCW_2 设置成优先级自动循环方式。

优先级固定方式:8259A 在用 ICW_1 写入后内部初始化为优先级固定方式,IR_0 优先权最高,IR_7 优先权最低。

优先级自动循环方式:所谓优先级自动循环是指一个设备得到中断服务后,它的优先级自动降为最低。例如,初始化优先级队列为 IR_0,IR_1,…,IR_7,这时如果 IR_4 有请求,响应 IR_4 后优先级队列为:IR_5,IR_6,IR_7,IR_0,…,IR_4。在某些场合,系统内部存在着优先权相同的中断设备,为了使得各个优先权相同的外设得到 CPU 服务的机会均等,可以采用优先权自动循环方式。

对优先权进行重新设置可使用 OCW_2 命令,有以下几种命令方式。

① OCW_2 的 R SL EOI = 100 时,设置优先级自动循环方式。

② OCW_2 的 R SL EOI = 101 时,一方面使当前中断处理程序对应的 ISR 位被清除(EOI = 1),同时使系统按优先级循环方式工作。

③ OCW_2 的 R SL EOI = 110 时,建立优先级自动循环时,并指定由 $L_2 \sim L_0$ 所确定的优先级为最低优先级。

例如，若写入 $OCW_2 = 11000011B$，则建立优先级自动循环，其优先级初始次序为：IR_4，IR_5，IR_6，IR_7，IR_0，$\cdots$，IR_3。

④ OCW_2 的 R SL EOI = 111 时，则 8259A 使当前中断对应的 ISR 位清零，建立优先级自动循环，并指定由 $L_2 \sim L_0$ 所规定的优先级为最低优先级。

例如，当前正在处理 IR_5 中断，若写入 $OCW_2 = 11100010B$，则将 ISR_5 清零，优先级改为自动循环，并指定 IR_2 为最低优先权，故此时优先权排序为：IR_3，$\cdots$，IR_7，IR_0，IR_1，IR_2。

⑤ OCW_2 的 R SL EOI = 000 时，结束优先级自动循环方式，恢复固定优先级方式。

①和②两条命令仅设置优先权自动循环，其最初最低优先权是 IR_7。

③和④两条命令又称设置特殊优先权循环方式命令，它们与①和②两条命令的不同在于，在优先权特殊循环方式中，一开始的最低优先级是编程确定的（即由命令字中的 $L_2 L_1 L_0$ 确定）。

3. 中断屏蔽方式

8259A 的中断屏蔽方式分为一般屏蔽方式和特殊屏蔽方式。8259A 在用 ICW_1 命令初始化后，默认为一般屏蔽方式。可用 OCW_3 命令在 8259A 工作期间将其设置为特殊屏蔽方式。

一般屏蔽方式：正常情况下，当一个中断被响应时，将禁止所有同级的和较低级优先权的中断请求，称为一般屏蔽方式。大多数中断系统要求这种特性。

特殊屏蔽方式：如果 CPU 在对某个中断进行服务时执行了 OCW_3 命令使 8259A 工作于特殊屏蔽方式，从此时起，除用 OCW_1 命令屏蔽的中断源以及与当前正在服务的中断同级的中断源外，8259A 允许其余各个中断源（无论是比在服务中断源优先级高的还是优先级低的）的中断请求。

特殊屏蔽方式适用于这样的中断应用场合：希望一个中断服务程序运行时，根据软件的要求动态地改变系统的优先权结构。例如，在某个服务程序中要求其执行过程的某一部分禁止较低优先级中断请求，而在其他部分允许这些请求。由于中断服务程序正在执行中，不便采用中断结束命令使它的 ISR 位复位的办法来开放级别低的中断源，此时可采用特殊屏蔽方式，既禁止同级中断和 OCW_1 命令禁止的中断，又开放了级别低的中断。

特殊屏蔽方式由 OCW_3 中的 ESMM = 1 和 SMM = 1 来设置，而用 ESMM = 1 和 SMM = 0 来清除。

4. 中断结束方式

8259A 中的中断结束是用复位正在服务的位（ISR）来表示的。有两种中断结束方式：自动中断结束方式和非自动中断结束方式。8259A 在用 ICW_1 初始化后设置为非自动中断结束方式。可用 ICW_4 将 8259A 设置为自动中断结束方式（AEOI）。

自动中断结束方式（AEOI）：8259A 在中断响应周期的第二个 $\overline{INTA}$ 脉冲后沿复位对应的 ISR 位。

AEOI 方式只适用于这样的场合：不要求多级中断嵌套结构，且下一次中断申请肯定在本次中断服务结束后发生。如果不是上述情况，使用 AEOI 方式会造成中断系统混乱。

AEOI 方式利用 ICW_4 的 $D_1 = 1$（即 AEOI 位置"1"）来设置。

非自动中断结束方式：当 8259A 工作于非自动中断结束方式时，必须用一条中断结束命令（EOI 命令）来完成 ISR 位的复位。这条命令通常放在中断服务程序结束时返回主程序以前。有两种 EOI 命令：一般中断结束命令和特殊中断结束命令。

① 一般 EOI 命令：当 OCW_2 的 R SL EOI = 001B 时为一般中断结束命令。当 8259A 以全嵌套方式工作时，ISR 中具有最高优先权的"1"是刚得到响应和服务的中断级别，利用一般 EOI 命令正好将正在服务的中断源对应的 ISR 位清零。这样，当从中断服务程序返回主程序后，有低级或同级

的中断请求发生时,8259A 就会及时响应。

② 特殊的 EOI 命令(SEOI):当 OCW$_2$ 的 R SL EOI=011B 时为特殊的中断结束命令。在 SEOI 命令中清除的是 ISR 中由 OCW$_2$ 中的 L$_2$L$_1$L$_0$ 所指定的位。

当 8259A 不工作于完全嵌套方式时,就不能应用一般 EOI 命令,因为此时 ISR 中优先级最高的那一位不一定就是正在服务的中断级别(例如在特殊屏蔽方式下),因而必须采用特殊 EOI 命令,因为特殊 EOI 命令中带有用于指定 ISR 中相应位复位的三位编码信息。所以特殊 EOI 命令可以作为任何优先级管理方式的中断结束命令。

5. 查询方式

8259A 中断控制器也可以工作在查询方式。此时 8259A 的 INT 引脚可不连接到 CPU 的 INTR 引脚,或者 CPU 正处于关中断状态(用 CLI 指令),所以 CPU 不能从 INTR 引脚了解从 8259A 来的中断请求。这时 CPU 若要了解有无中断请求,必须先对 8259A 写入操作命令字 OCW$_3$,将其设定在查询工作方式,即使查询命令位(D$_2$)P=1。再用一条 CPU 读 8259A 偶地址的输入指令便可得到以下字节(查询字):

A$_0$	D$_7$	D$_6$	D$_5$	D$_4$	D$_3$	D$_2$	D$_1$	D$_0$
0	I	—	—	—	—	W$_2$	W$_1$	W$_0$

当 I=1 时,表示该片 8259A 有中断请求,此时的 W$_2$~W$_0$ 是多个中断请求中最高优先权中断源的编码。CPU 可以根据此编码用软件查询方法转到相应的中断服务程序。若 I=0,则无中断请求。

上述对 8259A 写入 P=1 的 OCW$_3$,是 CPU 指示 8259A:之后 CPU 要读取最高优先权中断源的编码。于是,8259A 把下一个在 $\overline{RD}$ 引脚上出现的负脉冲(输入指令)看做中断响应信号,使对应最高优先权的 ISR 位置位,并将特定的"查询"字送到数据总线上,供 CPU 读入和分析。

6. 读 8259A 的状态

8259A 内部有 3 个寄存器(IRR,ISR 和 IMR)可供 CPU 读出。

IMR 寄存器的读出,不需要事先发指定命令,可用奇地址直接读出。对 IRR 和 ISR,CPU 在正式读之前,先要用 OCW$_3$ 的 RR 位和 RIS 位指定读哪个寄存器,然后再发 IN 指令。若输出的 OCW$_3$ 的 P=0,RR=1,RIS=0,则下一次从偶地址读得的是 IRR,即中断请求寄存器的内容;若输出的 OCW$_3$ 的 P=0,RR=1,RIS=1,则下一次从偶地址读得的是 ISR,即中断服务寄存器的内容。如果 P=1,RR=1,则查询优先于读状态,紧接着的读操作一定是查询操作。查询完后再执行读寄存器操作。

7. 连接系统总线的方式

缓冲方式:在多片 8259A 级连的大系统中,8259A 通过总线驱动器与系统数据总线相连,这就是缓冲方式。在缓冲方式下,有一个对总线驱动器的启动问题。为此,将 8259A 的 $\overline{SP}/EN$ 端和总线驱动器的允许端相连。8259A 工作在缓冲方式时,会在输出状态字或中断类型码的同时,从 $\overline{SP}/\overline{EN}$ 端输出一个低电平,此低电平正好可作为总线驱动器的启动信号。缓冲方式的连接如图 9.17 所示。

缓冲方式要在初始化时由 ICW$_4$ 的 D$_3$=1(BUF)来设定,如果又是多片级连,则同时还要由 ICW$_4$ 的 D$_2$ 位(M/$\overline{S}$)来设定 8259A 是主片还是从片。

非缓冲方式:非缓冲方式是相对于缓冲方式而言的。当系统中只有单片 8259A 时,一般直接

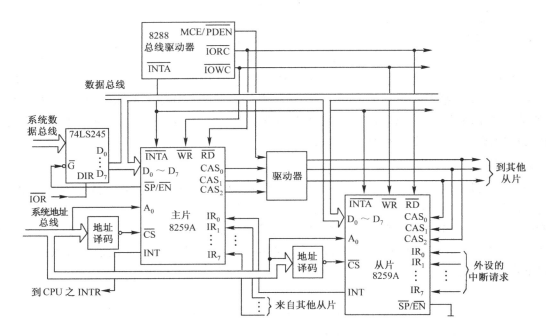

图 9.17　缓冲式中断系统

将它与数据总线相连;在一些不太大的系统中,即使有几片 8259A 工作在级连方式,只要片数不多,也可以将 8259A 直接与数据总线相连。在上述两种情况下,8259A 就工作在非缓冲方式。在此方式下,8259A 的 $\overline{\text{SP}}/\overline{\text{EN}}$ 端作为输入端。当系统中只有单片 8259A 时,其 $\overline{\text{SP}}/\overline{\text{EN}}$ 端必须接高电平;当有多片 8259A 时,主片的 $\overline{\text{SP}}/\overline{\text{EN}}$ 接高电平,从片的则接低电平。非缓冲方式用 ICW_4 中的 $D_3=0$ 来设置。非缓冲方式级联的连接如图 9.19 所示。

9.4　8259A 在微机系统中的应用

8259A 在微机系统中主要用采样外设中断请求,产生中断向量实现可屏蔽中断管理功能。

9.4.1　8259A 在 IBM PC/XT 中的应用

1. 8259A 在 PC/XT 中的使用要求与特点

8259A 在 PC/XT 中的使用要求与特点是:

- 共 8 级向量中断,采用单片方式,$\text{CAS}_0 \sim \text{CAS}_2$ 不用,$\overline{\text{SP}}/\overline{\text{EN}}$ 接+5V。
- 端口地址在 020H~03FH 范围内,实际使用 020H 和 021H 两个端口。
- 8 个中断请求信号 $\text{IR}_0 \sim \text{IR}_7$ 均为边沿触发。
- 采用一般全嵌套方式,固定优先权,0 级为最高优先级,7 级为最低优先级。
- 设定 0 级请求对应中断类型号为 8,1 级请求对应中断类型号为 9,以此类推,直到 7 级请求中断类型号为 0FH。

2. 8259A 在 PC/XT 系统中的硬件连接

8259A 在 PC/XT 系统中的硬件连接如图 9.18 所示。

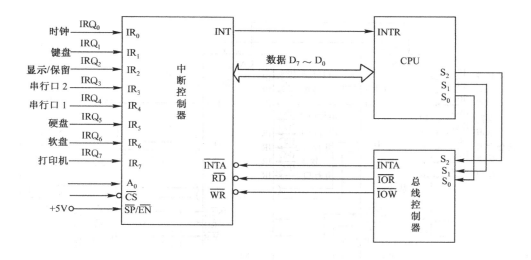

图 9.18　8259A 在 PC/XT 中的连接图

3. 初始化编程

根据上述使用要求和硬件连接情况,在系统上电期间,对 8259A 执行初始化的程序段如下:

```
INTA00    EQU   020H        ;8259A 端口 0
INTA01    EQU   021H        ;8259A 端口 1
            ⋮
MOV       AL,13H            ;ICW₁:边沿触发、单片、要 ICW₄
OUT       INTA00,AL
MOV       AL,8             ;ICW₂:中断类型号的高 5 位为 00001B
OUT       INTA01,AL
MOV       AL,01H           ;ICW₄:一般全嵌套,非缓冲
                           ;非自动中断结束,8088 系统
OUT       INTA01,AL
```

9.4.2　8259A 在 PC/AT 中的应用

1. 8259A 在 PC/AT 中的使用要求与特点

8259A 在 PC/AT 中的使用要求与特点是:

- 共 15 级向量中断,采用两片 8259A 级连,$CAS_0 \sim CAS_2$ 作互连线,从片的 INT 直接连到主片的 IR_2。
- 端口地址:主片在 020H~03FH 范围内,实际使用 020H 和 021H 两个端口。从片在 0A0H~0BFH 范围内,实际使用 0A0~0A1H 两个端口。
- 主片和从片的中断请求均采用边沿触发。
- 主片和从片均采用一般全嵌套方式,优先级的排列次序为 IR_0 最高,依次为 IR_1,$IR_8 \sim IR_{15}$,然后是 $IR_3 \sim IR_7$。
- 采用非缓冲方式,主片的 $\overline{SP/EN}$ 端接+5V,从片的 $\overline{SP/EN}$ 端接地。
- 设定 $IR_0 \sim IR_7$ 对应的中断号为 08~0FH,$IR_8 \sim IR_{15}$ 对应的中断号为 70H~77H。

2. 8259A 在 PC/AT 系统中的硬件连接

8259A 在 PC/AT 系统中的硬件连接如图 9.19 所示。

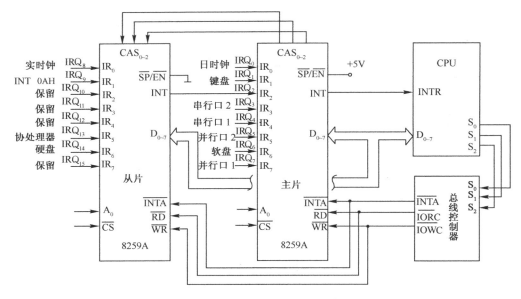

图 9.19　PC/AT 中两片 8259A 的硬件连接图

3. 初始化编程

根据上述使用要求和硬件连接情况,对 8259A 的主片和从片分别编程如下:

- 主 8259A 初始化

```
INTA00    EQU    020H              ;8259A 主片端口 0
INTA01    EQU    021H              ;8259A 主片端口 1
          MOV    AL,11H            ;ICW₁:边沿触发、级连、要 ICW₄
          OUT    INTA00,AL
          JMP    SHORT $+2         ;I/O 端口延时要求(下同)
          MOV    AL,8              ;ICW₂:设置中断类型号的高 5 位为 00001B
          OUT    INTA01,AL
          JMP    SHORT $+2
          MOV    AL,04H            ;ICW₃  主片的 IR₂ 接从片的 INT
          OUT    INTA01,AL
          JMP    SHORT $+2
          MOV    AL,11H            ;ICW₄非缓冲方式,特殊全嵌套,非自动 EOI
          OUT    INTA01,AL
```

- 从 8259A 初始化

```
INTB00    EQU    0A0H              ;从 8259A 端口 0
INTB01    EQU    0A1H              ;从 8259A 端口 1
          MOV    AL,11H            ;ICW₁
          OUT    INTB00,AL
          JMP    SHORT $+2
          MOV    AL,70H            ;ICW₂:中断类型号的高 5 位为 01110B
          OUT    INT B01,AL
          JMP    SHORT $+2
          MOV    AL,02H            ;ICW₃:从片的 INT 接主片的 IR₂
          OUT    INTB01,AL
          JMP    SHORT $+2
          MOV    AL,01H            ;ICW₄
          OUT    INTB01,AL
```

9.5 中断接口技术

当要做 IBM PC 的接口板,接口板中要配置中断源的中断接口时,要做哪些事情呢？以下三方面的工作是必须要做的。

(1) 中断源的接口设计；

(2) 中断服务程序的编制；

(3) 中断服务程序的装载。

9.5.1 中断源的接口设计

中断接口包括中断请求电路和中断外设与 CPU 间传送数据的数据口等。在第 8 章中已经讨论了外设与 CPU 之间数据传送的接口方法。本节主要讨论设计中断请求电路,即中断源的接口电路。

在 IBM PC/XT 上 IRQ_2 是供用户使用的,在 AT 机上 $IRQ_9 \sim IRQ_{12}$ 以及 IRQ_{15} 可供用户使用。中断请求电路可以接到这些中断输入脚上。在 PC 系列机上,IRQ 要求的信号是由低变高的边沿触发,且变高后保持高电平,直到处理器响应了这次中断。因此,中断请求电路的任务是：①形成一个符合要求的中断请求信号；②在中断响应后及时清除此中断请求信号。能满足上述要求的中断请求电路如图 9.20 所示。

如图 9.20 所示,利用外设的"中断申请"将 D 触发器置"1",其输出即为 IRQ_2 信号。

使 D 触发器 Q 端变低的方法有以下几种：

(1) 利用中断响应信号 $\overline{INTA}$ 作为复位信号；

(2) 利用一条读(或写)某端口的指令产生的控制脉冲(参见 8.2.2 节)来作为触发器的复位信号。为此,可以在中断服务程序中专门设置一条端口清 0 指令,也可以将这种访问与中断源的数据访问合为一次。

在 PC 中,由于中断响应信号 $\overline{INTA}$ 没有引到系统总线插槽,故只能利用第二种方法。为此,设置一个"复位端口",在中断服务程序中,安排一条对"复位端口"访问的指令,利用该指令产生的控制脉冲来清除中断请求信号。

图 9.20 中用了两个端口位 x 和 y,为此设置一个控制口,这两位可以是控制口的两条输出线。端口位 y 可视为中断请求允许位(即线路上的屏蔽),当 y 为 0 时,三态门通,D 触发器的输出可送到 IRQ_2；当 y 为 1 时,三态门断,封锁 D 触发器的输出。而端口位 x 可视为复位允许位,x = 0 时,复位端口译码脉冲可以清除中断请求的高电平；x = 1 时,则封锁或门,复位端口译码脉冲不起作用。当 x = y = 0 时的时序如图 9.21 所示。

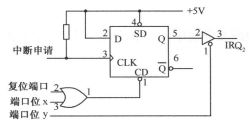

图 9.20 中断请求电路

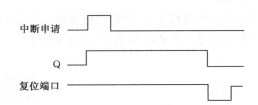

图 9.21 中断请求电路的时序

9.5.2　中断服务程序的编制

中断服务程序的编制在 9.1 节已经阐述。在 IBM PC/XT 或 AT 机上由于用了 8259A,需要在返回主程序前增加 8259A 的中断结束命令(在非自动中断结束方式时大部分应使用此种方式)。在 XT 机上只用了一片 8259A,需要增加两条语句:

```
MOV   AL,20H   ;一般中断结束命令
OUT   20H,AL
```

在 AT 机上需要加三条语句:

```
MOV   AL,20H
OUT   0A0H,AL
OUT   20H,AL
```

这几条语句通知 8259A 结束现行的中断,清除在服务寄存器中的相应位。尽管 8259A 的编程很复杂,在 IBM PC 系列机上初始化工作都由 BIOS 承担了。操作控制字的使用根据具体应用需要决定。最后给出中断结束命令。

例如,一个中断服务程序需要做的事情只是向端口 340H 和 341H 送出 0 值,则编制如下:

```
PORT_INT   PROC      FAR
           PUSH      AX            ;保护现场
           PUSH      DX
           XOR       AL,AL         ;中断处理
           MOV       DX,340H
           OUT       DX,AL
           INC       DX
           OUT       DX,AL
           MOV       AL,20H        ;中断结束命令
           OUT       0A0H,AL
           OUT       20H,AL
           POP       DX            ;恢复现场
           POP       AX
           STI                     ;开中断
           IRET                    ;中断返回
PORT_INT   ENDP
```

9.5.3　中断服务程序的装载

现在需要把已经编好的中断服务程序的入口地址写入中断向量表中。若中断类型号为 n,则段地址写入 $4 \times n+2$ 处,偏移地址写入 $4 \times n$ 处。

1. 直接写入法

设中断类型号为 n,中断服务程序名为 ISERV(中断服务程序入口地址)。可以用串存储指令将它的地址写入中断向量表中,程序如下:

```
   ⋮
CLI                            ;禁止中断
CLD                            ;地址增量方向
MOV      AX,0
MOV      ES,AX                 ;中断向量表段地址
MOV      DI,n * 4H             ;DI 存放向量表偏移地址
MOV      AX,OFFSET ISERV
```

```
            STOSW                          ;写入 ISERV 的偏移地址
            MOV     AX,SEG ISERV
            STOSW                          ;写入 ISERV 的段地址
            STI
              ⋮
```

2. 系统功能调用法

使用 25H 功能调用可以将中断向量写入中断向量表中。

25H 功能调用入口参数如下：

    AH=25H

    AL=中断类型号

    DS=中断服务程序入口段地址

    DX=中断服务程序入口偏移地址

下面是中断类型号为 72H 的中断服务程序装载的程序段。

```
        PUSH    DS                      ;保存当前数据段
        MOV     DX,SEG ISERV
        MOV     DS,DX                   ;DS 内为 ISERV 的段地址
        MOV     DX,OFFSET ISERV         ;DX 内为 ISERV 的偏移地址
        MOV     AL,72 H
        MOV     AH,25 H
        INT     21 H
        POP     DS
```

    0~255 号中断中有些已被系统使用，在系统初始化时有一部分中断例程（如 DOS 内核以及常用设备驱动程序等）已经驻留在内存中，其相应的中断向量表也已由 DOS 初始化程序装载好了，一般情况下用户不应改变。但也有例外，例如，IBM PC/XT 中只留有一个 IRQ$_2$ 中断输入给用户，若用户需要用两个中断输入，如果系统中不用串行口 1（其中断类型号为 0CH），那么用户可以借用。用户为该中断编写自己的中断服务程序，在进入该接口板应用程序时，先将该中断的入口地址读出保存在两个变量中，再把自己的中断服务程序入口地址写入中断向量表中。运行完接口板应用程序后，再将原来的入口地址写回去。将一个中断类型号的服务程序入口地址读出可由 35H 系统功能调用来完成。它的入口参数表和返回值如下。

    入口参数：AH=35H

              AL=中断类型号

    返回值： ES=中断服务程序入口段地址

              BX=中断服务程序入口偏移地址

9.5.4　中断服务程序编制实例

下面是借用 1CH 号软时钟中断实现倒计时 1 分钟的完整程序。类似可以实现考试等的倒计时处理。

```
CODE        SEGMENT
            ASSUME    CS:CODE,DS:CODE
START：    JMP       BEGIN
            KEEPCS    DW    0
            KEEPIP    DW    0
```

```
BEGIN：   MOV      AX,CS
          MOV      DS,AX
          CLI
          MOV      AH,35H
          MOV      AL,1CH
          INT      21H
          MOV      KEEPIP,BX        ;保存原来中断服务程序的入口地址
          MOV      KEEPCS,ES
          PUSH     DS
          MOV      DX,OFFSET NINT   ;新中断服务程序名字
          MOV      AX,SEG NINT
          MOV      DS,AX
          MOV      AH,25H           ;置 1CH 号新中断向量
          MOV      AL,1CH
          INT      21H
          POP      DS
          MOV      BL,60            ;用于倒计时的初值(秒)
          MOV      BH,18            ;每 18.2 次中断为 1 秒,取约等于 18。
                                    ;准确处理可以:用 91 次 5 秒,或者
                                    ;前 4 秒每秒 18 次中断,后 1 秒 19 次中断
          MOV      CX,3630H         ;初值设为 60 的 ASCII 码
          STI
LOP：     CMP      BL,0
          JG       LOP
          ;在程序结尾处,恢复原来的中断服务程序入口地址
DONE：    CLI
          PUSH     DS
          MOV      DX,KEEPIP
          MOV      AX,KEEPCS
          MOV      DS,AX
          MOV      AH,25H
          MOV      AL,1CH
          INT      21H
          POP      DS
          STI
          MOV      AH,4CH
          INT      21H
          ;倒计时中断服务程序
NINT      PROC     FAR
          CLI
          DEC      BH
          JNZ      NEXT2
          MOV      BH,18
          DEC      CL
          CMP      CL,2FH
          JNZ      NEXT1
          DEC      CH
          MOV      CL,39H
NEXT1：   MOV      DL,CH
          MOV      AH,2
          INT      21H
          MOV      DL,CL
          INT      21H
          MOV      DL,20H
          INT      21H
          DEC      BL
          JNZ      NEXT2
```

```
        JMP         DONE
NEXT2： STI
        IRET
NINT    ENDP
CODE    ENDS
        END         START
```

习题

1. 什么叫中断？简述一个中断的全过程。

2. 确定中断的优先级(权)有哪几种方法？各有什么优缺点？

3. 8086/88 的中断分类？什么是中断向量？什么是中断向量表？8086/88 总共有多少级中断？它们的中断类型号是多少？中断向量表设在存储区的什么位置？

4. 什么是不可屏蔽中断？什么是可屏蔽中断？它们得到 CPU 响应的条件分别是什么？

5. 8086/88 CPU 怎样得到中断服务程序地址？

6. 8259A 的中断屏蔽寄存器 IMR 和 8086/88 的中断允许标志 IF 有什么差别？在中断响应过程中,它们怎样配合起来工作？

7. 简述 8259A 的主要功能。对 8259A 的编程有哪两类？它们分别在什么时候进行？

8. 8259A 仅有两个端口地址,如何识别 4 条 ICW 命令和 3 条 OCW 命令？

9. 有关优先级,8259A 有哪几种操作方式？其含义是什么？

10. 8259A 的特殊屏蔽方式和普通屏蔽方式相比,有什么不同之处？特殊屏蔽方式一般用在什么场合？

11. 8259A 有几种结束中断处理的方式？各自应用在什么场合？在非自动结束中断方式中,如果没有在中断处理程序结束前发中断结束命令,会出现什么问题？

12. 怎样用 8259A 的屏蔽命令字来禁止 IR_3 和 IR_5 引脚上的请求？又怎样撤销这一禁止命令？设 8259A 的端口地址为 93H,94H,写出有关指令。

13. 若 8086 系统采用单片 8259A,其中断类型码为 46H,则其中断矢量表的中断矢量地址指针是多少？这个中断源应连向 IR 的哪一个输入端？若中断服务程序入口地址为 0ABC00H,则其矢量区对应的 4 个单元的数据依次为多少？

14. 若 8086 系统采用级连方式,主 8259A 的中断类型码从 30H 开始,端口地址为 20H,21H,从 8259A 的 INT 接主片的 IR_7,从片的中断类型码从 40H 开始,端口地址为 22H,23H。试对其进行初始化编程。

15. 自己定义一个软中断,中断类型码为 79H,在中断服务程序中完成 ASCII 码加偶校验位(最高位 b_7)的工作,ASCII 码首地址为 ASCBUF,字节数为 COUNT,加偶校验后仍放回原处。试编写中断服务程序、主程序框架及中断服务程序的装载程序部分。

第三部分　接　口　技　术

第10章　可编程接口芯片及其应用

接口电路按功能可以分为两类:一类是使微处理器正常工作所需要的辅助电路,通过这些辅助电路使处理器得到所需要的时钟信号或接收外部的多个中断请求等;另一类是输入/输出接口电路,利用这些接口电路,微处理器可以接收外部设备送来的信息或将信息发送给外部设备。接口芯片按是否可编程特性可以分为可编程接口芯片和简单硬件接口芯片。本章主要介绍在微机应用系统中常用到的一些典型的可编程接口芯片及其接口硬件设计和软件编程。

学习掌握一块接口芯片主要从两个方面把握,即硬件方面和软件方面,硬件方面又包括两点,软件方面也包括两点,如下所示:

$$
可编程接口
\begin{cases}
硬件方面
\begin{cases}
内部功能模块及引脚 \\
硬件连接
\end{cases} \\
软件方面
\begin{cases}
端口区分 \\
端口数据位含义
\end{cases}
\end{cases}
$$

10.1　可编程并行接口芯片8255A

8255A可编程并行I/O口扩展芯片可以直接与8086/88系列微型计算机系统总线以及MCS-51系列单片机系统总线相连接,它具有三个8位的并行I/O端口,无条件传送、查询传送或中断传送三种工作方式,通过编程能够方便地实现CPU与外围设备之间的信息交换。该芯片可方便地构成微型计算机(或单片机)与多种外围设备连接时的接口电路。

10.1.1　8255A的结构及引脚功能

8255A是典型的并行接口芯片,要求能够理解记忆8255A的逻辑结构及逻辑引脚。

1. 8255A的结构

8255A内部结构如图10.1所示,其中包括三个8位并行数据I/O端口、两个工作方式控制电路、一个读/写控制逻辑电路和一个8位数据总线缓冲器。各部分功能介绍如下。

(1) 三个8位并行I/O端口PA、PB和PC

PA口:具有一个8位数据输出锁存/缓冲器和一个8位数据输入锁存器。可编程为8位输入或8位输出或8位双向输入且输出。

PB口:具有一个8位数据输入/输出、锁存/缓冲器和一个8位数据输入缓冲器,可编程为8位输入或输出,但不能双向输入/输出。

PC口:具有一个8位数据输出锁存/缓冲器和一个8位数据输入缓冲器。PC口可分为两个4位口,用于输入或输出,也可作为PA口和PB口选通方式工作时的状态控制信号。

(2) 工作方式控制电路

A、B两组控制电路把三个端口分成A、B两组,A组控制PA口各位和PC口的高四位,B组控制 PB 口各位和 PC 口的低四位。两组控制电路共用一个方式选择控制命令寄存器,用来接收由 CPU 写入的方式选择控制字,以决定两组端口的工作方式。也可通过端口 PC 置位/复位控制字对 PC 口按位清"0"或置"1"。

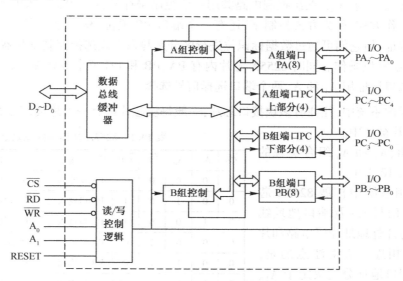

图 10.1　8255A 芯片的内部结构图

（3）读/写控制逻辑电路

它接收来自 CPU 的地址信号及控制信号,控制各端口的工作状态。

（4）数据总线缓冲器

它是一个三态双向缓冲器,用于和系统的数据总线相连,以实现 CPU 和 8255A 之间信息的传送。

2. 引脚功能

8255A 为双列直插式 40 引脚封装芯片,如图 10.2 所示。

$D_7 \sim D_0$　三态双向数据线,与 CPU 的数据总线连接,用来传送数据信息和控制信息等。

$PA_7 \sim PA_0$、$PB_7 \sim PB_0$ 及 $PC_7 \sim PC_0$　PA 口、PB 口及 PC 口的输入/输出线。

$\overline{CS}$　片选信号线,低电平有效。

$\overline{RD}$　读出信号线,低电平有效,控制 8255A 某个端口的数据读入 CPU。

$\overline{WR}$　写入信号线,低电平有效,控制数据或控制字写入 8255A 的某个端口。

A_1、A_0　端口选择信号,用来寻址控制端口和 I/O 端口。

RESET　复位信号线,高电平有效。有效时,所有内部寄存器的内容都被清零,三个 I/O 端口都被置成方式 0 输入。

V_{CC}　+5V 电源。

GND　地线。

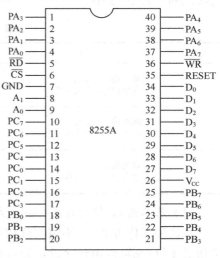

图 10.2　8255A 引脚图

10.1.2　8255A 端口的寻址

一块 8255A 芯片内,A、B 两组控制电路共用一个控制寄存器,由 CPU 写入的控制字来决定三个 I/O 端口的工作方式,称为方式控制字,还有一个端口 PC 置位/复位控制字。虽然两个控制字共用一个端口地址,但它们可通过数据标识位进行区分是写入方式选择控制寄存器还是对端口 PC 的某位进行置位/复位操作。同时 8255A 芯片内有 PA、PB 和 PC 三个 I/O 端口,各占用一个端口地址。这四个端口地址用 A_1 和 A_0 两个端口选择信号选择。

在一个实际的系统中,往往有多块接口芯片,一般每块芯片都有一个片选信号引脚 $\overline{CS}$,当它为低电平时,该芯片被选中。

$\overline{CS}$、$\overline{RD}$、$\overline{WR}$、A_1 和 A_0 组合实现的控制作用列于表 10.1 中。

在微机应用系统中扩展 8255A 芯片时,一般片选信号 $\overline{CS}$ 及端口地址线 A_1 和 A_0 分别与片外地址译码电路和片内两条地址线相连。值得注意的是,8255A 芯片的端口地址分配决定于 A_1、A_0 以及 $\overline{CS}$ 三个引脚与地址总线的连接情况,改变连接方案,端口地址也随之改变。

表 10.1　8255A 端口选择及功能

$\overline{CS}$	A_1	A_0	$\overline{RD}$	$\overline{WR}$	所选端口	功　　能
0	0	0	0	1	PA 口输入	PA 口数据 → 数据总线
0	0	1	0	1	PB 口输入	PB 口数据 → 数据总线
0	1	0	0	1	PC 口输入	PC 口数据 → 数据总线
0	0	0	1	0	PA 口输出	总线数据 → PA 口
0	0	1	1	0	PB 口输出	总线数据 → PB 口
0	1	0	1	0	PC 口输出	总线数据 → PC 口
0	1	1	1	0	控制口	总线数据 → 控制字口
1	×	×	×	×	未被选中	不工作

10.1.3　8255A 的工作方式及控制字

理解 8255A 的工作方式及控制字是对 8255A 编程控制的前提。

1. 工作方式

8255A 有三种工作方式,即方式 0、方式 1 和方式 2。8255A 各个 I/O 端口在不同工作方式下的功能列于表 10.2 中。

表 10.2　8255A I/O 端口功能表

方　式	PA 口	PB 口	PC 口
0	基本输入/输出 输出锁存,输入三态	基本输入/输出 输出锁存,输入三态	基本输入/输出 输出锁存,输入三态
1	选通输入/输出 输入、输出均锁存	选通输入/输出 输入、输出均锁存	各有三根线作为 PA 口和 PB 口的控制位与状态位
2	双向输入/输出 输入、输出均锁存		用其中 5 根线作为 PA 口的控制位与状态位

（1）基本输入/输出方式——方式 0

在这种工作方式下,不需要任何选通信号,PA 口、PB 口及 PC 口的两个 4 位口(PC 口的高 4 位和低 4 位)都可以由程序设定为基本输入或输出。作为输出口时,输出数据被锁存;作为输入口时,输入数据不被锁存。

按照方式 0 工作时,CPU 可以通过简单的传送指令对任意一个端口进行读/写,PA 口、PB 口、

PC 口高 4 位和 PC 口低 4 位分别可以工作于输入或输出,它们共有 16 种组合,如图 10.3 所示。这样各端口既可以作为无条件输入/输出接口,也可以作为查询式输入/输出接口。按查询方式工作时,可以选择 PA 口、PB 口、PC 口高 4 位和 PC 口低 4 位作为输入数据口、输出数据口、控制口或状态口。例如,设 PA 口作为数据输入口,PB 口作为数据输出口,PC 口低 4 位中某位作为状态输入线($\overline{\text{RDY}}$),接收外围设备的状态,PC 口的高 4 位的某位作为选通线($\overline{\text{STB}}$),由位操作产生选通信号给外围设备,则相应输入或输出操作流程如图 10.4 所示。

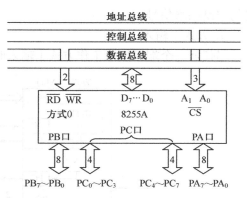

图 10.3 8255A 方式 0 的引脚功能

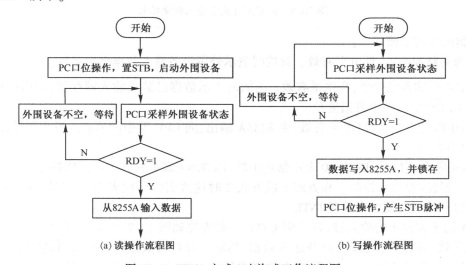

(a) 读操作流程图　　(b) 写操作流程图

图 10.4 8255A 方式 0 查询式工作流程图

(2) 选通的输入/输出方式——方式 1

只有 PA 口和 PB 口可以选择这种工作方式。在这种工作方式下,PA,PB,PC 三个端口分为两组:PA 组包括 PA 口和 PC 口的高 4 位,PA 口可由编程设定为输入或输出端口,PC 口的高 4 位用做输入/输出操作的控制和联络信号;PB 组包括 PB 口和 PC 口的低 4 位,PB 口可由编程设定为输入或输出端口,PC 口的低 4 位,用做输入/输出操作的控制和联络信号。PA 口和 PB 口的输入数据或输出数据都被锁存,如图 10.5 所示。

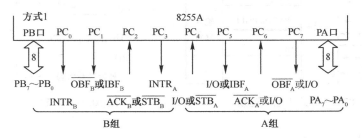

图 10.5 8255A 方式 1 PC 口引脚功能

选通的输入/输出方式主要用于中断应答式数据传送,也可用于连续查询式数据传送。输入和输出时 8255A 与外围设备的连接方式不同,数据传送过程也不同。下面简单介绍选通输入/输出时的控制联络信号。

① 方式 1 输入

当任何一个端口按照工作方式 1 输入时,控制联络信号如图 10.6 所示。

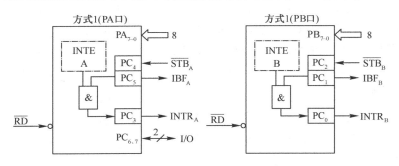

图 10.6　8255A 方式 1 输入联络信号

各控制信号的功能如下:

$\overline{STB}$:选通脉冲输入,低电平有效。有效时表示外围设备输入数据已准备好。

IBF:输入缓冲器满信号,高电平有效。有效时表示数据已装入输入锁存器,它由$\overline{STB}$信号的下降沿置位,由 $\overline{RD}$ 信号的上升沿复位。

INTR:中断请求信号,高电平有效,由 8255A 输出,向 CPU 发中断请求。发中断请求的条件是 INTE = 1 且 IBF = 1。

INTE:中断允许信号,INTE = 0 表示禁止中断,INTE = 1 表示允许中断。INTE 由 PC_4(PA 口)或 PC_2(PB 口)置位/复位来控制。在方式 1 或方式 2 时这些引脚不代表 PC_i,而是对应的联络信号,所以可用 PC 口置位/复位来设置 INTE。

8255A 用于方式 1 的输入接口(中断 I/O),一般连接如图 10.7 所示,其工作为:对 8255A 初始化,IBF 置无效(复位)等待输入设备送入数据,当输入设备将数据送出时,$\overline{STB}$有效,8255A 的 PA 口或 PB 口获取数据,同时向 CPU 发出中断请求信号 INTR 要求 CPU 取走数据并向外设输出 IBF 有效信号(置位),通知外设暂停送出数据。CPU 执行中断服务程序取走数据后,置 IBF 为无效,通知外设可以送入下一个数据。时序图如图 10.8 所示。

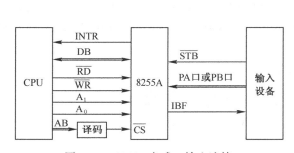

图 10.7　8255A 方式 1 输入连接

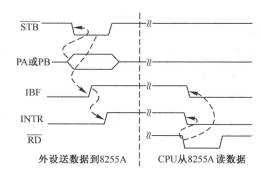

图 10.8　8255A 方式 1 输入的时序图

② 方式 1 输出

当 PA 口或 PB 口按照工作方式 1 输出时,控制联络信号如图 10.9 所示。各控制信号的功能如下:

$\overline{OBF}$:输出缓冲器满信号,低电平有效。有效时表示 CPU 已将输出数据送到指定端口(PA 口或 PB 口)。它由$\overline{WR}$信号的上升沿置"0"(有效),由 $\overline{ACK}$信号的下降沿置"1"(无效)。

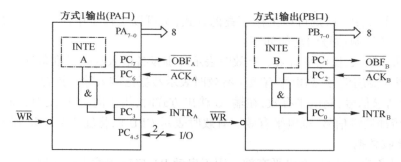

图 10.9　8255A 方式 1 的输出联络信号

$\overline{ACK}$:外围设备响应信号,低电平有效。有效时表示 CPU 输出给 8255A 的数据已由外围设备取走,并使$\overline{OBF}=1$。

INTR:中断请求信号,高电平有效。当$\overline{ACK}=\overline{OBF}=INTE=1$ 时,INTR = 1。INTR 由$\overline{WR}$的下降沿复位。

INTE:中断允许信号,由PC_6(PA 口)或PC_2(PB 口)置位/复位来控制。

8255A 用于方式 1 的输出接口(中断 I/O),一般连接如图 10.10 所示,其工作为:对 8255A 初始化,$\overline{OBF}$置无效(置位)等待 CPU 送出数据,当 CPU 将数据送出时,8255A 的 PA 口或 PB 口锁存数据,$\overline{OBF}$有效(复位),当输出设备准备好时,向 8255A 发出$\overline{ACK}$有效信号从 8255A 取走数据,然后向 CPU 发出中断请求信号 INTR,要求 CPU 继续发送下一个数据,并向外设输出$\overline{OBF}$无效信号通知外设暂无数据。时序图如图 10.11 所示。

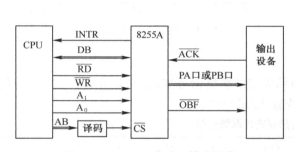

图 10.10　8255A 方式 1 输出连接

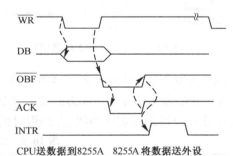

图 10.11　8255A 方式 1 输出的时序图

(3) 双向输入/输出工作方式——方式 2

只有 PA 口可以选择这种工作方式。在这种工作方式下,PA 口成为 8 位双向数据总线端口,既可以发送数据,又可以接收数据,PA 口可以简单看成方式 1 的输入与输出的叠加。PC 口的PC_7~PC_3用来作为 PA 口的联络信号。此时,PB 口和 PC 口剩下的三位PC_2~PC_0仍可选择方式 0 或方式 1,如图 10.12 所示。

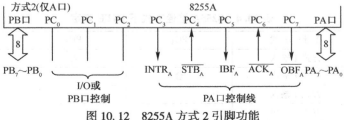

图 10.12　8255A 方式 2 引脚功能

按方式 2 工作时,PA 口既可以工作于查询方式,又可以工作于中断方式,其控制联络信号如图 10.13 所示。各控制信号的功能如下:

$\overline{STB}$:选通脉冲输入,低电平有效。有效时表示外围设备输入数据已准备好。

IBF:输入缓冲器满信号,高电平有效。有效时表示数据已装入输入锁存器。

INTR:中断请求信号,高电平有效,在输入/输出方式时,用于向 CPU 发中断请求。

$\overline{OBF}$:输出缓冲器满信号,低电平有效。有效时表示 CPU 已将输出数据送到 PA 口,用于通知外围设备可以接收数据。

$\overline{ACK}$:外围设备响应信号,低电平有效。用于启动 PA 口三态输出缓冲器输出数据。

$INTE_1$:是一个与输出缓冲器相关的中断允许触发器,由 PC_6 的置/复位来控制。

$INTE_2$:是一个与输入缓冲器相关的中断允许触发器,由 PC_4 的置/复位来控制。

8255A 的方式 2 连接如图 10.14 所示。方式 2 实质是方式 1 的输入与输出的综合,PA 口在方式 2 下既可以用于输入又可以用于输出,即用于双向传输的外设接口。其工作过程也是为方式 1 的输入与输出的综合,当然从微观的角度上看,输入/输出并非同时实现,而是交错进行的。

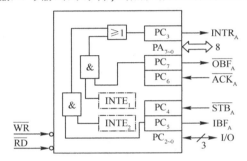

图 10.13　8255A 方式 2 联络信号

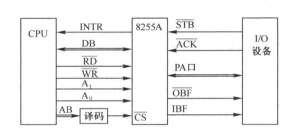

图 10.14　8255A 方式 2 的连接

(4) 端口 PC 在选通方式下作用小结

端口 PC 为工作方式 1 和方式 2 时,8255A 内部规定的联络信号如表 10.3 所示。表中空白位置表示这些位没做固定联络线,在编程时仍可选为输入/输出位。

表 10.3　8255A 内部规定的联络信号

端　口	工作方式	PC_7	PC_6	PC_5	PC_4	PC_3	PC_2	PC_1	PC_0
PA 口	方式 1 输入			IBF_A	$\overline{STB}_A$	$INTR_A$			
PA 口	方式 1 输出	$\overline{OBF}_A$	$\overline{ACK}_A$			$INTR_A$			
PB 口	方式 1 输入						$\overline{STB}_B$	IBF_B	$INTR_B$
PB 口	方式 1 输出						$\overline{ACK}_B$	$\overline{OBF}_B$	$INTR_B$
PA 口	方式 2	$\overline{OBF}_A$	$\overline{ACK}_A$	IBF_A	$\overline{STB}_A$	$INTR_A$			

用户可以通过软件对 PC 口的相应位进行置位/复位来控制 8255A 的开中断和关中断。INTE 规定如表 10.4 所示。

表 10.4　8255A 选通方式下 INTE 规定

端　口	工作方式	PC_6	PC_4	PC_2
PA 口	方式 1 输入		◎	
PA 口	方式 1 输出	◎		
PB 口	方式 1 输入			◎
PB 口	方式 1 输出			◎
PA 口	方式 2	◎(输出)	◎(输入)	

2. 8255A 的控制字

8255A 在投入工作前必须设定工作方式,工作方式由初始化程序对 8255A 的控制寄存器写入方式选择控制字来决定。此外还有端口 PC 置位/复位控制字。

（1）方式选择控制字

即控制 PA 口、PB 口以及 PC 口的工作方式的控制字。其格式和定义如图 10.15(a)所示,其中 D_7 是标识位,$D_7=1$ 表示本字是方式选择控制字;$D_6 \sim D_3$ 用来定义 PA 口和 PC 口的高 4 位(A 组)的工作方式;$D_2 \sim D_0$ 用来定义 PB 口和 PC 口的低 4 位(PB 组)的工作方式;在方式 1 或 2 时,D_3 或 D_0 只能定义 PC 口中未用做联络线的各位是作输入还是输出,而不会改变作为联络线的各位的固定作用。

例 10.1 试设置 PA 口工作于方式 0、输出,PB 口工作于方式 1、输入,PC 高 4 位输出,写出 8255 的方式控制字。

解:方式控制字为:

1	00	0	0	1	1	X
固定	A组方式0	PA口输出	PC高4位输出	B组方式1	PB口输入	PC低4位联络

其初始化程序段为:

```
MOV    AL,10000110B
MOV    DX,383H        ;控制口地址
OUT    DX,AL
```

（2）PC 口的置位/复位控制字

它可以对 PC 口各位进行按位操作,以实现某些控制功能。对控制寄存器写入一个置位/复位控制字,即可把 PC 口的某一位置"1"或清 0,而不影响其他位的状态。该控制字的格式和定义如图 10.15(b)所示。其中 D_7 是标识位,$D_7=0$ 表示本字是置位/复位控制字;$D_6 \sim D_4$ 未用,一般置成 000;$D_3 \sim D_1$ 用来确定对 PC 口的哪一位进行置位/复位操作;D_0 用于对由 $D_3 \sim D_1$ 确定的位进行置"1"或清 0。

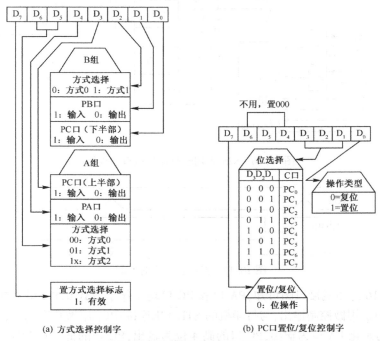

(a) 方式选择控制字　　　　　(b) PC口置位/复位控制字

图 10.15　8255A 控制字格式和定义

例 10.2 试将 PC_6 置 1,写出 8255 的置位复位字。

解:置位复位为:

0	XXX	110	1
固定	无关位一般填0	PC_6	置1

则程序段为:

```
MOV    AL,00001101B
MOV    DX,383H              ;控制口地址
OUT    DX,AL
```

两种控制字写入的控制端口地址相同。由于两种控制字用 D_7 作为标识位($D_7 = 0$ 是置位/复位控制字,$D_7 = 1$ 是方式选择控制字),因此写入的顺序可以任意。在工作中,随时可以根据需要对 PC 口的某位置"1"或清"0"。

10.1.4 8255A 的初始化及应用举例

前面我们讲到 8255A 芯片控制字的格式,只要将控制字写入 8255A 的控制寄存器即可实现对可编程 8255A 芯片的初始化。主要是写方式选择控制字,若工作于方式 1 或方式 2 还需对 INTE 设置(通过置位/复位控制字的写入实现)。

例 10.3 利用 8255A 实现查询式打印机接口。8255A 的连接如图 10.16 所示,利用工作在方式 0 实现打印机接口。图 10.17 是打印机的工作时序图。接口将数据传送到打印机的数据线上,利用一个负脉冲将数据锁存于打印机的内部,交给打印机处理。同时,打印机送出高电平的 BUSY 信号,表示打印机正忙。一旦 BUSY 变低,表示打印机又可以接收下一个数据。

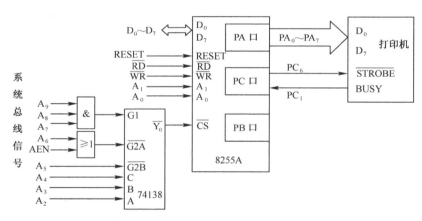

图 10.16 8255A 用于打印机接口的连接

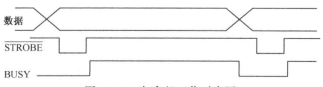

图 10.17 打印机工作时序图

分析如图 10.16 打印机接口图可知,PA 口和 PC 口均工作于方式 0,PA 口直接与打印机的数据线相连;PC 口的 PC_6 用做控制输出,与打印机的 $\overline{STROBE}$ 连接;PC_1 用做状态输入,与打印机的 BUSY 信号连接。为此初始化 PA 口为输出,PC 口的高 4 位为输出,PC 口的低 4 位为输入,PB 口保留。还可知 8255A 的端口地址为 380H~383H($A_9A_8A_7A_6A_5A_4A_3A_2$ 为 11100000)。初始化程序如下:

```
        INIT:MOV    DX,0383H              ;控制口地址
             MOV    AL,10000011B          ;A 组方式 0,PA 口输出,PC 口高 4 位输出
                                          ;B 组方式 0,PC 口低 4 位输入,PB 口不用
             OUT    DX,AL
             MOV    AL,00001101B          ;PC₆ 置 1
             OUT    DX,AL
```

以上程序在对 8255A 进行初始化的同时,通过给控制端口送 PC 口按位操作控制字来使 PC_6 输出为 1。

如果利用此打印机接口来传送一批打印字符,且假设打印字符长度存放在当前数据段 COUNT 单元中,要打印的字符存放在 BUFFER 单元开始的数据段中且按顺序排列,则查询方式的打印子程序如下:

```
        PRINT:MOV    CX,COUNT
             MOV     SI,OFFSET BUFFER
        GOON: MOV    DX,0382H
        PWAIT:IN     AL,DX                ;状态采样
             AND     AL,02H               ;对 PC₁ 进行判断
             JNZ     PWAIT                ;等待
             MOV     AL,[SI]
             MOV     DX,0380H
             OUT     DX,AL                ;送数据
             MOV     DX,0383H
             MOV     AL,00001100B         ;PC₆ 清 0
             OUT     DX,AL                ;送STROBE脉冲
             OR      AL,1
             OUT     DX,AL
             INC     SI
             LOOP    GOON
             RET
```

在上面程序中, $\overline{STROBE}$ 负脉冲是通过将 PC_6 初始化为 1,然后输出一个 0,再输出一个 1 而形成的。

有关 8255A 应用举例后面章节中还有介绍,如 10.4 节、12.2 节、13.1 节等。

10.2 可编程的定时/计数器芯片 8253

在计算机应用系统中,常常需要定时时钟,如定时中断、定时采集或者延时一段时间实行某种控制等,有时也需要对外部事件进行计数。通常有 3 种方法来实现定时或计数:软件法、硬件法以及可编程的硬件定时/计数器法。①软件法,例如循环执行一些指令可实现软件延时,此方法完全占用 CPU 的时间,降低了 CPU 的利用率。②纯硬件方法,例如用 CA555 和电阻、电容组成单稳态延时电路,但要改变单稳态的宽度必须改变电路参数,给使用带来不便。③利用可编程定时器/计数器,由于它的定时值及计数范围可以由软件来设定和改变,之后它们可以脱离 CPU 独立定时/计数,不占用 CPU 大量时间,所以使用方便,且功能较强。Intel 8253 就是一种常用的可编程定时/计数芯片,非常容易实现与微机接口相连以扩展微型计算机的定时和计数功能。

10.2.1 8253 简介

8253 既可以作为定时器,又可以作为计数器。它具有 3 个完全独立操作的 16 位计数器,每一组计数器可以使用软件设定内部 6 种特定的工作方式。一旦 8253 设定某种工作方式并载入计数

器值后,便能够独立工作。计数完后自动产生信号输出,完全不用 CPU 额外控制。

1. 8253 的结构及其外部引脚

8253 具有 3 个功能相同的 16 位减法计数器 CNT_0、CNT_1 和 CNT_2,可进行二进制或 8421BCD 码计数或定时操作。工作方式和计数常数可由软件编程来选择,可以方便地与 PC 总线连接,外部引脚如图 10.18 所示,其内部结构如图 10.19 所示。每个计数器有 3 个引脚:CLK 为时钟输入线,作为定时或计数方式时的减 1 计数脉冲输入端,当 CLK 输入为恒定周期的时钟信号则主要作为定时器用(定时器是一种特殊的计数器),若 CLK 用于工业控制或实验中脉冲信号输入,则一般来说,CLK 的无固定的时钟周期只能看成计数器;OUT 为计数器输出端,当计数器减到零时,根据所置的工作方式输出相应信号;GATE 为门控信号,用于启动或禁止计数器操作。控制字寄存器用来寄存工作方式控制字,只能写入不能读出。

8253 与 PC 总线的接口信号线共 15 条。$D_0 \sim D_7$ 为双向三态数据总线,是 PC 总线与 8253 之间的数据传输线;$\overline{RD}$ 和 $\overline{WR}$ 为数据读、写控制线,低电平有效;$\overline{CS}$ 是片选线,通常接地址译码器输出;A_0、A_1 是地址选择线,4 种组合分别选择 3 个计数器和控制字寄存器。A_0、A_1 和 $\overline{CS}$ 一起确定 8253 的计数通道及操作地址分配作用,如表 10.5 所示。

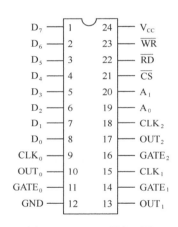

图 10.18　8253 外部引脚

表 10.5　计数通道及操作地址分配

$\overline{CS}$	$\overline{RD}$	$\overline{WR}$	A_1	A_0	操　作
0	0	1	0	0	读计数器 0
0	0	1	0	1	读计数器 1
0	0	1	1	0	读计数器 2
0	0	1	1	1	无操作(禁止读)
0	1	0	0	0	计数常数写入计数器 0 或锁存计数器 0 当前值
0	1	0	0	1	计数常数写入计数器 1
0	1	0	1	0	计数常数写入计数器 2
0	1	0	1	1	写入方式控制字
1	×	×	×	×	禁止(数据高阻态)
0	1	1	×	×	不操作

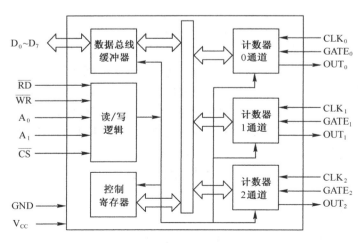

图 10.19　8253 的内部结构

2. 8253 的控制字

8253 的工作方式是由主机编程设定的。将给定的工作方式控制字写入控制寄存器,就可以使 8253 某通道按给定的方式工作。8253 的控制字如图 10.20 所示。

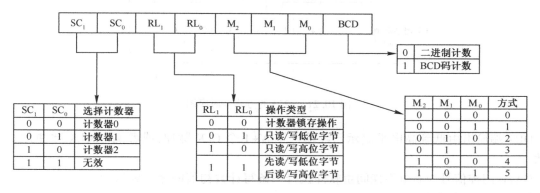

图 10.20　8253 的方式控制字的定义

因为 8253 的 3 个计数器是完全独立的,需要有 3 个控制寄存器存放各自的控制字,控制字只有 6 位;但是控制字寄存器地址是唯一的,即 $A_1A_0 = 11$ 所对应的地址,所以将控制字的最高 2 位 SC_1 和 SC_0 用于选择哪个计数器,指明该控制字将写入哪个计数器的控制寄存器中。

操作类型位(RL_1,RL_0)规定了数据读/写格式。$RL_1RL_0 = 00$ 时,是计数值锁存操作,用在计数过程中读计数值时,先送出锁存命令,再读取计数值。其他 3 种组合规定了读/写格式。工作方式位(M_2、M_1、M_0)用来指定所选择计数器的工作方式。8253 共有 6 种工作方式,将在下面逐一进行介绍。

计数类型位(BCD)用以确定计数是采用二进制还是十进制。

例 10.4　8253 的计数器 2 以方式 3 工作,计数初值为 789H,采用二进制计数。设其端口地址为 40H 至 43H,则其初始化程序段为:

```
MOV    AL,10110110B    ;初始计数器 2 的方式控制字
OUT    43H,AL
MOV    AX,789H         ;计数初值
OUT    42H,AL          ;先送低字节
MOV    AL,AH
OUT    42H,AL          ;后送高字节
```

10.2.2　8253 工作方式与操作时序

1. 8253 工作方式及操作时序

8253 共有 6 种工作方式,分别为方式 0 至方式 5。

(1) 方式 0(计数结束中断方式)

方式 0 是典型的事件计数器用法,CLK 端作为事件计数输入信号,当计数执行单元减到零时,OUT 端输出高电平,它可以作为中断请求信号。它的时序如图 10.21 所示。

当写入控制字(CW)后 OUT 信号变为低电平。当将计数初值 N 写入计数初值寄存器后,若来 1 个 CLK 脉冲则计数初值的内容将被写入计数执行单元,从下一个 CLK 脉冲开始进行减 1 计数,计数期间 OUT 端一直输出低电平。直到减 1 计数减到零,OUT 端输出高电平,并保持到重新写入计数初值或复位。

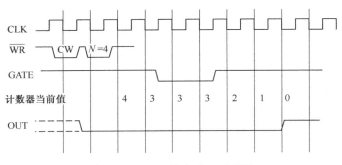

图 10.21　8253 的方式 0 时序图

OUT 端输出由低到高电平表示已经输入了 $N+1$ 个 CLK 脉冲,或者说对 CLK 脉冲计了 $N+1$ 个数。

GATE 门控信号为高电平期间由软件执行一条写计数初值的命令即启动计数。GATE 门控信号为低电平即禁止计数。

如果在计数的过程中修改计数初值,则立即终止计数,写完计数初值后即按新的计数初值开始重新计数。

（2）方式 1（硬件可重触发单稳态方式）

方式 1 可以输出 1 个宽度可编程控制的负脉冲,并由 GATE 门控信号的上升沿触发计数器工作。其时序如图 10.22 所示。

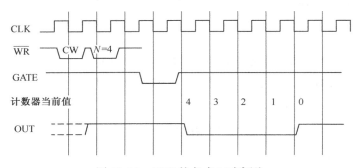

图 10.22　8253 的方式 1 时序图

当 CPU 写入控制字后,OUT 即输出高电平,CPU 写入计数常数后,计数器并不开始计数,而要等到外部门控脉冲 GATE 的上升沿之后的下一个 CLK 输入脉冲的下降沿到来时才开始计数。此时输出 OUT 变低,直至计数到 0,输出 OUT 再变高。

OUT 端的输出为单稳态负脉冲,其宽度为 N 个 CLK 脉冲周期。

若外部 GATE 再次触发,则将重复计数产生 1 个负脉冲的过程,如果在 OUT 的输出保持低电平期间,写入 1 个新计数值,不会影响低电平的持续时间,只有当下一个触发脉冲（GATE）到来时,才使用新的计数值。如果计数尚未结束又出现新的触发脉冲,则从新的触发脉冲之后的 CLK 下降沿开始重新计数,因此使输出负脉冲加宽。CPU 在任何时候都可读出计数器的内容。

（3）方式 2（频率发生器）

方式 2 能在 OUT 端输出连续的周期性负脉冲信号,又称为 N 分频方式。其负脉冲宽度等于 1 个 CLK 计数时钟周期,OUT 输出脉冲周期等于 N（计数初值）个 CLK 计数时钟周期。其时序如图 10.23 所示。

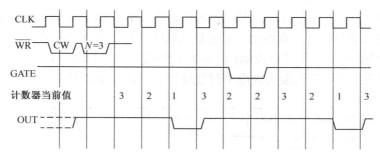

图 10.23　8253 的方式 2 时序图

CPU 送出了控制字后 OUT 端输出将变为高电平。GATE 若为高电平,在写入计数初值后,下一个 CLK 脉冲下降沿计数器对输入时钟 CLK 开始计数,直至计数器减至 1 时,OUT 输出变低,经过 1 个时钟周期后 OUT 输出恢复为高,计数器从初值开始又重新计数,直到计数器减到 1 时,OUT 端高电平持续了($N-1$)个 CLK 计数脉冲周期后,OUT 端输出变低。如此循环重复在 OUT 端产生一个周期性脉冲序列信号。这种工作方式可以用来产生 f_{CLK}/N 的分频信号。整个过程受门控脉冲 GATE 控制,GATE 变低则暂停现行计数。在 GATE 变高后的下一个 CLK 脉冲使计数器恢复初值,并从初值起重新开始计数。在计数过程中,CPU 重新写入初值时,对现行的计数过程没有影响,直到计数到 1,OUT 变低 1 个 CLK 周期后,计数器才按新的计数值计数。

（4）方式 3（方波发生器）

方式 3 的操作和方式 2 类似,但是 OUT 端输出的是方波,当计数值 N 为偶数,则输出对称的方波,前 $N/2$ 计数期间 OUT 输出高电平,后 $N/2$ 计数期间输出低电平;当 N 为奇数,则前($N+1$)/2 计数期间输出高电平;后($N-1$)/2 计数期间输出低电平。其时序如图 10.24 所示。

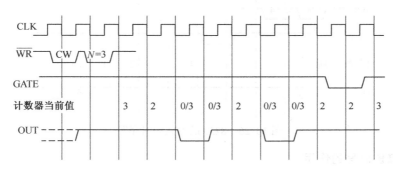

图 10.24　8253 的方式 3 时序图

GATE 端可以允许或禁止计数器计数。当 GATE 端加高电平时,写入控制字和计数初值后 OUT 端输出高电平,再经过 1 个 CLK 时钟脉冲即开始减法计数。计数初值为偶数时,每来 1 个 CLK 计数脉冲时做减 2 计数,减到零时 OUT 端输出低电平,同时重新开始原计数初值的减 2 计数,减到零时 OUT 恢复为高电平,如此循环。当计数初值为奇数时,OUT 输出端由低变高时,计数初值先减 1 然后再对 CLK 计数脉冲进行减 2 计数;OUT 输出端由高变低时,计数初值先减 3 然后再对 CLK 计数脉冲进行减 2 计数,所以高电平持续时间要多 1 个 CLK 计数脉冲周期。

方式 3 和方式 2 一样可以自动重新装计数初值,OUT 端可以产生连续方波。GATE 端进入低电平将停止计数,OUT 端立即变高电平。方式 3 主要应作为方波脉冲发生器或波特率发生器。

（5）方式 4（软件触发选通方式）

当门控 GATE 信号为高电平时,写入 8253 控制字后,OUT 输出立即变为高电平,写入计数值初值之后即开始计数(相当于软件启动),当计数到 0 时输出 1 个 CLK 计数时钟周期的负脉冲,计数器停止计数。这种方式计数是一次性的。只有输入新的计数值才开始新的计数。在计数期间如果写入新的计数值,将影响下一个计数周期(对本次无影响)。当门控信号 GATE 输入低电平时,停止计数,OUT 保持不变;GATE 恢复为高电平时继续计数。其时序如图 10.25 所示。

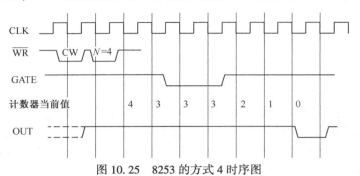

图 10.25   8253 的方式 4 时序图

（6）方式 5(硬件触发选通方式)

方式 5 与方式 1 有些类似,在写入方式控制字及计数初值后,输出 OUT 保持高电平,只有当门控信号 GATE 出现上升沿后才开始计数,当计数到 0 时,OUT 输出 1 个 CLK 周期的负脉冲。计数过程中写入新的计数初值不会影响正在进行的计数过程,只有当 GATE 端又出现上升沿触发信号时,将使计数器从计数常数值重新开始计数。方式 5 由硬件触发启动计数器工作,它输出的负脉冲宽度为 1 个计数脉冲 CLK 周期。其时序如图 10.26 所示。

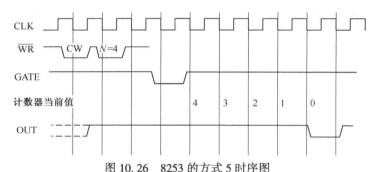

图 10.26   8253 的方式 5 时序图

2. 门控 GATE 信号的作用

在不同的方式中,门控 GATE 信号起着不同的作用,如表 10.6 所示。

表 10.6   8253 门控 GATE 信号在不同工作方式中的不同作用

工 作 方 式	低电平或负跳变	正 跳 变	高 电 平
0	禁止计数	—	—
1	—	① 启动计数 ② 在下一个脉冲后使输出变低	允许计数
2	① 禁止计数 ② 立即使输出变高	① 重新装入计数常数 ② 启动计数	允许计数
3	① 禁止计数 ② 立即使输出变高	启动计数	允许计数
4	禁止计数	—	允许计数
5	—	启动计数	—

3. 8253各种工作方式的比较

8253各种工作方式的比较如表10.7所示。

表10.7　8253各种工作方式的比较

功能＼方式	置初值（CR送CE）	开始计数	OUT输出	GATE↗上升沿置初值	GATE为低电平禁止计数	自动置初值	再写初值重新计数
方式0（计数到0中断）	GATE高电平时下一个CLK↓	再下一个CLK↓	CR*写入后变低计数到0变高	不会	会	不会	再写入初值后的下一个CLK↓
方式1（可编程单脉冲输出）	GATE↗后的下一个CLK↓	再下一个CLK↓	初值写后变高CR送CE*时变低计数到0时变高	会	不会	不会	再写入初值后不会立即被按新初值计数,要等待GATE↗
方式2（频率发生器）	GATE高电平时下一个CLK↓	再下一个CLK↓	CR写入后变高计数到1时输出1个CLK负脉冲	会	会（OUT立即变高）	会	对现行计数无影响,计数到0后,下一轮按新初值计数
方式3（方波发生器）	（同上）	再下一个CLK↓	CR写入后变高初值偶数时为正方波,为奇数时高电平宽度比低电平宽度多1T	会（OUT立即变高）	会	会	对现行计数无影响,计数到0后,下一轮按新初值计数,但在OUT的高电平时,写入时遇GATE↗重置初值并计数
方式4（软触发）	初值写入后下一个CLK↓	再下一个CLK↓	CR写入后变高计数到0时输出1个CLK负脉冲	不会	会	不会	立即
方式5（硬触发）	GATE↗后的下一个CLK↓	再下一个CLK↓	CR写入后变高计数到0时输出1个CLK负脉冲	会	不会	不会	对现行计数无影响,但遇GATE↗重置初值并计数

*注:CR是16位计数初值寄存器,CE是16位的计数单元。

4. 工作方式的选择

8253的工作方式的选择,首先可根据是否需要自动循环工作选择方式2、3(要)和方式0、1、4、5(不要,即一次过);方式2、3再通过OUT输出波形不同选择方式2(负脉冲)和方式3(方波);方式0、1、4、5再通过OUT输出波形不同选择方式0、1(计数期间为低,计数到0时上升)和方式4、5(负脉冲);方式0、1可继续通过触发方式不同选择方式0(软触发)和方式1(硬触发);方式4、5可继续通过触发方式不同选择方式4(软触发)和方式5(硬触发),如图10.27所示。

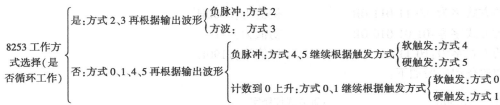

图10.27　8253的工作方式选择方法

10.2.3 8253 的初始化

1. 写入方式控制字

使用 8253 某一计数通道,首先要写入该通道的方式控制字确定工作方式。8253 的三个通道计数器的控制端口地址是相同的,依据写入控制字的最高 2 位来区别是哪个通道的控制字。

2. 写入计数初值

8253 的计数常数应写入相应的计数器,参见表 10.5。8253 的计数初值的写入格式要和控制字中的 RL_1 和 RL_0 规定的格式相一致。$RL_1RL_0 = 01$ 时,只写入低 8 位,高 8 位自动置 0;$RL_1RL_0 = 10$ 时,只写入高 8 位,低 8 位自动置 0;$RL_1RL_0 = 11$ 时,写入 16 位,先写低 8 位后写高 8 位。8253 是减 1 计数,写入计数初值为 0000H 时计数值最大。

写入计数初值时,还需注意:如果在方式控制字中的 BCD 码位为 1 时,即 BCD 码计数,但写入指令中必须写成十六进制数。例如计数初值为 50,采用 BCD 码计数,则指令中的 50 必须写成 50H。

3. 读计数值

在计数的过程中有时要读出当前计数值。在动态读计数时可以有两种办法:

(1) 以普通对计数端口读的方法取得当前计数值。按工作方式控制字中 RL_1RL_0 位的规定,可读出指定字节。考虑到计数器正在计数,可能会使从计数器直接读出的数据不稳定。为此,可以用 GATE 无效来阻断计数器暂停计数以保证读到稳定的数值。

(2) 锁存计数器的当前值。用一个方式控制字,其中 $RL_1RL_0 = 00$,即可锁存指定计数器的计数值,然后用一条读指令来读取当前计数值。这种方法不会影响计数器的当前工作。

10.2.4 8253 的应用举例

例 10.5 8253 在 IBM PC/XT 中的端口地址为 40H ~ 43H,它的作用为:OUT_0 作为时钟定时,OUT_0 每输出 18.2 次脉冲为 1s;CNT_1 为内存刷新定时,刷新定时信号的时钟周期为 2ms/128 = 15.625μs;CNT_2 为扬声器声调控制。设 CLK_0、CLK_1 和 CLK_2 均接在 1.19MHz 频率的输入信号上,扬声器工作时的频率为 1kHz,试分析 8253 的方式控制字及各通道的计数器初值,并写出初始化程序段。

解:CNT_0 循环往复输出方波为方式 3,CNT_1 循环往复工作为方式 2。CNT_2 扬声器发声时也得循环往复输出方波为方式 3。

根据计数器初值 $N =$ 输入频率 f_{CLK}/输出频率 f_{OUT},可得

$N_0 = 1.19M/18.2 \approx 65\ 536 = 0$

$N_1 = 1.19M \times 15.12\mu = 18$

$N_2 = 1.19M/1K \approx 1.19K = 1\ 190$

CNT_0 的方式字为:00 11 011 0B	初值为:0000H
CNT_1 的方式字为:01 01 010 0B	初值为:12H
CNT_2 的方式字为:10 11 011 1B	初值为:1190H

CNT_0 初始化程序段如下:

```
MOV   AL,36H              ;置方式控制字
OUT   43H,AL
MOV   AL,0
OUT   40H,AL              ;置低 8 位初值
```

```
              OUT    40H,AL                      ;置高 8 位初值
```

CNT₁ 初始化程序段如下：

```
       MOV    AL,54H                      ;置方式控制字
       OUT    43H,AL
       MOV    AL,12H
       OUT    41H,AL                      ;置低 8 位初值
```

CNT₂ 初始化程序段如下：

```
       MOV    AL,0B7H                     ;置方式控制字,BCD 计数
       OUT    43H,AL
       MOV    AL,90H
       OUT    42H,AL                      ;置低 8 位初值
       MOV    AL,11H
       OUT    42H,AL                      ;置高 8 位初值
```

例 10.6 在 DEBUG 环境中控制扬声器响或不响。

```
       -A100
       0AEF:0100       MOV    AL,B6       ;8253 方式字
       0AEF:0102       OUT    43,AL
       0AEF:0104       MOV    AL,00       ;8253 初值,声调 1 024Hz
       0AEF:0106       OUT    42,AL       ;修改此初值,可控声调
       0AEF:0108       MOV    AL,04
       0AEF:010A       OUT    42,AL

       0AEF:010C       IN     AL,61       ;允许扬声器发声,8255PB0、PB1 置 1
       0AEF:010E       OR     AL,03
       0AEF:0110       OUT    61,AL

       0AEF:0112       AND    AL,FC       ;禁止扬声器发声
       0AEF:0114       OUT    61,AL
       0AEF:0116       HLT

       -G=100 112      ;使扬声器发声
       -G=112 116      ;使扬声器禁声
       -G=10E 112      ;再使扬声器发声
```

10.3　数据采集系统接口技术

在微型计算机构成的测控系统中,经常需要将外设的模拟信号转换成微机能进行处理的数字信号;同时,也需要将微机输出的数字信号转换成外设所要求的模拟信号。因此,由模拟到数字的转换(A/D)和由数字到模拟的转换(D/A)是微机工控应用中非常重要的接口。计算机数据采集系统的主要功能是进行模拟信号与数字信号的转换,同时进行计算机内部与外部的数据交换。本节主要讨论数字/模拟(D/A)和模拟/数字(A/D)转换的接口技术。

10.3.1　概述

D/A 和 A/D 转换技术是数字技术发展的一个重要分支,在微机应用系统中占有重要地位。计算机能处理的是二进制数字信息,然而,在微机应用于工业控制、电子测量技术和智能仪器仪表中采用的基本上都是模拟量,即数值随着时间在一定范围内连续变化的物理量。模拟量可分为电量

和非电量两类。对于诸如温度、压力、流量、速度以及位移等众多的非电量,采用相应的传感元件或器件可以转换为电量。要使微机能够对模拟量进行采集和处理,首先必须采用模数转换技术将模拟量转换成数字量。而在微机的输出控制系统中,微机的输出控制信息往往必须先由数字量转换成模拟电量后,才能驱动执行部件完成相应的操作,以实现所需的控制。图 10.28 表示了一个实时控制系统的构成。可看出 D/A 和 A/D 转换器在系统中的作用和位置。图中的功放是为了提供给 ADC 足够的模拟信号的幅度,使执行部件具有足够的驱动能力。

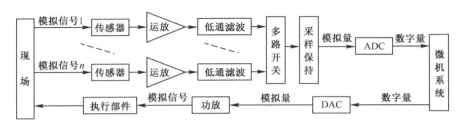

图 10.28 一个实时控制系统的构成

图 10.28 中所示的系统可以看做是由两部分组成的。一部分是将现场模拟信号变为数字信号送至计算机进行处理的测量系统;另一部分是由计算机、DAC、功放和执行部件构成的程序控制系统。实际应用中,这两部分可以独立存在。现今的通信技术已广泛采用数字形式进行传输,因此也需要将模拟信息转换成数字量,传输到对方后再将数字量转换为模拟量。

随着集成电路水平的不断提高,A/D 转换和 D/A 转换的器件也步入了大规模集成的时代,其精度和转换速率也在不断地提高。同时以转换器为中心的各种配套产品,如采样保持电路、模拟多路开关、精密基准电源以及电压/频率或频率/电压转换器等更是品种繁多。

A/D 和 D/A 转换主要分为三类。

(1) 数字/电压和电压/数字转换。

(2) 电压/频率(脉宽)和频率(脉宽)/电压转换。

(3) 转角/数字和数字/转角转换。

A/D 转换的三个关键过程为采样、量化和编码。由传感器、放大电路、滤波电路、多路开关以及采样保持电路构成采样过程,即将待 A/D 转换的模拟信号获取送到 A/D 转换器。信号的采样频率至少为信号的变化频率的 2 倍时,才可还原原信号,建议一般为 4 至 10 倍,过高则会消耗更多的空间及时间。量化是把采样到的模拟信号转换为数字量,即A/D 转换的核心过程,量化时所分的等级数 N 越大,A/D 转换的分辨率越高,误差越小(如 256 级与 128 级相比)。编码是将量化后的数字量用相应的二进制编码表示出来的过程,有很多种编码方案可供选择,如补码、原码、反码以及移码等。具体请参看本书第 1 章。

10.3.2 D/A 转换器(DAC)

D/A 转换器主要实现将数字信号转换为模拟信号,本节主要介绍其工作原理,并以 DAC0832 作为例子说明其应用。

1. DAC 的基本原理

数字量是由一位一位的数位构成的,每一数位都有一个确定的权。为了把一个数字量变为模拟量,必须把每一位的代码按其权值转换为对应的模拟量,再把每一位对应的模拟量相加,这样得到的总模拟量便对应于给定的数据。

通常可以采用图 10.29 所示的权电阻 DAC 网络来实现。与二进制代码对应的每个输入位,各有一个模拟开关和一个权电阻。当某一位数字代码为 1 时,开关合上,将该位的权电阻接至基源以产生相应的权电流。此权电流流入运算放大器的求和点,转换成相应的模拟电压输出。当数字输入代码为 0 时,开关断开,因而没有电流流入求和点。

图中,$V_o = -(I_0D_0 + I_1D_1 + I_2D_2 + I_3D_3)R_f$

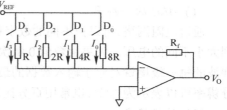

$$I_0 = V_{REF}/(8R)$$
$$I_1 = V_{REF}/(4R)$$
$$I_2 = V_{REF}/(2R)$$
$$I_3 = V_{REF}/(1R)$$
$$V_o = -(D_0/8 + D_1/4 + D_2/2 + D_3/1)R_fV_{REF}/R$$

图 10.29　权电阻 DAC

当二进制位数为 n 时,

$$V_o = -\frac{R_f}{2^nR}V_{REF}\sum_{i=0}^{n-1}2^iD_i = -\frac{M}{2^n}V_{REF}\frac{R_f}{R}$$

$D_i = 0$ 或 1,表示了二进制数各位的值。M 是二进制数的数值。

权电阻 DAC 虽然简单、直观,但当位数较多时,例如转换位数为 12 位时,阻值范围将达到 4096:1。如果最高位(MSB)权电阻阻值是 $10k\Omega$ 时,则最低位(LSB)权电阻阻值将高达 $40.96M\Omega$。这样大的阻值范围显然在工艺上是难以实现的。

在实际应用中,通常由 T 型电阻($R \sim 2R$)电阻网络和运算放大器构成 D/A 转换器,如图 10.30 所示。由于使用 T 型电阻网络来代替单一的权电阻支路,整个网络只需要 R 和 2R 两种电阻,很容易实现。在集成电路中,由于所有的元件都做在同一芯片上,所以,电阻的特性很一致,误差问题也可以得到较好的解决。

由图 10.36 中可以看出,任何一个支路中,如果开关倒向左边,支路中的电阻便接地了,这对应于该位的 $D_i = 0$ 的情况;如果开关倒向右边,电阻就接到加法电路的相加点上去了,对应于该位 $D_i = 1$ 的情况。对图 10.36 电路,根据电阻的并联、串联及欧姆定律很容易算出 D、C、B 以及 A 各点的电位分别为 V_{REF},$1/2V_{REF}$,$1/4V_{REF}$ 和 $1/8V_{REF}$。当各支路的开关倒向左边时,各支路电流分别如下:

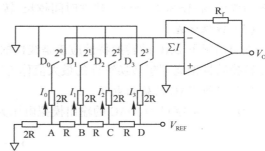

$$I_0 = \frac{V_A}{2R} = \frac{V_{REF}}{16R} = \frac{V_{REF}}{2^4R}2^0$$

$$I_1 = \frac{V_B}{2R} = \frac{V_{REF}}{8R} = \frac{V_{REF}}{2^4R}2^1$$

$$I_2 = \frac{V_C}{2R} = \frac{V_{REF}}{4R} = \frac{V_{REF}}{2^4R}2^2$$

图 10.30　T 型网络 DAC

$$I_3 = \frac{V_D}{2R} = \frac{V_{REF}}{2R} = \frac{V_{REF}}{2^4R}2^3$$

$$I = I_0 + I_1 + I_2 + I_3 = \frac{V_{REF}}{2^4R}(2^3D_3 + 2^2D_2 + 2^1D_1 + 2^0D_0)$$

$$V_o = -IR_f = -\frac{V_{REF}}{2^4R}V_{REF}(2^3D_3 + 2^2D_2 + 2^1D_1 + 2^0D_0)$$

当二进制位数为 n 位时,

$$V_o = -\frac{R_f}{2^nR}V_{REF}\sum_{i=0}^{n-1}2^iD_i = -\frac{M}{2^n}V_{REF}\frac{R_f}{R}$$

$D_i = 0$ 或 1，表示二进制数各位的值。

2. DAC 的参数指标

（1）DAC 的分辨率

通过电阻网络，可以把不同的数字量转换成大小不同的电流，从而可以在运算放大器输出端得到大小不同的电压。如果由数值 0 每次增加 1，一直变化到 n，那么就可以得到一个阶梯波电压，阶梯波的每一级增量对应于输入数据的最低数位 1，即表示 DAC 的分辨率。一个 n 位二进制 DAC 的分辨率可以表示为 $1/2^n$，也常用百分比表示，位数 n 越多，分辨率就越好。

（2）转换精度

转换精度通常又分为绝对转换精度和相对转换精度。

所谓绝对转换精度，就是指每个输出电压接近理想值的程度，它与标准电源的精度和权电阻的精度有关。

相对转换精度更常用，是描述输出电压接近理想值程度的指标，一般用绝对转换精度相对于满量程输出的百分比表示，有时也用最低位（LSB）的几分之几表示。例如，一个 DAC 的相对转换精度为 LSB/2，这就表示可能出现的相对误差为

$$\Delta A = \frac{V_{FSR}}{2^{n+1}}$$

其中，V_{FSR} 为满量程输出电压。

（3）转换速率

一般指信号工作时，模拟输出电压的最大变化速度，单位为 V/μs，这项参数主要取决于运算放大器的参数。

（4）建立时间

一般指信号工作时，DAC 的模拟输出电压达到某个规定范围时所需要的时间，所谓规定范围一般指终值的 ±LSB/2。显然，建立时间越长，转换速率越低。

（5）线性误差

理想情况下 DAC 的转换特性应该是线性的。但是实际上，输出特性并不是理想线性。一般将实际转换特性偏离理想转换特性的最大值称为线性误差。

（6）单级 DAC 的输出电压

给定一个数字量 M，DAC 的输出模拟电压为：

$$V_o = -\frac{M}{2^n}V_{REF}$$

其中，V_{REF} 为基准电压，n 为数字量的位数。由于 $M \leqslant 2^{n-1}$，因此 $V_o < V_{REF}$。

3. 典型 DAC 器件——DAC0832

当前使用的 DAC 器件中，既有分辨率和价格均较低的通用 8 位芯片，也有速度和分辨率较高，价格也较高的 16 位乃至 20 位及其以上的芯片。既有电流输出型芯片，也有电压输出型芯片，即内部带有运算放大器的芯片。DAC0832 是 8 位 D/A 转换器，是 DAC0800 系列的一种。DAC0832 与微机接口方便，转换控制容易，且价格便宜，因此在实际中得到广泛的应用。

（1）主要特性

该系列产品还有 DAC0830 和 DAC0831，它们可以互相替换。DAC0832 具有以下主要特性：

- 输入端具有双重缓冲功能，可以双缓冲、单缓冲或直通数字输入。
- 所有通用微处理器可直接连接。

- 满足 TTL 电平规范的逻辑输入。
- 分辨率为 8 位,满刻度误差±1LSB,建立时间为 1μs,功耗 20mW。
- 电流输出型 D/A 转换器。

（2）内部结构及引脚

DAC 0832 采用 T 型电阻解码网络,由二级缓冲寄存器和 D/A 转换电路及转换控制电路组成。图 10.31 为其内部逻辑功能示意图。

DAC 0832 芯片为 20 脚双列直插式封装,其引脚功能说明如下。

$\overline{CS}$:片选信号,输入寄存器选择信号,低电平有效。与允许输入锁存信号 ILE 合起来决定是否起作用。

ILE:输入锁存允许信号,高电平有效。

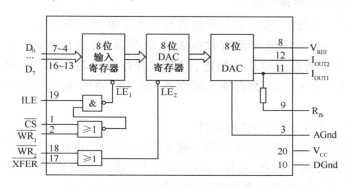

图 10.31　DAC 0832 内部逻辑功能示意图

$\overline{WR_1}$:写信号 1。作为第一级锁存信号将输入数据锁存到输入寄存器中,$\overline{WR_1}$ 必须和$\overline{CS}$和 ILE 同时有效。

$\overline{WR_2}$:写信号 2。将锁存在输入寄存器中的数据送到 DAC 寄存器中进行锁存,此时传输控制信号$\overline{XFER}$必须有效。

$\overline{XFER}$:传输控制信号。用来控制$\overline{WR_2}$。

$D_0 \sim D_7$:8 位数据输入端。D_7 为最高位 MSB,D_0 为最低位 LSB。

I_{OUT1}:模拟电流输出端。常接运算放大器反相输入端,随 DAC 中数据的变化而变化。

I_{OUT2}:模拟电流输出端。I_{OUT2} 为一常数和 I_{OUT1} 的差,即 $I_{OUT1}+I_{OUT2}=$ 常数。

R_{fb}:反馈电阻引出端。DAC0832 内部已经有反馈电阻,所以,R_{fb} 端可以直接接到外部运算放大器的输出端。

V_{REF}:参考电压输入端。此端可接正电压,也可接负电压,范围为+10～−10V。

V_{CC}:芯片供电电压。范围为+5～+15V,最佳工作状态是+15V。

AGnd:模拟地,即模拟电路接地端。

DGnd:数字地。

为保证 DAC0832 可靠的工作,要求$\overline{WR_2}$ 和$\overline{WR_1}$ 的宽度不小于 500ns,若 $V_{CC}=15V$,宽度则可为 100ns。输入数据的保持时间不少于 90ns,这在与微机连接时都容易满足。同时,不用的数字输入端不能悬空,应根据要求接地或 V_{CC}。

（3）DAC0832 的工作方式

DAC0832 有以下三种工作方式。

① 双缓冲方式:即数据经过双重缓冲后再送入 D/A 转换电路,执行两次写操作才能完成一次

D/A 转换,这种方式可在 D/A 转换的同时进行下一数据的输入,可提高转换速率。更为重要的是,这种方式特别适用于要求同时输出多模拟量的场合。此时,要用多片 DAC0832 组成模拟输出系统,每片对应一个模拟量。

② 单缓冲方式:不需要多个模拟量同时输出时可采用此种方式。此时两个寄存器之一处于直通状态,输入数据只经过一级缓冲送入 D/A 转换器。这种方式只需执行一次写操作即可完成 D/A 转换。

③ 直通方式:此时两个寄存器均处于直通状态,因此要将 $\overline{CS}$、$\overline{WR_1}$、$\overline{WR_2}$ 和 $\overline{XFER}$ 端都接数字地,ILE 接高电平。数据直接送入 D/A 转换电路。这种方式可用于一些不采用微机的控制系统中。

4. DAC 与微机系统的连接与使用

当 DAC 与微机系统连接时,要注意芯片是否有内部数据锁存器。目前市场上的 DAC 或 ADC 芯片可以分为两类。一类芯片内部没有数据输入寄存器,价格也较低,如 AD7520,AD7521 和 ADC0808 等,这类芯片不能直接和总线相连,需通过并行接口芯片如 74LS373,74LS273 和 Intel 8255A 等连接;另一类芯片内部有数据输入寄存器,如 DAC0832 和 AD7524 等,可以直接和总线相连。

(1) 不带数据输入寄存器的 DAC 的使用

对于一个 DAC 器件来说,当数据量加到其输入端时,输出端将随之建立相应的电流或电压,并随着输入数据的变化而变化。同理,当输入数据消失时,输出电流或电压也会消失。在微机系统中,数据来自 CPU 执行输出指令后,数据在总线上的保持时间只有 2 个时钟周期,这样模拟量在输出端的保持时间也很短。但在实际使用中,要求转换后的电流或电压保持到下次数据输入前不发生变化。为此就要求在 DAC 的前面增加一个数据锁存器,再与总线相连,如图 10.32 所示。图中译码器的接法决定了锁存器的端口地址。

对于 8 位数据总线的微机系统来说,如果 DAC 超过 8 位,这时用一个 8 位锁存器就不够了。如 12 位的 DAC,就需用两个锁存器和总线相连。工作时,CPU 通过两条输出指令往两个锁存器对应的端口地址中输出 12 位 DAC 的数据。具体的连接方法如图 10.33 所示。

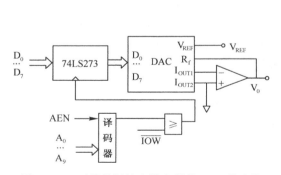

图 10.32　不带数据输入锁存器的 DAC 的连接

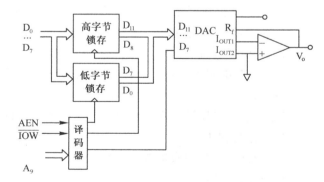

图 10.33　超过 8 位的 DAC 与 8 位总线的连接

采用图 10.33 所示的电路时,CPU 要两次执行输出指令,DAC 才输出所需要的电流。在第一次执行输出指令后,DAC 就得到了一个局部输入,由此输出端会得到一个局部输出。实际上并不需要模拟量输出,因而产生了一个干扰输出,显然这是不希望的。为此往往用两级数据锁存结构来解决以上这一问题。工作时 CPU 先用两条输出指令把数据送到第一级数据锁存器,然后通过第三条输出指令把数据送到第二级数据锁存器,从而使 DAC 一次得到 12 位待转换的数据。可以想到,由于第二级数据锁存器并没有和数据总线相连,所以第三条输出指令仅仅是使第二级锁存器得到一个选通信号,使得第一级锁存器的输出数据输入第二级锁存器。

（2）带数据输入寄存器的 DAC 的使用

这类 DAC,实际上是将外围寄存器集成在同一个芯片中,使用时就可以直接将 DAC 与数据总线相连。下面以 DAC0832 为例介绍这类 DAC 芯片的使用方法。

DAC0832 内部有一个 T 型电阻网络用来实现 D/A 转换,属电流型芯片,需外接运算放大器才能得到模拟电压输出。从图 10.34 中可以看到,在 DAC0832 中有二级锁存器,第一级锁存器称为输入寄存器,它的锁存信号是 ILE;第二级锁存器也称为 DAC 寄存器,它的锁存信号是 $\overline{XFER}$,也称为通道控制信号。因为有了两级锁存器,DAC0832 可以工作在双锁存器的工作方式下,即在输出模拟信号的同时,送入下一个数据,于是有效地提高了转换

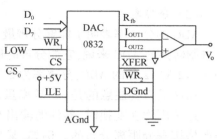

图 10.34 DAC0832 的外部连接

速度。另外,有了两级锁存器以后,可以在多个 DAC 同时工作时,利用第二级锁存信号来实现多个 DAC 的同时输出。

在图 10.34 中,当 ILE 为高电平,$\overline{CS}$ 和 $\overline{WR_1}$ 为低电平时,$\overline{LE}$ 为 1,在这种情况下,输入寄存器的输出随输入而变化。此后,当 $\overline{WR_1}$ 由低电平变高电平时,数据锁存到输入寄存器中,这时,输入寄存器的输出端不再随外部数据的变化而变化。对于第二级锁存器来说,$\overline{XFER}$ 和 $\overline{WR_2}$ 同时为低电平时,这时 8 位 DAC 寄存器的输出随输入而变化。此后当 $\overline{WR_2}$ 由低电平变高电平时,即将输入锁存器中的数据锁存到 DAC 寄存器中。为了 DAC0832 进行 D/A 转换,可以使用两种方法对数据进行锁存。

第一种方法是使输入寄存器工作在锁存状态,而 DAC 寄存器工作在不锁存状态,即 $\overline{XFER}$ 和 $\overline{WR_2}$ 都为低电平。这样当 $\overline{WR_1}$ 来一个负脉冲时,就可完成一次变换。

第二种方法是输入寄存器工作在不锁存状态,而使 DAC 寄存器工作在锁存状态,这样也可以达到锁存的目的。

当然,必要时输入寄存器和 DAC 寄存器可以同时使用。

10.3.3　A/D 转换器（ADC）

A/D 是 D/A 的逆过程,它把模拟信号转换成数字信号。

1. A/D 转换器的主要参数

（1）转换精度

由于模拟量是连续的,而数字量是离散的,所以,一般是某个范围内的模拟量对应于某一个数字量,也就是说在 ADC 中,模拟量和数字量之间并不是一一对应的关系。例如,一个 ADC,在理论上应是模拟量 5V 电压对应数字量 800H,但是实际上 4.997V、4.998V 和 4.999V 也对应数字量 800H。这就存在着一个转换精度问题,这个精度反映了 ADC 的实际输出接近理想输出的精确程度。ADC 的精度通常是用数字量的最低有效位 LSB 来表示的。

设数字量的最低有效位对应于模拟量 Δ,如果模拟量在 $\pm\Delta/2$ 范围内都产生相对应的唯一的数字量,那么,这个 ADC 的精度为 0LSB。这个误差是不可避免的。

如果模拟量在 $\pm\Delta 3/4$ 范围内都产生相同的数字量,那么,这个 ADC 的精度为 $\pm1/4$LSB。这是因为与精度为 $\pm$0LSB（误差范围）的 ADC 相比,现在这个 ADC 的误差范围扩展了 $\pm\Delta/4$。以此类推,

如果模拟量在±Δ范围中产生相同的数字量,那么这个ADC的精度为±1/2LSB。

（2）转换速率

转换速率是用完成一次A/D转换所需要的时间的倒数来表示的,因此,转换率表明了ADC的速率。

例如,完成一次A/D转换所需要的时间是100ns,那么,转换率为10MHz,即每秒转换10^7次。

（3）分辨率

ADC的分辨率表明了能够分辨最小量化信号的能力,通常用位数来表示。对于一个实现n位二进制转换的ADC来说,它能分辨的最小量化信号的能力为2^n单位,所以,它的分辨率为2^n。例如$n=12$的12位的ADC,分辨率为$2^{12}=4\ 096$单位。

在这里需要注意的是,分辨率虽然说明了A/D变换的精度,但是并不等于A/D变换的精度。这是因为在变换时,器件的输出与输入之间并不是严格的线性关系,实际上输出的数并不是严格按等分距离分布的。例如,某个AD器件的分辨率是12位,但是精度可能只有0.1%,在这时,4000与4001所代表的电压差别并不一定是1/4095($\approx0.025\%$),而可能是0.1%以内的任何一个值。

2. A/D转换的几种方法和原理

实现A/D转换的方法很多,常见的有计数式、双积分式、逐次逼近式以及并行式等,计数式A/D转换在实际中很少采用。

（1）逐次逼近式ADC

这种ADC是将计数式ADC中的计数器换成由控制电路控制的逼近寄存器演变而来的,是目前用得较多的一种ADC。逐次逼近式ADC在转换时,使用DAC的输出电压来驱动比较器的反相端。逐次逼近式进行转换时,用一个逐次逼近寄存器存放转换出来的数字量,转换结束时,将数字量送到缓冲寄存器中,如图10.35所示。

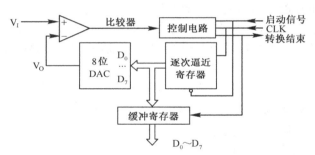

图10.35 逐次逼近式ADC

当启动信号由高电平变为低电平时,逐次逼近寄存器清0,这时DAC的输出电压V_O也为0。当启动信号变为高电平时,转换开始,逼近寄存器开始计数。

逐次逼近寄存器工作时从最高位开始,通过设置试探值来进行计数。即当第一个时钟脉冲来到时,控制电路把最高位置"1"送到逐次逼近寄存器,使它的输出为10000000。这个数字送DAC,使DAC的输出电压V_O为满量程的128/255。这时,如果$V_O>V_I$,比较器输出为低电平,使控制电路据此清除逐次逼近寄存器中的最高位,逐次逼近寄存器内容变为00000000;如果$V_O<V_I$,则比较器输出为高电平,使控制电路将最高位的1保留下来,逐次逼近寄存器内容保持为10000000。下一个时钟脉冲使次高位为1,如果原高位被保留时,逐次逼近寄存器的值变为11000000,DAC的输出电压V_O为满量程的192/255,并再次与V_I做比较,如果$V_O>V_I$,比较器输出的低电平使D_6复位;如果$V_O<V_I$,比较器输出的高电平保留了次高位D_6为1。再下一个时钟脉冲对D_5置1,然后根据对V_O和V_I的比较,决定保留还是清除D_5位上的1,……以此类推,重复这一过程,直到$D_0=1$,再与输入V_I比较。最多经过数字量数据位数次比较后,逐次逼近寄存器中得到的值就是转换后的数据。

转换结束后,控制电路送出一个低电平作为结束信号,这个信号的下降沿将逐次逼近寄存器的数字量送入缓冲寄存器,从而得到数字量的输出。一般来说,n位逐次逼近法ADC,只用n个时钟

脉冲就可以完成 n 位转换。n 一定时,转换时间是一常数。显然逐次逼近法 ADC 的转换速度是比较快的。

由上可知,逐次逼近法的基本原理,首先是将高位置"1",这相当于取最大允许电压的1/2与输入电压比较。如果搜索值在最大允许电压的 1/2 范围中,那么,最高位置"0"。此后,次高位置"1",相当于在 1/2 范围内再做对半搜索,根据搜索值确定次高位复位还是保留。以此类推,因此逐次逼近法也常称为二分搜索法或对半搜索法。

（2）双积分式 ADC

双积分式 ADC 的原理如图 10.36 所示,电路中的主要部件包括积分器、比较器、计数器和标准电源。

其工作过程分为两段时间,T_1 和 Δt。

在第一段时间内,开关 S_1 将被转换的电压 V_I 接到积分器的输入端,积分器从原始状态(0V)开始积分,积分时间 T_1,当积分到 T_1 时,积分器的输出电压 V_0 为:

$$V_0 = -\frac{1}{RC}\int_0^{T_1} V_I dt \tag{10-1}$$

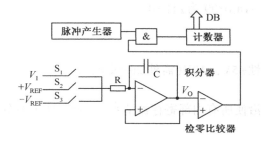
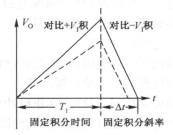

图 10.36　双积分式 ADC 电路工作原理

第二阶段,T_1 结束后,开关 S_1 断开,S_2 或 S_3 将与被转换电压 V_I 极性相反的基准电压 V_{REF} 接到积分器上,这时,积分器的输出电压开始复原,当积分器输出电压回到起点(0V)时,积分过程结束。设这段时间为 Δt,此时积分器的输出为

$$V_0 + \frac{1}{RC}\int_0^{\Delta t} V_{REF} dt = 0 \tag{10-2}$$

$$V_o = -\frac{1}{RC}\Delta t V_{REF} \tag{10-3}$$

如果被转换电压 V_I 在 T_1 时间内是恒定值,则

$$V_0 = -\frac{1}{RC}T_1 V_I \tag{10-4}$$

$$\Delta t = -\frac{T_1}{V_{REF}}V_I \tag{10-5}$$

式(10-5)中,T_1 和 V_{REF} 为常量,故第二次积分时间间隔 Δt 与被转换电压 V_I 成正比。由图 10.36 可看出,被转换电压 V_I 越大,则 V_0 的数值越大,Δt 时间间隔越长。若在 Δt 时间间隔内计数,则计数值即为被转换电压 V_I 的等效数字值。注意图 10.36 中没有考虑实际积分器的负号问题。

通过前面对逐次比较式和双积分式 A/D 比较,可以看出它们的应用场合。

双积分式 ADC:它在许多场合代表了一类计数式转换器,属于间接转换,采用的是积分技术,它们共同的特点是转换速度较低,精度可以做得较高。它们多数是利用平均值转换,所以对常态干扰的抑制能力强,常用在数字电压表等低速场合。

逐次比较式 ADC:它的转换速度要比积分式的转换速度高得多,精度也可以做得较高,控制电路不算很复杂。因为它是对瞬时值进行转换的,所以对常态干扰抑制能力差,适用于要求转换速度较高的情况下。

10.3.4 典型 ADC 器件 ADC0808/0809 及其应用

ADC0808 和 ADC0809 除精度略有差别外(前者精度为 8 位,后者为 7 位),其余各方面完全相同。它们都是 CMOS 器件,不仅包括一个 8 位逐次逼近型的 ADC 部分,而且还提供一个 8 通道的模拟多路开关和通道寻址逻辑,因此有理由把它作为简单的"数据采集系统"。利用它可直接输入 8 个单端的模拟信号分时进行 A/D 转换,这在多点巡回检测和过程控制、机床控制中应用广泛。

1. 主要技术指标和特性

- 分辨率:8 位。
- 总的不可调误差:ADC0808 为 ±1/2LSB,ADC0809 为 ±1LSB。
- 转换时间:取决于时钟频率。
- 单一电源:+5V。
- 模拟电压输入范围:单极性 0~5V;双极性 ±5V,±10V(需外加一定电路)。
- 具有可控的三态输出缓冲器。
- 启动转换控制为脉冲式(正脉冲),上升沿使所有内部寄存器清零,下降沿时 A/D 转换开始。
- 使用时不需进行零点和满刻度调节。

2. 内部结构与外部引脚

ADC0808 和 ADC0809 内部结构与外部引脚如图 10.37 所示。

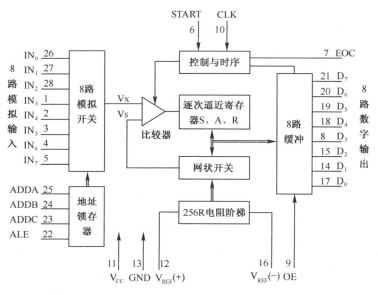

图 10.37　ADC0808 和 ADC0809 内部结构与外部引脚

IN_0 ~ IN_7:8 路模拟输入,通过 3 根地址译码线 ADDA、ADDB 和 ADDC 来选通一路。

D_0 ~ D_7:A/D 转换后的数据输出端,为三态可控输出,故可直接和微处理器数据线连接。

ADDA、ADDB 和 ADDC：模拟通道选择地址信号，ADDA 为低位，ADDC 为高位，3 位译码分别选通 8 路模拟输入 $IN_0 \sim IN_7$。通常两种接法：一种是与 CPU 的地址线直接相连（0809 可有 9 个不同的地址：1 个启动，8 个 8 路模拟输入信号选择）；一种与另一数据输出端口相连（0809 只有一个端口地址用于启动，如图 10.37 所给出的示意图）。

VR(+) 和 VR(−)：正负参考电压输入端，用于提供片内 DAC 电阻网络的基准电压。在单极性输入时，VR(+) = 5V，VR(−) = 0V；双极性输入时，VR(+) 和 VR(−) 分别接正、负极性的参考电压。

ALE：地址锁存允许信号，高电平有效。当此信号有效时，ADDA，ADDB 和 ADDC 三位地址信号被锁存，译码选通对应模拟通道，在使用时，该信号常和 START 信号连在一起，以便同时锁存通道地址和启动 A/D 转换。

START：A/D 转换启动信号，正脉冲有效。加于该端的脉冲的上升沿使逐次逼近寄存器清零，下降沿开始 A/D 转换，如正在进行转换时又接到新的启动脉冲，则原来的转换进程被中止，重新从头开始。

EOC：转换结束信号，高电平有效，该信号在 A/D 转换过程中为低电平，其余时间为高电平。该信号既可作为被 CPU 查询的状态信号，也可作为对 CPU 的中断请求信号。在需要对某个模拟量不断采样、转换的情况下，EOC 也可作为启动信号反馈到 START 端，但在刚加电时需由外电路第一次启动。

OE：输出允许信号，高电平有效。当微处理器送出该信号时，ADC0808/0809 的输出三态门被打开，使转换结果通过数据总线被读取。在中断工作方式下，该信号往往是 CPU 发出的中断请求响应信号。

CLK：工作时钟，10~1 280kHz。

3. 工作时序与使用说明

ADC0808/0809 的工作时序如图 10.38 所示。当通道选择地址有效时，ALE 信号一出现，地址便马上被锁存，这时转换启动信号紧随 ALE 之后（或与 ALE 同时）出现。START 的上升沿将逐次逼近寄存器复位，在该上升沿之后的 $2\mu s$ 加 8 个时钟周期内（不定），EOC 信号将变为低电平，以指示转换操作正在进行中，直到转换完成后，EOC 再变高电平。微处理器接到变为高电平的 EOC 信号后，便立刻送出 OE 信号，打开三态门，读取转换结果。

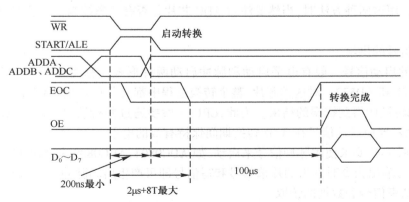

图 10.38　ADC0809 的工作时序图

模拟输入通道的选择可以相对于转换开始操作独立地进行（当然，不能在转换过程中进行），通常是把通道选择和启动转换结合起来完成。这样可以用一条写指令，既选择模拟通道又启动转换。在与微机接口时，输入通道的选择可有两种方法，一种是通过地址总线选择，另一种是通过数据总线选择。

4. ADC 和系统连接时要考虑的问题

随着集成电路的发展,现在已经有了各种集成的 ADC 芯片。只要接上供电电源,将模拟信号加到输入端,往控制端加一启动信号,A/D 转换器就可以开始工作。转换结束后,芯片经过一个输出引脚给出结束信号,通知 CPU 此时可以读取数据。ADC 芯片有众多型号可供选择。它们既有通用而廉价的 AD570、AD7574、ADC80 和 AD0801(0802、0803、0804、0808 和 0809),也有高精度的 AD5741、ADC1130、AD578 和 AD1131,还有高分辨率的 ADC1210(12 位)和 ADC1140(16 位),低功耗的 AD7550 和 AD7574,等等。

无论是哪种型号的 ADC 芯片,对外引脚都相类似,一般 ADC 芯片的引脚涉及这样几种信号:模拟输入信号、数据输出信号、启动转换信号和转换结束信号。

ADC 芯片与系统相连接时,需要考虑这些信号的连接问题。

(1) 输入模拟电压连接 ADC 芯片的输入模拟电压既可是单端的,也可是差动的。常用 VIN (-),VIN(+)或 IN(-)、IN(+)一类符号标明输入端。如果用单端输入的正向信号,则把 VIN(-) 接地,信号加到 VIN(+)端;如果用单端输入的负向信号,则相反;如果用差动输入,则模拟信号加到 VIN(-)和 VIN(+)端之间。

(2) 数据输出线和系统总线的连接。

ADC 芯片一般有两种输出方式:

一类输出端具有可控的三态输出门,如 ADC0809,输出端可以直接和系统总线相连,由读信号控制三态门。转换结束后,CPU 通过执行一条输入指令,产生读信号,将数据从 ADC 中读出。

另一类内部虽有三态门,但其不受外部控制,而是当 ADC 在转换结束后便自动接通,如 AD570,此外,还有某些 ADC 没有三态输出门。这类 ADC 的数据输出线不能直接与系统总线相连接,而必须通过诸如并行接口的 I/O 通道或者附加的三态门电路实现 ADC 和 CPU 之间的数据传输。

至于 8 位以上的 ADC 与系统连接时,还要考虑 ADC 的输出位数和总线位数的对应关系。在这种情况下,可采用的一种方法是按位对应于数据总线(如 16 位),CPU 可通过对字的输入指令读取 ADC 的转换数据;另一种方法是用读/写控制逻辑,将数据按字节分时读出,如 CPU 可以分两次读取转换数据。用这两种方法时,当然要注意 ADC 芯片是否有三态控制输出功能,如没有,则需外加三态门。

(3) 启动信号的供给。

ADC 要求的启动信号一般有电平启动和脉冲启动两种形式。有些 ADC 要求使用电平启动,如 AD570、AD571 和 AD572。对这类芯片,整个转换过程中都必须保证启动信号有效,如中途撤走信号,就会停止转换而得到错误的结果。为此,CPU 一般要通过并行接口来对 ADC 芯片发启动信号,或者用 D 触发器使启动信号在 A/D 转换期间保持有效的电平。

另一些 ADC 芯片要求使用脉冲信号来启动,如 ADC0804、ADC0809 和 ADC1210,对这类芯片,通常用 CPU 执行输出指令时发出的片选信号和写信号即可产生启动脉冲,从而开始转换。

(4) 转换结束信号和数据的读取。

ADC 结束时,ADC 会输出转换结束信号,通知 CPU 读取数据。CPU 通常采用程序查询方式、中断方式、固定的延迟程序方式以及 DMA 方式等几种方法和 ADC 进行联络,来实现对转换数据的读取。对于前三种方式,如果 A/D 转换的时间较长,并且有几件事情需要 CPU 进行处理,那么使用中断方式效率是比较高的。但是,如果 A/D 转换时间较短,那么,中断方式就失去了优越性,因为响应中断、保留现场以及恢复现场,退出中断这一系列环节所花去的时间将和 A/D 转换的时间相当,此时可采用查询和同步方式进行转换数据的读取。

（5）地线的连接问题。

实际使用 ADC 时,有一个问题必须特别引起注意,这就是正确处理地线的连接问题。在数字量和模拟量并存的系统中,存在两类电路芯片,一类是模拟电路,一类是数字电路,有时这两类电路在一个芯片内共存。像 DAC 和 ADC 的内部主要是模拟电路,运算放大器等内部则完全是模拟电路,它们均属于模拟电路芯片。而 CPU、锁存器以及译码器等属于数字电路芯片,这两类芯片要使用两组独立的电源供电。并且,一方面要把各个"模拟地"连在一起,把各个"数字地"连在一起,要特别注意,这两种"地"不能彼此相混地连接在一起;另一方面,整个系统要用一个共同"地"点把模拟地和数字地连在一起,以免造成模拟回路和数字回路共存的系统的干扰。

5. ADC 同微处理器的时间配合问题

设计 A/D 和微处理器间的接口中,突出要解决的是时间配合问题。A/D 转换器从接口启动命令到完成转换结果数据总是需要一定的转换时间。通常最快的 A/D 转换时间都比大多数处理器的指令周期长。为了得到正确的转换结果,必须根据要求解决好启动转换和读取结果数据这两步操作时间配合问题,下面介绍解决这个问题的几种方法。

（1）固定延时等待法（见图 10.39）

启动→软件延时等待→进行输入（无条件 I/O,见 8.3 节）。

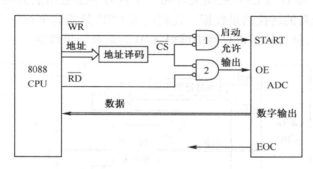

图 10.39　固定延时等待法的 A/D 与 CPU 接口原理图

（2）保持等待法（见图 10.40）

启动→由 CPU 准备好引脚采样 EOC 信号,CPU 等待直至 A/D 转换完毕。

（3）中断响应法（见图 10.41）

启动→CPU 转去执行其他程序并等待 A/D 转换器转换完毕发出中断请求→A/D 转换完毕向CPU 提出中断请求→CPU 响应中断请求,并进行输入（即中断 I/O,见 8.3 节）。

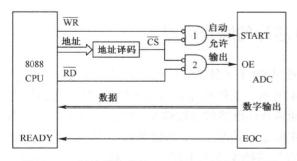

图 10.40　保持等待法的 A/D 与 CPU 接口原理图

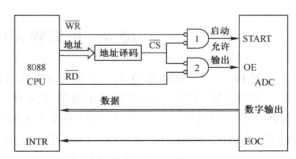

图 10.41　中断响应法的 A/D 与 CPU 接口原理图

（4）查询法（见图10.42）

启动→CPU对EOC进行状态采样，未准备好继续采样→进行I/O（状态查询I/O，见8.3节）。

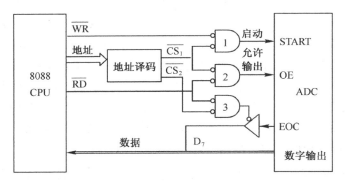

图10.42　查询法的A/D与CPU接口原理图

（5）双重缓冲法（见图10.43）

在A/D和CPU之间加一个具有三态输出能力的锁存器如74LS373。A/D在每次转换结束后，能够在EOC的控制下自动重新启动。它的数据输出锁存器的三态门总是被打开着的，随时都对外提供转换结果数据。在A/D与CPU之间又外加一个具有三态输出能力的8位锁存器，因此这个锁存器中总是保存着最新的转换结果数据。任何时候CPU只要简单地对这个外加锁存器的端口地址执行一条输入指令，就可从该锁存器中读得A/D的最新结果数据。

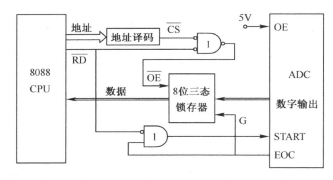

图10.43　双重缓冲法的A/D与CPU接口原理图

为了确保读操作期间锁存器中的数据是稳定的，锁存器输入数据必须在CPU非读数据期间的时间内。

10.4　可编程接口芯片的综合应用

例10.7　用8253来监视一个生产流水线，每通过80个工件，扬声器响5s，频率为2kHz。

硬件连接：采用8253监视的示意图如图10.44所示。工件从光源与光敏电阻之间通过时，在晶体管的发射极产生一个脉冲，此脉冲作为8253通道0计数器的计数输入CLK_0，当通道0计数满80后，由OUT_0端输出负脉冲，经反相后作为一个中断请求信号，在中断服务程序中，启动8253通道1计数器工作，由OUT_1端连续输出2000Hz的方波，持续5s后停止输出。设8255的端口地址为80H至83H，8253的端口地址为40H至43H。

分析：通道0计数器工作于方式2，通道1计数器工作于方式3，通道1的门控信号GATE1由

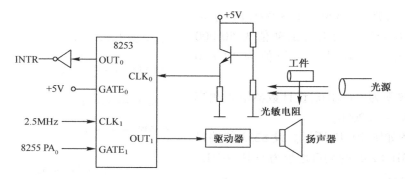

图 10.44　8253 的应用 1

8255A 的 PA_0 来控制,输出方波信号经驱动后送扬声器。

控制字设置:通道 0 工作于方式 2,采用 BCD 码计数,计数初值为 80。采用 $RL_1 RL_0 = 01$(读/写计数器低 8 位),工作方式控制字为 00010101B。通道 1 计数器工作于方式 3,CLK_1 接 2.5MHz 时钟,要求产生 2kHz 的方波,则计数初值为 $2.5×10^6/2000 = 1\,250$,采用 $RL_1 RL_0 = 11$(先读/写低 8 位后读/写高 8 位)BCD 码计数,工作方式控制字为 01110111B。

主程序:

```
        MOV    AL,80H      ;10000000,A 口方式 0 输出
        OUT    83H,AL
        MOV    AL,15H      ;00010101,通道 0 方式 2,BCD 码计数
        OUT    43H,AL
        MOV    AL,80H      ;若方式字为 14H,则计数初值为 50H
        OUT    40H,AL
        STI                ;开中断
LOP:    HLT                ;等待中断
        JMP    LOP
```

中断服务程序:

```
        MOV    AL,77H      ;通道 1 初始化
        OUT    43H,AL
        MOV    AL,50H
        OUT    41H,AL
        MOV    AL,12H
        OUT    41H,AL
        MOV    AL,01H      ;通道 1 的 GATE_1 置 1,启动计数
        OUT    80H,AL
        CALL   DL5S        ;调用延时子程序
        MOV    AL,00H      ;通道 1 的 GATE_1 置 0,停止计数
        OUT    80H,AL
        IRET
```

本例中,8253 的通道 0 工作于计数状态,通道 1 工作于定时状态。

例 10.8　试利用 8088 和 8253 等芯片设计一个打铃电路,实现隔 10 分钟和再隔 50 分钟打铃,响铃持续时间为 30 秒,频率为 1000Hz。并编写初始化主程序段和中断服务子程序。设 8255 的端口地址为 60H 至 63H,8253 的端口地址为 40H 至 43H。

分析:从题中可知至少需要一路定时、一路扬声器驱动。一路 10 分钟之后触发扬声器发声之后通过软件延时 30 秒;而后对定时部分重置初值,使其再过 50 分钟后触发扬声器发声。

8253 计数器初值最大为 65\,536 即 0\,000H,50 分钟为 3\,000 秒,依据 $T_{OUT} = N×T_{CLK}$,$T_{CLK} =$

3 000/65 536(秒)，则 f_{CLK} = 65 536/3 000(Hz)。取 f_{CLK} = 20Hz，则 50 分钟延时对应的初值为 60 000 即 EA60H，10 分钟延时对应的初值为 12 000 即 2EE0H。

扬声器的频率为 1 000Hz，设计数器输入频率为 2MHz，则其初值为 2000。

硬件连接图如图 10.45 所示。设 8253 的端口地址为 40H~43H，8255 的端口地址为 60H~63H。

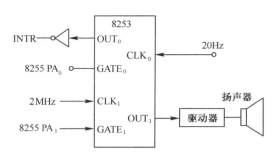

图 10.45　8253 的应用 2

初始化主程序为：

```
MOV   AL,80H      ;10000000B,A 口方式 0 输出
OUT   63H,AL
MOV   BX,2EE0H    ;10 分钟初值
MOV   DX,0EA60H   ;50 分钟初值
MOV   AL,34H      ;00110100B,CNT0 方式 2,十六进制计数
OUT   43H,AL
MOV   AL,BL       ;送入 10 分钟初值
OUT   40H,AL
MOV   AL,BH
OUT   40H,AL
MOV   AL,77H      ;01110111B,CNT1 方式 3,BCD 码计数
OUT   43H,AL
MOV   AL,0        ;送入扬声器初值
OUT   41H,AL
MOV   AL,20H
OUT   41H,AL
MOV   AL,1        ;使 GATE0 有效,GATE1 无效
OUT   60H,AL      ;等待中断
HLT
```

中断服务子程序如下：

```
PUSH  AX
IN    AL,60H
OR    AL,2        ;使 GATE1 有效,允许扬声器发声
OUT   60H,AL
CALL  DELAY30S    ;调用延迟 30 秒子程序
AND   AL,0FDH     ;使 GATE1 无效,禁止扬声器发声
OUT   60H,AL
XCHG  BX,DX       ;10 分钟初值与 50 分钟初值互换
MOV   AL,BL       ;送入 10/50 分钟初值
OUT   40H,AL
MOV   AL,BH
OUT   40H,AL
POP   AX
STI
IRET
```

例 10.9　ADC0809 通过并行接口 8255A 芯片与微处理器连接，如图 10.46 所示。

说明：地址译码器输出 Y_0（300H）用来选通 8255A；

　　　　Y_1（地址为 304H）用来选通 ADC0809。

问题：写出从每输入通道读入 50 个模拟量（分时共享）经过 ADC0809 转换后的数字量存放到

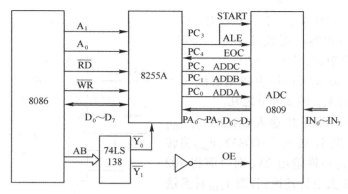

图 10.46　8255A 与 0809 的应用

BUF 起始的内存中的功能程序。

分析：①8255A 的端口地址为 300H~303H。②8255A 的 PA 口为方式 0 输入,PC 口高 4 位为方式 0 输入,PC 口低 4 位为方式 0 输出,PB 口未用,所以方式控制字为 100110X0B（98H）。③ADC0809 的数据端口地址为 304H。但对 304H 端口输入并不能直达 AL,而是送到 8255A 的 PA口,所以要实现从 ADC0809 的数据口获取数据需要分两步输入。④从图 10.52 可知,本题应采用状态查询式输入方法编程。

解：根据分析编程如下：

```
            MOV     AL,98H              ;对 8255A 初始化
            MOV     DX,303H
            OUT     DX,AL
            MOV     AL,0                ;禁止 0809 工作
            MOV     DX,302H
            OUT     DX,AL
            LEA     SI,BUF              ;置缓冲区首地址
            MOV     CX,50               ;置循环采样次数
LOP2：      MOV     BL,08H              ;置初始采用 0 通道信号
            MOV     BH,8                ;置采样通道数
LOP1：      MOV     AL,BL
            MOV     DX,302H
            OUT     DX,AL               ;启动某通道采样
            CALL    DELAYSTART          ;调用启动延时
            AND     AL,0F7H
            OUT     DX,AL               ;禁止某通道采样
LOP3：      IN      AL,DX               ;状态采样判断
            TEST    AL,10H
            JZ      LOP3
            MOV     DX,304H
            IN      AL,DX               ;0809A/D 转换后的数据送 8255PA 口
            MOV     DX,300H
            IN      AL,DX               ;0809A/D 转换后的数据由 8255PA 口转送 AL
            MOV     [SI],AL             ;存入缓冲区
            INC     SI
            INC     BL
            DEC     BH
            JNZ     LOP1
            LOOP    LOP2
```

例 10.10　试用 8088 与 DAC0832 设计一个数字变压器,要求 256 级可调、电压变化范围为

$0 \sim 5V$。使其满足当 TAB 单元内容为 0 时,命名 $V_{OUT} = 2V$;当 TAB 单元内容为正数时,使 $V_{OUT} = 4V$;当 TAB 单元内容为负数时,使 $V_{OUT} = 0V$。

解:设计图如图 10.47 所示,由数据总线写入的 $D_0 \sim D_7$ 决定 V_{OUT} 为 V_{REF} 的 256 分之几。

分析:当满量程时,即将 2^8 送入 DAC0832,V_{OUT} 将转换输出 5V,那么把 51 送入 DAC0832,V_{OUT} 将转换输出 1V。若要 V_{OUT} 转换输出 2V,则只需将 102(66H)送入 DAC0832 去进行转换;若要 V_{OUT} 转换输出 4V,则只需将 204(CCH)送入 DAC0832 去进行转换即可。

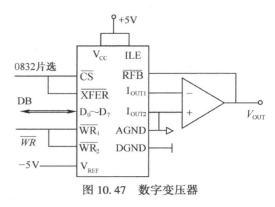

图 10.47　数字变压器

```
ST:     MOV     AL,TAB
        CMP     AL,0
        JZ      LP1        ;当 TAB 单元内容为 0 时,跳转到 LP1 处
        JS      LP2        ;当 TAB 单元内容为负数时,跳转到 LP2 处
        MOV     AL,0CCH    ;当 TAB 单元内容为正数时,转换 CCH
        MOV     DX,330H    ;DAC0832 的端口地址
        OUT     DX,AL      ;将 CCH 送入 DAC0832 转换,使 V_OUT 转换输出 4V
        JMP     DONE
LP1:    MOV     AL,66H
        OUT     DX,AL      ;将 66H 送入 DAC0832 转换,使 V_OUT 转换输出 2V
        JMP     DONE
LP2:    MOV     AL,0
        OUT     DX,AL      ;将 66H 送入 DAC0832 转换,使 V_OUT 转换输出 0V
DONE:
```

习题

1. 8255A 三个端口的基本特点是什么?

2. 请画出 8255A 的内部结构及引脚图。

3. 请简述 8255A 的三种工作方式的主要特点。

4. 请画出 8255A PB 口工作于方式 1 输入时的引脚连接图。

5. 请画出 8255A PA 口工作于方式 2 时的引脚连接图。

6. 请写出 8255A 的工作方式控制字及置位/复位控制字各位的含义。

7. 请用 8255A 及相关器件设计一个具有 8 个按键,依次按下各键对应指示灯亮,未按下键以跑马灯的方式显示,每个显示 500ms 后下一个显示,设延时 500ms 的子程序为 DELAY500,并编程实现。

8. 用 8255A 实现两台计算机之间的通信,硬件连接图如图 10.48 所示,请编写两机通信程序(设两机 8255A 的端口地址均为 300H~303H,请用查询法编程)。

9. 定时方法有哪些?

10. 8253 的功能是什么?

11. 请了解 8253 的每种工作方式的主要特点及适用场合。

12. 试叙述 8253 的 CLK、GATE 和 OUT 这 3 根引脚的作用。

13. 8253 端口的寻址方法。

14. 假定某 PC 系统扩展一块 8253,该芯片配置的地

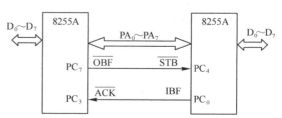

图 10.48　两台 PC 并行通信接口电路原理图

址为308H~30BH,要求从 OUT_0 频率为 1 000Hz 的方波,从 OUT_1 频率为100Hz 的单时钟脉冲波,从 OUT_2 频率为1Hz 的方波。CLK_0 的时钟是4.77MHz,请画出8253通道 $GATE_0$~$GATE_2$ 及从 CLK_1~CLK_2 的接线图。计算出各通道的计数初值及选定各通道的工作方式。然后编制各通道的初始化程序段。

15. D/A 转换的基本原理。

16. 用 DAC0832 设计一个 0~10V 的数字变压器。

17. A/D 转换的基本原理。

18. A/D 转换的主要性能指标。

19. ADC0809 的功能模块及引脚。

20. 用 8255A 和 ADC0809 设计一炉温监控系统,并编写驱动程序,当炉温超过 100℃ 时调用 COOL 子程序,当炉温低于 100℃ 时调用 WORM 子程序。

第 11 章　总 线 技 术

本章简要介绍总线分类、特性,重点介绍了 PCI 和 AGP 总线。

11.1　概　　述

总线是计算机系统的重要组成部分,是连接计算机各部件或计算机之间的公共信息通道。它的性能好坏直接影响到计算机系统的工作效率、可靠性、可扩展性以及可维护性等多项性能。

1. 总线的分类

广义地说,总线就是连接两个以上数字元件的信息通路。通常,根据总线在微机系统中所处的位置不同可分为以下几类:

(1) 片内总线　就是连接电路芯片内部各功能单元的信息通路。随着大规模集成电路技术的发展,这类总线更多地被芯片设计者所关注。

(2) 元件总线　也称做插件板内总线,用以连接一块电路板内各元器件。

(3) 系统总线　即插件板级总线,用以实现微机系统与各种扩展插件板之间的相互连接。这类总线在利用通用微机系统构成微机应用系统时被大量使用。

(4) 外总线　又称通信总线,用以实现微机系统与微机系统、微机系统与其他仪器或设备之间的相互连接。这类总线常用于较大规模的微机应用系统中。

2. 总线信号的分类

总线通常有几十至上百根信号线,根据其功能可大致分为以下几类:

(1) 地址总线:用来传送地址信息的信号线。地址线的数目决定了直接寻址的范围,例如,20根的地址线可直接寻址 1MB 的地址空间。地址总线均为单向和三态总线。

(2) 数据总线:传送数据信息的总线。它的根数通常用于标称总线宽度,数据总线均为双向和三态总线。

(3) 控制总线:传送控制信号的总线。用以实现命令或状态的传输、中断请求、DMA 传输控制以及提供系统使用的时钟和复位信号等,控制总线是一组很重要的信号线,它决定了总线的功能。

(4) 电源线和地线:决定总线使用的电源种类及地线的分布和用法。

(5) 备用线:留做功能扩展和用户的特殊要求使用。

地址总线(AB)、数据总线(DB)和控制总线(CB)简称为三总线。

3. 总线的标准化

微型计算机系统采用标准化总线结构,微型计算机的发展过程中,先后出现了许多种总线标准。总线标准化的产生一般有两种方式:一种是某大公司在开发自己的微机系统时所采用的一种总线,而其他兼容机厂商都按其公布的总线规范开发配套产品,并随着产品的推广使用而逐渐形成一种标准,这种总线标准被国际工业界广泛支持,并被国际标准化组织予以承认,它一般是先有产品后有标准;另一种是由国际权威机构或多家大公司联合制定的总线标准,它属于先有标准后有产品。标准化总线结构有利于微机应用系统朝着模块化、标准化的方向发展。

采用标准总线具有如下优点:①简化软、硬件设计;②简化系统结构;③易于系统扩展;④便于系统更新;⑤便于调试和维修。

4. 总线规范的基本内容

每种总线标准都有详细的规范,以便共同遵循。规范的基本内容有以下几方面。

(1)机械结构规范　规定模块尺寸、总线插头以及边缘连接器等的规格。

(2)功能结构规范　确定引脚名称与功能,以及其相互作用的协议。功能规范是总线标准的核心,通常以时序及状态描述信息交换与流向,以及信息的管理规则。总线功能结构规范包括:

- 数据线、地址线、读/写控制逻辑线、时钟线、电源线和地线等。
- 中断机制。
- 总线主控仲裁。
- 应用逻辑,如握手联络信号线、复位、自启动、休眠和维护等。

(3)电气规范　规定信号逻辑电平、负载能力、最大额定值以及动态转换时间等。

5. 总线的发展趋势

由于半导体制造技术的飞速发展,集成度迅速提高,使得微处理器的位数从 8 位,16 位,32 位到 64 位。时钟频率也迅速提高,从几 MHz 发展到几百上千 MHz。尤其是多媒体技术、图像处理技术以及人工智能技术的巨大进步,使得计算机体系、外部设备都在不断更新。总线作为计算机技术中重要技术也随之不断更新换代,其主要发展趋势如下。

(1)传输速率不断提高

为了达到更高的传输速率,除了扩展字长并行传输措施外,还引入突发(Burst)数据传输。此外,流水技术,多级缓冲概念也广泛应用于总线规范。为适应多媒体技术的发展,又引入音频视频总线。前端总线(FSB,Front Side Bus)频率越来越高,从 4.77MHz 开始,4.77—6—8—12—16—20—33—66—100—133—200—266—333—400—533—800 等,目前已达到800MHz。总线的数据传输速率从几 MB/s 发展到几 GB/s。

(2)降低功耗

采用 3.3V 电源以及休眠技术等措施来降低功耗。

(3)功能结构不断调整更新

解决总线争用问题的仲裁方式有集中仲裁和分布仲裁两种。功能结构智能化、层次化和多级缓冲。

11.2　系统总线概述

对于微型计算机而言,系统总线可描述为主板上处理器和其他部件进行通信时所采用的数据通路,支持端口、处理器、内存和其他部分。当数据从键盘或鼠标输入时,它们经过系统总线进入内存,然后再送入 CPU 进行处理。

微机主板制造商为了使他们的产品具有可扩展性,采取了开放的系统总线结构,在主板上预留一些空插槽(称为扩展插槽)的形式提供系统总线。新的硬件设备通过插在扩展插槽上被装备到计算机中,以此实现与主板上其他部分之间的通信。

衡量系统总线有两项主要指标:总线频率(MHz)和数据总线位数,它们决定了总线的数据通信速率(B/s,字节/秒)。系统总线的类型和速度可能会妨碍计算机中其他部件性能的提高,因此,适当地选择总线、不断地更新总线是十分必要的。下面是一些较流行的总线类型。

STD(Standard),是工业控制微机标准线,它从 8 位、16 位数据带宽已发展到 32 位带宽。目前它仍然是国内外某些工业控制计算机普遍采用的总线标准。

ISA(Industry Standard Architecture,工业标准体系结构),是现存最老的通用微机总线类型,它运行的时钟频率为 8MHz,目前部分主板还在提供 8 位或 16 位 ISA 扩展插槽。尽管 ISA 是一个相当慢的接口,但它保持了与早期微机系统的兼容性。

MCA(Micro Channel Architecture,微通道体系结构),是 IBM 在 1987 年为 PS/2 系统机及其兼容机设计的一个理想的总线,它代表了总线的革命性进步。它使用 32 位数据总线,将地址总线从 24 位增加到 32 位,数据传输率从 10MB/s(16 位版本)提高到 16MB/s(在规范中加入了流式数据协议)。10MHz、32 位带宽的 MCA 总线当时被认为是最好的总线,因为它比 ISA 高档(甚至比 Windows 95 更早提供了即插即用的功能)。但它没能流行起来,原因之一是它没有提供对已运行在 ISA 总线结构下产品的兼容性支持,并且由于它太超前,当时的微机无法将它的优势充分发挥起来。最致命的原因是 IBM 希望使用 MCA 总线的公司付款(ISA 是免费的),而其他与之竞争的总线则是免费的。

EISA(Extended Industry Standard Architecture,扩展的工业标准体系结构),是反垄断的产物。MCA 的强有力使许多人担心,它的成功会使 IBM 重新成为市场的领导者,所以包括 Compaq 在内的九大公司在 1988 年联合开发 32 位扩展总线——EISA。EISA 借鉴 MCA 优势,包含 MCA 全部功能,又保证对 ISA 产品的兼容。EISA 插槽与 ISA 完全一致,所不同的是它在 ISA 触点下面又添加了第二行触点。8 位 ISA 卡在 EISA 中可以很好地工作。EISA 总线速度仍为 8.33MHz,数据传输率最大可达 33MB/s(传送 4 字节数据用 1 个时钟周期)。新 EISA-2 结构理论上最大数据传输率为 132MB/s。然而 EISA 和 MCA 一样昂贵,且受到其专利权的影响,因而它也没有获得商业性成功。EISA 在早期作为基于 386 系统的网络服务器中较为常见。

VESA(Video Electronics Standards Association,视频电子标准协会),是一种局部总线,它是流行的 ISA 总线的扩展。IBM 和 EISA 都没有意识到随着内存转移到自己专用总线上(Compaq 在 ISA 上的改革),视频成为了下一个总线速度瓶颈的对象。Microsoft Windows 和高质量的游戏要求更快更强大的视频特征,视频也需要从 ISA 总线上移出。一个较容易的解决方案是将视频转移到内存总线系统,以保证 CPU 与视频适配器直接通信。视频电子标准协会使用了这种方法,为 Intel 80486 设计的 VESA 局部总线(VLB)在 1992 年提出时就获得了成功。VESA 提供对 32 位处理器的直接访问,并可扩展到 64 位。VLB 体系结构支持的最大总线时钟频率为 50MHz,最大传输速率可达 276MB/s。该总线提高了许多扩展卡尤其是显示卡和图形(2-D 和 3-D)加速卡的性能。

PCI(Peripheral Component Interconnect,外围组件互连),是目前最为高级的通用的系统总线,也是充分发挥了 Pentium 或 Pentium 以上系统优势的总线。这种总线运行时钟频率为 66MHz 或更高,提供 64 位寻址,具有高级存储器和缓冲存储管理的特征。PCI 插槽与众不同,它是白色的(ISA 发布的标准为黑色),且比 ISA 插槽短,它与 ISA 总线不兼容。

从技术上讲,系统总线可分为传统的和现代的两类。传统总线对 CPU 有较强的依赖(有些实际上就是 CPU 引脚的延伸),侧重于 I/O 处理能力,如 ISA、STD 等。现代总线对 CPU 的依赖在减弱(PCI 完全可以不依赖 CPU),具有兼容性好、支持高速缓存 Cache、支持多微处理器以及可自动配置等特点,如 MCA、EISA、VESA、PCI 等。

从结构上讲,系统总线已从单总线形式向多总线形式发展。在 ISA 总线流行时,总线已成为 CPU 与内存间高速数据交换的瓶颈。Compaq 改进了 ISA,专门在 CPU 与内存间设立了一条信息通道,内存总线由此诞生,也称做前端总线(FSB,First Side Bus)。内存总线的工作频率保持与主板工作速度相一致。内存总线的出现,使总线结构发生了变化,它由单总线结构进化到双总线结构。

之后,由于大量图像处理的需求,视频等高速扩展卡又成为总线速度瓶颈的对象。解决的方法便是借鉴内存总线的方案,从系统总线又分离出局部总线,如 AGP 总线。这样,总线结构就进一步演化为多总线结构。局部总线具有较高的时钟频率和传输率,在一定程度上克服了系统总线的瓶颈问题,提高了系统性能。VESA、PCI 和 AGP 就是三种典型的局部总线。

11.3 PCI 总线

由于图形界面及高速率传输扩展卡的需求,Intel 公司于 1991 年首先提出了 PCI 总线(Peripheral Component Interconnect,外围组件互连)的概念。之后 Intel 联合 IBM、Compaq 等 100 多家公司共同开发总线,于 1993 年推出了 PCI 总线标准。该总线是厂家自发制定的一种企业联盟标准,也是一种局部总线,是专门为奔腾系列微处理器芯片而设计的。面向 PCI 标准的芯片的采用还可以大大降低构造系统的成本,这也对 PCI 总线的发展起到了推动作用。PCI V2.0 版本支持 32/64 位数据总线,总线时钟为 25~33MHz,数据传输率达 132~264MB/s。PCI V2.1 版本(1995 年)支持 64 位数据总线,总线速度为 66MHz,最大数据传输率达 528MB/s(8×66)。PCI 的优良性能使它成为 Pentium 以上机型的最佳选择,现在所有的微型计算机的主机板上都配有 PCI 总线插槽。P4主板如图 11.1 所示。

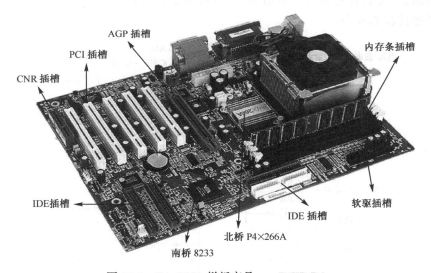

图 11.1　P4×266A 样板产品——P4XB-RA

11.3.1　PCI 总线的特点

PCI 总线主要有以下这些特点。

(1) 采用数据线和地址复用结构,减少了总线引脚数,从而可节省线路空间,降低设计成本。

(2) 高性能,它是以 133MHz 的时钟频率进行操作,采用 64 位数据总数,数据传送率可超过1GB/s,支持突发(burst)式传输。

(3) 提供两种电源信号环境 5V 和 3.3V,并可进行两种环境的转换,扩大了它的适应范围。

(4) PCI 对 32 位与 64 位总线的使用是透明的,它允许 32 位与 64 位器件相互协作。

(5) 还允许 PCI 局部总线扩展卡和元件进行自动配置,支持即插即用的功能。

(6) 独立于处理器,它的工作频率与 CPU 的时钟频率无关,可支持多机系统及未来的处理器。

（7）实现中断共字,PCI 总线的中断共字由硬件和软件两部分组成。

（8）良好的兼容性,可支持 ISA、EISA、MCA、SCSI 以及 IDE 等多种总线,同时还预留了发展空间。

11.3.2 PCI 总线信号的定义

PCI 总线标准规定了两种 PCI 扩展卡及连接器(即主板插槽):长卡与短卡。PCI 插槽形状如图 11.1 所示。长卡提供 64 位接口,插槽 A、B 两边共定义了 188 个引脚;短卡提供 32 位接口,插槽 A、B 两边共定义了 124 个引脚。除去电源、地以及未定义引脚之外,其余信号按功能分类列于图 11.2 中。

$AD_0 \sim AD_{63}$:双向三态信号,为地址与数据多路复用信号线。

$C/\overline{BE}_0 \sim C/\overline{BE}_7$:双向三态信号,为总线命令和字节允许多路复用信号线。

$\overline{FRAME}$:持续的、低电平有效的双向三态信号,为周期信号。由当前主设备驱动,表示一次访问的开始和持续时间。

$\overline{IRDY}$:持续的、低有效的双向三态信号,为主设备准备好信号。该信号有效表示发起本次传输的设备能够完成一个数据周期。

$\overline{TRDY}$:持续的、低有效的双向三态信号,为从设备准备好信号。该信号有效表示从设备已做好完成当前数据传输的准备。

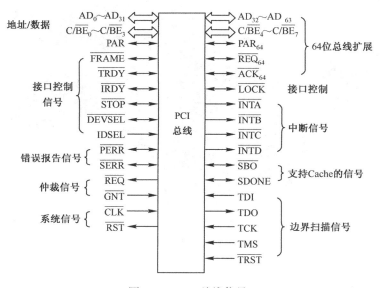

图 11.2　PCI 总线信号

$\overline{STOP}$:持续的、低有效的双向三态信号,为停止数据传送信号。该信号有效表示从设备要求主设备终止当前的数据传送。

$\overline{LOCK}$:持续的、低有效的双向三态信号,为锁定信号。该信号有效表示驱动它的设备所进行的操作可能需要多个传输才能完成。

IDSEL:输入信号,为初始化设备选择信号。在参数配置读写期间,用做片选信号。

$\overline{DEVSEL}$:持续的、低有效的双向三态信号,为设备选择信号。该信号有效表示驱动它的设备已成为当前访问的从设备。

$\overline{REQ}$:低有效的三态信号,为总线占用请求信号。该信号有效表示驱动它的设备要求使用总线。

$\overline{GNT}$:低有效的三态信号,为总线占用允许信号。该信号有效表示要求使用总线的请求已被获准。

$\overline{PERR}$:持续的、低有效的双向三态信号,为数据奇偶校验错误报告信号。

$\overline{SERR}$:低有效的漏极开路信号,为系统错误报告信号。

$\overline{INTA},\overline{INTB},\overline{INTC},\overline{INTD}$:低有效的漏极开路信号,用来实现中断请求。后三个只能用于多功能设备。

$\overline{SBO}$:低有效的输入/输出信号,为试探返回信号。

SDONE:高有效的输入/输出信号,为监听完成信号。

$\overline{REQ}_{64}$:持续的、低有效的双向三态信号,为 64 位传输请求信号。表示当前主设备要求采用 64 位数据传输。

$\overline{ACK}_{64}$:持续的、低有效的双向三态信号,为 64 位传输响应信号。表示从设备将按 64 位传输数据。

PAR_{64}:高有效的双向三态信号,为奇偶双字节校验信号。

$\overline{RST}$:低有效的输入信号,为复位信号。

CLK:输入信号,为系统时钟信号。

11.3.3　PCI 总线的系统结构

PCI 局部总线在奔腾机型内部总线组合上与其他总线一起构成多总线系统结构,图 11.3 给出了 1 个典型的 PCI 系统总线结构示意图。

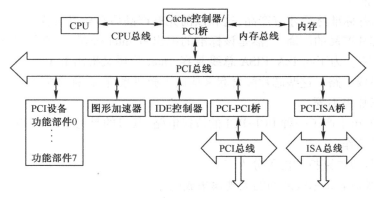

图 11.3　PCI 总线系统结构

PCI 总线允许在 1 条总线中插入 32 个物理部件(称为设备),每 1 个物理部件可以含有最多 8 个不同的功能部件(称为功能)。除去用于生成广播消息的 1 个功能部件地址外,在 1 条 PCI 总线上最多可有 255 个可寻址功能部件。

在 PCI 系统中,微处理器并不是位于 PCI 总线上。微处理器与 RAM 位于主机的内存总线上,它具有 32/64 位数据通道或更宽以及更高的运行速度。指令和数据在 CPU、RAM 以及 Cache 之间快速流动,然后数据被交给 PCI 总线。PCI 负责将数据交给 PCI 扩展卡或设备。如果需要,也可将数据导向 ISA、EISA 以及 MCA 等总线或控制器如 IDE、SCSI,以便进行存储。

驱动 PCI 总线的全部控制由 PCI 桥实现。PCI 桥实际是总线控制器,实现 CPU 内存总线与 PCI 总线的适配耦合。它在与主机总线接口中引入了 FIFO(先入先出)缓冲器,PCI 总线上的部件可以与 CPU 并发工作。

PCI 桥可以利用许多厂家开发的 PCI 芯片组(PCI set)实现。通过选择适当的 PCI 桥构成所需的系统,是构成 PCI 系统的一条捷径。例如,在 1 台 Pentium 机中,一般用到下列 PCI 总线控制类芯片:

- 系统设备 Intel 82371SB PCI to ISA bridge
- 系统设备 Intel 82439HX Pentium(r)Processor to PCI bridge
- 硬盘控制器 Intel 82371SB PCI Bus Master IDE Controller
- 各种北桥芯片

PCI 总线在微型计算机主板上有 32 位和 64 位两种的位宽形式,触点分别有(49+11)×2 = 120 个和 92×2 = 184 个,其总线频率为 33MHz 和 66MHz(实际上为 CPU 外频的二分之一)。在主机板上 PCI 总线和 ISA 总线是 1 种混合的形式:使用专门的桥接芯片来连接 CPU 和 PCI 总线,再用另外的桥接芯片来连接 PCI 总线和 ISA 总线。由于主机板上按混合总线设计,PCI 扩展槽不再需要兼容 ISA 扩展卡,采用单一密集型触点设计,缩短了扩展槽的长度,方便扩展卡的插拔,在主板上 PCI 插槽的颜色一般为白色。

11.3.4　PCI 总线产品的开发

由于计算机产品更新换代很快,所以新品的开发速度就显得尤其重要。本节将讨论有关 PCI 总线产品的开发问题。

1. PCI 总线的组件及其产品

(1) PCI 组件概念

PCI 总线是先有标准然后才有产品,这和以前先有产品后有标准的模式不同。最先按 PCI 总线标准推出基础芯片产品的厂商,当然是该标准的提出者 Intel 公司,其产品是 X86 系列处理器到 PCI 总线的桥接电路。为了与 ISA/EISA 总线兼容,Intel 公司又推出 ISA 与 PCI、EISA 与 I 之间进行转换的大规模集成电路。这些芯片配合起来构成了微机系统,并称之为 PCI 组件(芯片组)。芯片组有二片组或三片组不等。

另外,Digital 公司生产了一种 PCI-PCI 的桥接电路,其目的是为了改善 PCI 系统的负载能力,支持多处理器并发工作。

总之,大规模集成电路按功能可分为三类:

① 各类处理器到 PCI 总线之间的大规模集成电路;
② 各类总线转换到 PCI 总线的大规模集成电路;
③ 各种高速外设到 PCI 总线的大规模集成电路。

在以 PCI 总线为系统总线的计算机系统中,允许多条总线同时存在,这就是多总线的概念。它在很大程度上提高了系统的数据处理能力,从而使高档服务器、多媒体计算机、工作站的升级换代大大加快。在多总线系统中,PCI 总线组件的使用如图 11.4 所示。

(2) PCI 组件产品及供应商

Intel 公司、VIA 公司、SIS 公司、AMD 公司等芯片组均支持 PCI 标准,可与相应 CPU 桥接,它自身含有 Cache 控制器、存储控制器、PCI 控制器,可以完成处理器总线到 PCI 总线的桥接控制。Cache、存储控制器使大批数据的高速传输成为可能。为使 PCI 总线与 ISA、EISA 总线桥接并与市场上流行的产品兼容,该公司还推出了 82378EB 和 82375EB 两种芯片。

NCR 公司推出了 SCSI PCI 处理器。Weitek 公司推出了图形接口集成电路。Western Digital 公司推出了 AT-IDE 器件以支持 PCI 总线。随着 PCI 局部总线的进一步发展及相应组件的上市，IBM、DEC、TI、VLSI 等公司也推出了许多产品。

除 X86 系统处理器外，其他处理器也有相应的 PCI 总线桥接芯片组，如 DEC21064、Power PC601、Power PC603、Power PC604 等。

（3）外围高速处理芯片

外围高速处理大规模集成电路由外设专业厂商开发生产，它能直接和 PCI 总线桥接，并享受 PCI 提供的高速数据传输服务。此类高速外围设备处理芯片主要有：图形加速芯片、多媒体视频动态图像芯片、IDE 控制器、SCSI-2 及 SCSI-3 控制器和 Ethernet 控制器等。

2. PCI 总线开发工具及用途

随着支持 PCI 总线产品开发芯片的不断涌现，相应的软件工具也得到了发展。PCI 总线分析工具已经问世，Vmetro 公司和 New Bus 公司，目前均可提供插于 PCI 总线上的状态和时钟频率分析板。本节将讨论 PCI 总线系统开发测试环境和 PCI 总线板卡开发测试环境。

PCI 总线是一种数据/地址复用总线，也称为同步总线。由于频率可以在 0～66Hz 范围内变化，所以各频段上 PCI 总统的性能并不完全一致，从而使以不同频率工作的板卡可能有不符合 PCI 总线标准的地方。从理论上讲，只要严格按照设计规范进行设计，就能避免上述问题。但是，实际情况却不尽相同。这样，充分利用专用软件工具来帮助产品的开发和调试就显得很重要。

（1）基于软件的总线接口模型

Synopsis/Ligic Modeling 公司开发了 VHDL/Verlog PCI 总线模型，它是一种基于 PCI 规范符合核查表的模拟环境，由主/从模块和监控/仲裁模型组成。它支持频率变化的特性对测试最坏情况特别有用。通过改变某项定时参数，PCI 总线模型会产生其他相关的时间参数，并能检测出任何违反 PCI 规范的情况。

全套测试程序共有 27 个测试范例。这些范例可以按 PCI 规范修改参数，从而生成产品开发者所需要的专用测试程序。它所归纳出的测试结果十分客观、精确。测试完成后，根据核查表，形成详细的报告清单。

该模型和全套测试程序仅仅从数字化的角度检查 PCI 总线功能是否可以运行。如果用户需要检测输出缓冲器的 V/I 曲线，可利用 Spice 模拟程序进行测试。在进行插件板时，Spice 模拟程序还可以帮助开发人员检测轨迹长度、最高频率、噪声容限、过调和弱调效果。

（2）PCI 总线实验器

当一个 PCI 总线系统和插卡设计完成后，并不能说明整个工作已彻底结束。因为还有大量的测试和调试工作要做，而且，对于一个产品来讲，这是必不可少的环节。PCI 的测试和调试工作随 PCI 总线配置的复杂程度而有所不同。一般情况下的做法是：根据检测和调试中读出的数据量大小来判定 PCI 总线工具的效率。

美国 HP 公司生产的 PCI 总线实验器，能生成各类 PCI 总线操作事务，同时能生成 0～66MHz 的规范变化并对其进行实时监控。它可帮助设计人员开发出足够的测试应用程序，以便更好地生成桥接程序和 PCI 总线主程序。

PCI 总线实验器由四部分组成：

① 一个基于 ISA 总线的排序卡，运行总线排序程序可以和实验器上的模式识别硬件进行对话。

② 实验器主板上含有总线规约状态机，事务运行存储器和触发器逻辑，还有能使实验器处于消极旁观或积极参与 PCI 事务的运行电路。

③ 用于连接主板和开发所用 PCI 插槽的适配器 HPE2912A,可取代系统板提供的 PCI 环境。其上含有一个总线仲裁器、一个 PCI 时钟发生器和两个可插入测试卡的 PCI 插槽。

④ 一个 IEEE-488 接口板,用来将开发的 PC 系统和 HP16500A/B 逻辑分析仪连接起来。通过该板可以把 PC 的数据送给逻辑分析仪,也可以把 PC 的数据送到总线上进行事务处理。当逻辑分析仪得到 PCI 业务数据后,将其送入编辑器加以改变,然后再送给排序程序,这时排序程序便可作为 PCI 参与者,并在 PCI 得到事务数据时成为 PCI 总线的主程序。

（3）PC 总线预处理器

在调试产品时,手动判定每一个临界信号波形和触发点是很困难的。而 PCI 总线预处理器可完成这一复杂、困难的工作。它不仅能和逻辑分析仪一起完成时序分析;而且还具有状态分析能力、倒顺序状态和软件分析功能,支持多种数据处理软件。

相应的产品由 Future Plus System 公司、Corelis 公司和 Biomation 公司分别推出。它们都支持 5V 环境和 3.3V 环境的 PCI 总线扩展槽,都以扩充卡形式和 PCI 插卡连接。

（4）板卡测试工具

在制造板卡时,要同时了解和确定板卡的电气特性。有一种电子扩展卡可用以检测 PCI 的板卡。它是一种专门用来检测过电流消耗的电流传感扩展卡,可以通过模拟开关来检查板卡底部的镀金插头和顶部的连接器之间的电流消耗。

（5）PCI 总线系统开发工具

PCI SIG 集团提供了一套 PCI 总线系统开发工具。包括一块专用卡和一套软件,用来调试 BIOS 和模拟 PCI 总线上不同类型的设备,以确定 POST 功能是否正常。

继 PCI SIG 集团的软件开发工具之后,其他各厂家在推出自己的 PCI 总线支持芯片的同时,也提供了设计指南及软硬件开发的工具。

Advanced Micro Devices(AMD)公司、Future Domain 公司及 Sysbios Logic 公司都有相应的软件工具,以帮助用户尽快掌握 PCI 系统的 SCSI 控制器,还提供了 SCSI 全套工具和操作系统级的软件驱动程序。AMD 公司提供了一块样板。DEC 公司提供了 PCI-PCI 桥接芯片相连的开发工具。

3. PCI 总线产品开发

在设计开发一个 PCI 产品时,首先必须了解可供选择的工具,"工欲善其事,必先利其器",对于现代科技产品的开发,仍具有指导意义。

其目前的发展来看,PCI 总线产品主要有三类,分别是:PCI 总线基础产品,PCI 总线系统产品和 PCI 总线应用产品。

（1）PCI 总线基础产品的开发

此类产品包括:①PCI 总线各类规范的制定,各类电气标准及机械标准的制定;②各类微处理器到 PCI 总线的桥接集成电路及各种总线到 PCI 总线的桥接集成电路;③PCI 总线测试工具、测试板卡、测试软件及各类应用产品的开发环境。

对于 PCI 总线基础产品的开发,国外许多厂商都投入了大量的人力物力,但各有侧重。Intel 公司的贡献在于提出了 PCI 总线的规范雏形,联合了几十家大公司,成立了 PCI SIG 集团,制定了 PCI 总线规范 2.0 版。在桥接芯片方面,Intel 公司的 X86 系列处理器和 PCI 桥接芯片组等产品都得到了用户的认可。PCI 总线基础产品的推出,统一了标准,为应用产品的开发奠定了基础,国外各公司纷纷予以响应。因此,国内厂家在 PCI 总线的产品开发方面也应迎头赶上,凡是与高速数据传输相关的产品,在技术上都应考虑选用 PCI 总线技术标准。

（2）PCI 总线系统产品的开发

此类产品包括：①PCI 总线个人计算机系统；②PCI 总线网络服务器系统；③PCI 总线工作站系统。

从目前个人计算机市场来看，由于多媒体的日益繁荣，其家用市场越来越大，况且视频播放所需的大数据量传输能力正是 PCI 总线的特长，因此只要是家用计算机上的多媒体产品，就应考虑 PCI 总线的使用问题。

由于 PCI 总线网络服务器可以支持多总线、多 CPU 芯片。因而，许多网络产品厂家已推出了双奔腾芯片的服务器，使服务器的容错性能和吞吐量大大提高。

PCI 总线在工作站上的应用目前还比较谨慎，这是因为各厂家工作站产品的结构及操作系统不尽相同，同时有些工作站的专用总线的性能并不逊色于 PCI 总线。

（3）PCI 总线应用产品的开发

PCI 总线的应用产品主要有：①PCI 总线磁盘控制器板卡；②PCI 总线网络板卡；③PCI 总线图像板卡。

PCI 总线的硬盘接口 SCSI，具有比 IDE 接口传输率高的特点，同时 PCI 总线的传输率也远比 ISA 和 EISA 总线要高，所以它有十分明显的优势。市面上的 PCI 总线主板产品，有不少已把硬盘的 IDE 接口和 SCSI 接口都集成在母板上，从而减少了盘控卡和扩展槽口之间的一次转换，使盘控接口的可靠性提高、成本降低、结构简化，同时也少占用一个扩展槽口。如市场上见到的 B355 PCI SCSI 接口符合 SCSI-2 标准，传输率 110MB/s。32 位 PCI 总线接口的 B350C IDE 卡，具有较大的数据吞吐量，使硬盘数据存储器的速度大大加快。

关于网卡，制造商们已开发研制出具有 10Mb/s 和 100Mb/s 两种速率的 PCI 总线网络接口卡，可用于 10Mb/s 和 100Mb/s 的快速以太网。如果用户想把已有的网络升级到新一代局域网，首先应考虑选用 PCI 网卡。Xpoint Technologies 公司的 Switch-on-aCard 可以将服务器的吞吐量提高到 100Mb/s，并且不需要 CPU 介入，从而减轻了 CPU 的负担，使服务器从路由服务中解脱出来。目前，从网络的发展来看，其中一个很突出的矛盾是信息阻塞。在信息高速公路尚未完善的情况下，64Kb/s 不能称为高速，10Mb/s 只能传输一般文件，而 100Mb/s 在传输视频信号时有动画效应，且图像的连续性不佳，只能借助于压缩工具，以解决网络信道负荷过重、使用效率低下的问题。但是，若选用 PCI 网卡却可以在不改变网络结构的情况下，以最少的投资提高传输带宽和改善网络性能。

在图像处理方面，相应的 PCI 总线产品已相对成熟和完善。为满足多媒体视频播放的需要，已逐步推出了支持 PCI 总线的视频加速产品和图形加速产品。图像压缩和图像加速，是从图像处理的角度来解决图像的大量传输和存储问题，而且数据传输率的大小，将直接影响图像的播放质量。但是 PCI 总线的高速、高效数据传输能力，对于 30 帧/s 的播放速度可以说是"得心应手"。总之，用现有的图像压缩解压技术和图像加速处理技术，再加上 PCI 总线技术便可实现完美的视频播放。各种电影卡和电视卡，在 PCI 总线的高速数据通道上，也可运用自如。当然 PCI 显卡已逐渐被 AGP 显卡替代。

11.4 AGP 总线

AGP（Accelerated Graphic Port）图形加速接口是新一代的显示卡接口标准，形状如图 11.1 所示。PCI 是一种通用的局部总线，而 AGP 只是一条专用的图形总线，它只能用于微机上的 AGP 显示卡。有部分同行认为更应该把 AGP 看成图形显示专用接口，但人们习惯上还是称为专用总线。

1. AGP 总线接口的来由

（1）PCI 总线的图形瓶颈

PCI 总线实际上是随奔腾 CPU 的诞生而推出并逐渐成熟的。PCI 总线的工作频率为33MHz，最大数据传输率为 264MB/s，这基本上能够适应奔腾级 CPU 的速度和一般的 3D 图形加速需求。但是到了 PⅡ时代，首先 CPU 的速度有了很大的提高，更重要的是 3D 图形处理对图形加速提出了更高的要求，这样 PCI 总线就成了显示系统速度的瓶颈。

（2）显存的不足

在图形加速显示卡上，显存分为帧显存和材质显存两部分。图形图像处理对显存容量的需求就是对帧显存的需求，它由所希望达到的显示模式所决定，一般是固定的，但材质显存的需求是不固定的。随着高性能的游戏的出现，对材质显存的要求越来越高。传统显存的配备就显得不足。

（3）AGP 的含义

针对上述问题，Intel 公司和显示卡厂商一起推出了新一代的显卡接口标准——AGP 加速图形端口。基于 AGP 接口的显示卡插在主板上的 AGP 插槽上，AGP 总线是一条专用的图形总线，只能用于 AGP 显卡。

（4）AGP 的基本原理

AGP 的基本原理是在芯片组里面开辟一条专用的图形总线，以建立显示控制单元与系统之间的专用信息高速传输通道。这样图形信息的传送不受 PCI 总线频率的限制，因此 AGP 总线是独立于 PCI 总线，直接以 66MHz（CPU 的外频）频率工作，大大提高了图形数据的传输率。另外，AGP 总线还采用了一种称为 DIME（Direct Internal Memory Execution，直接内存执行）的技术，使显示系统能在必要时将主存虚拟为显存的扩充，以弥补显存的不足。

AGP 总线是为了提高视频带宽而设计的一种总线规范，最早出现在 Intel 440LX 芯片组中。在采用 AGP 的系统中，显示卡通过 AGP 总线、芯片组与主内存相连，直接读取主内存中的显示数据，提高了显示芯片与主内存间的数据传输速度，减轻 PCI 总线的负载，有利于其他 PCI 设备充分发挥性能。

（5）AGP 总线的数据传输模式

AGP 总线的数据传输模式分为 AGP1×、AGP2×、AGP4×和 AGP8×四种。AGP 总线的时钟频率为 66MHz，位宽 32 位。1×模式带宽为266MB/s（66MHz＊32 位/8）；2×模式采用双脉冲数据传输技术，每个时钟周期可以传输 2 次数据，带宽增加至 533MB/s（2＊66MHz＊32 位/8）；4×和8×模式分别采用了每时钟周期传送 4 次和 8 次数据的传输技术。带宽分别达到 1.06GB/s 和 2.11GB/s。AGP 的高速带宽使显示卡的刷新率能够更高，所以可以支持更大的显示分辨率。

2. AGP 总线的技术配套

（1）AGP 插槽

在主板上 AGP 总线为一个双层错格的棕色插槽，共（42+21）×2＝126 个触点，在微型计算机的主机板上 AGP 插槽最多只有 1 条，如图 11.1 所示。

（2）芯片组的支持

AGP 总线功能的发挥要借助于芯片组的支持，而且各种不同的数据传输模式必须要有相应的芯片组级别的支持。一般早期的 Super7 芯片组只能到支持 AGP1x，PⅡ及以上级芯片组和较先进的 Super 7 才支持 AGP2x，只有高档的在 PⅢ级和 K7 级芯片组才支持 AGP4x。到目前最新式的主板芯片组才开始支持 AGP8x。

（3）主内存的容量

AGP 总线共享主内存的前提是主内存的容量达到 64MB 或更大。因为 AGP 总线只有在检测到系统拥有 64MB 或更大的容量时才会启用 DIME 技术。

（4）操作系统的支持

在 Windows 95 OSR2.1 或更高版本的 Windows 操作系统才直接支持 AGP。而在较低版本的 Windows 操作系统中需要安装专门的驱动程序才能充分发挥 AGP 的功能。

习题

1. 总线是如何定义的？分为几类？各类总线的应用场合是什么？
2. PCI 总线有哪些特点？PCI 总线结构与 ISA 总线结构有何不同？
3. AGP 总线有哪些特点？AGP 总线功能的发挥需要哪些配套技术？
4. 简述 PCI 总线产品开发的基本思路。

第12章 键盘接口

键盘是微型计算机系统中最基本的输入设备,是人机对话不可缺少的纽带,人们通过它向计算机输入程序以及数据等各种信息。本章将介绍键盘的分类、结构、工作原理以及键盘接口的组成及其控制。

12.1 概　　述

本节简述键盘分类及键盘接口实现的基本功能。

12.1.1 键开关与键盘的分类

1. 键开关的分类

键开关主要可分为无触点开关和有触点开关两大类。有触点开关常见的有白金触点、导电橡胶以及舌簧式开关等。无触点开关有电容式、霍尔元件以及触摸式开关等。无触点开关是利用电子器件的导通与截止来接通或断开电路,其寿命长、可靠性好、响应速度快、工作频率高,在性能上比有触点的机械式开关优越。但是,它的结构复杂,成本高。因此,目前除了少数比较考究的计算机按键或输入开关采用无触点按键开关外,大多是采用机械式有触点按键开关。

2. 键盘的结构

按照所采用的印制电路板的不同,键盘可以分为硬板结构和软板结构两类。前者采用普通印制电路板,按键直接焊在板上。后者采用聚酯薄膜作为印制电路板的基底,使用导电橡胶作为接触材料。软板结构多用于便携式微型机和袖珍计算器,其体积小、重量轻、成本低、不用金属弹簧,但使用时的手感不如硬板结构。

3. 编码键盘与非编码键盘

根据键盘功能的不同,一般将键盘分为两种基本类型。

(1)编码键盘。这种键盘本身带有硬件电路,能够由硬件逻辑自动检测被按下的键,然后自动产生与被按键对应的键编码(ASCII 码等),并以并行或串行通信方式送往主机。它使用方便、接口电路简单,但自身电路复杂、成本较高。

(2)非编码键盘。这种键盘由简单的键开关行列矩阵组成,只能提供键开关的行列位置(位置码或扫描码),按键的识别、键值的确定和输入到主机等工作全靠软件完成。这类键盘的硬件电路简单、成本低,被广泛地应用于计算机中。

4. 线性键盘与矩阵键盘

(1)线性键盘。线性键盘是最简单的键盘,如图 12.1所示。其中,每一个键连接到 I/O 端口的一位,无键闭合时各位均处于高电平。当有一个键按下时,就使对应位接地而

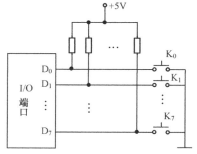

图 12.1　线性键盘示意图

成为低电平,其他位则仍为高电平。这样,CPU只要通过读I/O端口,检测端口中哪一位为低电平,便可识别出所按下的键。这种键盘结构简单,但当键盘上的键较多时,需使用的I/O端口太多,因此只能用于仅有几个键的小键盘中。

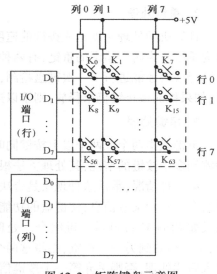

（2）矩阵键盘。通常使用的键盘为矩阵式键盘,是指将所有按键按行和列排列成矩阵形式,如图12.2所示。对于 $m×n$ 个键的键盘,如果采用线性键盘结构,则需要 $m×n$ 位I/O端口,而采用矩阵键盘结构只需要 $m+n$ 位。图12.2所示为一个 $8×8$ 键盘,有64个键,只需要使用两个8位I/O端口即可。在图12.2中,如果 K_7 号键按下,则第0行线和第7列线接通而形成通路,如果第0行线为低电平,则由于键 K_7 的闭合,会使第7列线也输出低电平。矩阵式键盘工作时,就是按照行线和列线交叉点上的电平值来识别按键的。

图12.2 矩阵键盘示意图

12.1.2 键盘接口的基本功能

1. 消除键抖动

由于人的手指和触点开关的弹性,每个键在按下和松开时,都会经历短时间的抖动后才能稳定地接通或断开,表现为键开关反复地闭合与断开若干次,导致键开关接触电阻的波动,如图12.3所示。其中,前沿抖动发生在键按下的时候,后沿抖动发生在释放按键的时候。抖动持续时间因键的质量而有所不同,一般不超过20ms。如果在识别被按键和释放键时不消除这段不稳定的抖动状态,就可能导致将一次按键错误地识别成多次按键。

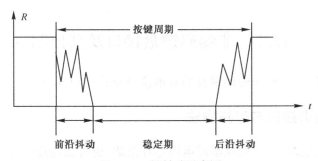

图12.3 键抖动示意图

消除抖动的常用方法有两种。其一是软件延时法,一旦检测到有键按下或释放时,用软件产生约20ms的延时,等待键的输出已达到稳定状态后再去读取代码;其二是硬件消抖法,即在键开关与计算机接口之间增加一个消除抖动电路,如双稳态触发器、单稳态触发器以及RC滤波电路等。由于硬件消抖法增加了电路的复杂性,每个按键都要配置一套消抖动电路,因此只适用于键数目较少的场合。在键数目较多时,大多采用软件延时法。

软件延时法的处理过程是,在检测到有键按下或释放后先延时20ms,再次进行检测。若第二次未检测到有键按下或释放,说明前一次结果为干扰或者抖动,不予处理。否则,说明信号已经稳定,然后才进入后续处理。

2. 重键处理

计算机的处理速度比人按键的速度快得多，在一次按键期间计算机可以多次检测到同一个键，称为重键。为防止错误的重键，有两种处理方法。其一为锁定法，在确认有键按下后，必须检测到该键释放后才能进行下一次键盘检测；其二为延时法，在确认有键按下后，在经过给定的延时时间后，如果检测被按键仍未释放，则予以连续检测与处理。

3. 串键处理

串键是指两个或两个以上按键同时按下，或者一个键按下后尚未释放又按下另一个键，从而会检测到多个按键的情况，其处理方法根据不同系统也有两种情况。

第一种情况，承认这种现象是合法的。这种系统中，除了单个键之外，还定义了一些特定的多键组合来表示某些信息，使键盘的功能得到扩展。例如，IBM PC 中的 Ctrl+C、Shift+P 等两键组合，以及如 Ctrl+Alt+Del 等三键组合。处理时，系统首先确定第一个按键已经按下，在判定该键松开前，可能检测到另一个按键，则将这两个按键的组合与系统中给定的合法组合比较。如果合法，则进入后续处理，否则丢弃第一个按键信息。

另一种情况，有的系统认定出现两个以上的键为非法情况，处理时主要有三种策略：

双键锁定：在检测到有多个键被按下时，只认定最后释放的键为合法键。

N 键连锁：当一个键被按下后，在此键未稳定释放之前，对其他被按下的键不予理会，只产生最先按下键的编码。这种方法因实现起来比较简单而经常使用。

先低后高：根据键扫描原理的扫描顺序一般是先低后高，扫描到低位有按键则不再继续扫描，这种方法实现起来非常简单。

4. 识别被按键及生成键值、键码

识别出被按键并生成其键值、键码是键盘接口所要解决的主要问题，一般通过软硬结合的方法来实现，典型的有行扫描法、线反转法和行列扫描法三种方法，下两节中将分别详细介绍其原理和编程方法。

12.2 非编码键盘接口及其控制

在本节中，主要将讨论简易非编码键盘的基本接口及其控制方法。

12.2.1 简单键盘接口与行扫描法

键盘接口电路可以使用中、小规模集成电路芯片组成，也可以使用可编程接口芯片实现。相对而言，前者比后者电路复杂，但成本较低。下面首先介绍中、小规模集成电路键盘接口的组成，以及行扫描法的原理与编程控制方法。

1. 键盘及其接口的组成

图 12.4 所示为一种典型的中小规模集成电路键盘接口的原理电路，其键盘由 30 个键组成，排成 6 行 5 列的矩阵结构，是一种典型的非编码键盘。

图中由 74LS273 锁存器、1 片 75492P 反相器组成输出端口，控制输出到 6 条行线的电平，端口地址 90H。由 74LS244 同相三态缓冲器组成输入端口，读入各列线的电平值，端口地址 92H。各列线在没有键被按下时为高电平（逻辑"1"）；当有键被按下时，该键所在的行线、列线将被短接，相应列线的电平状态将取决于所短接的行线。

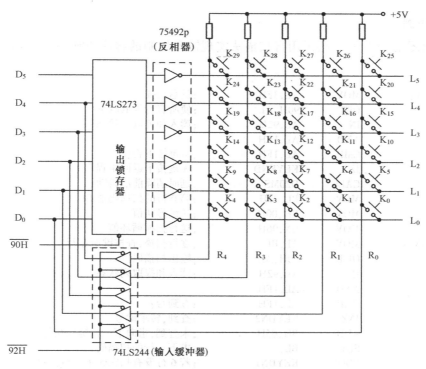

图 12.4　中、小规模集成电路键盘接口例

2. 行扫描法原理

行扫描法的基本思想是：通过程序控制向键盘的所有行逐行输出低电平（即逐行扫描），若无按键按下闭合，则所有列的输出均为高电平。若有一个按键按下闭合，会将所在的列钳位在低电平。通过程序读入列线的状态，就可以判断有无键按下及哪一个键按下，键所在的行、列位置的编码就是该键的编码。键扫描与处理功能一般是编写成子程序被调用的，行扫描法的工作流程可分成键盘扫描、逐行扫描、键码生成、按键处理 4 个阶段。

（1）键盘扫描。该阶段的功能是对键盘进行全扫描以检测是否有键被按下，方法是：向所有行线输出低电平，读入各列线电平值并判定，若为全"1"则无键按下，返回主程序；否则有键按下，继续向下执行。在此阶段还必须采用键消抖措施防止错误检测。

（2）逐行扫描。功能是通过逐行扫描确定被按键所在的行号与列号，方法是从第 1 行开始到最后一行依次进行扫描：向当前行输出低电平，其他行输出高电平，然后读入各列线电平值并判定，若不是全"1"则找到了被按键，其位置就在电平为"0"的行、列交叉点，结束本阶段工作，将相应行、列号带入下一阶段；若为全"1"，则说明当前行没有键被按下，接着扫描下一行。以此类推，直至找到被按的键。

（3）键码生成。将被按键的二维的行、列号转换成与行列坐标对应的、唯一的一维键编号。为避免出现重键，在这一阶段还要进行键释放检测和键消抖处理。

（4）按键处理。根据键号转向相应的键处理程序，处理完毕后返回主程序。

行扫描法在识别被按键的同时，还具有防止串键的作用。如果在不同的行有几个键同时按下，就只能取位于先扫描行的键为有效键；如在同一行有多个键被同时按下，则读入的列数据必然有多位同时为"0"，据此可以认为这次按键无效，或者取列值最小的键作为有效按键。

3. 编程举例

下面是对图 12.4 所示电路采用行扫描法实现键盘控制的程序段举例,其键消抖采用软件延时法。

```
DBCKY:      MOV     AL,3FH          ;键盘扫描
            OUT     90H,AL          ;使所有行为低电平
            IN      AL,92H          ;读入和提取列状态
            AND     AL,1FH
            CMP     AL,1FH          ;有键按下否?
            JZ      KEYEND          ;无键按下返回主程序
            CALL    D20MS           ;延时消除前沿抖动
            MOV     BL,01H          ;第0行的扫描码送BL
            MOV     BH,00H          ;送键号初值
            MOV     CX,06H          ;送行扫描循环值
KEYDN1:     MOV     AL,BL           ;逐行扫描,查按键所在行
            OUT     90H,AL          ;输出扫描码
            IN      AL,92H          ;读入和提取列状态
            AND     AL,1FH
            CMP     AL,1FH          ;查到否?
            JNZ     KEYDN2          ;查到,转求键号
            ADD     BH,05H          ;未查到,指向下一行键号初值
            SHL     BL,1            ;求下一行的扫描码
            LOOP    KEYDN1          ;若6行没有扫完转下一行扫描
            JMP     KEYEND          ;扫完,无键按下,返回主程序
KEYDN2:     ROR     AL,1            ;查按键所在列
            JNC     KEYDN3          ;查到按键所在列,键号在BH中
            INC     BH              ;未查到,键号加1,查下一列
            JMP     KEYDN2          ;继续查下一列
KEYDN3:     IN      AL,92H          ;判键释放否?
            AND     AL,1FH
            JNZ     KEYDN5
            CALL    D20MS           ;消除后沿抖动
            :                       ;键处理
            :
KEYEND:     RET
```

12.2.2 可编程接口与线反转法

1. 线反转法原理

线反转法必须使用可编程并行接口(如 8255A)来实现,其基本原理是:将行线接一个并行端口,先工作在输出方式,列线接另一个并行端口,先工作在输入方式。编程通过行端口向全部行线输出逻辑"0",再读入列线的值。如果有键被按下,则必有列线为逻辑"0"。然后进行线反转,编程改变两个并行端口的工作方式,列端口工作于输出方式,将刚才读入的列线值反转输出到列线;行端口工作在输入方式,读取行线的值,则闭合键所在的行线必为逻辑"0"。于是,当一个键被按下时,就可以读到一对唯一的列值和行值。

如在图 12.2 中假定 K_8 键被按下,第一次往行线输出全 0 后,读入的列值为 11111110;将该列值反转向各列线输出后,改从行线可以读到行值 11111101。分两次读入的行值和列值合并起来就唯一确定了 K_8 键,从而不必再进行逐行扫描。显然,线反转法比行扫描法的速度更快,但必须使用可编程接口芯片,并且没有防止串键的作用。

2. 编程举例

使用图 12.2 的接口电路,其中行线接可编程并行接口 8255A 的端口 A,列线接端口 B,使用行反转法编程实现对其 8×8 键盘的控制。该程序也编写成子程序形式,出口参数为被按键的行号与列号,分别存放在 AH 和 AL 中。程序中取 8255A 的端口地址分别为 PA、PB、PC 和 PCTRL。

```
START:      MOV     AL,82H          ;设置 8255A 端口 A、B 工作方式 0
            MOV     DX,PCTRL        ;端口 A 输出,端口 B 输入
            OUT     DX,AL
            MOV     AL,0
            MOV     DX,PA
            OUT     DX,AL
            MOV     DX,PB           ;读入并保存列值
            IN      AL,DX
            MOV     BL,AL
            CMP     AL,0FFH         ;有列线为 0 否(键盘扫描)
            JZ      X1              ;没有则跳转到 X1
            CALL    D20MS           ;消除前沿抖动
            IN      AL,DX
            MOV     BL,AL
            CMP     AL,0FFH         ;仍然有列线为 0 否
            JZ      X1              ;没有则跳转到 X1
            MOV     AL,90H
            MOV     DX,PCTRL        ;设置 8255A 端口 A、B 工作方式 0
            OUT     DX,AL           ;端口 A 输入,端口 B 输出
            MOV     DX,PB
            MOV     AL,BL
            OUT     DX,AL           ;输出读入的列值
            MOV     DX,PA
            IN      AL,DX           ;读入行值
            MOV     AH,AL           ;行、列值送 AX,AH 中为行值
            MOV     AL,BL           ;AL 中为列值
X1:         RET
```

12.3 IBM PC 的键盘接口

本节主要介绍 PC 系列键盘接口原理。

12.3.1 IBM PC 的键盘

1. 概述

在 PC 系列中,PC/XT 采用 83 键标准键盘,PC/AT 采用 84 键键盘,286 以上的机型一般使用增强型 101 键或 104 键扩展键盘。

PC 的键盘内部使用单片机来自动识别键的按下与释放,自动生成相应的扫描码(行列位置码),并以串行通信方式送往主机。此外,它还具有多个键扫描码的缓冲能力和出错情况下的自动重发能力。PC 系列键盘的主要特点如下。

(1)按键采用电容式开关,按键时的上下动作使电容量发生变化,从而实现键开关接通或者断开的目的;

(2)属于非编码键盘,键盘上的按键排列成矩阵形式,对按下键的识别采用行列扫描原理,由键盘内部的 Intel 8048 单片机完成;

(3)键盘通过一根螺旋形的 5 芯电缆与主机相连。

PC 键盘与主机的连接示意如图 12.5 所示,从图中可以看出,它分成三部分。

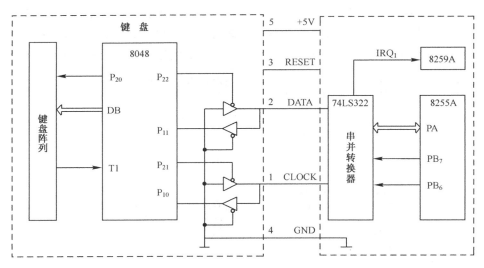

图 12.5　IBM PC 键盘接口示意图

（1）由按键组成的非编码键盘矩阵。

（2）键盘控制器。它与键盘集成在一起,以 8 位单片机 Intel 8048 为核心组成,负责识别按键和向主机发送键盘数据。

（3）主机系统板上的键盘接口电路。在早期的 IBM PC 和 IBM PC/XT 中主要采用 Intel 8255A 并行接口芯片、74LS322 移位寄存器和一些 D 触发器组成,在 IBM PC/AT 及以上档次的 PC 中则采用 Intel 8042 单片机为核心组成。

2. 键盘的工作原理

如图 12.6 所示,PC 系列键盘主要由 8048 单片机、译码器和 16 行×8 列的键开关矩阵三部分组成。8048 单片机是 8 位 CPU,有 40 个引脚,内部还包括 1KB 的 ROM、64KB 的 RAM 以及 8 位定时器/计数器等。

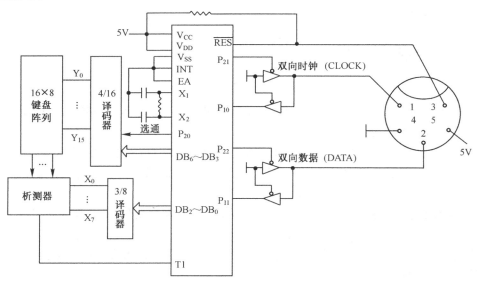

图 12.6　IBM PC 键盘组成逻辑图

8048 单片机通过周期性执行固化在其 ROM 中的键盘扫描程序完成键盘扫描,消除抖动并生成键扫描码,对扫描码的并—串转换,将串行的键扫描码和时钟送到主机等功能。

为了提高键盘扫描的速度,PC 系列键盘没有采用行扫描法和线反转法,而采用完全由硬件实现的行、列扫描法,其工作原理如下。

8048 中的定时器每 9.6 微秒控制计数器增 1 次,使 8 位计数器自动循环加 1 计数,并从 P_{20} 引脚输出一个选通信号,启动行、列译码电路工作。计数器的 $DB_6 \sim DB_3$ 位作为行扫描码,经 DB 总线送行扫描译码电路,使 $Y_0 \sim Y_{15}$ 之一输出低电平,其余为高电平,选中键盘阵列的一行。$DB_2 \sim DB_0$ 作为列扫描码,经列扫描译码电路使 $X_0 \sim X_7$ 之一输出低电平,其余为高电平,选择键盘阵列的一列,从而确定键盘阵列的一个键。析测器检测有无键按下,并将检测信号送至 8048 的 T_1 引脚。若该键未按下,不发出检测信号;否则,计数器的低 7 位值即为该键的扫描码,检测信号控制将计数器最高位置 0,形成 8 位键扫描码,经 P_{22} 引脚以异步串行方式送往主机的键盘接口。与此同时,键盘的时钟信号也经 P_{21} 引脚传送给主机,以保证主机正确接收扫描码。

由于当列扫描码($DB_2 \sim DB_0$)从全 0 到全 1 循环一轮后,行扫描码($DB_6 \sim DB_3$)才加 1 一次,这样就保证了对于每一行都是在扫描了全部列之后,才进行下一行扫描。而在全部行都扫描一轮后,由于计数器的溢出,将自动从第 0 行开始循环进行下一轮扫描。

8048 最多可以缓存 20 个键扫描码,P_{11} 和 P_{10} 分别用于请求输入和命令输入。

当键按下时,键盘向主机键盘接口发送的是 1 字节的键接通扫描码。当键弹起时,发送的则是键断开扫描码。

3. 键盘扫描码

PC 系列的 83 键标准键盘与 84 键、101 键增强型键盘和 104 键扩展键盘的接通和断开扫描码是不同的。

(1) PC 与 PC/XT 机的键盘扫描码

PC 与 PC/XT 使用 83 键的标准键盘,其键位置号用十进制数表示,而键扫描码用 1 字节的 2 位十六进制数表示。例如,键符"D"的按键在键盘中的位置是第 32 号,它的接通扫描码为 20H。因为 32D = 20H,可见接通扫描码与对应键的位置号是等值的。

其断开扫描码也是 1 字节,是由接通扫描码加上 80H 而得。例如,当"D"键按下后又松开,则从键盘控制器先输出 20H,再输出 A0H。

按键的拍发速率是固定的,当一个键按下 0.5 秒后仍不松开,将重复输出该键的接通扫描码,其速率为 10 次/秒。

(2) 84/101/104 键盘的扫描码

在键盘按键的布局上,这些键盘与标准键盘有较大差别,两者对同一按键产生的键盘扫描码是不同的,扩展键盘的键位置号与该键的扫描码不同值。例如,对于"D"键,扩展键盘的接通扫描码为 1 字节,键位置号是 33,接通扫描码是 23H,显然有 33H≠23H。但其断开扫描码是 2 字节,是在接通扫描码前加一前缀字节 F0H 组成。因此,当"D"键按下后又松开,则先输出 23H,后输出 F023H。

这些键盘的按键拍发速率是可选的,从 30 次/秒到 2 次/秒,默认值则仍为 10 次/秒。

由上可见,PC 及 PC/XT 与 PC/AT 以上机型所用的键盘在硬件上是不兼容的,为保证二者键盘中断程序的兼容,要求它们的键盘接口送给 CPU 的扫描码应该是相同的。为了予以区别,我们将 CPU 接收到的扫描码称为系统扫描码,键盘设备送到键盘接口的扫描码称键盘扫描码。于是,在 PC 及 PC/XT 机中键盘扫描码就是系统扫描码,而且与对应键的位置号相同。而其他 PC 键盘的键盘扫描码必须经过转换才能成为与 PC/XT 完全兼容的系统扫描码。例如,回车键"Enter",PC

及 PC/XT 键盘分配的键位置是第 28 号,接通扫描码为 1CH,系统扫描码也是 1CH;而 PC/AT 或 101、104 的扩展键将"Enter"分配在第 43 号键位置,键盘的接通扫描码为 5AH,经系统板上的键盘接口转换后的系统扫描码仍是 1CH。所以,在 PC/AT 及更高档次机器的键盘接口中,要有能将键盘扫描码转换成与 PC/XT 机兼容的系统扫描码的硬件支持,以实现对不同键盘的软件兼容。这也就是为什么在 IBM PC/AT 及以上的 PC 机型中采用 Intel 8042 单片机组成键盘接口的原因。

12.3.2　PC 扩展键盘的接口电路

前面已指出,由于 PC 扩展键盘(84/101/104 键)的键位置号与该键的扫描码不同值,而 PC 标准键盘二者是一致的,所以 PC 标准键盘和 PC 扩展键盘的同一按键的扫描码是不同的。为了使两种键盘保持键盘中断程序处理键符输入的一致性,必须将键扫描码转换为与 PC 标准键盘相同的系统扫描码。因此,PC 扩展键盘除了具备 PC 标准键盘接口的功能外,还必须能将键盘扫描码转换成与 PC 标准键盘兼容的系统扫描码。为此,PC 扩展键盘接口电路中采用 Intel 8042 单片机作为键盘接口的核心电路,负责键盘接口的全部功能。接口除了能完成将键盘扫描码转换为系统扫描码外,还实现键盘与 CPU 之间的双向数据传输。

Intel 8042 是一种有 40 个引脚的单片微处理器,包括 8 位 CPU、2KB ROM、128B RAM,两个 8 位 I/O 端口、一个 8 位定时器/计数器和时钟发生器。其接口硬件逻辑如图 12.7 所示。

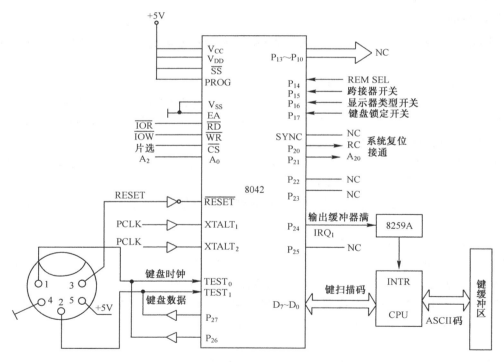

图 12.7　PC 扩展键盘接口逻辑

1. 8042 的主要引脚

(1) 时钟信号

XTALT$_1$ 和 XTALT$_2$ 用于外接晶体振荡器。SYNC 用于输出时钟信号,每个指令周期输出一次,选通输出信号或单步操作输入信号。

（2）复位与片选信号

$\overline{RESET}$为低电平有效的复位信号。$\overline{CS}$为低电平有效的片选信号。

（3）控制信号

$\overline{RD}$为低电平有效的 CPU 读信号。$\overline{WR}$为低电平有效的 CPU 写信号。A_0 为最低位地址输入信号；当 $A_0 = 0$ 时，传送数据；当 $A_0 = 1$ 时，传送命令。PROG 用于芯片编程的脉冲输入信号（此时 $V_{DD} = 21V$）；如果访问 I/O 扩展器 8242 时，该引脚作为计址数据选通信号。$\overline{SS}$为低电平有效的单步信号；当与 SYNC 引脚相连时，则芯片进入单步运行状态。EA，允许外部访问信号，用于芯片的仿真、测试或 ROM 校验，不用时接地。$TEST_0 \sim TEST_1$，用于提供测试条件的输入定时信号。

（4）I/O 端口

$P_{17} \sim P_{10}$ 为 P_1 口的 8 条 I/O 引脚。$P_{27} \sim P_{20}$ 为 P2 口的 8 条 I/O 引脚。

（5）电源与地线

V_{CC} 为+5V 电源。V_{DD} 为正常操作接+5V，编程时接+21V。V_{SS} 为地线。

2. 键盘接口的主要功能

（1）接收键盘输出的键扫描码

通过 $TEST_0$ 和 $TEST_1$ 两个引脚分别接收来自键盘的时钟信号 KBDCLK 和数据信号 KBDDATA。TEST1 在键盘时钟同步下，以异步串行格式接收键盘发送的 8 位键扫描码。

当键盘接口接收串行数据，完成串并转换。奇偶校验正确后，接口将键扫描码转换成系统扫描码，并保存在输出缓冲寄存器中。在 CPU 未取走扫描码期间，P_{26} 引脚为低电平，强制键盘时钟线变低，禁止键盘输出下一个扫描码。

（2）产生键盘中断

接口用 P_{24} 引脚作为输出缓冲寄存器的标志。当系统扫描码送入输出缓冲寄存器后，P_{24} 引脚输出高电平，作为键盘中断请求信号（IRQ_1）发给 CPU。当 IRQ_1 被 CPU 响应后，系统调用 9 号中断服务程序进行键盘代码的处理转换，最后存入键盘缓冲区。

键盘中断服务程序先从输出缓冲寄存器中读取键盘扫描码，然后对按键进行判别。为了确保 CPU 读取扫描码，在读数期间，键盘控制器强制时钟线为低电平，禁止键盘输出下一个键盘扫描码。当输出缓冲寄存器为空后，时钟线变高，才允许键盘输出扫描码。

（3）奇偶校验

接口对所收到的数据进行奇偶校验，一旦检测到数据出现奇偶错，则将 FFH 送入输出缓冲寄存器，同时将状态寄存器的奇偶错位（D_7）置"1"，通知键盘重新发送数据。

（4）接收并执行系统命令

键盘接口通过 P_{26}、P_{27} 引脚将系统发送给键盘的命令送往键盘。

12.3.3 键盘中断服务与调用

当键盘接口电路把来自键盘的串行扫描码变成并行的系统扫描码送入 8042 的输出缓冲寄存器，并向主 CPU 发出中断请求以后，系统通过键盘硬件中断（中断类型码 09H）将系统扫描码变成字符的 ASCII 码或扩展码（命令键、组合功能键等的编码，称为扩展码）写入键盘缓冲区。应用程序在需要的时候则可使用软中断（1NT 16H）调用键盘缓冲区的数据，并根据需要对它们进行处理。

键盘中断处理有以下三种方式：

（1）键盘接口的硬件中断。当键盘接口收到一个字节的数据后，立即向主机发 09H 号键盘硬

件中断请求。当 CPU 响应中断请求后,执行类型码为 09H 的中断服务程序,其功能如下:

- 从键盘接口的输出缓冲寄存器(60H)读取系统扫描码;
- 将系统扫描码转换成 ASCII 码或扩展码,存入键盘缓冲区;
- 如果是换档键(如 Caps Lock,Ins 等),将其状态存入 BIOS 数据区中的键盘标志单元;
- 如果是组合键(如 Ctrl+Alt+Del),则直接执行,完成其相应的功能;
- 对于终止组合键(如 Ctrl+C 或 Ctrl+Break),强行终止应用程序的执行,返回 DOS。

(2) 软件中断 INT 16H。读取键盘的内容可通过软件中断 INT 16H 指令实现。INT 16H 中断调用功能有:0 号,从键盘读一个字符;1 号,读键盘缓冲区;2 号,读键盘状态字节。

(3) INT 21H 中断调用。在 DOS 功能调用中,也有多个功能调用号用于获得所需要的键盘信息。

常用的键盘操作功能如表 12.1 和表 12.2 所示。

表 12.1 INT 16H 功能表

调用号	入口参数	出口参数	功 能
0	AH=0	AX 存放 ASCII 键或扩展码键符	从键盘读入一个字符
1	AH=1	ZF=1 无键输入;ZF=0 有键输入,存在 AX 中	检测输入字符是否准备好
2	AH=2	AL=KB_FLAG(键标志)	读取当前特殊键的状态

表 12.2 INT 21H 功能表

调 用 号	入 口 参 数	出 口 参 数	功 能
AH=01		AL=输入字符	从键盘读入字符并显示
AH=06	DL=0FFH	AL=输入字符	从键盘读入一个字符
AH=07		AL=输入字符	从键盘读入字符不显示
AH=08		AL=输入字符	键盘读入字符不显示(检测 Ctrl+Break)
AH=0A	DS:DX=缓冲区首地址	AL=0FFH,有键输入 AL=00H,无键输入	输入字符到缓冲区
AH=0B			读键盘状态
AH=0C	AL=键盘功能号 (1,6,7,8,A)		清除键盘缓冲区并调用指定的键盘功能

编程举例:分别利用 DOS 和 BIOS 键盘中断功能调用编程。要求检测功能键 F1,如有 F1 键按下,则转 HELP 执行,否则循环等待。可以采用 BIOS 的 INT l6H 中断 00 号功能调用编程,或采用 DOS 的 INT 21H 中断 07 号功能调用编程。

由于功能键没有 ASCII 码,在采用 DOS 的 INT 21H 键盘功能调用读键盘输入时,如果有功能键输入,那么返回的字符码都为 00H。因此,采用 DOS 的 INT 21H 键盘功能调用读功能键输入时,必须进行二次 DOS 功能调用,第一次回送 00,第二次回送扫描码。

程序段如下:

```
X0:     MOV     AH,07
        INT     21H         ;等待键盘输入
        CMP     AL,0        ;是否为功能键
        JNE     X0          ;不是,继续等待
FKEY:   MOV     AH,07H
```

```
        INT     21H
        CMP     AL,3BH      ;是 F1? F1~F10 依次加 1
        JNE     X0          :不是,继续等待
    HELP：
```

　　BIOS 键盘中断(16H)能同时回送字符码和扫描码,比较适合于要使用功能键和变换键的程序设计。而对于简单的键盘操作,用 DOS 提供 INT 21H 的键盘中断服务更合适。

习题

　　1. 什么是编码键盘? 什么是非编码键盘?

　　2. 非编码键盘一般需要解决几个问题? 识别被按键有哪几种方法? 各有什么优缺点?

　　3. 简述键盘接口中行扫描的工作过程。

　　4. 说明 PC 键盘将键位编码送入主机时为什么同时要送入时钟? 为什么要与主机时钟同步? 如果键盘到主机的时钟线断了,会发生什么现象?

　　5. PC 系列机采用哪两类键盘? 它们有何区别与共同点? 试说明 101 键盘接口电路的基本组成与作用。

　　6. 在图 12.2 中,若按下第 4 行第 3 列的键,问 12.2.2 节编程举例中的程序执行结果 BL、BH、CX 和 AL 各为何值?

　　7. 用 8255 设计一个 4×4 的小键盘,画出设计电路,并画出编程流程图。

第13章 显示接口

本章主要讲解 LED、LCD、CRT 三种显示原理及接口。

13.1 LED 显示器件及其接口

LED(Low Emitting Diode) 发光二极管是一种将电能转变成光能的半导体器件。在小型专用微机系统和单片机系统中,它是主要的显示器件。在通用微机系统中,也常用做状态等显示。

13.1.1 概述

常用的 LED 有单个 LED 显示管、7 段或 8 段数码显示器和点阵式显示器。单个 LED 显示器实际上是一个压降为 1.2V~2.5V 的二极管,使用时将它通过驱动电路接向微机的一个端口即可。下面主要介绍数码管及其接口。

7 段或 8 段数码显示器是将多个 LED 管组成一定字形的显示器,有共阴极和共阳极两种接法,如图 13.1 所示。

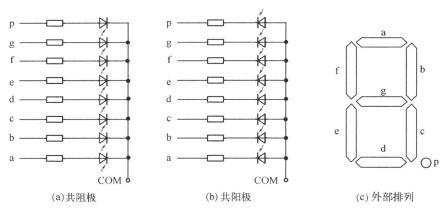

(a)共阻极   (b)共阳极   (c)外部排列

图 13.1 LED 结构

将 8 段数码管去掉一个小数点就变成 7 段数码管,7 段用来显示十进制或十六进制数字和某些符号,另一段用来显示小数点。7 段数码管一般每段包含一个 LED 管,大型显示器(25.4mm 以上)每段有两个或多个串联 LED 管,需要加比单管型更高的电压才能得到所需亮度的电流。为了达到显示某一字形的目的,需要从接口输出不同的数码,以便点亮所需的段,这些数码称为字形或段码。对共阳极显示器,要点亮的显示段引脚需接低电平"0"。对共阴极显示器,接法则相反,需接高电平"1"。7 段数码管显示的数码与最高位无关,其最高位可以为 0 也可以为 1。如以引脚的电平为准,要显示"2"字应点亮 g、e、d、b 和 a 段,8 段的数据用 1 字节表示,设 a~g 对应 D_0~D_6,p 对应 D_7,对共阳极显示器,字形码为 A4H,若是 7 段数码管则字形码既可以为 A4H 也可以为 24H,对共阴极显示器则为 5BH(7 段为 5BH 或 DBH),其余不难类推,具体请自填并与表 13.1 对照。

表 13.1　数码管显示相应数码对应的字形码表

数　码	应点亮的段	共阳极接法的字形码		共阴极接法的字形码	
		8 段数码管	7 段数码管	8 段数码管	7 段数码管
0	fedcba	C0H	C0H 或 40H	3FH	3FH 或 BFH
1	cb	F9H	F9H 或 79H	06H	06H 或 86H
2	gedba	A4H	A4H 或 24H	5BH	5BH 或 DBH
3	gdcba	B0H	B0H 或 30H	4FH	4FH 或 CFH
4	gfcb	99H	99H 或 19H	66H	66H 或 E6H
5	gfdca	92H	92H 或 12H	6DH	6DH 或 EDH
6	gfedca	82H	82H 或 02H	7DH	7DH 或 FDH
7	cba	F8H	F8H 或 78H	07H	07H 或 87H
8	gfedcba	80H	80H 或 00H	7FH	7FH 或 FFH
9	gfdcba	90H	90H 或 10H	6FH	6FH 或 EFH
A	gedcba	88H	88H 或 08H	77H	77H 或 F7H
B	gfedc	83H	83H 或 03H	7CH	7CH 或 FCH
C	feda	C6H	C6H 或 46H	39H	39H 或 B9H
D	gedcb	A1H	A1H 或 21H	5EH	5EH 或 DEH
E	gfedba	86H	86H 或 06H	79H	79H 或 F9H
F	gfea	8EH	8EH 或 0EH	71H	71H 或 F1H

接口可用硬件译码器或软件实现。硬件有多种 LED 译码/驱动器芯片可供选用。常使用输入为 BCD 码,输出为段码的芯片。软件方法可将各位数码管的段线通过驱动电路接向微机的一个 8 位输出端口,用另一个输出端口作位选之用。数码管既可作静态显示,也可作动态扫描显示。

13.1.2　数码管显示接口分析/设计

例 13.1　如图 13.2 所示,用 8255A、7405 等芯片所设计 8 个 8 段共阴极数码管的接口电路。试分析电路工作原理,并编程实现从左到右依次显示 0~7,而后全部熄灭,循环往复 50 次。

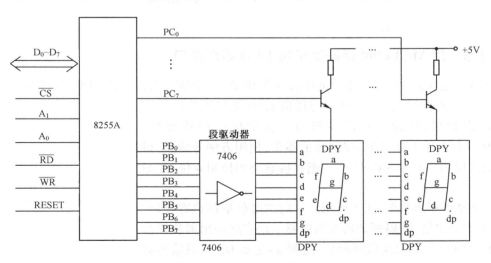

图 13.2　LED 接口电路

分析：①共阴极数码管的前端接了 7406 非门驱动，所以 PB 口送出的数码相当于共阳极接法，即显示代码应使用共阳极 8 段代码，0～7 的共阳极 8 段代码分别为 C0H、F9H、A4H、B0H、99H、92H、82H 和 F8H。②8255A 的 PC 口作为位选择，输出；PB 口作为数码管显示代码输出，均工作于方式 0，所以 8255A 的工作方式字为 10000000B。③此程序通过双重循环实现，内层依次取出显示代码送往 PB 口，由 PC 口控制各位的显示，外层循环为循环 50 次。④时间间隔通过软件延时法实现。⑤设 8255A 的端口地址分别为 PA、PB、PC、PCTRL。

编程。主功能程序如下。

```
LEDDISP      PROC      NEAR
             ⋮                        ;保护现场
             MOV       AL,10000000B   ;置 8255A 方式选择字
             MOV       DX,PCTRL
             OUT       DX,AL
             MOV       CX,50          ;置外层循环次数
AGAIN：      MOV       SI,OFFSET LEDBUF ;将显示代码表首址送 SI
             PUSH      CX             ;外层循环次数进栈保护
             MOV       CX,8           ;置内层循环次数
             MOV       BL,80H         ;准备送 PC 口初值
LOP：        MOV       AL,[SI]        ;取显示代码送 PB 口
             MOV       DX,PB
             OUT       DX,AL
             MOV       AL,BL          ;位选择输出
             MOV       DX,PC
             OUT       DX,AL
             CALL      DELAY          ;调用延时子程序
             INC       SI
             ROR       BL,1
             LOOP      LOP
             XOR       AL,AL          ;全熄灭
             MOV       DX,PC
             OUT       DX,AL
             CALL      DELAY
             POP       CX             ;外层循环次数出栈还原
             LOOP      AGAIN          ;循环 50 次
             ⋮                        ;恢复现场
             RET
LEDDISP      ENDP
```

13.1.3 用 MC14499 译码器扩展 LED 显示接口

MC14499 是 Motorola 公司生产的串行输入 BCD 码–十进制码输出的 CMOS 集成块。由于片内具有 BCD 译码器和串行接口，可以与任何 CPU 接口连接。显示方式为动态扫描，因此消耗功率较低。在微机应用系统中，MC14499 具有占用 I/O 口少、控制显示器多、使用方便等特点，得到了广泛的应用。一片 MC14499 只能直接驱动和控制 4 位 LED7 段显示器。

MC14499 的引脚如图 13.3 所示。片内主要包括移位寄存器、锁存器、多路输出器、译码驱动器及振荡器。由多路输出器从锁存器中取出的 BCD 码数据经段译码后，送到 a～g 及 DP 八只输出脚上。片内振荡器产生的振荡信号经四分频后分别送到 Ⅰ～Ⅳ 四条位控制线，以提供对显示器的轮流扫描。

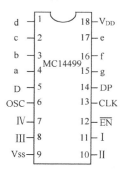

图 13.3 MC14499 引脚

芯片的主要控制信号如下。

D:串行数据输入端。

a,b,c,d,e,f,g,DP:八段显示输出。

Ⅰ,Ⅱ,Ⅲ,Ⅳ:字位选择端。用来产生 LED 选通信号。

OSC:振荡器外接电容端,外接电容使片内振荡器产生 200~800Hz 扫描信号防 LED 显示器闪烁。

CLK:时钟输入端,用以提供串行接收的控制时钟。标准时钟频率为 250kHz。

EN:使能端为 0 时,MC14499 允许接收串行数据输入;为 1 时,片内的移位寄存器将数据送入锁存器中锁存。

由于 MC14499 片内具有 BCD 译码器和串行接口,所以它几乎可以与任何微机接口相连。MC14499 一次可接收 20 位串行输入数据,如图 13.4 所示。前 4 位为 4 个 LED 显示器的小数点选择位,相应位为"1"时小数点显示,为"0"时熄灭。后 16 位是 4 个 LED 显示器的 BCD 码输入数据。各段四位编码显示如表 13.2 所示。

表 13.2　七段编码

0000	0	1000	8
0001	1	1001	9
0010	2	1010	A
0011	3	1011	/
0100	4	1100	//
0101	5	1101	U
0110	6	1110	_
0111	7	1111	熄灭

图 13.4　20 位串行输入数据

当系统需要 4 位以上的 LED 显示器时,可将多个 MC14499 级联,每增加一片 MC14499 时,可增加 4 位 LED 显示。如图 13.5 所示。

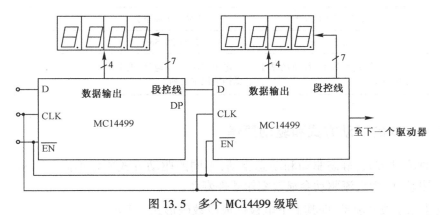

图 13.5　多个 MC14499 级联

13.2　LCD 显示器件及其接口

1968 年美国人发明 LCD 至今 30 多年,因其体积小、辐射低等特点深受众多用户喜爱,随着其生产成本的下降,目前市场占有率不断上升。

13.2.1 液晶显示器的原理、结构及分类

LCD(Liquid Crystal Display)是利用液晶材料的光电效应(加电引起光学特性变化)制作的显示器,液晶本身不发光,靠电信号控制使环境光在显示部位反射(或透射)而显示。常用的多为反射型。图13.6所示为LCD显示器的基本结构,在上下两块玻璃的内表面制作有透明电极,电极间隔通常为10μm,四周用间隔垫及密封剂密封,中充液晶,盒底部为反射镜片。

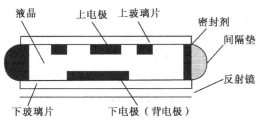

图13.6 LCD显示器的基本结构

液晶显示器是属于平面显示器的一种,依驱动方式来分类可分为静态驱动(Static)、单纯矩阵驱动(Simple Matrix)以及主动矩阵驱动(Active Matrix)三种。其中,被动矩阵型又可分为扭转式向列型(Twisted Nematic,TN)、超扭转式向列型(Super Twisted Nematic,STN)及其他被动矩阵驱动液晶显示器;而主动矩阵型大致可区分为薄膜式晶体管型(Thin Film Transistor,TFT)及二端子二极管型(Metal/Insulator/Metal,MIM)两种方式。详细的分类比较请参考表13.3。

表13.3 TN、STN及TFT型液晶显示器的比较

类 别	TN	STN	TFT
原理	液晶分子, 扭转90°	液晶分子, 扭转240°~270°	液晶分子, 扭转90°以上
特性	黑白、单色 低对比(20:1)	黑白、彩色(26万色) 低对比,较TN佳 (40:1)	彩色(1667万色) 高对比,较STN佳 (300:1)
全色彩化	否	否	可与CRT媲美
动画显示	否	否	可与CRT媲美
视角	狭窄(30°以下)	狭窄(40°以下)	狭窄(80°以下)
面板尺寸	2.5~8cm	2.5~30.5cm	9~43cm
应用范围	电子表、计算器、简单的掌上游戏机	电子字典、移动电话、商务通、低档笔记本电脑	彩色笔记本电脑、投影机、壁挂式彩电

13.2.2 LCD的驱动方式和驱动原理

LCD有两种驱动方式:静态驱动和动态驱动,不同的驱动方式要配不同的显示屏。LCD器件要用交流信号驱动,因为直流驱动会显著缩短器件寿命。

静态驱动多用于段式驱动,即其上下电极做成段数码形式。下电极(背电极)连在一起作为公共电极引出,上电极(段电极)每段都需加驱动信号,故每位数码要有一根引线,位数多引线也多。背面电极加上某一频率(30~200Hz之间)的方波,要显示的段电极上的电压信号则与背面电极的信号反相,不显示的段电极上的电压信号则与背面电极的信号同相。工作电压的幅值V要选在阈值电压以上,如图13.7

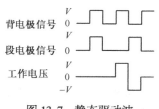

图13.7 静态驱动波

所示。

动态驱动实质上是矩阵扫描驱动,可用于多位的 8 段数码显示和点阵显示。点阵显示是把液晶置于互相垂直的条状电极之间,以条状电极的交点的组合来显示,可组成图形和各种字符显示,这种显示形式如果只在显示点有关的行列上加电压,则非显示点也会因有线电容而有电压,产生所谓"交叉效应",使对比度下降。一般在非选中点也加上低于阈值的电压,以清除交叉效应的影响。常用的方法有偏压法和双频法。此外,对矩阵各点的驱动要采用分时的方法,其背电极 BP(Back Plane)为行线,分时对各行线加上阈值电压。因此,在行线扫描一遍的周期内(称为帧周期)阈值电压占空比为 1/行数。常用的动态驱动有 2 分时、3 分时和 4 分时动态驱动,或称为 1/2、1/3 和 1/4 占空系数驱动。一般 2 分时驱动有 2 个背电极(公共电极),3 分时驱动有 3 个背电极,4 分时驱动有 4 个背电极。下面介绍偏压法的 2 分时和双频法驱动方式。

1. 偏压法

偏压法有 1/2 偏压法和 1/3 偏压法,这里只介绍 1/2 偏压法。

2 分时 1/2 偏压法。其波形图如图 13.8 所示。选择点 1、3 和 4 显示,点 2 不显示。为此,在前半帧 T_1 时间内,背极 BP_0 加上工作电压 V,BP_1 施偏压 $V/2$。LCD 的阈值电压应大于 $V/2$,小于 V_0。为使 BP_0 与列线 S_n 及 S_{n+1} 的交点 1 及 3 显示,在此两线上加上与 BP_0 反相的驱动电压。图中画出了点 1 的合成电压 S_n-BP_0,可见该点在 T_1 时被 $\pm V_0$ 交流电压所驱动而显示。点 2 的电压是 S_n 和 BP_1 上的电压差,表示为 S_n-BP_1,若此差小于阈值则不显示。在后半帧时间,BP_1 施加工作电压,BP_0 施加 $V/2$ 偏压。S_n 施加与 BP_1 同相的工作电压,故点 2 不会显示。S_{n+1} 与 BP_1 反相,点 4 显示。读者不难画出全部点阵在帧周期内的波形来验证。

2. 双频驱动法

动态散射型液晶显示器的动态散射有一截止频率(约 1000Hz),高于此频率时则不产生动态散射,且阈值电压也会提高。因此可用低频信号驱动显示点,而用高频信号驱动不显示点,如图 13.9 所示。图中 V 为低频信号(约 100Hz),$-V$ 为反相的低频信号,V_f 为高频信号,则非显示点电压不是被抵消为 0,就是因叠加高频信号而不产生动态效应。显示点的合成电压只要高于阈值电压即可。

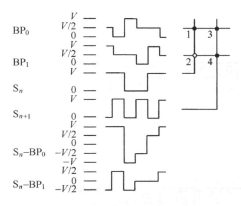

图 13.8 2 分时 1/2 偏压法

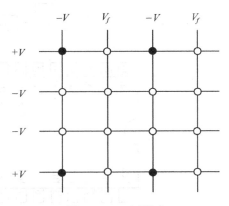

图 13.9 双频驱动

13.2.3 LCD 显示器接口的设计及应用

1. ICM7211 段码型液晶显示控制器及其应用

ICM7211 段码型液晶显示控制器是一种 4 位的驱动器,其内部不含 A/D 转换,较适用于本身即为数字的信号显示,并且一个芯片可以支持 4 个液晶段码的显示。

（1）ICM7211 的结构与功能特点

ICM7211 分两种型号,ICM7211A 和 ICM7211AM,各有各的适应范围,在 PC 控制项目中的远程现场显示或集控台仪表同步显示等应用场合的使用比较普遍。它采用静态驱动方式,控制简单,显示稳定。ICM7211A 和 ICM7211AM 的结构及其引脚,如图 13.10 所示。

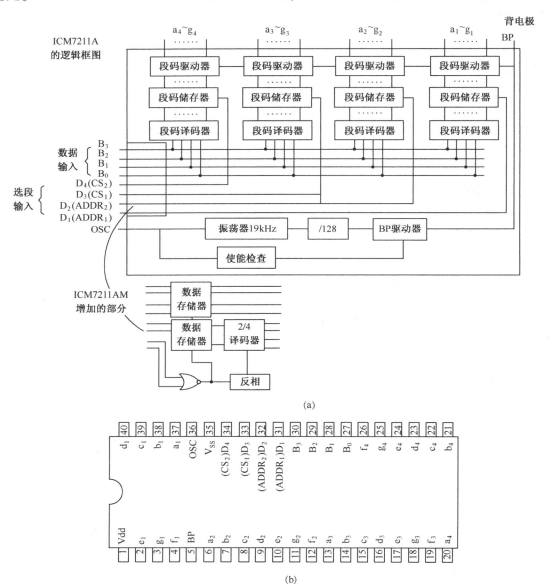

(a)

(b)

图 13.10　ICM7211 的逻辑结构图及其引脚图

ICM7211 等液晶静态显示驱动器有以下特点:

- 支持 4 个 LCD 液晶段码显示和背板 BP 输出信号;
- 可以产生 BP 信号频率的全内部 RC 振荡器;
- BP 输入输出允许简单同步;
- ICM7211A 芯片提供分离的片选信号,可以适应于与不同的器件的 BCD 码相连接;
- ICM7211AM 芯片提供一个片选信号的输入,从而可以实现数据地址的锁存,以适应高速 CPU;
- 芯片输出解码为 B 类代码($0,1,2,3,4,5,6,7,8,9,-,E,H,L,P,$空白);
- 功率消耗低,$1\mu A$ 的典型工作电流;
- 静态工作方式。

① ICM7211A 的部分引脚定义

$B_3 \sim B_0$(引脚号 30~27):输入的二进制数,ICM7211 将此二进制 BCD 码转换成段码并输出到驱动段码液晶显示。

OSC(引脚号 36):悬空或通过电容与 V_{DD} 相连时,为外部晶振信号的输入;与 V_{SS} 相连时,不允许背板 BP 输出器件工作,允许 28 个段码输出直接被同步到在 BP 输入的外部信号上,这种方式有利于多片共用时,从片的输出与主片同步。

BP(引脚 5):背板输出或输入端,当 OSC 悬空时,BP 为输出,输出的信号来源于内部晶振信号(19kHz)的 128 分频的结果,同时,在芯片的内部,这个输出频信号控制所有的输出段驱动信号与 BP 同步;当 OSC 接地时,BP 为输入,由此引脚输入的信号控制着所有的输出段驱动信号与 BP 同步。

$D_1 \sim D_4$(引脚号 31~34):某一位的 BCD 数据输入的译码锁存信号,D_1 为 1,D_2、D_3、D_4 均为 0 时,表示目前从 $B_3 \sim B_0$ 输入的 BCD 码锁存在输出锁存器后为 $a_1 \sim g_1$ 输出所用,其他同理。

② ICM7211AM 的部分引脚定义

$ADDR_2$(引脚号 32),$ADDR_1$(引脚号 31):输入的地址信号,两位地址可以选择 4 种不同的情况,分别为:00 表示 4 组输出的锁存,01 表示 3 组输出的锁存,10 表示 2 组输出的锁存,11 表示 1 组输出的锁存。

CS_2(引脚号 34),CS_1(引脚号 33):片选信号,高电平时表示禁止,低电平时表示允许,在两个 CS 信号均为低时,输入的地址信号被锁存在输入锁存器中,当两个 CS 信号的合成出现上升沿时译码数据被锁存到输出锁存器,同时输出驱动液晶显示。

其他信号同 ICM7211A。

ICM7211 的主要参数请参阅表 13.4。

(2) ICM7211A 的应用

ICM7211A 的单片应用较为简单,只要按照芯片的工作原理连接好电路即可。芯片的使用不需要初始化的工作,只要保证硬件的电路正确,一般不会有太大的问题。液晶的显示耗电都很低,属于节能绿色产品,一般不需要考虑驱动能力的问题。

表 13.4 ICM7211 的主要参数

参 数 名	最小	典型	最大	单位	说明
工作电压 $V_{DD}-V_{SS}$	3	5	6	V	
输入电压	$V_{SS}-0.3$		$V_{DD}+0.3$	V	任意引脚
工作电流 IDD	—	10	50	μA	
晶振频率 f_{osc}	—	19	—	kHz	36 脚悬空
背板频率 F_{BP}	—	150	—	Hz	36 脚悬空

ICM7211A 和 ICM7211AM 的应用相似,要注意的问题是主片与从片的接法,如图 13.11 所示,主片的 OSC 引脚悬空,从片的 OSC 接地,主从片的 BP 引脚连接在一起。

假定 $B_3 \sim B_0$ 对应着地址 300H 的字节输出,而 $D_8 \sim D_1$ 对应着地址 301H 的字节输出,以下子程序可以完成图 13.11 中 ICM7211A 应用的数字显示。

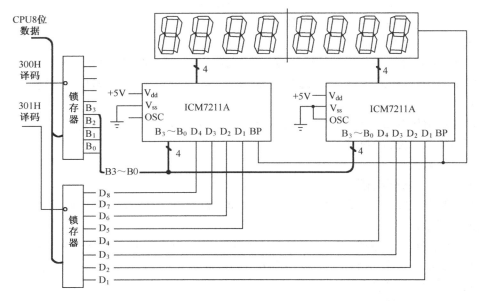

图 13.11　ICM7211A 的典型应用

```
;LCD 显示驱动程序,显示' 2005'
DATAIN       EQU          300H
CHPSEL       EQU          301H
STACK        SEGMENT      PARA STACK' STACK'
             DB           50 DUP(0)
STACK        ENDS
DATA         SEGMENT
CSBUF        DB           10H                  ;00010000B
DISPBUF      DB           2H,0H,0H,5H          ;代表' 2005'
DATA         ENDS
CODE         SEGMENT
             ASSUME       CS:CODE,DS:DATA,SS:STACK
START        PROC         FAR
             PUSH         DS
             MOV          AX,0
             PUSH         AX
             MOV          AX,DATA              ;初给化指针
             MOV          DS,AX
             MOV          CX,4                 ;重复次数
             MOV          SI,OFFSET DISPBUF    ;SI 用于变址寻址
LOOP1:       MOV          AL,[SI]              ;取 SI 内容所指的单元为送显示的单元内容
             MOV          DX,DATAIN
             OUT          DX,AL                ;要显示的内容送向 300H
             MOV          DX,CHPSEL
             SHR          CSBUF,1
                                               ;片选数据右移一位,准备进行液晶当前锁存位的确定选择
             MOV          AL,CSBUF
             OUT          DX,AL                ;要选择的内容送向 301H
             INC          SI                   ;数据指针加 1
             DEC          CX                   ;重复 4 次,将' 2005'送向液晶
             JNZ          LOOP1
             RET
```

START   ENDP
CODE   ENDS
               END   START

2. 其他液晶接口芯片的应用

液晶显示器在微机系统中应用的关键是它的驱动电路和控制电路与 CPU 的接口问题。现在驱动电路和控制电路都做成集成块,如笔段式液晶显示器驱动器 CD4055,点阵式图形液晶显示器 HD61830 等。限于篇幅,这两块芯片不详细介绍。

HD61830 是点阵式液晶显示控制器,它可以接受来自 8 位处理器的数据,并产生点阵液晶驱动器信号。其驱动方式有两种:字符式和图形方式,作为微机外部接口,HD61830 通过数据总线接受来自 CPU 的指令和数据,从而产生指令参数和显示数据。

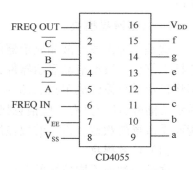

图 13.12　CD4005 引脚图

CD4055 是 BCD-7 段译码 LCD 驱动器,采用静态工作方式,其引脚如图 13.12 所示。由 CPU 输出 BCD 码,通过数据输入端 D,C,B,A 到 CD4055,经其内部译码电路转换成 7 段字形数据进入显示驱动电路。在驱动信号输入端 DFI 的脉冲驱动下输入各段的显示驱动波形和背电极 BP 的波形,为液晶显示器件提供了交流驱动波形,从而实现了 0~9,L、H、P、R、-、"空"等 16 种显示组合。用 CD4055 控制 4 位 7 段数码管的控制电路如图 13.13 所示。

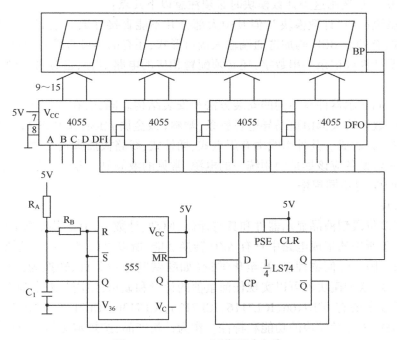

图 13.13　CD4055 四位驱动电路

13.2.4　液晶显示模块或组件

液晶显示模块是一种将液晶显示器件、连接件、集成电路、PCB 线路板、背光源、结构件装配在一起的组件。英文名称叫"LCD Module",简称"LCM",中文一般称为"液晶显示模块"。实际上它是一种商品化的部件,根据我国有关国家标准的规定:只有不可拆分的一体化部件才称为"模块",可拆分的叫做"组件"。所以规范的叫法应称为"液晶显示组件"。但是由于长期以来人们都已习惯称其为"模块"。

液晶显示器件是一种高新技术的基础元器件,虽然其应用已很广泛,但对很多人来说,使用、装配时仍感到困难。特别是点阵型液晶显示器件,使用者更是会感到无从下手。将液晶显示器件与控制、驱动集成电路装在一起,形成一个功能部件,用户只需用传统工艺即可将其装配成一个整机系统。

1. 数显液晶模块

这是一种由段型液晶显示器件与专用的集成电路组装成一体的功能部件,只能显示数字和一些标识符号。段型液晶显示器件大多应用在便携、袖珍设备上。由于这些设备体积小,所以尽可能不将显示部分设计成单独的部件,即使一些应用领域需要单独的显示组件,那么也应该使其除具有显示功能外,还应具有一些信息接收、处理、存储传递等功能,由于它们具有某种通用的、特定的功能而受市场的欢迎。常见的数显液晶显示模块有以下几种。

(1)计数模块

这是一种由不同位数的 7 段型液晶显示器件与译码驱动器,或再加上计数器装配成的计数显示部件。它具有记录、处理、显示数字的功能。目前我国市场上能够见到的主要产品有由 CD4055 译码驱动器驱动的单位液晶显示器件显示模块,以及由 ICM7211,ICM7231,ICM7232,CD14543,UPD145001,HD44100 等集成电路与相应配套的液晶显示器件组装成的 4 位、6 位、8 位、10 位、12 位、16 位计数模块。在选用这类计数模块时必须注意以下几点:

弄清功能:虽说都叫"计数模块",但其中大部分并不能直接计数。它们的输入端口有的仅是 BCD 码接口形式,有的是 BCD 码加选通端输入接口形式,还有的是可直接与串行、并行口相接的接口形式等,如需要计算或记录一串数字,还必须配置相应的电路,当然也有将计数电路配好在模块上的产品。

认准结构:液晶显示器件有不同的安装方法和安装结构。固此,在选用时要注意其结构特点,一般来说,这种计数模块大都由斑马导电橡胶条、塑料(或金属)压框和 PCB 板将液晶显示器件与集成电路装配在一起而成。其外引线端有焊点式、插针式、线路板插脚式几种。

注意电源:一台设备应该尽量使用统一的电源,常见的液晶显示器件计数模块有单电源型和双电源型,有 5V 和 9V 等不同规格。

(2)计量模块

这是一种有多位段型液晶显示器件和具有译码、驱动、计数、A/D 转换功能的集成电路片组装而成的模块。由于所用的集成电路中具有 A/D 转换功能,所以可以将输入的模拟量电信号转换成数字量显示出来。因为任何物理量,甚至化学量(如酸碱度等)都可以转换为模拟电量,所以只要配上一定的传感器,这种模块就可以实现任何量值的计量和显示,使用起来十分方便。计量模块所用的集成电路型号主要有 ICL7106、ICL7116、ICL7126、ICL7136、ICL7135、ICL7129 等,这些集成电路的功能、特性决定了计量模块的功能和特性。作为计量产品,按规定必须进行计量鉴定。经计量部门批准在产品上贴有计量合格证。

(3)计时模块

计时模块将液晶显示器件用于计时历史最久,将一个液晶显示器件与一块计时集成电路装配在一起就是一个功能完整的计时器。由于它没有成品钟表的外壳,所以称之为计时模块。计时模块虽然用途很广,但通用、标准型的计时模块却很难在市场上买到,只能到电子钟表生产厂家去选购或定购合适的表芯,计时模块和计数模块虽然外观相似,但它们的显示方式不同,计时模块显示的数字是由两位一组的数字组成的。而计数模块每位数字均是连续排列的。由于不少计时模块还具有定时、控制功能，因此这类模块可广泛装配到一些加电、设备上，如收录机、CD 机、微波炉、电饭煲等电器上。

2. 液晶点阵字符模块

它是由点阵字符液晶显示器件和专用的行、列驱动器、控制器及必要的连接件，结构件装配而成的，可以显示数字和西文字符。这种点阵字符模块本身具有字符发生器，显示容量大，功能丰富。一般该种模块最少也可以显示 8 位 1 行或 16 位 1 行以上的字符。这种模块的点阵排列是由 5×7、5×8 或 5×11 的一组组像素点阵排列组成的。每组为 1 位，每位间有一点的间隔，每行间也有一行的间隔，所以不能显示图形，其规格主要如下所示。

  8 位：1 行；2 行
  16 位：1 行；2 行；4 行
  20 位：1 行；2 行；4 行
  24 位：1 行；2 行；4 行
  32 位：1 行；2 行；4 行
  40 位：1 行；2 行；4 行

一般在模块控制、驱动器内具有已固化好 192 个字符字模的字符库 CGROM，还具有让用户自定义建立专用字符的随机存储器 CGRAM，允许用户建立 8 个 5×8 点阵的字符。

3. 点阵图形液晶模块

这种模块也是点阵模块的一种，其特点是点阵像素连续排列，行和列在排布中均没有空隔。因此可以显示了连续、完整的图形。由于它也是由 $X-Y$ 矩阵像素构成的，所以除显示图形外，也可以显示字符。

（1）行、列驱动型

这是一种必须外接专用控制器的模块，其模块只装配有通用的行、列驱动器，这种驱动器实际上只有对像素的一般驱动输出端，而输入端一般只有 4 位以下的数据输入端、移位信号输入端、锁存输入端、交流信号输入端等，如 HD44100，IID66100 等。此种模块必须外接控制电路，如 HD61830，SED1330 等才能与计算机连接。该种模块数量最多，最普遍。虽然需要采用自配控制器，但它也给客户留下了可以自行选择不同控制器的自由。

（2）行、列驱动-控制型

这是一种可直接与计算机接口，依靠计算机直接控制驱动器的模块。这类模块所用的列驱动器具有 I/O 总线数据接口，可以将模块直接挂在计算机的总线上，省去了专用控制器，因此对整机系统降低成本有好处。对于像素数量不大，整机功能不多，对计算机软件的编程又很熟悉的用户非常适用。不过它会占用你系统的部分资源。

（3）行、列控制型

这是一种内藏控制器型的点阵图形模块，也是比较受欢迎的一种类型。这种模块不仅装有如第一类的行、列驱动器，而且也装配有如 T6963C 等的专用控制器。这种控制器是液晶驱动器与计算机的接口，它以最简单的方式受控于计算机，接收并反馈计算机的各种信息，经过自己独立的信息处理实现对显示缓冲区的管理，并向驱动器提供所需要的各种信号、脉冲，操纵驱动器实现模块的显示功能。这种控制器具有自己一套专用的指令，并具有自己的字符发生器 CGROM。用户必须熟悉这种控制器的详细说明书，才能进行使用。这种模块使用户摆脱了对控制器的设计、加工、制作等一系列工作，又使计算机避免了对显示器的烦琐控制，节约了主机系统的内部资源。

13.3 微机显示器及其接口

显示器是微机普遍采用的显示设备。

1. CRT 显示器

（1）CRT 显示器组成与工作原理

CRT（Cathode Ray Tube，阴极射线管）显示器（又称监视器）是通用微机最主要的显示输出设备（便携式微机多使用 LCD 显示器）。它采用的扫描方式有光栅扫描、随机扫描以及矢量扫描等多种，但常用的是光栅扫描方式。这种扫描方式利用 CRT 中高速的电子束不断一行一行地从左到右、从上到下做有序扫描。CRT 内有扫描偏转电路和视频驱动电路。扫描偏转电路在外部水平和垂直同步信号的作用下，产生水平和垂直锯齿波电压，控制电子束的偏转路径和扫描消隐。外部视频信号携带要显示的图像和文字信号，通过视频驱动电路送到 CRT 控制极控制电子束的有、无、强、弱，决定着屏幕的内容。偏转信号和视频信号要有一定的时序配合，才能得到稳定的图像。

（2）CRT 显示器分类

监视器可分为单色和彩色两大类，单色显示器仅有一种颜色（通常为绿色），彩色监视器的 CRT 有 R（红）、G（绿）和 B（蓝）三色电子枪，三色视频信号分别控制三原色的明暗，从而有多种不同的颜色，其数目与监视器的性能有关。监视器的另一个重要性能指标是分辨率，指整个屏幕可显示的像素乘以每屏的扫描线数。IBM PC 单色显示器的分辨率为 720×350，高质量彩色图形监视器的分辨率达到 1600×1200，颜色达 32 位，总的颜色数可达 2^{32}。

（3）CRT 显示器显示方式

监视器通过控制器（适配器）与微机接口，根据不同的性能要求有多种结构，并不断有高性能、高质量的显示器和控制器出现。CRT 显示方式有 MDA、HGA、CGA、EGA、VGA、SVGA 等。

（4）CRT 显示器的接口信号功能

监视器的接口信号根据监视器驱动方式的差异而不同。复合驱动方式将视频信号和水平、垂直同步信号合成一个信号驱动，其接口线只有信号线和地线两根。直接驱动方式将各种信号分开驱动，使用 9 芯或 15 芯 D 型插座与控制接口，其信号分配如表 13.5 所示。

表 13.5　显示器接口信号

引　脚　号	1	2	3	4	5	6	7	8	9
	10	11	12	13	14	15			
单色显示器（MDA）	地	地	×	×	×	亮度	视频	行同步	帧同步
彩色显示器（CGA）	地	地	红	绿	蓝	亮度	视频	行同步	帧同步
增强彩色显示器（EGA）	地	辅红	主红	主绿	主蓝	辅绿	辅蓝	行同步	帧同步
模拟型彩色显示器（VGA）	红	绿	蓝	标志号	×	红回送	绿回送	蓝回送	×
	地	标志号	标志号	行同步	帧同步				

2. 液晶显示器

液晶显示器，或称 LCD（Liquid Crystal Display），为平面超薄的显示设备，它由一定数量的彩色或黑白像素组成，放置于光源或者反射面前方。它的主要原理是以电流刺激液晶分子产生点、线、面配合背部灯管构成画面。随着数字时代的来临，数字技术必将全面取代模拟技术，LCD 基本上取代了模拟 CRT 显示器。

（1）液晶显示器的特点

液晶显示器的优点：①机身薄，可视面积大，节省空间；②省电，不产生高温；③低辐射，益健康；④画面柔和不伤眼。

但也有缺点：①可视偏转角度过小；②容易产生影像拖尾现象；③亮度和对比度不是很好；④存在"坏点"问题，寿命有限。

（2）液晶显示器的性能参数

① 可视面积。液晶显示器所标示的尺寸与实际可以使用的屏幕范围一致。例如，一个15.1英寸的液晶显示器约等于17英寸CRT屏幕的可视范围。

② 点距。举例来说，一般14英寸LCD的可视面积为285.7mm×214.3mm，它的最大分辨率为1024×768，那么点距就等于：可视宽度/水平像素（或者可视高度/垂直像素），即285.7mm/1024＝0.279mm（或者是214.3mm/768＝0.279mm）。

③ 色彩度。LCD重要的当然是它的色彩表现度。每个独立的像素色彩由红、绿、蓝（R、G、B）三种基本色来控制。大部分厂商生产出来的液晶显示器，每个基本色（R、G、B）达到6位，那么每个独立的像素就有64×64×64＝262144种色彩。也有不少厂商使用了所谓的FRC（Frame Rate Control）技术以仿真的方式来表现出全彩的画面，也就是每个基本色（R、G、B）能达到8位，那么每个独立的像素就有高达256×256×256＝16777216种色彩了。

④ 对比度（对比值）。对比值为最大亮度值（全白）除以最小亮度值（全黑）的比值。对一般用户而言，对比度能够达到350∶1就足够了，但在专业领域这样的对比度平还不能满足用户的需求。

⑤ 亮度。液晶显示器的最大亮度，通常由冷阴极射线管（背光源）来决定，亮度值一般都在200～250cd/m² 间。

⑥ 信号响应时间。响应时间指的是液晶显示器对于输入信号的反应速度，也就是液晶由暗转亮或由亮转暗的反应时间，通常以毫秒（ms）为单位。一般的液晶显示器的响应时间在2～5ms之间。

⑦ 可视角度。液晶显示器的可视角度左右对称，而上下则不一定对称。一般来说，上下角度要小于或等于左右角度。如果可视角度为左右80°，表示在始于屏幕法线80°的位置时可以清晰地看见屏幕图像。有些厂商开发出各种广视角技术，试图改善液晶显示器的视角特性，如：IPS（In Plane Switching）、MVA（Multidomain Vertical Alignment）、TN+FILM。这些技术都能把液晶显示器的可视角度增加到160°，甚至更多。

（3）液晶显示器的分类及工作原理

这部分内容请参看13.2节。

3. EGA、VGA、SVGA 图形显示适配器

增强型图形适配器EGA和影像图形阵列VGA是IBM PC/AT、PC386、PC486的标准配置图形接口板。它们与MDA和CGA保持兼容，但其分辨率、颜色以及速度等性能均有显著的改进和提高。EGA的分辨率达到640×350，其字符点阵有8×8、8×14以及9×16等多种，可同时显示的颜色有256种。VGA的分辨率达到640×480，可同时显示的颜色数256种。SVGA的分辨率可达到640×480、800×600、1024×768、1280×1024以及1600×1200等，可同时显示的颜色数不限，具体取决于显存VRAM的容量，一般可达到增强色64K种（16位）和真彩色16M种（24位）真彩色4G种（32位）颜色。

EGA和VGA的接口逻辑由显示数据处理和扫描控制两部分逻辑组成。扫描控制部分的主要作用是产生水平和垂直同步信号、回扫信号、消隐信号，并对数据在屏幕上的显示格式进行控制，其显示数据处理逻辑包含显示存储器、并串转换器和属性控制器等部分。

目前显示均属于 SVGA，一般仍简称为 VGA，显存容量与分辨率、颜色数有如下计算关系：显存容量（B）≥分辨率×$\log_2$ 颜色数/8。

习题

1. 7 段数码管共阳极接法对应的 7 的显示代码为_____，8 段数码管对应的 7 的显示共阴极接法代码为_____。

2. 选择题

（1）CPU 通过接口电路向液晶显示器输出数据时，在接口电路中（   ）。

    A. 数据可以直接输出到显示器   B. 数据只需经过三态门输出到显示器

    C. 数据经反相器后输出到显示器   D. 数据经锁存后输出到显示器

（2）设一台 PC 的显示器分辨率为 1024×768，可显示 65 536 种颜色，那么显示卡上的显示存储器的容量至少需要（   ）。

    A. 0.5MB   B. 1MB   C. 1.5MB   D. 2MB

3. 解释题

    人机交互设备   键盘   鼠标器具   触摸屏   LCD   LED   液晶显示模块

4. 用 ICM7211A 设计 8 位数字显示器接口图（7 段 LED 采用共阴极接法），并编写程序。

5. 采用 8255A 可编程并行接口芯片设计 8×4 键盘和 2 位 LED 数码管显示接口电路，LED 数码管为共阳极接法，并编写键盘扫描及 LED 数码管显示按键号子程序，8255A 端口地址为 210H~213H。

6. 用 8255A 可编程并行接口芯片和 ICM7211A 串行输入 BCD 码–十进制码输出的 LED 数码管显示接口电路，8255A 的端口地址为 0FF00H~0FF03H。试编写显示子程序。

7. PC 中常用的显示卡有 MDA、HGA、CGA、EGA、MCGA、_____和 Super VGA 等。

8. 显示器根据其同显示卡间传送的信号是数字信号还是模拟信号可分为_____显示器和模拟显示器两大类。从显示卡送来的色彩及亮度数据通过数字编码传送给显示器，因此可用的_____决定了显示的颜色数。

9. Super VGA 显示器可以工作于 640×480、800×600、1024×768、1280×1024 和 1600×1200 模式，现要求显示颜色数达到 16M 种颜色，请问各种分辨率下所需显存最小多少，一般要安装多大显存？

10. 问答题

（1）什么是像素（Pixel）？   （2）什么是显示分辨率？

（3）什么是扫描频率？   （4）什么是颜色和灰度？

（5）什么是屏幕尺寸？   （6）Super VGA 有何特点？

11. LCD 显示接口的设计思路。

第 14 章　并口通信技术

本章主要介绍 Centronic 并口及其通信设计。

14.1　并 行 接 口

本节主要介绍 Centronic 并行接口。

1. 并行接口标准 Centronic

Centronic 并行接口最早是为打印机和主机连接而设计,而目前除了用于连接打印机外,还可实现电脑与电脑间、电脑与其他外设之间的通信。

并行接口通常按 Centronic 标准来定义插头插座引脚,引脚排列如图 14.4 中 IEEE 1284-B 所示。表 14.1 列出了 Centronic 标准中各引脚和信号之间的对应关系。计算机端的并口引脚排列如图 14.4 中 IEEE 1284-A 所示,引脚功能如表 14.3 所列。

2. 打印机的工作过程

当接通打印机电源后,在打印机控制电路中的 CPU 控制下,先完成初始化,然后打印机开始处于接码状态,接受由主机送来的信息,并进行判断。若是功能码,则进入相应的处理。若是字符码,则送入字符缓冲器。再从点阵字库中找出相应的字符点阵信息存入打印码缓冲区。当接收的数据为打印命令(如回车、换行符等)或一行缓冲打印码已满,则进入打印过程。

3. 用 8255A 设计的打印机接口电路及其编程

打印机接口电路也称打印机适配器,可以用锁存器和三态缓冲器等器件实现,也可用通用的可编程并行接口芯片实现。图 14.1 就是用 8255A 作为接口电路的逻辑图。

图 14.1 中,8255A 的 PA 口工

表 14.1　Centronic 标准

引脚号	信　　号	方向 (对打印机)	说　　明
1	$\overline{STROBE}$	入	选通脉冲为低电平时,接收数据
2	$DATA_1$	入	数据最低位
3	$DATA_2$	入	
4	$DATA_3$	入	
5	$DATA_4$	入	
6	$DATA_5$	入	
7	$DATA_6$	入	
8	$DATA_7$	入	
9	$DATA_8$	入	数据最高位
10	$\overline{ACKNLG}$	出	低电平时,表示打印机准备接收数据
11	BUSY	出	高电平时,表示打印机不能接收数据
12	PE	出	高电平时,表示无打印纸
13	SLCT	出	高电平时,指出打印机能工作
14	$\overline{AUTOFEEDXT}$	入	低电平时,在打印一行后会自动走纸
15	不用		
16	逻辑地		
17	机架地		
18	不用		
19~30	地		
31	$\overline{INIT}$	入	低电平时,打印机复位
32	$\overline{ERROR}$	出	低电平时,表示出错
33	地		
34	不用		
35			通过 4.7kΩ 电阻接 5V
36	$\overline{SLCTIN}$	入	低电平时,打印机才能接收数据

作于方式 1,并为数据输出端口,用于传送主机送来的数据信息 $DATA_1 \sim DATA_8$。此时,PC_6、PC_7 和 PC_3 分别规定为配合方式 1 工作的 $\overline{ACK}$、$\overline{OBF}$ 和 INTR 信号。PC_4 定义为输入,作为打印机送来的 SLCT 状态信息。8255A 的 B 组工作于方式 0,PB 口作为输出控制口,利用 $PB_3 \sim PB_0$ 产生 $\overline{AUTOFEEDXT}$、$\overline{SLCTIN}$、$\overline{INIT}$ 和 $\overline{STROBE}$ 控制信号,而 $PC_2 \sim PC_0$ 用做输入状态口,分别定义为打印

机的 PE、ERROR 和 BUSY 状态信号。图中非门用来增强驱动能力和缓冲作用。

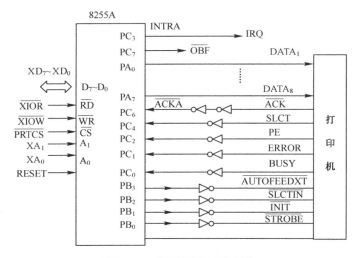

图 14.1　打印机接口原理图

图 14.1 中所示的打印机接口电路可采用程序控制 I/O 方式或中断控制 I/O 方式实现数据的输出传送。若采用中断控制 I/O 方式,中断请求 INTRA 应连接中断优先权控制器 8259A 的 IR 输入端,作为一个中断源,由 8259A 产生中断类型码,以便 CPU 响应本中断请求时自动进入打印中断服务程序。下面就是采用中断控制 I/O 方式时,8255A 的初始化程序段和打印中断服务程序。

（1）8255A 的初始化程序段。若 8255A 的 I/O 端口地址为 2C0H~2C3H,则 8255A 的初始化程序段如下:

```
        MOV     AL,10101001B    ;写方式控制字。A 组方式 1,PA 口输出
                                ;PC4、PC5 为输入,B 组方式 0,PB 口输出,PC2~PC0 为输入
        MOV     DX,02C3H
        OUT     DX,AL
        MOV     AL,00001101B    ;使 INTEA=1,允许 PA 口中断,即 PC6 置 1
        OUT     DX,AL
        MOV     DX,02C1H        ;使 SLCTIN、AUTOFEEDXT
                                ;为低电平,INIT 和 STB 为高电平
        MOV     AL,00001100B
        OUT     DX,AL
        LEA     BX,PRTBUF       ;指向打印数据缓冲区
        STI
```

（2）打印机中断服务程序。打印机中断服务程序的任务是从主机的打印数据缓冲区口输出一个字符到打印机。假定输出数据的有效地址已存于 BX 中,则中断服务程序如下所示:

```
PRINT       PROC    FAR
            PUSH    AX
            PUSH    DX
            MOV     DX,02C0H    ;读取一个打印数据,送入 PA 口
            MOV     AL,[BX]
            OUT     DX,AL
            MOV     DX,02C1H    ;输出选通脉冲 STROBE
            IN      AL,DX
            OR      AL,01H
            OUT     DX,AL
            AND     AL,0FEH
            OUT     DX,AL
            INC     BX
```

```
        POP    DX
        POP    AX
        IRET
PRINT   ENDP
```

14.2　并行打印机适配器

IBM PC/XT 的并行打印机适配器专门设计用来连接并行打印机的接口电路,它也可作为通用的输入/输出接口,与任何并行设备相连接。并行打印机的接口目前一般集成在主板上。

DOS 可以管理多达 3 台并行打印机:LPT1,LPT2 和 LPT3,即 IBM PC/XT 内部最多可以有三个并行打印机适配器,在每个并行打印机适配器内都有 3 个寄存器,这些寄存器的名称及其使用的 I/O 口地址列于表 14.2 中。

表 14.2　并行打印机适配器的内部寄存器及其 I/O 口地址

寄存器名称		I/O 口地址		
输　　入	输　　出	单显/打印机卡	打印机并口 1	打印机并口 2
输入数据缓冲器	输出数据寄存器	3BCH	378H	278H
状态寄存器	——	3BDH	379H	279H
输入信号缓冲器	输出控制寄存器	3BEH	37AH	27AH

LPT1 适配器是指 IBM 单色显示和并行打印机适配器板。LPT2 和 LPT3 使用独立的并行打印机适配器板。这些适配器除了 I/O 口地址不同外,其他功能是一样的。它们有 8 位数据输入/输出线。输出数据经过寄存器锁存,每条数据线可对外提供 2.6mA 电流或吸收 24mA 电流。输入数据只有缓冲能力,没有寄存器锁存能力。数据传送时用"选通"、"确认"以及"忙"等联络信号进行通信联络。CPU 通过输出控制寄存器发送控制命令,控制命令输出线有 4 条,它们用集电极开路门(7405)驱动,输出端通过 4.7kΩ 电阻接+5V 电源,低电平时大约能吸收 7mA 电流。打印机返回的信号通过状态寄存器送入,供 CPU 判断使用。从控制寄存器来允许或禁止输入/输出信号通过适配器后面板上的 25 针"D"型插座与打印机相连接。打印机上使用 36 线的"D"型插座。并行打印机适配器和打印机各自插座上的信号分布如表 14.3 所示,引脚排列如图 14.4 所示。

并行打印机适配器连接并行打印机时,输入/输出驱动程序用 INT 17H 调用。如果程序

表 14.3　并行打印机适配器插座和打印机插座上的信号分布

信号名称	符　　号	适配器引脚号	打印机引脚号
选通	$\overline{\text{STROBE}}$	1	1
数据位 0	DATA0	2	2
数据位 1	DATA1	3	3
数据位 2	DATA2	4	4
数据位 3	DATA3	5	5
数据位 4	DATA4	6	6
数据位 5	DATA5	7	7
数据位 6	DATA6	8	8
数据位 7	DATA7	9	9
确认	$\overline{\text{ACK}}$	10	10
忙	BUSY	11	11
纸尽	PE	12	12
选择	SLCT	13	13
自动走纸	$\overline{\text{AUTO FDXT}}$	14	14
错误	$\overline{\text{ERROR}}$	15	32
初始化	$\overline{\text{INIT}}$	16	31
选中输入地	$\overline{\text{SLCTIN}}$	17	36
地		18~25	19~30,33

设置允许打印机通过 IRQ_7 申请中断,应该先编制好中断服务程序,并把它的入口地址放入 INT OFH 对应中断向量表中的位置。如果把适配器用做通用输入/输出接口,则用户要自己编写驱动程序。

LPT1 和 LPT2 适配器电路见图 14.2(a) 和图 14.2(b)所示 。图 14.2(a)是并行打印机适配

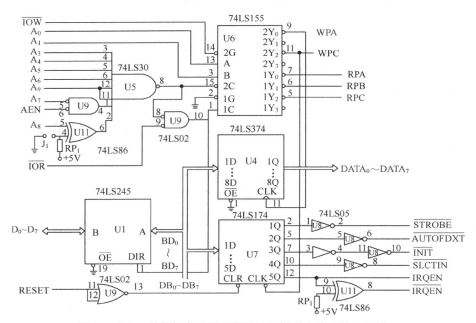

图 14.2(a)　并行打印机适配器的地址译码电路和输出电路

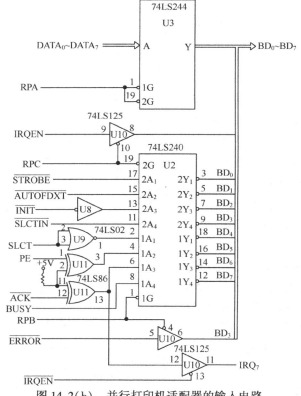

图 14.2(b)　并行打印机适配器的输入电路

器的地址译码电路和输出电路。地址译码电路由 U5(74LS30)、U6(74LS155)、U9(74LS02) 和 U11(74LS86) 等电路组成。与非门 U5 的输入端接地址总线 A_3、A_4、A_5、A_6 和 A_9。另外两个输入端，U5-2 接异或门 74LS86 的输出端 U11-6，U5-1 接低电平输入与非门 U9 的输出端 U9-4。U0 的输入端 U9-5 接地址总线 A_7，U9-6 接地址允许信号 AEN。在 8088 工作期间，AEN 为低电平，当 A_7 为低电平时，U9-4 输出高电平，送到 U5-1 输入端。异或门 U11 的输入端，U11-5 接地址总线 A_8，U11-4 接跨接线 J_1。当 J_1 接地时，A_8 为高电平，输出端 U11-6 也为高电平；当 J_1 断开时，A_8 为低电平，U11-6 为高电平。可见，U5 输出端为低电平的条件为：

	A_9	A_8	A_7	A_6	A_5	A_4	A_3	I/O 地址范围
J_1 接地	1	1	0	1	1	1	1	378H~37FH(LPT1)
J_1 断开	1	0	0	1	1	1	1	278H~27FH(LPT2)

U5-8 输出低电平，表示并行打印机适配器被选中。再通过双 2~4 译码器 U6(74LS155) 选择内部寄存器。U6 的译码输入信号 A,B 接地址总线 A_0 和 A_1。它有两组输出信号和两组控制信号，当 2C 和 2G 同时为低电平时，AB 译码后从第二组信号（$2Y_0 \sim 2Y_3$）输出低电平；当时钟 C 为高电平，同时 1G 为低电平时，AB 译码后从第一组信号（$1Y_0 \sim 1Y_3$）输出低电平。由于 2C(U6-15) 接 U5-8，2G(U6-14) 接 $\overline{IOW}$ 信号，所以对适配器规定的地址进行写操作时，从第二组里输出写输出数据寄存器信号 WPA，或写输出控制寄存器信号 WPC。在另一组信号中，1G(U6-2) 接地，1C(U6-1) 接第一组的 U9-10。U9 的输入信号是 U5-8T 和 $\overline{IOR}$。当在适配器规定的地址内进行读操作时，从第一组里输出读输入数据缓冲区信号 RPA，读状态寄存器信号 RPB，读输入信号缓冲器信号 RPC。这些信号的实际 I/O 地址见表 14.2。

数据收发器 U1(74LS245) 连接系统数据总线 $D_0 \sim D_7$ 和内部数据总线 $BD_0 \sim BD_7$。它的允许端 OE(U1-19) 接地，处于允许工作状态。方向控制端 DIR(U1-1) 接 U9-10，在读适配器内部寄存器时，数据收发器把寄存器中的数据送到系统数据总线；在不读适配器内部寄存器时，它总是把系统数据总线上的数据送入适配器内。

输出数据寄存器 U4(74LS374) 是 8 位的锁存寄存器。它的输出允许端 $\overline{OE}$ 接地，总是把内部数据送到输出数据线上。它的输入控制端接 WPA(U6-9)，数据输入端接内部数据总线 $BD_0 \sim BD_7$。当 CPU 写 I/O 口地址 378H/278H 时，U4 锁存 CPU 输出的数据，并把它送到外部数据线 $DATA_0 \sim DATA_7$ 上。

输出控制寄存器 U7(74LS174) 保存并输出 CPU 送来的控制命令。当 CPU 写 I/O 口地址 37AH/27AH 时，把数据总线上 $D_5 \sim D_0$ 位的内容写入输出控制寄存器。这个寄存器的内容如下。

D_7	D_6	D_5	D_4	D_3	D_2	D_1	D_0
×	×	×	INTEN	SLCTIN	$\overline{INIT}$	$\overline{AUTOFDXT}$	$\overline{STROBE}$

输出控制寄存器的低 4 位内容通过驱动器 U8(74LS05、集电极开路反相器，图中省略了集电极负载电阻) 输出；D_4 用于适配器内部控制。各位的意义如下：

INTEN：允许中断请求。$D_4 = 1$ 时，允许适配器输出 IRQ_7，向 CPU 发出中断请求。$D_4 = 0$ 时禁止输出 IRQ_7。

SLCTIN：选中输入信号。$D_3 = 1$ 时，通过反相器后从 U8-8 输出低电平的选中输入信号 $\overline{SLCTIN}$，表示要将数据传输到打印机。

$\overline{INIT}$：初始化。这一位通过同相驱动器（实际是两次反相）输出低电平时，使打印机设置成初始化状态。所以 $D_2 = 0$ 时，对打印机进行初始化。

$\overline{\text{AUTOFDXT}}$：自动走纸。$D_1 = 1$ 时，通过反相器后从 U8-6 输出低电平的信号，$\overline{\text{AUTOFDXT}}$ 使打印机自动走纸一行。

$\overline{\text{STROBE}}$：数据选通。这一位通过反相器后，从 U8-2 输出低电平 $\overline{\text{STROBE}}$ 信号。这是一个脉冲信号，当适配器输出数据时，使 $D_0 = 1$，输出低电平脉冲 $\overline{\text{STROBE}}$，作为使打印机接收数据的选通脉冲。

图 14.2(b)是并行打印机适配器的输入电路，外部输入数据 $DATA_0 \sim DATA_7$（这里是输出数据寄存器的输出数据）通过输入数据缓冲器 U3(74LS244)输入。U3 的工作允许端 1G(U3-1)、2G(U3-19)接到 $\overline{\text{RPA}}$，当 CPU 读输入数据缓冲器时，$\overline{\text{RPA}}$ 为低电平，允许 $DATA_0 \sim DATA_7$ 通过输入缓冲器 U3 和数据收发器 U1 送到系统数据总线，供 CPU 读取。

输入命令缓冲器 U2(74LS240 中第二组驱动器)的功能与输入数据缓冲器类似。但它把外部信息或适配器输出的控制信号反相后输入到 CPU。它的允许端 2G(U2-19)接 $\overline{\text{RPC}}$ 信号。当 CPU 读输入命令缓冲器时，$\overline{\text{RPC}}$ 为低电平，允许它把输入信号反相送上数据总线，供 CPU 读取。CPU 读入的数据如果是由输出控制寄存器输出的，那么它们与写入控制寄存器中的内容相同。从图 14.2(b)中可见，U2 只输入低四位外部信息。另一位适配器内部的中断允许信号 IRQEN 接到同相驱动器 U10(74LS125)的输入端 U10-9；在 $\overline{\text{RPC}}$ 为低电平时，允许它的输出端 U10-8 把 IRQEN 信号送上数据总线。

状态寄存器输入打印机的状态信息送给 CPU 判断处理。它也包括一组输入缓冲器和输入驱动器，不对信息进行锁存。状态寄存器使用 U2(74LS240)中第一组驱动器，工作允许控制端 1G(U2-1)接 $\overline{\text{RPB}}$ 信号。当 CPU 读状态寄存器时，$\overline{\text{RPB}}$ 为低电平，把状态信号送到数据总线上。CPU 读入的内容如下。

D_7	D_6	D_5	D_4	D_3	D_2	D_1	D_0
$\overline{\text{BUSY}}$	ACK	PE	SLCT	$\overline{\text{ERROR}}$	×	×	×

$\overline{\text{BUSY}}$：忙。当打印机进行内部处理时，输出高电平的 BUSY 信号，通过 U2 反相后成为低电平，送入 CPU。表示打印机不能接收数据。

ACK：确认。打印机接收到数据字节后，回送给 CPU 一个低电平的 $\overline{\text{ACK}}$ 脉冲，表示上一个数据字节已接收完成，CPU 可以发送新的数据字节。打印机输出的 $\overline{\text{ACK}}$ 信号送到异或门的输入端 U11-12，异或门的另一个输入端 U11-11 接高电平，因此它的输出端 U11-13 与 U11-12 相位相反，再经过 U2 反相后，送到数据总线上的是 ACK 信号。

在允许适配器请求中断时，IRQEN 为低电平，它接到驱动器 74LS125 的控制端 U10-13。这个驱动器的输入端 U10-12 和 U11-13 相连。当打印机输出低电平的 $\overline{\text{ACK}}$ 信号时，U11-13 为高电平，驱动器输出端 U10-11 也为高电平，输出 IRQ_7 信号，向 CPU 请求中断，在禁止适配器请求中断时，IRQEN 为高电平，U10-11 输出端为高阻抗状态。

PE：纸完。打印机检测到没有打印纸，输出高电平的 PE 信号。该信号经过异或门反相后(U11-1 输入，U11-3 输出)，再经 U2 反相，送到数据总线上。

SLCT：选择。打印机输出高电平时，表示处于选择状态，即联机状态；否则为非选择(脱机)状态。这个信号通过反相器 U8(74LS05)后送到 U2，再反相送到数据总线上。

$\overline{\text{ERROR}}$：出错。打印机检测到错误状态出现时，输出电平的 $\overline{\text{ERROR}}$ 信号，该信号送到同相驱动器的输入端 U10-5，输出端 U10-6 送往数据总线。

BIOS 中打印机驱动程序对取入的状态字节进行处理：将 D_6 位和 D_3 位取反，并在 D_0 位加入超时标志 TIMEOUT。如果在程序规定的时间内打印机一直为忙,无法将打印数据送入打印机,则把 TIMEOUT 位置 1,表示打印机超时。打印机正常工作时,该位为 0。经 BIOS 加工后的状态字节为:

D_7	D_6	D_5	D_4	D_3	D_2	D_1	D_0
$\overline{BUSY}$	$\overline{ACK}$	PE	SLCT	$\overline{ERROR}$	×	×	TIMEOUT

并行打印机适配器与打印机间的数据传送时如图 14.3 所示。

打印机适配器用做通用的输入/输出接口时,可以使用三个口:数据口——8 位数据输入/输出口;状态口——5 位数据输入口;控制口——4 位数据输入/输出口。这时同样可以允许或禁止 IRQ_7 申请中断。应用举例请参看 14.3 节。

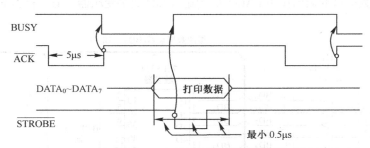

图 14.3　并行打印机适配器与打印机间数据传送时序

14.3　基于并行接口的硬件设计及软件编程

计算机的标准并口符合 IEEE 1284 标准,其标准连接接口的引脚排列如图 14.4 所示。

1. 两台计算机通过并口进行通信

两台计算机通过并口进行通信的硬件连接如图 14.5 所示,连接电缆可直接从市场上购买(并口通信电缆)。图中 25 芯插座即为计算机并口连接器,其引脚含义见表 14.3。两台计算机的 CMOS 参数设置 LPT1 端口基地址为 378H、工作方式选择 EPP 方式(共有四种工作方式可供选择:SPP、ECP、EPP、PS/2),在纯 DOS 环境下运行 DEBUG 后,在发送方执行以下命令:

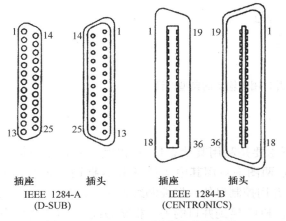

图 14.4　IEEE 1284 标准的引脚排列

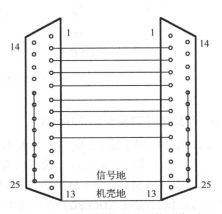

图 14.5　并口通信电缆连接示意图

| -O | 37A | 0C | ;控制口 D5 位清 0,数据口为发送状态 |
| -O | 37C | 88 | ;发送数据 |

在接收方执行以下命令:

-O	37A	2C	;控制口 D5 位置 1,数据口为接收状态
-I	378		
88			;显示出的数据即为发送计算机方所发送的数据 88

2. 计算机并口用于输出的设计

计算机并口用于输出,主要是利用其数据口,可以利用其控制口进行扩展,如图 14.6 所示,用控制口四根信号送到 74138 译码可扩展成 8 个输出锁存。

可以将并口的数据口的输出作为 DAC0832 的输入设计数字变压器。请参看图 10.47 进行设计。

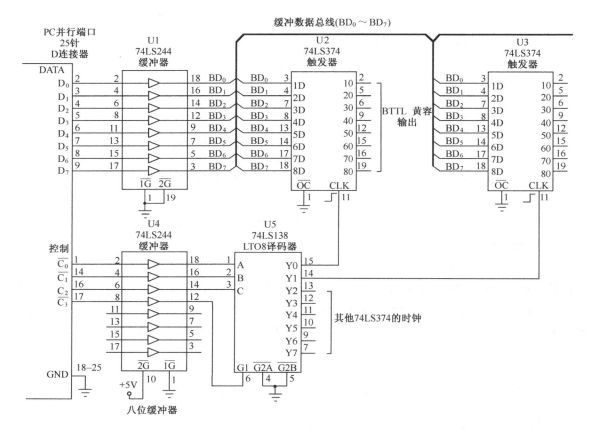

图 14.6　计算机并口用于输出的典型设计

3. 计算机并口用于输入的设计

计算机并口用于输入,在 SPP 标准模式下主要是利用其状态口,可以利用其控制口进行协调控制,如图 14.7、图 14.8 所示。状态口有 5 位,两图中只用其中 4 位,8 位数据输入必须分两次才能完成。用 74LS244 的两个四入四出缓冲器,并用控制口的一根控制线来实现控制。在图 14.8 中用并口的数据口实现 ADC0809 的 8 选 1 功能。EOC 接到并口的另一根状态线,可以作为状态查询或中断请求信号。

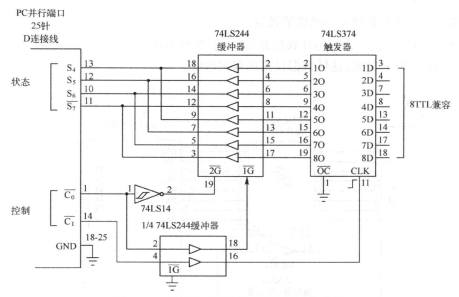

图 14.7　利用并口的状态口设计的输入电路

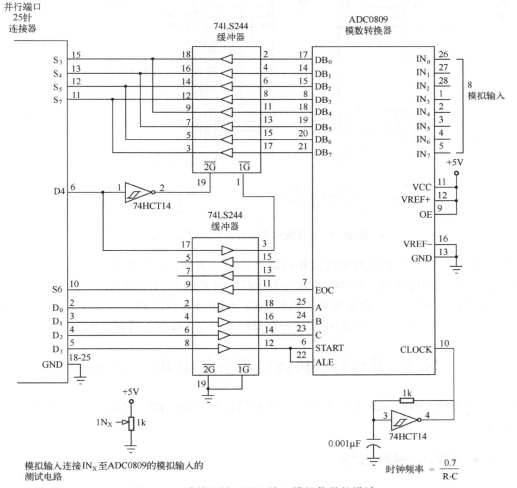

图 14.8　计算机并口用于输入模拟信号的设计

247

4. 智能化仪器与计算机并口通信的设计

如图 14.9 所示,这是一个利用计算机并口与 51 系列单片机构成的智能化仪器通信电路。可以设置并口工作于 EPP 模式,这样数据口实现双向通信。

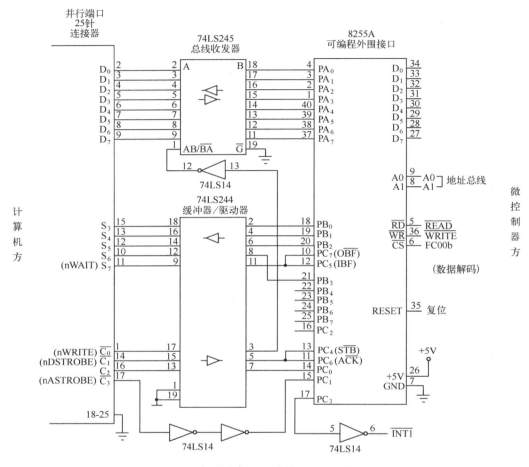

图 14.9　智能化仪器与计算机并口通信电路

8255 的 PA 口为传输提供数据线,PB 口提供四个状态输出(仪器),PC 口则提供控制输入和其他的状态输出。通过使用一个 74245 双向缓冲器实现 PA 口与计算机并口之间的物理接口。一个 74244 缓冲器被用做 5 根状态线及 3 根控制线与 PB、PC 口之间的接口。第 4 根控制线使用 7414 缓冲驱动。用并口的一根控制线用于控制总线收发器 74245 的传输方向。

14.4　并行打印机接口转换成 GPIB—488 接口

本节主要介绍 GPIB—488 总线及并行打印机接口转换成 GPIB—488 接口的方法。应用举例请参看 14.3 节。

14.4.1　GPIB—488 总线

GPIB(General Purpose Interface Bus)—488 是供各种测量仪器与微机连接用的标准接口,它是字节串行系统之间的通信总线,主要用于微机与数字电压表、频率发生器以及打印机等仪器之间信息的通信通路。

1. 概述

GPIB—488 总线最初是美国惠普(HP)公司(Hewlett-Packard Company)为程序可控的台式仪器间的相互连接而研制的,所以又称为"HP-IB"(HP Interface BUS)。1975 年 GPIB—488 接口总线为美国国家标准局(ANSI)所指定的美国国家标准所采用。1976 年国际电工委员会(IEC)又把它称为"IEC 总线接口"(或 IEC 仪器接口),有些国家又称为"GP-IB"(通用接口总线, General Purpose IB)。

GPIB—488 总线使用的几点约定:

(1) 交换的信息必须是数字量,而不是模拟量;

(2) 一条总线上连接的仪器总数不超过 15 个;

(3) 传输线总长度不超过 220m,设备间最大距离 ≤20m;

(4) 任何一条信号线传输速率不超过 1MB/s;

(5) 总线规定 24 线的组合插头座,并且采用负逻辑。

2. 系统中设备的工作方式

GPIB—488 总线接口如图 14.10 所示。系统中的每个设备可按如下三种方式之一工作。

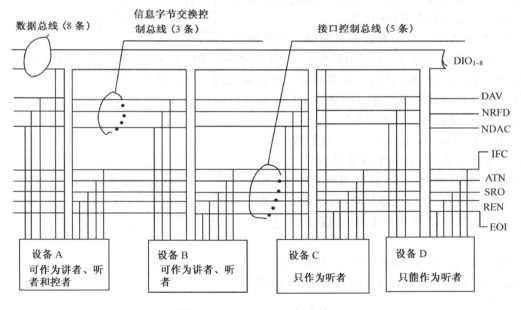

图 14.10　GPIB—488 标准接口

(1) "听者"方式:从数据总线上接收数据。在同一时刻可以有两个以上的听者工作。这种设备可以是打印机、数字仪表、微机以及绘图仪等。

(2) "讲者"方式:向数据总线发送数据。一个系统中可以有两个以上的"讲者",但在任一时刻只能有一个"讲者"在工作。这种设备可以是磁带机、数字仪表以及微机等。

(3) "控制者"方式:控制其他设备寻址或允许"讲者"使用总线。一个系统可以有不止一个"控制者"。但每一时刻只能有一个"控制者"是活跃的,通常由微机担任。总线上的每个设备分配有唯一的地址,"控制者"可以按需要选择一个"讲者"和几个"听者"。

3. 接口信号功能简介

GPIB—488 由具有 TTL 电平的 16 条线组成,采用 24 芯的连接器(插头座),其引脚分配如表 14.4 所示。

在这 24 条引脚中除 8 条地线外,还有 16 条信号线,按其功能可分为三组独立的总线:数据输入/输出总线、字节传送控制总线和接口管理总线。

(1) 数据输入/输出总线(8 条)

$DIO_1 \sim DIO_8$:信息源(讲者)利用这组总线将仪器用的信息传送给听者,而将自身的状态信息传送给控制器(控者),控者沿着 DIO 总线传送接口信息。所有数据信息都沿着 DIO 数据总线的 8 条信号线按位并行和字节串行的方式进行传送。当需要时,信息可沿着一条信号线进行传送(例如,当数据只由 1 位二进制数构成时)。

(2) 字节传送控制总线(3 条)

通常外设和微机不同步,因此这三条线采用异步握手应答方式来实现字节传送控制。

表 14.4 GPIB—488 接口总线

引脚	信号	引脚	信号
1	$D_1(DIO_1)$	13	$D_5(DIO_5)$
2	$D_2(DIO_2)$	14	$D_6(DIO_6)$
3	$D_3(DIO_3)$	15	$D_7(DIO_7)$
4	$D_4(DIO_4)$	16	$D_8(DIO_8)$
5	EOI	17	REN
6	DAV	18	地
7	NRFD	19	地
8	NDAC	20	地
9	IFC	21	地
10	SRQ	22	地
11	ATN	23	地
12	机壳地	24	地

DAV(Data Available):为数据有效线。当数据总线上的数据有效时,讲者 DAV 线为低电平(标准规定为负逻辑),示意听者从总线接收数据。

NRFD(Not Ready For Data):为未准备好接收数据线。只要被指定的听者中有一个尚未准备好接收数据,NRFD 线为低电平。示意讲者暂不要发出信息。当所有听者准备好时,NRFD 线才变为高电平,示意讲者可以发出信息。

NDAC(Not Data Accepted):为未收到数据线。只要被指定的听者中,有一个尚未从总线上接收到数据,NDAC 线为低电平;只有当所有听者(包括最慢听者)都已接收到数据信息时,此线才为高电平,示意讲者可以撤销在数据总线上的这个信息。

从以上可知,系统每传送 1 字节,就有一次三线握手过程,图 14.11 和图 14.12 为这一个过程的时序图和流程图。

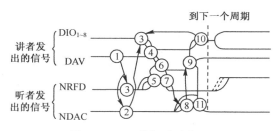

图 14.11 三线握手时序图

原始状态时,讲者置 DAV 为高①,听者置 NRFD 和 NDAC 线为低②,然后讲者检查 NRFD 和 NDAC,如均为低(不允许均为高),讲者把要发送的数据字节送到 DIO_{1-8} 上③④。当确实证明听者都已做好接收数据的准备后,即当 NRFD 线为高⑤,且数据总线 DIO 上的数据稳定后,讲者使 DAV 变低⑥,告知听者数据总线有效,最快的听者把线拉低⑦,开始接收数据,最早接收完数据的听者欲使 NDAC 变高(如图中虚线),但因其他听者尚未接收完,故 NDAC 线仍保持为低,只有当所有听者都接收到此字节后,NDAC 线高⑧。在讲者确认 NDAC 变高后,升高 DAV 线⑨,并撤掉总线上的数据⑩。当听者确认 DAV 线为高之后,置 NDAC 为低⑪,到此完成了传送 1 字节数据的三线握手全过程。由此看出,这种三线握手定时关系比较灵活,快速设备字节传送快,慢速设备则传送慢,使总线吞吐量随设备改进而增长,且快慢速设备可同时挂在总线上。

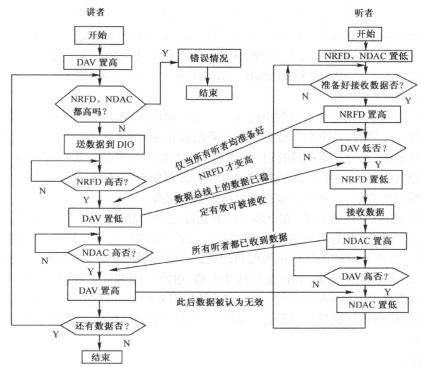

图 14. 12 三线握手流程图

（3）接口管理总线（5 条）。用来控制系统的有关状态。

ATN（Attention Line）：注意线，此线由控制者使用，用以对 DIO 线上的信息进行解释。当 ATN 为低时，则表示 DIO 线上信息是接口信息，即接口管理信息（如有关命令、设备地址）。这时其他设备都只接收控制信息，只有控制器才能发送信息。当 ATN 为高时，数据总线将传送设备信息（如设备的控制命令以及数据等）。它们是由受命为讲者的设备发出的，其他受命为听者的设备必须"听"，而未受命的设备则不理睬。

IFC（Interface Clear）：接口清除线。此线控制者使用。用以停止总线动作，使发话器（讲者）、受话器（听者）不动作，相当于将接口系统置为已知的初始状态。

REN（Remote Enable）：远地使能线，此线由控制者使用。当 REN 线为低时，一切听者都处于远程控制状态；当 REN 为高时，则总线所有设备必须用其前面板开关来控制设备的本地状态。

SRQ（Service Request）：服务请求线，所有设备对这条线是"线或"在一起的，用来指出某设备需要控制者服务。任何一个设备都可以命令该线变低，请求控制者为其服务，但是服务请求信号，实际上会不会受到控制者的注意，完全由程序安排，当系统中有计算机时，此服务信号可以为计算机的中断信号。

EOI（End Or Identify）：结束或识别线，这条线与 ATN 线一起用来指示数据传送的结束，或者用来识别一个具体设备。当用来指示数据传送结束时，EOI 有效（低电平），而 ATN 无效（高电平）。当 $\overline{EOI}$ 和 ATN 都有效时，要求设备把它们的状态放在数据总线上（例如，把 $DIO_1 \sim DIO_8$ 分配给 8 个要求服务的设备），然后控制者再对此进行比较、识别，并为其服务，这就是并行查询方式。

14. 4. 2　并行打印机接口转换成 GPIB—488 接口电路

GPIB—488 是组建自动测试系统的通用国际标准接口，通过接口各种仪表仪器和测试设备在计算机的管理下，按预先编制好的测试程序，对各种物理量进行自动测量、采集，并对数据进行分析和交换,设备之间也可以相互直接进行数据传送,为了在各设备之间有效可靠地传输信息,设备必须配备专用的控制电路,协调各设备的工作,这些控制电路和信号线就组成了接口系统。

GPIB 总线电缆是一根无源电缆线,有 16 根信号线,总线上传输的消息为负逻辑,低电平(≤0.8V)为逻辑 1、真值;高电平(≥2.0V)为逻辑 0、假值。数据传输采用并行比特(BIT)、串行拜特(BYTE)、三线挂钩以及双向异步传输的方式。

在积木式自动测试系统中,不论系统的大小以及不论设备间数据交换的频繁和复杂程度,在总线上进行任何数据交换时,每个参与数据交换的系统设备分别担任三种角色,即讲者、听者和控者。我们设计的接口电路,允许计算机具有讲、控和听三者功能。计算机一般指定为控者,负责指定每次数据传输过程的讲者和听者,处理数据传输过程中或其他工作过程(如测量的进行等)中各系统设备可能提出的服务要求,以及对总线进行接口管理等操作。

供计算机使用的 GPIB 接口卡,在市场上已有商品化的产品出售。但厂方为技术保密,为用户提供的资料有限,软件提供的功能函数也不具有开放性,给用户设计灵活的自动测试系统带来不便。另外,使用便携笔记本式的计算机构成自动测试系统,既使买来现成的接口卡也用不成。基于以上两方面考虑,这里介绍一种 GPIB 接口转接电路,电路一边和计算机的并行打印输出口相接,另外一边和仪器设备的 GPIB 接口相接,即实现计算机机外的 GPIB 接口卡。由于是用计算机的打印口实现的,所以任何计算机都可以用此接口转换电路实现 GPIB 接口功能而不必在机内插专用的 GPIB 接口卡。

1. 电路原理

GPIB 接口转接电路原理框图如图 14.13 所示。计算机的打印口有 8 根输出的数据线,4 根输出的控制线,5 根输入的状态线,在此,计算机从数据端口送出数据或控制信息到锁存器 A 中,由控制端口送出控制字到译码器 A 中的 2-4 译码后选择 8155 或是锁存器 B 工作,状态端口以 4 位的方式分两次读入总线上 8 位的数据,控制端口的 SLCT IN 线控制选择器选 8 位数据高、低 4 位的内容到状态端口的状态位上。

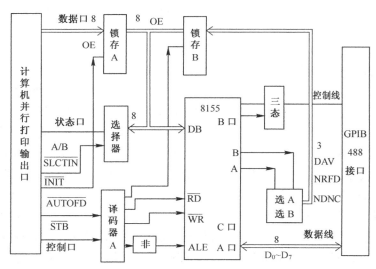

图 14.13　GPIB 接口转接电路原理框图

Intel 8155 是一种多功能的可编程外围接口芯片,与 8255A 类似。当对 8155 写数据($\overline{WR}$)或锁存地址(ALE)都使锁存器 A 打开,把内容送到 8155 的 $AD_0 \sim AD_7$,再由 8155 转送给仪器的 GPIB 接口,8155 的 A 口挂接数据线,B 口挂接控制线,C 口挂接挂钩线。GPIB 的控制线电平可由锁存器 B 送给计算机读取。用好 8155 是该接口转接电路成功的关键所在。在此，8155 设定为方式 3，A 口定义为选通 I/O，由 C 口低 3 位作 A 口的联络线，C 口的其余位作 I/O 线输出功能，B 口定义为输出口。Intel 8155 接口电路框图如图 14.14 所示。

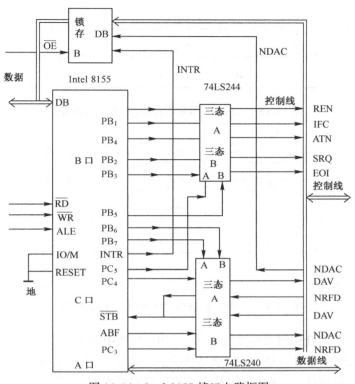

图 14.14　Intel 8155 接口电路框图

在任何消息传送过程中为了数据消息准确无误地发送和接收，都应该在源方和收方之间进行联络挂钩，GPIB 利用总线中的 DAV、NRFD 和 NDAC 实行三线挂钩，挂钩的三线由 74LS240 根据 PB_6 和 PB_7 的状态决定选通的方向或成高阻状态。三线挂钩的过程如下：

当计算机为讲者：对 8155 的 B 口写新的内容，使 PB_7 置为 0 电平，PB_6 置为 1 电平，选通 74LS240 的 A 部分，规定 A 口为输出状态。①当仪器设备准备好接收数据信息，NRFD(STB) 线为低电平，使 8155 的中断请求线 INTR 升高。②当计算机从锁存器 B 中读到 INTR 升高，就从 A 口送出数据（WR 信号使 INTR 变低）。③变更 PC_4 电平 = 1，使总线的 DAV 为真，让仪器设备读取数据信息。④计算机再从锁存器 B 读 NDAC 的电平，若仪器设备已读走数据，则变更 PC_4 的电平 = 0，使 DAV 无效，此时发送完一数据。⑤若发送完全部数据，则从 8155 的 B 口发出 EOI 信号到 GPIB 总线上。重复①～⑤过程。其时序图如图 14.15 所示。

当计算机为听者：对 8155 的 B 口写新的内容，使 PB_7 置为 1 电平，PB_6 置为 0 电平，选通 74LS240 的 B 部分，规定 A 口为输入状态。①当计算机准备好接收数据信息，变更 PC_3 电平 = 0，使 NRFD 为低电平，后让 PC_3 电平恢复为 1。②仪器设备得知 NRFD 为真，使总线上数据有效（DAV 有效），DAV(STB) 使 8155 的触发器触发，INTR、ABF 端电平升高。③当计算机从锁存器 B 中读到 INTR 升高，就到 8155 的 A 口中读取数据信息（RD 读信号使 INTR、ABF 变低）。④当 ABF(NDAC) 端告知仪器设备计算机已读走数据信息，仪器设备使 GPIB 总线上的数据无效（DAV 无效）。⑤计算机从锁存器 B 检测总线的 $\overline{EOI}$ 信号是否有效。重复①～⑤过程，完成数据传送。其时序图如图 14.16 所示。

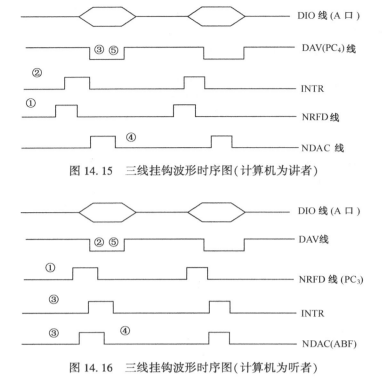

图 14.15　三线挂钩波形时序图(计算机为讲者)

图 14.16　三线挂钩波形时序图(计算机为听者)

　　数据信息交换在三线挂钩过程中就完成了。GPIB 总线中的 5 条接口管理线,各线电平由 B 口内容决定,再由 PB_5、PC_5 控制 74LS244 选通 A 部分或是 B 部分或是成高阻状态(隔离总线),根据需要而定。有了接口管理线、三线挂钩的基础,GPIB 通信就实现了,其他的工作就是根据实际情况编制具体的自动测试程序。

2. 软件设计

　　计算机打印口各端口数据的含义。

　　数据端口:数据端口为可读写带锁存的 8 位数据,高电平为 1,低电平为 0。

　　状态端口:状态端口有 5 位只读状态数据在一个 8 位的字节数据上,安排在 $D_7 \sim D_3$。

BUSY	ACK	PE	SLCT	ERRO			
D_7	D_6	D_5	D_4	D_3	D_2	D_1	D_0

　　控制端口:控制端口有可读写锁存的 5 位数据,在一个 8 位字节的数据上,安排在 $D_4 \sim D_0$。

			IRQ	SLCT	INIT	AUTO	STB

　　计算机的打印口适配器内有硬件逻辑电路,所以从控制口输出的控制字还与硬件有关。

$\overline{SLCTIN}$	$\overline{INIT}$	$\overline{AUTOFD}$	$\overline{STB}$	功　能
=0 选择高 4 位	=0 时使锁存器 A 打开	1	1	8155 的 $\overline{WR}$ 有效
		0	1	8155 的 ALE 有效
=1 选择低 4 位	=1 时使锁存器成高阻	1	1	8155 的 $\overline{RD}$ 有效
		0	1	锁存器 B 的 OE 有效

以下是用 C 语言编程的几个基本的函数，为了提高通信速度，可考虑用汇编语言，在此就用高级语言，以便说明原理。

```
#define DataPort 0x378
#define StatusPort 0x379
#define ControlPort 0x37a

/* A 写数据到 8155 的内部寄存器函数,8155 类似于 8255 */

Void write_reg (int data, int reg)
{
outportb(Dataport, reg);                        /* 送寄存器的地址 */
outportb(ControlPort, 0x01);
outportb(ControlPort, 0x00);                    /* 形成 ALE 信号,锁存地址 */
outportb(DataPort, data);                       /* 送出数据 */
outportb(ControlPort, 0x03);
outportb(ControlPort, 0x00);                    /* 形成 WR 信号,写数据到锁存器 */
}

/* B 读 8155A 口的内容函数 */

Int ReadPortA( )
{
int al, ah;
outportb(DataPort, 0x01);                       /* 0x01 为 A 口地址 */
outportb(ControlPort, 0x01);
outportb(ControlPort, 0x04);                    /* 形成 ALE 信号,锁存 A 口的地址 */
outportb(ControlPort, 0x0f);                    /* 形成 RD 信号,A 口的数据有效 */
al = inportb(StatusPort) &0x0f0;                /* 取到低 4 位数据 */
outportb(ControlPort, 0x07);                    /* 选择高 4 位数据 */
ah = inportb(StatusPort) &0x0f0;                /* 取到高 4 位数据 */
outportb(ControlPort, 0x04);                    /* 使 RD 无效 */
al = ah+(al>>4);                                /* 形成完整的 8 位数据 */
return(al);                                     /* 返回 */
}

/* C 读 GPIB 总线控制口原状态函数 */
Int ReadStatus( )
{
int al, ah;
outportb(ControlPort, 0x0d);                    /* 形成锁存器 B 的 OE 信号 */
al = inportb(StatusPort) &0x0f0;                /* 取到低 4 位状态 */
outportb(ControlPort, 0x05);                    /* 选择高 4 位状态 */
ah = inportb(StstusPort) &0x0f0;                /* 取到高 4 位数据 */
outportb(ControlPort, 0x04);                    /* 使 OE 无效 */
al = ah+(al>>4);                                /* 形成完整的 8 位数据 */
return(al);                                     /* 返回 */
}
```

习题

一、填空题

1. PC 系列机的一个并行接口具有＿＿＿＿＿个缓冲输出/输入端,CPU 可用 IN 或 OUT 指令对其读写,另外它还有_____个稳态输入端,CPU 用 IN 指令可对其读出。

2. 并行接口逻辑内部具有_____、_____和_____三个设备端口,CPU 对它们的访问有_____、_____、_____、_____和_____五种操作。

二、选择题

1. 通常,PC 系列机配置的针式打印机是( )。

    A. 串行口串行打印机   B. 串行口并行打印机

    C. 并行口串行打印机   D. 并行口并行打印机

2. 对 8255A 芯片选方式 0 时输入输出的工作特点是:( )信号有效,就有数据传送。此外,端口工作方式控制字的最高位 D_7 必须是( ),这是此控制字的特征标志位。

    A. $\overline{WR}$,1   B. $\overline{RD}$,0   C. $\overline{WR}$,0   D. $\overline{RD}$,1

    E. $\overline{WR}$或$\overline{RD}$,1   F. $\overline{WR}$或$\overline{RD}$,0

3. 在现行 PC 中,I/O 端口常用的地址范围是( )。

    A. 0000H~FFFFH   B. 0000H~7FFFH

    C. 0000H~3FFFH   D. 0000H~03FFH

4. 80X86 CPU 可访问的 I/O 地址空间有:( )。

    A. 4 GB   B. 1 MB   C. 64 KB   D. 1 KB

5. 下面( )属于击打式打印机,( )是按页输出打印机。

    A. 激光打印机   B. 喷墨打印机   C. 点阵打印机   D. 静电复印机

6. DOS 系统的 BIOS 中常用的 I/O 设备的驱动程序,下列设备中哪种不是 DOS 的常用 I/O 设备。( )

    A. 鼠标器   B. 键盘   C. 显示器   D. 硬盘

7. PC 的主机与打印机之间最常用的接口是( )。

    A. IEEE 488   B. Centronics   C. RS —232C   D. ESDI

8. 一系统通过 8255A 并行 I/O 接口,初始化时,CPU 将其 A 口设置成方式 1 输出,此时 8255A 与打印机的握手联络信号为( )。

    A. IBF,$\overline{STB}$ B. $\overline{RD}$,$\overline{STB}$ C. $\overline{OBF}$,$\overline{ACK}$ D. INTR,$\overline{ACK}$

9. 双向打印机的特点是( )。

    A. 左右双向同时打印   B. 先从左到右,再从右到左

    C. 可以选择从左到右,也可选择从右到左   D. 具有两个打印头

三、问答题

1. 用 8255A 并行接口芯片设计一个并行打印机接口电路,8255A 端口地址为 230H~233H,试用查询方式编写一个打印 0~9 和 A~Z 字符打印程序。

2. 用一片 74LS273、一片 74LS245 芯片和相应的译码器件设计一个打印机接口电路,接口电路的打印数据输出和读状态信息用同一个端口地址 240H,试画出接口电路并编写打印 0~9 的 10 个字符程序。

3. 用 8255A 设计一个打印机接口电路,8255A 端口地址为 258H~25BH,采用中断方式编程,接口占用中断类型 14H,试画出接口电路及编写打印程序。

4. 简述 Centronics 并行接口标准中 STB、ACK 和 BUSY 信号的作用。

5. 利用微机并口设计通信线路的基本思路。

6. GPIB 的三种工作方式有何特点?

7. 描述 GPIB 总线通信的握手过程。

8. 画出 GPIB 总线通信的握手过程的时序图。

第 15 章　串行接口技术

本章主要讲解串行接口技术,包括概述、RS—232 标准、USB 标准、1394 标准及串行接口芯片 8250。

15.1　概　　述

1. 并行和串行传输

在计算机领域内有两种传输方式:串行传输和并行传输(见图 15.1)。串行传输又称为串行通信。随着微机网络化和微机分级分布应用系统的发展,通信功能越来越重要。

（1）并行数据传输

数据在多条并行 1 位宽的传输线上同时由源传到目的地。例如 1 字节的数据通过 8 条并行的传输线同时由源传到目的地。

（2）串行数据传输

数据在单条 1 位宽的传输线上,一比特一比特地按顺序传送。例如,要把 1 字节的数据采用串行方式由源传到目的地,则 1 字节数据要通过同一条传输线分 8 次由低位到高位按顺序一位一位地传输。

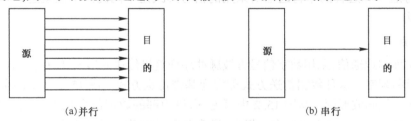

图 15.1　并行与串行通信示意图

（3）并行与串行通信的比较

并行与串行通信的比较如表 15.1 所示。

表 15.1　并行与串行通信的比较表

方　　面	并　行　通　信	串　行　通　信
使用场合	内部数据总线 系统总线 主机箱中设备间 计算机与外设(打印机) 计算机间	计算机与终端间 终端与终端间 计算机与外设(键盘、显示器、鼠标、Modem 等) 计算机间
距离	很短(几米内)	较长(可达几千千米)
速度	N 位并行至少 N 倍于串行(等频下)	较慢,与传输距离成反比
信号电平	TTL	RS—232 电平或 20mA 回流或 TTL 电平等
信号衰减和放大	较难处理,会产生畸变	较简单
费用	较高	较低,需并/串和串/并转换
优先考虑(结论)	对于短距离高速传输	对于远距离中低速传输

2. 同步通信与异步通信

同步通信与异步通信是串行通信的两种方式。它们的不同点主要如表 15.2 所示。

表 15.2　同步与异步串行通信的比较表

方　　面	同　步　通　信	异　步　通　信
帧格式	同步字符[+同步字符]+字符块+校验符串	起始位+5~8位数据位[校验位]+终止位[+终止位]
编码效率	高(设 1 KB 字符块可达 1024/(1026)	低(最高为 8/(8+1+1))
距离	较短(几千米内)	较长(可达几千千米)
速度	较快,字符块连续不断发送或接收,以字符块为单位发送和接收	较慢,字符间可能有间隔,以字符为单位发送和接收
发送接收同步	较难处理 双方必须用同一同步时钟信号	较简单处理 双方可使用独立时钟信号
费用	较高	较低

15.2　RS—232 串行接口技术

本节主要讲解串行接口技术,包括 Modem 调制解调器、RS—232 标准,并简单介绍RS—422、RS—423、RS—485 串口通信技术。

15.2.1　异步串行通信的信号形式

近程的串行通信和远程的串行通信所采用的信号形式是不同的。下面就这近程和远程两种情况分别加以说明。

1. 近程通信

近程通信又称本地通信,采用数字信号方波脉冲序列直接传送的形式,即在传送过程中不改变原数据代码的波形和频率。这种数据传送方式称之为基带传送方式。图 15.2 就是两台微机近程串行数据通信的连接和代码波形图。从图 15.2 中可见,微机内部的数据信号是 TTL 电平标准,而通信线上的数据信号却是 RS—232C 电平标准。但是,尽管电平标准不同,数据信号的波形和频率却并没有改变。近程串行通信只需用传送线把两端的接口电路直接连起来即可实现,既方便又经济。

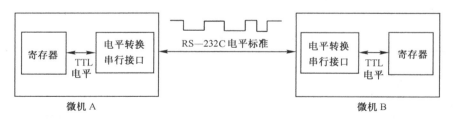

图 15.2　两台微机近程串行数据通信的连接和代码波形图

2. 远程通信

在远程串行通信中,本应使用专用的通信电缆,但从成本角度考虑通常使用电话线作为传输线。串行通信中,传输的数字信号(方波脉冲序列)要求通信媒介(如电缆和双绞线)必须有比方波本身频率更宽的频带,否则高频分量将被滤掉,使方波出现毛刺而变形。在短距离通信时(例如同一房间中微机之间的通信),用连接电缆直接传送数字信号,问题还不十分严重。但在远距离通信时,通常是利用电话线传送信息,由于电话线频带很窄,约30~3000Hz,若用数字信号直接通信,经过传送线后,信号就会产生畸变,接收一方将因为数字信号逻辑电平模糊不清而无法鉴别,从而导致通信失败。

15.2.2 调制解调器及数据通信的基本原理

解决上述问题的办法是:利用调制手段,将数字方波信号变换成某种能在通信线上传输而不受影响的波形信号,正弦波正是最理想的选择。这不仅因为产生正弦波很方便,更重要的是正弦波不易受通信线(电话线)固有频率的影响。显然,最基本的调制信号应由其频率靠近频带中心的那些正弦波组成。将载波信号(待传送的数字信号)通过一种信号进行编码称为调制,而该信号的恢复称为解调,相应的设备称为调制器(Modulator)和解调器(Demodulator)。在图15.3中,信号发送端的调制器将待传输的数字信号转换成模拟信号,接收方用解调器检测此模拟信号,再把它转换成数字信号。由于串行通信大都是双向进行的,通信线路的任一端既需要调制器也需要解调器,将调制器和解调器合二为一的装置称为调制解调器,又称 Modem。

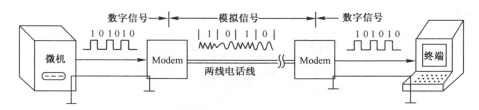

图 15.3 调制与解调示意图

1. Modem 的分类

Modem 的分类方法很多,但通常按工作速度和调制技术类型进行分类。按照工作速度,Modem可分为三类:低速 Modem(波特率通常为 600b/s,主要采用 FSK 调制技术)、中速 Modem(波特率在 1 200~9 600b/s 之间,主要采用 PSK 技术)和高速 Modem(波特率可达 9 600b/s 以上,主要采用复杂的 PAM 技术);按照对数字信号的调制技术,Modem 也可分为三类:频移键控(FSK)型、相移键控(PSK)型和相幅调制(PAM)型。

2. Modem 的调制解调原理

PSK 和 PAM 型 Modem 的调制解调原理比较复杂。现在以常用频移键控 FSK 型Modem为例来分析它的工作原理。

(1) 应答式 Modem 的发送器

通常,低速 Modem 均采用 FSK 调制技术,即采用两种不同的音频信号来调制数字信号"0"和"1"。调制频率的分配是:

　　　1 070Hz　　发送空号(逻辑 0)　　1 270Hz　　发送传号(逻辑 1)

两个调制信号分别由两个振荡器产生,被调制数字信号由 RS—232C 总线送来。调制后的模拟信号由运算放大器组合后沿着公用电话线发送出去,如图 15.4 所示。由图可见,当 RS—232C 的 TxD 线为−12V(逻辑 1)时,电子开关 1 开启(电子开关 2 断开),故一串 1 270Hz 脉冲便可经运算放大器 OA 后输出传号脉冲(逻辑 1);当 RS—232C 的 TxD 线为+12V(逻辑 0)时,电子开关 2 开启(电子开关 1 断开),振荡源 2 的串空号脉冲(1 070Hz)经过电子开关 2 被传送到 OA 输出端。显然,运算放大器输出的模拟信号频率是随 RS—232C 上信号的不同而不同的。

(2) 应答式 Modem 的接收器

始发端的应答式 Modem 在次通道上接收对方发来的模拟信号,然而该模拟信号的两种频率和主通道不同。通常为

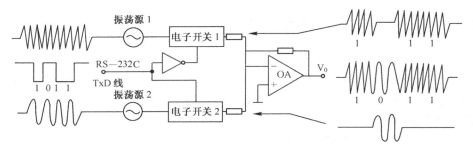

图 15.4　Modem 发送器的调制示意图

2 025Hz　　接收空号(逻辑0)　　2 225Hz　　接收传号(逻辑1)

对方 Modem 发来的由上述频率调制的模拟信号是由公用电话传输到接收器的,接收器的解调示意图如图 15.5 所示。

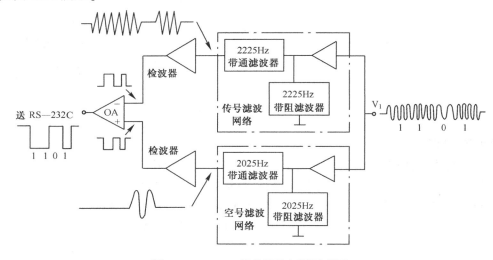

图 15.5　Modem 接收器的解调示意图

由图 15.5 可见,接收器解调电路由上下两个通道组成。上通道用于检测频率为2 225Hz 的传号脉冲,下通道用于检测频率为 2 025Hz 的空号脉冲。两个通道内各有一个带通滤波器和带阻滤波器。2 225Hz 的带阻滤波器对 2 225Hz 为中心的频率呈现高阻抗,用于滤去 2 025Hz 为中心的空号脉冲;2 225Hz 的带通滤波器和带阻滤波器正好相反,它对以2 025Hz为中心的空号脉冲呈现高阻而让 2 225Hz 的传号脉冲通过。同理,下通道让 2025Hz 的空号脉冲通过,2 225Hz 的传号脉冲被滤掉。上下通道经检波器(两个检波器输出是互补的,即上通道检波输出为高电平,下通道检波输出必为低电平;反之亦然)检波后,在运算放大器中,组合成 RS—232C 电平信号(+12V 表示"0",−12V 表示"1")。至此,Modem 的接收宣告结束。

15.2.3　RS—232 串行接口技术

RS—232 是一种串行通信总线标准,1969 年由美国电子工业协会(EIA)从 CCITT 远程通信标准中导出。

1. 串行数据传送的基本概念和术语

(1) 发送时钟和接收时钟

把二进制数据序列(或称为比特组),由发送器发送到传输线上,再由接收器从传输线上接收。二进制数据序列在传输线上是以数字信号波形出现的,即一般用高电平表示二进制数 1,用低电平表示二进制数 0。而且每一位持续的时间是固定的,在发送时以发送时钟作为数据位的划分界限,接收时以接收时钟作为数据位的检测。例如 1 字节数据 01 100 110。在传送过程,对应的数字信号波形如图 15.6 所示。

二进制数据序列:　　0　　1　　1　　0　　0　　1　　1　　0

数字信号波形:

图 15.6　数据序列与信号波形

下面分别介绍发送时钟和接收时钟。

① 发送时钟　控制串行数据的发送。数据发送过程是把并行的数据序列送入移位寄存器,然后通过移位寄存器由发送时钟触发进行移位输出,数据位的时间间隔可由发送时钟周期来划分。

② 接收时钟　检测串行数据的接收,数据接收过程是:传输线送来的串行数据序列由接收时钟作为输入移位寄存器的触发脉冲,逐位打入移位寄存器。接收过程就是将串行数据序列,逐位移入移位寄存器而装配成为并行数据序列的过程。

(2) 比特率(数据速率)和波特率、时钟频率和波特率的关系

串行数据传输时必须有数据传输速率的测量单位,可以用每秒传输的比特数(b/s),即比特率作为速率的测量单位。但在远程传输时,数字信号发送上传输介质前要调制为模拟信号,比特率就不是令人满意的速率测量单位了。因此,又引入另一种速率测量单位——波特率。波特率是用来描述每秒钟内发生的二进制信号事件数,它直接与用来表示一个二进制数据位的持续时间有关,即

波特率=1/二进制位持续时间　　或　　波特率=传送二进制的位数/秒

比特率可以大于或等于波特率,假定用一个正脉冲表示 1,负脉冲表示 0,这时比特率就等于波特率。假如每秒要传 10 个数据位,则其速率为 10 波特,若发送上传输介质时把每位数据用 10 个脉冲来调制,则比特率就为 100b/s,即比特率大于波特率。设 S 为比特率(数据传输速率),B 为波特率,N 为状态个数,则它们有如下计算关系:

$$S = B \cdot \log_2 N$$

发送时钟频率与波特率的关系是:

$$时钟频率 = k \times 波特率$$

这里 k 为分频系数,可以是 1,16,32 或 64 等。

(3) 数据的连通方法

① 单向(simplex)数据通路　它仅能进行一个方向的数据传送,即 A 只能作为发送器,B 只能作为接收器,数据只能从 A 传送到 B。

② 半双工(half-duplex)数据通路　它能交替地进行双向数据传送,即设备 A 可以作为发送器,也可以作为接收器,设备 B 也如此。但两设备之间仅有一根传输线。因此两个方向的数据传输不能同时进行,而只能交替进行。某一时刻 A 作为发送器,B 作为接收器,数据由 A 流向 B。另一时刻 B 作为发送器,A 作为接收器,数据由 B 流向 A。

③ 全双工(full-duplex)数据通路　A、B 既可以是发送器,又可以是接收器,两者之间有两根传输线。因此,它能在两个方向上同时进行数据传输,即 A 向 B 发送的同时,B 也可以向 A 发送。显然,为了实现双工传输,两个传输方向的资源必须完全独立,即 A 和 B 必须具有独立的接收器和发送器。从 A 到 B 的数据通路必须完全与从 B 到 A 的数据通路分开。这样,当 A 向 B 发送、B 向 A 发送时,实际

上在使用两个逻辑上独立的单向传输通路。

（4）串行 I/O 协定

串行通信对数据传送要有通信协定,包括定时、控制、格式化和数据的表示法。根据在串行通信中的数据定时的不同,通信分为同步通信和异步通信。为了保证通信的正确,无论是同步通信或异步通信,发送装置和接收装置事先必须有一个双方共同遵守的协定,如起始标志、结束标志、校验方式、每一个字符的位数以及波特率等。

（5）校验方式

串行通信要检测传输过程是否有错误出现,目前串行通信采用两种校验方式。

① 奇偶校验　在发送数据时,在数据位后加一位奇偶位可以为 1 或为 0,以保证在每一个字符中 1 的总数为奇数或偶数。例如,采用偶校验,在发送数据时,发送器会根据数据位的结构自动在校验位上添 1 或添 0,以保证每个字符 1 的个数为偶数,然后发送出去。接收器接收数据时,将会按规则检测这个数列,如出现奇偶校验错,就会将状态寄存器的相应位置位,并会向 CPU 发出中断请求。它只能检出部分错误。

② CRC（Cyclic Redundancy Check）校验　CRC 校验是循环冗余校验的缩写字母,是利用编码理论,对传送的串行二进制码序列,以一定的规则产生一些校验码,并将校验码放在二进制码之后,形成符合一定规则的新的二进制码序列（称编码）,并将新的二进制码序列发送出去。在接收时,就根据信息和校验码之间所符合的规则进行检测（称译码）,从而检测出传送过程中是否发生错误。它是一种检纠错码。

（6）异步帧的格式

起始位（值为 0）+数据位（5~8 位）+奇偶校验位（无或 1 位）+终止位（1~2 位）

（7）同步帧的格式

同步字符+［同步字符］+字符块+校验符串

2. 串行接口的结构

串行接口的基本功能之一是进行串行数据和并行数据之间的转换,与微机系统总线的连接是并行的,与外界的连接是串行的,接口与微处理器之间进行的是并行数据交换。在串行输出时,需要把并行数据转换成串行数据,在一条输出线上按顺序逐位发送出去。接收时,从一条输入线逐位接收串行数据,并把串行数据转换成并行数据,然后存入接收数据寄存器。

输入输出时为实现串行与并行转换的功能,要有移位寄存器和数据寄存器。在其间串口电路要实现不同通信方式下的数据格式转化。在异步方式下,接口电路要能在发送时自动生成和在接收时自动去掉起/停位。在面向字符的同步方式下,接口电路主要是在数据块前面加/减同步字符。总之,接口电路要能实现不同通信方式下的数据格式化。在输入输出过程中,为了使 CPU 能够了解接口的工作状况、所处状态和出错情况,接口要有状态寄存器。另外,串行通信接口还具有可靠性检验（确定是否发生数据传输错误）和实施接口与 DCE（数字通信设备）之间的联络控制。

典型的异步串行接口如图 15.7 所示。

发送数据寄存器（T_xDR）：它通过数据总线缓冲器从 CPU 接收并行的数据；

发送移位寄存器（T_xSR）：它从发送数据寄存器取得并行的数据,以发送时钟 T_xC 的速率把数据逐位移出；

接收移位寄存器（R_xSR）：它以接收时钟的速率把出现在串行数据输入线上的数据,逐位地移入接收移位寄存器。当寄存器接收满后,将数据并行地送往接收数据寄存器（R_xDR）；

接收数据寄存器（R_xDR）：它从接收移位寄存器接收并行的输入数据,再经过数据总线缓冲器,将数据送入微处理器；

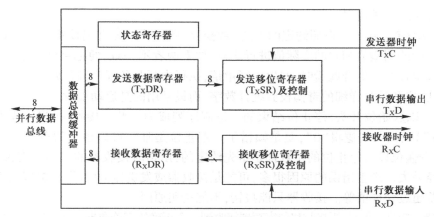

图 15.7　典型的异步串行接口

数据总线缓冲器:它是微处理器与数据寄存器($T_X DR$ 或 $R_X DR$)交换数据的双向缓冲器。

① 发送过程　微处理器把数据写入发送数据寄存器 $T_X DR$,然后由发送器逻辑对数据进行格式化,即加上起始位、奇偶检验位和停止位。格式化后的数据送到移位寄存器 $T_X SR$,然后按选定的波特率进行串行输出。在 $T_X DR$ 将数据送出后,接口给出"发送数据寄存器空"信号,通知 CPU 送下一个数据,如图 15.8(a)所示。

② 接收过程　假定接收时钟频率为波特率的 16 倍,一旦串行接收线由高电平变为低电平,接收控制部分的计数器清零。16 倍频时钟的每个时钟信号使计数器加 1,当计数器第一次达到 8 时,表示已到达起始位的中间,在这点起始位被采样,并且计数器清零。采样重复进行,直到采样到停止位。接着差错检测逻辑按格式对数据进行校验,并根据校验的结果置状态寄存器。如果发现有关错误,则置奇偶错、帧错或溢出错等。异步串行接口接收部分的功能如图 15.8(b)所示。

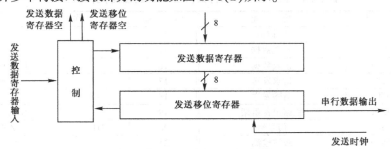

(a)异步串行接口的发送功能

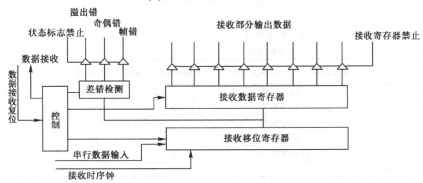

(b)异步串行接口的接收功能

图 15.8　异号串行接口的发送/接收功能

下面将讨论这三种错误。

① 奇偶校验错　接收器按照约定的方式(奇校验、偶校验或无奇偶校验)进行奇偶校验计算，然后将奇偶检验的期望值和它的实际值进行比较，如果两者不一致，便把奇偶错状态置位，以便查询。也可以选定在检测到奇偶错时，产生中断申请，执行中断服务程序进行处理。也可以不做任何事情，或是只收集和计算详细的奇偶校验统计数字，而最常用的是启动重发。

② 帧错　以起始位开头、停止位结束的二进制序列成为一帧。接收时，当接收器期望接收停止位(逻辑"1")而接收到逻辑"0"，便是帧错了。停止位是唯一可以预料的逻辑电平位。因为数据位的位数、奇偶位以及停止位的位数都是事先约定的，出错时接收器的帧错状态位置位，认为字符的同步已经丢失。产生错误的原因很多，可能是接收器或发送器的问题、传输线路上的干扰或发送器时钟误差超过允许值等。接收器只能报错，不能指明原因。

③ 溢出错　接收数据时，当接收移位寄存器接收到一个正确的字符数据，就会把移位寄存器的数据并行装入接收数据寄存器，微处理器需要及时地取走这个数据(软件控制)，如果微处理器不能及时把数据取走，后一个准备好的数据就不能进入接收数据寄存器而让出接收移位寄存器，第三个数据会照样进入移位寄存器，这就会冲掉第二个数据，这时就发生了溢出错，差错检测逻辑就把相应的溢出错标志位置位。

3. RS—232C 标准

RS—232C 标准(协议)是美国 EIA(电子工业协会)与 BELL 等公司一起开发的通信协议，适合于数据传输速率在 0~20 000b/s 范围内的通信。它最初是为远程通信连接数据终端设备 DTE(Data Terminal Equipment)与数据通信设备 DCE(Data Communication Equipment)而制定的。

（1）信号线

RS—232C 标准规定有 25 根连线，虽然其中的绝大部分信号线均已定义使用，但在一般的微机通信中，只有 9 个信号经常使用，它们的引脚和功能分别如表 15.3 和表 15.4 所示。

表 15.3　RS—232C 串行口(DB—25 连接器)引脚名称

引　脚	名　称	功　能	引　脚	名　称	功　能
1		保护地	14		反向信道发送数据
2	TxD	发送数据	15		发送定时
3	RxD	接收数据	16		反向信道接收数据
4	RTS	请求发送	17		接受定时
5	CTS	清除发送	18	—	未定义
6	DSR	数据设备就绪	19		反向信道请求发送
7	SG	信号地	20	DTR	数据终端就绪
8	DCD	载波检测	21		信号质量检测
9	—	保留用于测试	22	RI	振铃指示
10	—	保留用于测试	23	DSRD	数据速率选择
11	—	未定义	24		外部速率选择
12		反向信道载波检测	25		未定义
13		反向信道清除发送			

表 15.4　RS—232C 串行口(DB—9 连接器)引脚名称

引　脚	名　称	功　能	引　脚	名　称	功　能
1	DCD	载波检测	6	DSR	数据准备好
2	RxD	接受数据	7	RTS	请求发送
3	TxD	发送数据	8	CTS	清除发送
4	DTR	数据终端就绪	9	RI	振铃指示
5	SG	信号地			

（2）联络控制信号

● 数据装置准备好(DSR)：由 Modem 到计算机，有效时(ON 状态)表示 Modem 可以使用，即表明 Modem 已经打开,并不在检测模式中,而是在数据模式下。

- 数据终端准备好(DTR):由计算机到 Modem,有效时(O. 状态)表示数据终端可以使用。计算机收到 RI 信号,作为回答,就发出该信号到 Modem,控制它的传唤设备,以建立通信链路。这两个信号通常可直接连到电源上,表示一上电即有效,有些 RS —232C 接口甚至省去了用来指示设备是否准备好进行发送或接收数据的这类信号,认为设备始终是准备好的。不过这两个信号只表示设备本身可以使用,不表示通信链路可以开始进行通信,能否开始进行通信还取决于其他有关的控制信号。
- 请求发送(Request To Send,RTS):用来表示 DTE 请求 DCE 发送数据,即当终端要发送数据时,使该信号为有效(O. 状态),向 Modem 请求发送。它用来控制 Modem 是否要进入发送状态。
- 允许发送(Clear To Sent,CTS):用来表示 DCE 准备接收 DTE 发来的数据,是对请求发送信号 RTS 的响应信号。当 Modem 已准备好接收终端传来的数据并向前发送时使该信号有效,通知终端开始沿发送数据线发送数据。RTS 和 CTS 是一对请求应答联络信号,在半双工方式下用做发送方式和接收方式间的切换。全双工方式下,因配置双向信道,故不需要 RTS/CTS 联络信号,使其为高电平即可。
- 线信号输出(Data Carrier Detective,DCD/Received Line Signal Detection,数据载波输出/接收,RLSD):该信号用来表示 DCE(本地 Modem)已经接通通信链路,通知 DTE 准备接收数据,也就是本地 Modem 收到由通信链路另一端(远地)的 Modem 送来的载波信号时使 RLSD 信号有效,通知本地终端准备接收数据,并且由本地Modem将接收下来的载波信号调制成数字数据后,沿接收线送到终端。
- 振铃指示(Ringing,RI):当 Modem 接收到交换台送来的振铃呼叫信号时,使该信号为有效状态,通知终端已被呼叫。当通信双方的 Modem 间使用电话线进行串行传送时才用到此信号。

(3)数据接收与发送信号
- 发送数据(Transmitted Data,TxD):通过 TxD 线终端将串行数据发送到 Modem。
- 接收数据(Received Data,RxD):通过 RxD 线终端接收从 Modem 发送来的串行数据。

(4)地线

4. RS —232C 与 Modem 串行通信的连接

RS —232C 与 Modem 串行通信的连接如图 15.9 所示。

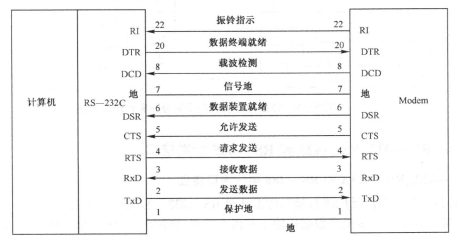

图 15.9　RS —232C 与 Modem 串行通信的连接

5. RS—232C 电平转换

（1）接口信号特性

RS—232C 信号线提供 15m 以内单端线路的单向数据传输,最大数据传输速率为20kb/s。逻辑 0 电平必须超过 5V,但不能高于 15V,逻辑 1 电平必须低于−5V,但不能低于−15V。

（2）集成电路电平转换器 MC1488、MC1489

MC1488 用于将 TTL 电平转换成 RS—232C 电平;集成电路 MC1489 用于将 RS—232C 电平转换成 TTL 电平。图 15.10(a)和图 15.10(b)分别给出了这两种芯片的引脚图。

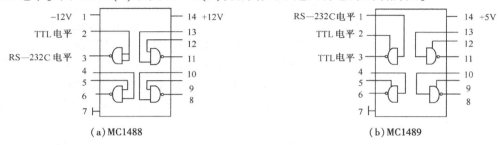

图 15.10　MC1488 和 MC1489 引脚图

MC1489 的 2、5、9 以及 12 脚为控制脚,使用时宜外接一个电容(0.001～0.01μF)至地来控制 RS—232C 总线上信息的上升时间,从而提高 RS—232C 的抗干扰能力。

（3）集成电路电平转换器 TC232

这是一种新颖的 RS—232 电平转换器,它既能将 RS—232 电平转换成 TTL 电平,也能将 TTL 电平转换成 RS—232C 电平,而且只需要单+5V 电源。

TC232 内部有两个发送器和两个接收器,还有一个电源变换器,是一种流行的廉价 RS—232 电平转换器,其引脚分布和外部元件连接如图 15.11所示。

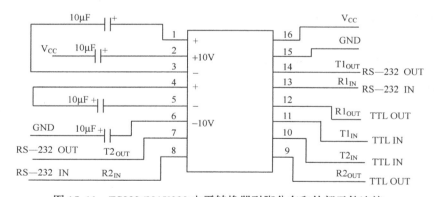

图 15.11　TC232/MAX232电平转换器引脚分布和外部元件连接

15.2.4　RS—422、RS—423 和 RS—485 标准接口

1. RS—422A、RS—423A 和 RS—485 电气接口特性

到目前为止,应用最广泛的串行接口标准还是 RS—232。它既是一种电气标准,又是一种物理接口功能标准。为了进一步提高数据传输率和传送距离,研制出了 RS—422、RS—423 和 RS—485 标准接口。

RS—422A 规定了双端电气接口形式,其标准是双端线传送信号。如果其中一条线是逻辑 1

状态,另一条线就为逻辑 0。因电压回路是双向的,故大大地改善了通信性能,如图 15.12(a)所示。这种驱动方式传输率超过 20kb/s。RS—423A 规定为单端线,而且与 RS—232 兼容,参考电平为地,要求正信号逻辑的电平为 200mV~+6V,负信号逻辑电平为 -200mV~-6V。RS—423A 驱动器在 90m 长的电缆上传送的最大速率为 100kb/s,若降低至 1kb/s,则允许电缆长度为 1200m。RS—422A 与 RS—232C 兼容,6V 信号电平可作为 RS—232C 接收信号,当与 RS—232C 一起工作时,RS—423A 的传送速率为 2kb/s,电缆长度为 15m,与 RS—232 标准一致。RS—422A 和 RS—423A 电气连接如图 15.12(b)所示。RS—423A 虽然规定为单端线,但一般都连成无公共地的非平衡式差分传输。当使用 RS—422A 作为驱动器和接收器时,允许的最大传输速率为 10Mb/s,在此速率下电缆允许长度为 120m。如果适当降低传输速率,则最大传送距离可达 1 200m。

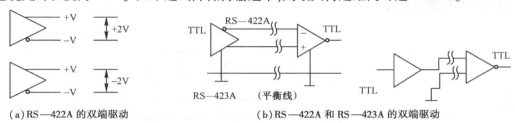

（a）RS—422A 的双端驱动　　　　　　（b）RS—422A 和 RS—423A 的双端驱动

图 15.12　RS—422A 和 RS—423A 的电气连接图

RS—422A 和 RS—423A 允许在传送线上连接多个接收器,而 RS—232C 接口虽然可以作用于多个接收器循环工作,但每次只允许一个接收器工作。而比较新型的 RS—422A 和 RS—423A 驱动,可允许有 10 个以上的接收器工作。

RS—232C 采用所谓单端驱动,单端接收的单端双极性电路标准,信号传输线上的是 -5V 以下电平信号时为逻辑"1",+5V 以上电平信号时为逻辑"0";且仅需用一条线路传输一种信号。对于多条信号线来讲,它们的地线是公共的,这共地传输方式,抗干扰能力很差。RS—423A 也是一个单端的、双极性电源电路标准,但它对上述共地传输做了改进,采用差分接收器,接收器的另一端接收发送端的信号地,从而提高了传送距离和传送速率。以线宽衰耗达 6dB 计算,10Mb/s 速率的最大传输距离为 15m;降到 90dB 以下,距离可达 1 200m。RS—422A 标准规定了差分平衡的电气接口,采用平衡驱动和差分接收的方法,从根本上消除了信号地线,这相当于两个单端驱动器,输入同一个信号时,其中一个驱动器的输出是另一个驱动器的反相信号。于是两条线上传送的信号电平,当一条表示逻辑"1"时,另一条为逻辑"0"。在干扰信号作为共模信号出现时,接收器接收差分输入电压,只要接收器有足够的抗共模电压工作范围,就能识别两个信号并正确接收传送的信息。因此,RS—422A 能在长距离、高速率下传输数据,它能够在 1 200m 距离内把速率提高到 100kb/s;在较短距离内,传输速可高达 10Mb/s。这种性能的改善是由于平衡结构而产生的,差分平衡结构可以从地线的干扰中分离出有效信号,其最大可区分 0.20V 的电位差。因此,一般不受地位的波动和共模电磁干扰。在许多工业控制及通信联络系统中,往往有多点互连而不是两点直连,而且大多数情况下,在任一时刻只有一个主控模块(点)发送数据,其他模块(点)处在接收数据的状态,于是便产生了主从结构形式的 RS—485 标准。实际上,RS—485 是 RS—422A 的变型,它与 RS—422A 都是采用平衡差分电路,区别在于按照上述的工作要求,RS—485 为半双工工作方式,因而可以采用一对平衡差分信号线来连接。采用 RS—485 进行两点之间远程通信时的连接如图 15.13 所示。由于任何时候只能有一点处于发送状态,因此发送电路必须由使能信号控制。RS—485 用于多点互连时非常方便,可以省掉许多信号线。应用 RS—485 可以连网构成分布式系统,连接示意图如图 15.14 所示。RS—422A 和 RS—485 的驱动/接收电路没有多大区别,在许多情况下,RS—422A 可以和 RS—485 互连。如在环形系统中,采用 RS—422/485 可以构成数据链系统。图 15.15 所示为一个环形数据链路系统。

2. RS—422、RS—423 接口电平调整

（1）RS—422 接口电平调整

RS—422 标准提供单向平衡传输线路传送数据。传输率最大为 10Mb/s，传输距离可达 120m；如果采用较低传输速率，则最大距离可达 1 200m，这个标准允许驱动器输出为 ±2~6V，接收器检测到的输入信号电平可低到 200mV。电平转换电路图是 RS—422 接口信号电平转换调整电路，如图 15.16 所示。该电路可用来将 TTL 信号转换成 RS—422 接口信号，也可将 RS—422 接口信号转换为 TTL 信号。有些厂家在驱动器电路上提供一个三态控制器，可允许数据在一对接口线上双向传输。这个措施也可使线路具有多点传输能力，使几个设备（或子站）可在一对接口传输线上采用半双工制接收和传送数据。

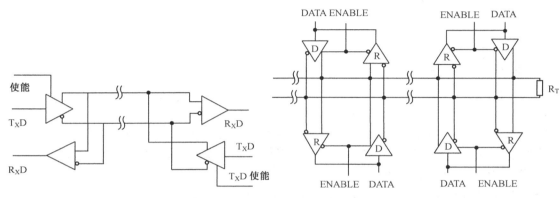

图 15.13　RS—485 两点传输电路　　　　图 15.14　RS—485 多点连接系统

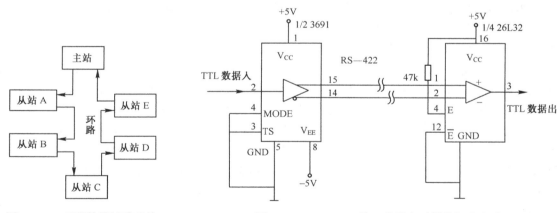

图 15.15　环形数据链路系统　　　　图 15.16　RS—422 接口信号电平转换调整电路

（2）RS—423 接口电平调整

RS—423 标准提供最高传输速率为 100kb/s、最大传送距离为 12m 的单向单端数据传输。接收器为了平衡传输数据，允许驱动器和接收器之间有个地电位差。逻辑 1 状态必须超过 4V，但不能高于 6V；逻辑 0 状态必须低于 -4V，但不能低于 -6V。电平转换电路图是 RS—423 接口信号电平转换调整电路，如图 15.17 所示。此电路可用来将 TTL 电平信号转换为 RS—423 接口信号，也能将 RS—423 接口信号转换为 TTL 信号。电路中采用的驱动器和接收器分别是 DS3691 和 26L32。

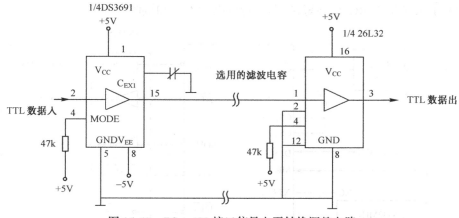

图 15.17 RS—423 接口信号电平转换调整电路

15.3 通用异步通信接口芯片 INS 8250

为实现异步串行通信,并按 RS—232C 标准定义的信号进行信息控制和数据传送,许多制造商专门设计了一种大规模集成电路,称为通用异步接收器和发送器(UART),产品已标准化。比较常用的有 National Semicoductor Inc. 生产的 INS 8250、NS16450,Zilog Inc. 生产的 Z—80 DART、Z—80 SIO、Z—8030、Z—8031、Z—8351 以及 Motorala Inc. 生产的 ACIA 芯片。此外,Intel 8251 还支持同步串行通信功能(如上节所述)。

由于在自动化和测控等领域经常使用微机作为上位机构成各种类型的监控系统,下位机多采用嵌入式仪器仪表,通过各种通信方式与上位机交换信息,故有必要详细了解微机的串行通信接口及其应用编程。下面以 PC 系列采用的 INS 8250 (PC、XT 使用)和 NS 16450(AT 使用)为例,说明 UART 在异步串行接口中所起的逻辑功能。

15.3.1 异步串行口的硬件逻辑

以 UART 为核心的异步串行口的硬件逻辑如图 15.18 所示。

INS 8250 与 NS 16450 是兼容的 UART。通过内部寄存器编程可建立异步串行通信协议(波特率、数据传输格式)以及 UART 操作方式(查询 I/O 或中断 I/O)。此后,在任何时刻,它均可接收来自 CPU 的 8 位数据,以初始化选定的发送波特率由 SOUT 端向通信线上串行发送位序列;或者,在任何时刻由 SIN 端从通信线上按接收波特率串行接收位序列,每收妥一个 8 位数据,可由 CPU 读出。

由图 15.18 可知,整个异步串行口硬件逻辑包括以下四部分。

1. 数据 I/P 缓冲

8 根三态双向数据总线($D_7 \sim D_0$)实现 UART 与 CPU 之间的双向通信,包括数据、控制和状态信息的传输。

2. 时钟与速率

芯片时钟可由外界通过 $XTAL_1$ 直接引入,或在 $XTAL_1 \sim XTAL_2$ 之间通过连接一个晶体后构成晶体振荡而产生。PC 系列选用 1.8432MHz 时钟直接输入方式。

UART 发送的波特率与接收的波特率可取不同值。发送波特率由用户初始化 UART 时设置(输入一个波特率因子值),并通过 $\overline{BAUDOUT}$ 端输出。注意,该信号频率是用户期望的发送波特率的 16 倍(取样脉冲,供接收方使用)。接收波特率时钟由外界通过 RCLK 端输入。PC 系列采取的

方法是使 $\overline{\text{BAUDOUT}}$ 端与 RCLK 端短接,即串行数据的发送和接收在相同的波特率下工作。

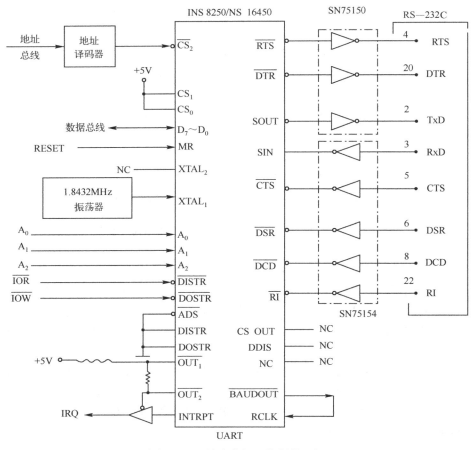

图 15.18　异步串行口的硬件逻辑

3. 读/写控制逻辑

该部分实际上是 UART 与 CPU 的接口。它具有以下功能。

（1）复位芯片　输入端 MR 为高电位清除内部寄存器和控制逻辑。芯片操作期间,该端为低。

（2）芯片允许　包括芯片选中（$\overline{\text{CS}_2}$ 为低,CS_1、CS_0 为高）及地址选通（$\overline{\text{ADS}}$ 为低）。

（3）寄存器选择　由输入地址最低 3 位（A_2、A_1、A_0）选择内部寄存器。

（4）读出数据有效　在芯片选中期间,若 DISTR 为高或者 $\overline{\text{DISTR}}$ 为低,CPU 读出数据有效。

（5）写入数据有效　在芯片选中期间,若 DOSTR 为高或者 $\overline{\text{DOSTR}}$ 为低,CPU 写入数据有效。

（6）禁止数据传输　当收发器禁止端口 DDIS 为高,封锁 CPU 对芯片的写操作;或芯片未选中,芯片选择输出端 CSOUT 为低,禁止数据传输。PC 系列均未用。

（7）中断请求　当允许芯片中断,且任一种中断类型条件满足时,INTRPT 变为高电平。

4. Modem 控制逻辑

该部分实际上是 UART 与 RS—232C 之间的接口。

为了确保 RS—232C 的 EIA 电平,UART 与 RS—232C 间有一套逻辑电平转换电路实现 TTL 与 EIA 电平的转换。同时,考虑到转换电路的反相作用,UART 的控制信号均使用反相端:信号名称顶部加一横线。然而,UART 的数据信号 SOUT 与 SIN 不使用反相端,因为计算机与通信线上各自定义的"1"、"0"逻辑电平本来就是相反的。

Modem 控制逻辑包括如下信号:

- 串行输出　　　　　　　　（SOUT）相当发送数据 TxD
- 串行输入　　　　　　　　（SIN）相当接收数据 RxD
- 数据设备就绪　　　　　　（$\overline{\text{DSR}}$）输入为低有效
- 数据终端就绪　　　　　　（$\overline{\text{DTR}}$）输出为低有效
- 请求发送　　　　　　　　（$\overline{\text{RTS}}$）输出为低有效
- 清除发送　　　　　　　　（$\overline{\text{CTS}}$）输入为低有效
- 载波信号检测　　　　　　（$\overline{\text{DCD}}$）输入为低有效
- 振铃指示　　　　　　　　（$\overline{\text{RI}}$）输入为低有效

另外,该逻辑允许对 Modem 控制寄存器编程,输出两个控制信号$\overline{\text{OUT}}_1$和$\overline{\text{OUT}}_2$,称为用户辅助输出。PC 系列通常初始化芯片,使OUT_2为 1 或 0,作为禁止或允许 UART 输出中断请求 IRQ 的控制。

15.3.2　INS 8250 内部寄存器定义

UART 是可编程的异步串行通信芯片。用户对其编程实际上是对 UART 内部寄存器的读出或写入操作。因而,从编程角度出发,可将一个 UART 描述成一组寄存器的集合:发送器部分、接收器部分和控制器部分,如图 15.19 所示。

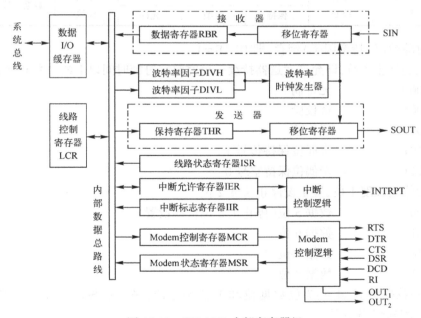

图 15.19　INS 8250 内部寄存器组

图 15.19 所示的 UART 内部寄存器共有 10 个。CPU 可通过 IN/OUT 指令对其进行访问。它们的端口地址及其名称列于表 15.5。

表 15.5　UART 内部寄存器端口分配

端口地址 **	指　　令	条件 *	寄存器名称及作用
3F8H(2F8H)	OUT	DLAB = 0	写入发送器保持寄存器 THR
3F8H(2F8H)	IN	DLAB = 0	读出接收器数据寄存器 RBR
3F8H(2F8H)	OUT	DLAB = 1	写入波特率因子(LSB)DIVL

端口地址**	指　令	条件*	寄存器名称及作用
3F9H(2F9H)	OUT	DLAB=1	写入波特率因子(MSB)DIVH
3F9H(2F9H)	OUT	DLAB=0	写入中断允许寄存器 IER
3FAH(2FAH)	IN		读出中断标识寄存器 IIR
3FBH(2FBH)	OUT		写入线路控制寄存器 LCR
3FCH(2FCH)	OUT		写入 Modem 控制寄存器 MCR
3FDH(2FDH)	IN		读出线路状态寄存器 LSR
3FEH(2FEH)	IN		读出 Modem 状态寄存器 MSR

* DLAB 指线路控制器 D_7 位　　**括号前指微机的 COM_1 口,括号内指微机的 COM_2 口

下面从编程应用的顺序考虑,对表 15.5 中各个寄存器的作用进行说明(端口地址以 COM_1 为例)。

1. 确定异步通信的数据格式

数据格式由线路控制寄存器 LCR 各位定义。

D_7	D_6	D_5	D_4	D_3	D_2	$D_1 D_0$
除数锁存	设置终止	奇　偶　位			停止位数	数据位数
		保持	类型	允许		

D_7:置 1 对除数(波特率因子)锁存,即 DLAB=1。

D_6:置 1 发送终止字符,即允许发送器持续一个完整字符帧时间以上的空号 0 状态。

$D_5 D_4 D_3$:　000　　　　　无奇偶
　　　　　001　　　　　奇校验
　　　　　011　　　　　偶校验
　　　　　101　　　　　奇偶位保持传号 1
　　　　　111　　　　　奇偶位保持空号 0

D_2:置 0 设停止长度 1 位,置 1 设停止长度 2 位

$D_1 D_0$:　00　　　　　数据 5 位(停止 1.5 位自动设置)
　　　　　01　　　　　数据 6 位
　　　　　10　　　　　数据 7 位
　　　　　11　　　　　数据 8 位

例如设置一数据格式如下:7 位数据位和 1 位停止位,采用偶校验类型。其参数值为 1AH (00011010B)。编程代码如下:

```
MOV     AL,1AH
MOV     DX,3FBH
OUT     DX,AL
```

2. 确定通信双方传输波特率

注意,这里的波特率(baud)与数据信号传输率(b/s)是同值。

确定波特率的方法是在通信前,将波特率因子(16 位)分两次写入波特率因子寄存器。波特率因子亦称除数,因它与波特率的关系如下所示:

波特率=1.8432MHz/(波特率因子×16)

换言之,该因子是对时钟输入(1.8432MHz)进行分频,产生16倍波特率的波特率发生器时钟(即$\overline{BAUDOUT}$)。因芯片的$\overline{BAUDOUT}$与$\overline{RCLK}$两端短接,故采用同一个波特率发送和接收数据。

这里之所以用16倍波特率的时钟作为接收时钟,是为了确保在位宽的中心时间对接收的位序列进行可靠采样。因为异步传输的基本特点是以起始位为基准同步的,INS8250对起始位的检测方法见图15.20。通信线上的噪声也极有可能使传号("1")跳变到空号("0")。所以,需要接收器以16倍的波特率对这种跳变进行检测,直至在连续8个接收时钟过后采样值仍然是空号,才认为是一个真正的起始位,而不是噪声引起的。此后,接收器每隔16个接收时钟(一个位宽时间)对输入数据位采样一次,直至所有各位(包括停止位)都已输入完。

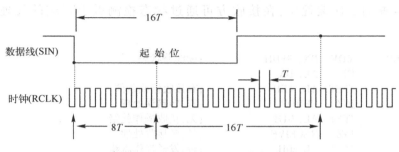

图15.20　INS 8250对起始位的检测

表15.6列出常用波特率使用的波特率因子,供编程时参考。

例如,设置异步通信波特率为1200,取波特率因子0060H,按低、高字节次序分两次写入到波特率因子寄存器(DIVL、DIVH),但事先要确保DLAB=1。其编程如下:

MOV	AL,80H	;置 DLAB=1
MOV	DX,3FBH	
OUT	DX, AL	
MOV	AL,60H	;波特率因子 LSB
MOV	DX,3F8H	
OUT	DX,AL	
MOV	AL,0	;波特率因子 MSB
MOV	DX,3F9H	
OUT	DX,AL	

表 15.6　波特率与波特率因子的关系

波特率	波特率因子		波特率	波特率因子	
	MSB	LSB		MSB	LSB
50	09H	00H	1800	00H	40H
75	06H	00H	2000	00H	3AH
110	04H	17H	2400	00H	30H
134.5	03H	59H	3600	00H	20H
150	03H	00H	4800	00H	18H
300	01H	80H	7200	00H	10H
600	00H	C0H	9600	00H	0CH
1200	00H	60H	19200	00H	06H

3. 读取线路状态判断

该步骤适用 UART 的查询 I/O,若采取中断 I/O,应进入第4步。对 UART 采取查询 I/O 方式,首先要读取线路状态,以判断芯片是否就绪并用于发送或接收。存放 UART 内部状态的线路状态寄存器 LSR 的各位定义如下:

D_7	D_6	D_5	D_4	D_3	D_2	D_1	D_0
恒0	发送移位寄存器为空	发送保持寄存器为空	接收到终止字符	接收到帧格式错	接收到奇偶校验错	接收到溢出错	接收器数据就绪

由各位定义可知,线路状态包含两部分内容。

(1)操作是否就绪,表明 UART 能否进行发送或接收操作。

当 $D_0=1$,说明接收器数据寄存器已收妥一个完整字符,可供 CPU 读取,即接收操作就绪。

当 $D_5=1$,说明发送器保持寄存器已空闲,可准备接收 CPU 发送的下一字符,即发送操作就绪。

当 $D_6=1$，说明发送器保持寄存器和移位寄存器都处于空闲。该位状态通常用于结束发送之前的检测，以防丢失待发送的数据。

（2）接收时是否检测到错误或终止条件，共指出 3 种错误与 1 种终止条件。

$D_1=1$，说明前一字符尚未被 CPU 取走，又接收到本次字符，为溢出错；

$D_2=1$，说明接收一字符时出现奇偶校验错；

$D_3=1$，说明接收到的停止位不完整，或丢失，或变成空号 0，出现一帧格式错；

$D_4=1$，说明接收器检测到空号 0 状态已持续一个完整帧传输时间，即发送方处于终止状态。

通常在通信查询 I/O 编程中，在接收方可通过状态检测做出相应的处理。其代码序列如下。

```
FOREVER：  MOV    DX, 3FDH         ;读线路状态
          IN     AL, DX
          TEST   AL, 1EH          ;有接收错或条件
          JNZ    ERROR            ;有,转错误处理
          TEST   AL, 01H          ;无,接收操作就绪
          JNZ    RECEIVE          ;是,转接收处理
          TEST   AL,20H           ;否,发送操作就绪
          JZ     FOREVER          ;否,循环等待
TRANS：                           ;发送则转此
          ⋮
RECEIVE：                         ;接收则转此
          ⋮
ERROR：                           ;错误则转此
          ⋮
```

4. 允许中断和判断中断源类型

这里是对 UART 可产生的 4 种中断源类型的选择，包括允许和判断两部分。

（1）允许中断源类型

当线路控制寄存器 D_7（DLAB）为 0 时，对中断允许寄存器的低 4 位写入操作，可选择 4 种中断源类型之一是允许（写 1）或禁止（写 0）。

中断允许寄存器 IER 各位定义如下：

在 $D_7 \sim D_4 =$ 全 0（不用）

$D_3=1$　允许 Modem 状态变化中断

$D_2=1$　允许接收有错或终止条件中断

$D_1=1$　允许发送器保持寄存器空中断

$D_0=1$　允许接收器数据就绪中断

当 $D_3 \sim D_0$ 某位置 1，且相应的状态满足时，芯片的 INTRPT（中断请求）端即为高电平，并在中断标志寄存器设置相应标志位。

（2）判断中断源

因 4 种中断源类型在允许的条件满足时，都会引发同一个中断请求，故而中断处理程序应读取中断标志寄存器 IIR 的标志位，以判断当前是哪个中断源类型，从而做出相应的中断处理。

中断标志寄存器各位定义如下：

$D_7 \sim D_3 =$ 全 0(不用)

$D_2 \sim D_1 =$ 中断源类型标志位(见表 15.7)

$D_0 = 0$ 有待处理中断

1   无中断产生

这里要指出的是,UART 的 4 种中断源类型具有固定的优先级:优先级 1 为最高,优先级 2 次之,最低为优先级 4。芯片内部具有优先级判断及屏蔽逻辑。因此,当一中断待处理时($D_0 = 0$),具有相同优先级($D_2 \sim D_1$ 指示)或较低优先级的中断均被屏蔽。

另外,中断源类型标志位($D_2 \sim D_1$)的值正好是 2 的倍数(0、2、4、6)。对汇编程序而言,当某个中断源类型产生时,该标志值用于中断入口地址表的索引最为恰当。

中断标识寄存器功能列于表 15.7。

表 15.7 中断标志寄存器功能

最低3位			中断优先级	中断标识寄存器的设置及复位控制		
D_2	D_1	D_0		中断类型	中断源	寄存器复位
0	0	1	—	—	—	—
1	1	0	1	接收状态有错	奇偶错/帧格式错 /超越错/终止	读线路状态寄存器
1	0	0	2	接收数据就绪	接收器数据有效	读接收数据寄存器
0	1	0	3	保持寄存器空	发送器准备就绪	写入发送保持 寄存器＊＊
0	0	0	4	Modem 状态有变化	$\overline{CTS/RI/DSR/DCD}$ 输入状态有变化	读 Modem 状态 寄存器

＊ 或者中断标志寄存器

5. 确定芯片操作方式和控制 Modem

通过对 Modem 控制寄存器 MCR 的写入操作可确定芯片操作方式和控制 Modem。

Modem 控制寄存器各位定义如下:

$D_7 \sim D_5 =$ 全 0(不用)

$D_4 = 1$ 芯片处于循环反馈操作

$D_3 = 1$ 输出 $\overline{OUT}_2 = 0$,用户定义输出 2,PC 系列用于允许 INTRPT 输出到系统

$D_2 = 1$ 输出 $\overline{OUT}_1 = 0$,用户定义输出 1,PC 系列未使用

$D_1 = 1$ 数据终端就绪,$\overline{DTR}$输出有效

$D_0 = 1$ 请求发送,$\overline{RTS}$输出有效

这里,对循环反馈操作和中断 I/O 操作予以说明。

(1) 循环反馈操作

它应用于芯片的诊断。当 $D_4 = 1$ 时,芯片内部自动按图 15.21 的连接方式工作。

按照图 15.28 的连接方式,CPU 输出到 UART 的 8 位并行数据经发送器保持寄存器送至发送器移位寄存器。然后,串行移位反馈到接收器移位寄存器。最后又按数据格式定义组装成 8 位并行数据送至接收器保持寄存器,即可被 CPU 读取。如果发送的数据序列与接收的数据序列完全相等,那么证明 UART 的芯片是完好的。

注意,这种循环反馈操作丝毫不影响中断的产生和使用。不过,Modem 状态变化中断不是来自外界的输入,而是直接由 Modem 控制寄存器低 4 位变化产生。于是,这种类型的中断是否有效,完全可通过对 Modem 控制寄存器低 4 位的写入来验证。

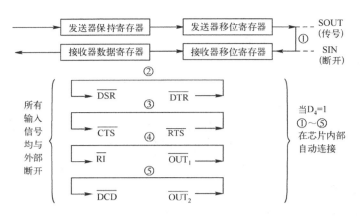

图 15.21　芯片循环反馈操作示意

（2）中断 I/O 操作

若欲使 UART 处于中断 I/O 方式,除设置中断允许寄存器外,还应使 Modem 控制寄存器 $D_3 = 1(\overline{OUT_2} = 0)$。于是,当任一种“中断源类型允许”且条件满足后,芯片输出中断请求 INTRPT 并经 $\overline{OUT_2}$ 选通,向 8259 中断控制器提出中断 IRQ。

这里便产生一个问题:为何在硬件设计上要附设一个控制 INTRPT 输出的选通信号 $\overline{OUT_2}$ 呢? 其目的是,设计者想通过同一个中断机构既用于中断 I/O 方式,也用于高速查询 I/O 方式。因为, 在查询方式($\overline{OUT_2}$,封锁 INTRPT 输出)下,UART 允许的 4 种中断源类型并非禁止,所以,当任一种中断源类型允许且条件满足时,中断标识寄存器的最低三位($D_2 \sim D_0$)仍然会设置相应的标志,即仅仅通过读取中断标志位同样可获知 UART 目前所处的状态,而不必去查询线路状态寄存器。这样,若运用一定的编程技巧,则可使中断和查询操作执行相同的操作码。

6. 检测 Modem 输入状态及其状态变化

UART 从 RS—232C 接口接收 4 个 Modem 输入信号。它们分别是清除发送($\overline{CTS}$)、数据设备就绪($\overline{DSR}$)、载波检测($\overline{DCD}$)和振铃指示($\overline{RI}$)。这些信号的当前状态以及与上一次状态相比有否变化,均记载在 Modem 状态寄存器 MSR 中。

（1）$D_3 \sim D_0$ 这 4 位反映 Modem 输入信号的状态变化。若状态有变化(记做 δ)则相应位置 1。

$D_0 = 1$　为“δ 清除发送”

$D_1 = 1$　为“δ 数据设备就绪”

$D_2 = 1$　为“δ 振铃指示”(由接通到断开)

$D_3 = 1$　为“δ 载波检测”

当上述任一位置 1,且中断允许寄存器 $D_3 = 1$,则将产生 Modem 状态变化中断(中断优先级 4, 为最低级)。

（2）$D_7 \sim D_4$ 这 4 位反映 Modem 输入信号的当前状态。

$D_4 = 1$　为清除发送($\overline{CTS}$)有效

$D_5 = 1$　为数据设备就绪($\overline{DSR}$)有效

$D_6 = 1$　为振铃指示($\overline{DCD}$)有效

$D_7 = 1$　为载波检测($\overline{RI}$)有效

注意,在芯片循环反馈操作时,Modem 输入信号端被自动断开。此时,$D_7 \sim D_4$ 位分别对应于 Modem 控制器低 4 位($\overline{RTS}$、$\overline{DTR}$、$\overline{OUT_1}$ 和 $\overline{OUT_2}$)的当前状态。

7. 寄存器复位操作

上述各个寄存器的复位操作由系统复位信号 RESET(上电启动产生)送至芯片的主复位端 MR

后完成。注意,复位后并非所有寄存器为全0。另外,中断标识寄存器 $D_2 \sim D_0$ 各位的复位操作是在中断处理过程中对相应寄存器进行读/写后完成的。具体的复位操作见表15.8。

表15.8　UART 内部寄存器的复位操作

寄存器信号	复位控制	复位功能
中断允许寄存器	MR(主复位)	全为低
中断标识寄存器	MR(主复位)	D_0 为高,其余为低
线路控制寄存器	MR(主复位)	全为低
线路状态寄存器	MR(主复位)	除 D_5、D_6 为高,其余为低
Modem 控制寄存器	MR(主复位)	全为低
Modem 状态寄存器	MR(主复位)	低4位为低,高4位取决于输入
中断标识　110	MR/读线路状态寄存器	D_0 为高,其余为低
100	MR/读接收数据寄存器	同上
010	MR/写发送保持寄存器	同上
000	MR/读 Modem 状态寄存器	同上
信号 SOUT $\overline{OUT_1}$、$\overline{OUT_2}$、$\overline{RTS}$、$\overline{DTR}$	MR(主复位)	全为高

15.3.3　微机查询式编程举例

例15.1　我们编写一个针对微机第2串口 COM2 的异步通信程序,采用查询方式。初始化编程后,程序循环读取 8250 的通信状态寄存器,数据传输错误就显示一个问号"?";接收到数据就显示出来;发送数据就从键盘输入发送字符;当然,用户没有输入字符就不发送,循环读取 8250 状态。如果按下 ESC 键(其 ASCII 代码为 1BH),则返回 DOS。本程序不使用联络控制信号,通信时不关心调制解调器状态寄存器的内容,而只要查询通信线路状态寄存器即可。

```
CODE      SEGMENT
          ASSUME  CS:CODE
START:    MOV     AL,80H
          MOV     DX,2FBH       ;(COM2 口的 LCR)
          OUT     DX,AL         ;写入通信线路控制寄存器,使 DLAB=1
          MOV     AX,0900H      ;分频系数:1.8432MHz÷(50×16)=
                                         0900H
          MOV     DX,2F8H       ;(COM2 口的除数寄存器低8位)
          OUT     DX,AL         ;写入除数寄存器低8位(此时 DLAB=1)
          MOV     AL,AH
          INC     DX            ;DX=2F9H(COM1 口的除数寄存器高8位)
          OUT     DX,AL         ;写入除数寄存器高8位(此时 DLAB=1)
          MOV     AL,00001010B  ;这段程序同时使 DLAB=0
          MOV     DX,2FBH       ;(COM2 口的 LCR)
          OUT     DX,AL         ;写入通信线路控制寄存器
          MOV     AL,03H        ;控制 OUT2 * 为高,DTR * 和 RTS * 为低
          MOV     DX,2FCH       ;(COM2 口的 MCR)
          OUT     DX,AL         ;写入调制解调器控制寄存器
          MOV     AL,0          ;禁止所有中断
          MOV     DX,2F9H       ;(COM2 口的 IER)
          OUT     DX,AL         ;写入中断允许寄存器(此时 DLAB=0)
STATUE:   MOV     DX,2FDH
          IN      AL,DX         ;读通信线路状态寄存器
          TEST    AL,1EH        ;接收有错误否?
          JNZ     ERROR         ;有错,则转错误处理
          TEST    AL,01H        ;接收到数据吗?
          JNZ     RECEIVE       ;是,转接收处理
```

```
                TEST      AL,20H            ;保持寄存器空吗？
                JZ        STATUE            ;不能,循环查询
                MOV       AH,0BH            ;检测键盘有无输入字符
                INT       21H
                CMP       AL,0
                JZ        STATUE            ;无输入字符,循环等待
                MOV       AH,0              ;有输入字符,读取字符
                INT       16H               ;如果采用 01 号 DOS 功能调用,则有回显
                CMP       AL,1BH
                JZ        DONE              ;是 Esc 键,程序返回 DOS
                MOV       DX,2F8H           ;将字符输出给发送保持寄存器
                OUT       DX,AL             ;串行发送数据
                JMP       STATUE            ;继续查询
     RECEIVE：  MOV       DX,2F8H           ;从输入缓冲寄存器读取字符
                IN        AL,DX
                AND       AL,7FH            ;传送标准 ASCII 码(7 位),所以仅取低 7 位
                PUSH      AX                ;保存数据
                MOV       DL,AL             ;屏幕显示该数据
                MOV       AH,2
                INT       21H
                POP       AX                ;恢复数据
                CMP       AL,0DH            ;数据是回车符吗？
                JNZ       STATUE            ;不是,则循环
                MOV       DL,0AH            ;是,再进行换行
                MOV       AH,2
                INT       21H
                JMP       STATUE            ;继续查询
     ERROR：    MOV       DX,2F8H
                IN        AL,DX             ;读出接收有误的数据,丢掉
                MOV       DL,' ?'           ;显示问号
                MOV       AH,2
                INT       21H
                JMP       STATUE            ;继续查询
     DONE：     MOV       AX,4C00H          ;返回 DOS
                INT       21H
     CODE       ENDS
                END       START
```

如果初始化编程采用查询的循环自测试方式(调制解调器控制寄存器写入 13H),则从键盘输入的字符,经 8250 发送后又由 8250 自身接收。这时,微机后面板串行插口无须连线。该程序也就可以进行 8250 芯片及程序的自诊断。

如果希望实现两台微机之间的通信,即从一台微机键盘的输入字符将在对方的微机屏幕上显示,则需要将 03H 写入调制解调器控制寄存器,两台微机按零 Modem 方式连接,两台微机同时执行上述异步通信程序。

例 15.2　实现两台微机之间实现对话的查询式报文通信,报文通信屏幕显示样式如图 15.22 所示。

1. 过程描述

设甲乙两台微机已经按零 Modem 方式相互连接在各自的 COM1 口并且开机运行该通信程序后,双方屏幕均显示"Input a string:",甲方通过键盘先输入"HELLO！JOHN"并按回车,这时甲机将"HELLO！JOHN"当作一个报文发送出去,然后显示"Input a string:",乙机收到"HELLO！JOHN"这一报文后,先显示"Receive a string:",接着显示接收报文"HELLO！JOHN",然后再显示

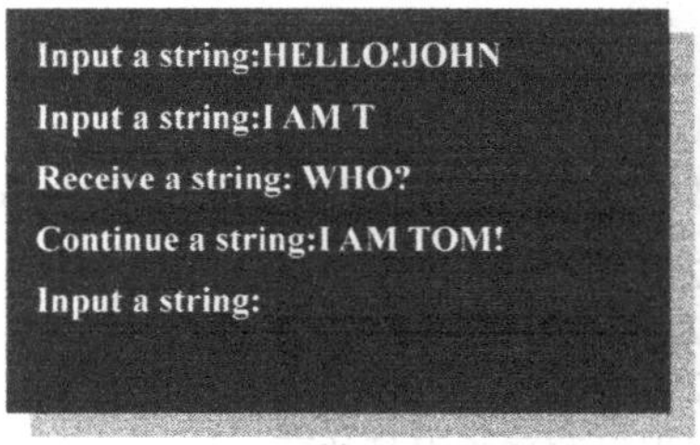

| 甲机 | 乙机 |

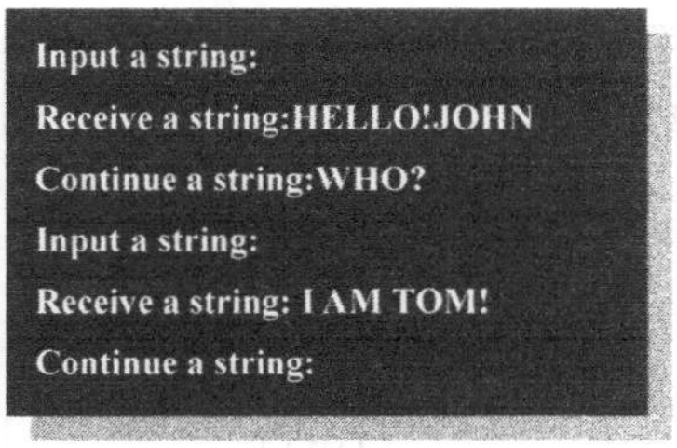

图 15.22　报文通信屏幕显示样式

"Continue a string："，如果甲方输入"I AM T"的同时，乙方已经输入"WHO?"和回车，那么乙机发送输入的报文(之后显示"Input a string：")，甲机在收到"WHO?"后，先显示"Receive a string："，接着显示接收报文"WHO?"，然后再显示"Continue a string：I AM T"，这样甲方可以继续输入OM! 和回车，并且把报文发送给乙机……

2. 主要功能

（1）接收键盘输入的一个字符串并存于发送缓冲区 TRBUFF（以回车符 0DH 作为报文结束），当输入回车时启动查询式报文发送。

（2）查询式接收来自串行口输入的一个字符串并存于接收缓冲区 DIBUFF，当收到回车符时，启动显示，显示接收的字符串并换行。

（3）要求当按"Esc"键时退出该程序的运行，返回操作系统。

3. 设计细则

在程序中，将用到两个缓冲区 RxBUF 和 TxBUF 和两个标志位 TxFLAG 和 RxFLAG，输入时（TxFLAG=0）不发送，发送时（TxFLAG=1）不能输入，一般接收时（RxFLAG=0），接收到完整报文（RxFLAG=1）后才显示，显示结束时将 RxFLAG 清 0，键盘输入采用先查询有没有按过键，按过键才可以读取键值，不能用等待键输入的方法，否则无法确保程序高速查询串行通信工作状况，导致报文数据丢失。考虑使用一个串口查询程序作为子程序，则主程序流程设计如下（文字表述，也可以用框图描述）：

M1：初始化 8250 芯片，屏幕提示输入，两个缓冲区指针初始化及标志初始化；

M2：扫描键盘，有无输入，无，转到 M7；

M3：有，测试字符是否为 Esc，是，退出，转 M14；

M4：显示该字符，判断发送标志是否为发送期，是，不存转 M7；

M5：把字符放到发送缓冲区，指针加 1，测试是否为回车，不是转到 M7；

M6：是回车即报文结束，设置发送期标志，设发送指针，屏幕提示输入；

M7：调用收发子程序，测试接收完整报文标志是否收到完整报文，否，转 M2；

M8：收到完整报文，屏幕提示收到一个报文；

M9：取报文一个字符，指针修改，是报文结束吗？是转 M11；

M10：显示报文字符，转 M9；

M11：清接收标志为一般接收，置接收指针，调收发子程序，提示继续输入，提取键盘存储首地址；

M12：有无输入过字符？无转 M2；

M13：提取已经输入字符并显示，修改指针，转 M12；

M14：退出应用程序，返回操作系统。

关于收发子程序流程由同学自己分析。

4. 程序清单如下

```
COM       EQU       3F8H                ;微机 COM1 口基本地址,COM2 口为 0x2f8
RBR       EQU       COM                 ;8250 接收缓冲寄存器
THR       EQU       COM                 ;8250 发送保持寄存器
DIVL      EQU       COM                 ;8250 除数低字节寄存器
DIVH      EQU       COM+1               ;8250 除数高字节寄存器
IER       EQU       COM+1               ;8250 中断允许寄存器
IIR       EQU       COM+2               ;8250 中断识别寄存器
LCR       EQU       COM+3               ;8250 线路控制寄存器
MCR       EQU       COM+4               ;8250Modem 控制寄存器
LSR       EQU       COM+5               ;8250 线路状态寄存器
MSR       EQU       COM+6               ;8250Modem 状态寄存器
DATA      SEGMENT
RxBUF     DB        100 DUP(0)          ;接收数据缓冲区(也是显示缓冲区)
TxBUF     DB        100 DUP (0)         ;键盘缓冲区(也是发送数据缓冲区)
TxFLAG    DB        0                   ;1:发送报文标志
RxFLAG    DB        0                   ;1:收到一个完整报文
MSG1      DB        0DH,0AH,' Input a string:$ '
MSG2      DB        0DH,0AH,' Receive a string:$ '
MSG3      DB        0DH,0AH,' Continue a string:$ '
DATA      ENDS
CODE      SEGMENT
          ASSUME    CS:CODE,DS:DATA
START:    MOV       AX,DATA
          MOV       DS,AX
M1:       MOV       DX,LCR              ;DX 指向 LCR
          MOV       AL,80H              ;设置 DLAB=1
          OUT       DX,AL              ;写入
          MOV       DX,DIVL             ;DX 指向除数寄存器低字节,波特率为 19200b/s
          MOV       AL,06H
          OUT       DX,AL              ;写入除数寄存器
          MOV       DX,DIVH             ;DX 指向除数寄存器高字节
          MOV       AL,00H
          OUT       DX,AL              ;写入除数寄存器
          MOV       DX,LCR              ;DX 指向 LCR
          MOV       AL,1BH              ;7 位数据位,1 位停止位,偶检验,正常字符传输
          OUT       DX,AL
          MOV       DX,MCR              ;DX 指向 MCR
          MOV       AL,03H              ;OUT2\OUT1 无效,RTS\DTR 有效,如要循环用
          13H
          OUT       DX,AL              ;写入
          MOV       DX,IER              ;DX 指向 IER
          MOV       AL,00H              ;禁止中断
          OUT       DX,AL              ;写入
          MOV       DX,LSR              ;DX 指向 LSR
          IN        AL,DX              ;读入 LSR
          LEA       DX,MSG1             ;屏幕提示显示 MSG1
          MOV       AH,09H              ;DOS 功能 9 号子功能是显示 DX 指向的字符串
          INT       21H                ;执行 DOS 功能调用
          LEA       DI,TxBUF            ;设置键盘缓冲区指针(16 位)
          LEA       SI,RxBUF            ;设置接收数据缓冲区指针(16 位)
          MOV       TxFLAG,0            ;清除发送标志,处于键盘输入阶段
          MOV       RxFLAG,0            ;清除接收完整报文标志,处于一般接收阶段
```

M2：	MOV	AH,1	;ROM_BIOS 功能调用 1 号子功能,检查有无按过键
	INT	16H	;执行 ROM_BIOS 键盘功能调用
	JZ	M7	;未按过键,转 MN2
M3：	MOV	AH,0	;按过键,ROM_BIOS 功能调用 0 号子功能,读取键值
	INT	16H	;执行 ROM_BIOS 键盘功能调用,键值在 AL 中
	CMP	AL,1BH	;判断是否为' Esc' 键
	JZ	M14	;是则退出
M4：	MOV	DL,AL	;不是,将键值送显示
	MOV	AH,02H	;DOS 功能 2 号子功能是显示 DL 中存放的字符
	INT	21H	;执行 DOS 功能调用
	CMP	TxFLAG,1	;比较目前正处于报文发送期间吗?
	JZ	M7	;正在发送报文,则不能存储键入字符,舍去,转 M7
M5：	MOV	[DI],AL	;字符放入键盘缓冲区
	INC	DI	;指针指向下一个地址
	CMP	AL,0DH	;判断是否为报文结束
	JNZ	M7	;不是报文结束,转 M7
M6：	MOV	TxFLAG,1	;是,置发送报文标志,表示处于报文发送期
	LEA	DI,TxBUF	;置发送数据缓冲区指针(不当键盘缓冲区了)
	LEA	DX,MSG1	;屏幕提示显示 MSG1
	MOV	AH,09H	;DOS 功能 9 号子功能是显示 DX 指向的字符串
	INT	21H	;执行 DOS 功能调用
M7：	CALL	RxTx	;进行一次查询式接收和发送
	CMP	RxFLAG,0	;判断是否接收到一个完整报文
	JZ	M2	;未接收到一个完整报文
M8：	LEA	DX,MSG2	;收到一个完整报文,屏幕提示显示 MSG2
	MOV	AH,09H	;DOS 功能 9 号子功能是显示 DX 指向的字符串
	INT	21H	;执行 DOS 功能调用
M9：	MOV	DL,[SI]	;从显示缓冲区提取一个字符
	INC	SI	;指向下一个要显示的字符地址
	CMP	DL,0DH	;要显示的字符是报文的结束吗?
	JZ	M11	;是报文结束,转 M11
M10：	MOV	AH,02H	;不是,进行显示报文字符,显示 DL 中存放的字符
	INT	21H	;执行 DOS 功能调用
	JMP	M9	;循环
M11：	MOV	RxFLAG,0	;表示显示完毕,清除接收到一个报文标志
	LEA	SI,RxBUF	;设置接收数据缓冲区指针(16 位)
	CALL	RxTx	;进行一次查询式接收和发送
	MOV	DX,OFFSET MSG3	;屏幕提示显示 MSG3
	MOV	AH,09H	;DOS 功能 9 号子功能是显示 DX 指向的字符串
	INT	21H	;执行 DOS 功能调用
	LEA	BX,TxBUF	;设显示键值指针(接收显示打断的已输入的字符)
M12：	CMP	BX,DI	;比较显示键值指针与实际键值存储指针
	JZ	M2	;相同,转 M2
M13：	MOV	DL,[BX]	;不同,提取一个字符
	INC	BX	;指向下一个字符存放地址
	MOV	AH,02H	;显示 DL 中存放的字符
	INT	21H	;执行 DOS 功能调用
	JMP	M12	;循环
M14：	MOV	AH,4CH	;退出应用程序
	INT	21H	
RxTx	PROC		;进行一次查询式接收和发送的子程序(过程)
	CMP	RxFLAG,1	;比较是否已经接收到一个报文
	JZ	RxTx1	;是已经接收到一个报文,说明报文还待显示
	MOV	DX,LSR	;查询 LSR 是否接收好一个字符
	IN	AL,DX	;

```
            TEST    AL,01H           ;测试是否接收好一个字符
            JZ      RxTx1            ;未收到,转 RxTx1
            MOV     DX,RBR           ;接收一个字符,指向 RBR
            IN      AL,DX            ;读取字符
            MOV     [SI],AL          ;存入接收缓冲区
            INC     SI               ;指向下一个字符地址
            CMP     AL,0DH           ;判断是否为报文结束
            JNZ     RxTx1            ;不是,转 RxTx1
            MOV     RxFLAG,1         ;是报文结束,设置接收到一个完整报文标志
            LEA     SI,RxBUF         ;设置显示缓冲区首地址(不当接收缓冲区了)
    RxTx1:  CMP     TxFLAG,1         ;比较是否为发送报文标志
            JNZ     RxTx2            ;不是,转 RxTx2
            MOV     DX,LSR           ;是发送报文期间,查询是否发送完一个字符
            IN      AL,DX            ;读取 LSR
            TEST    AL,20H           ;测试发送器保持寄存器是否为空
            JZ      RxTx2            ;不空,转 RxTx2
            MOV     AL,[DI]          ;空,读取发送缓冲区报文字符
            INC     DI               ;指向下一个地址
            MOV     DX,THR           ;DX 指向发送保持寄存器 THR
            OUT     DX,AL            ;写入发送器保持寄存器 THR
            CMP     AL,0DH           ;比较发送的是报文结束符吗?
            JNZ     RxTx2            ;不是,转 RxTx2
            MOV     TxFLAG,0         ;是,清除发送报文标志,可以接收键盘字符
            LEA     DI,TxBUF         ;设置键盘缓冲区指针(16 位)
    RxTx2:  RET                      ;子程序返回
    RxTx    ENDP
    CODE    ENDS
            END     START
```

15.3.4 中断 I/O 异步通信编程方法

前述异步通信编程都是查询 I/O 方式的。它们共同的特点是 CPU 每次与 UART 交换数据之前,都要不断地监视线路状态寄存器的某些状态位。这使 CPU 的使用效率大为降低。另外,一旦检测到状态就绪,尤其是接收器数据寄存器就绪,CPU 应立即予以接收,否则会引起溢出错(发送处理是由 CPU 一方控制其传输速率,故不易带来麻烦)。或者,在正常接收状态下,若接收的字符又送屏幕显示,但波特率为 1200 或以上,则 BIOS 屏幕卷页功能(INT 10H 的 AH=6 或 AH=7 子功能)将来不及处理,使显示缓存溢出。

上述问题均起因于异步通信的查询 I/O 方式,使用通信中断 I/O 方式即可顺利解决这些问题。

UART 芯片具有中断功能。PC 系列的中断系统也专门为异步通信中断预留了两个中断优先级:IRQ$_4$ 对应 COM$_1$、IRQ$_3$ 对应 COM$_2$。当系统上电初始化期间,在中断向量表相应的位置(前者[0CH×4]、后者[0BH×4]内,初始化为临时服务中断程序(D$_{11}$)的入口地址。用户编制的异步通信中断服务程序装入内存后,只需将其入口地址作为该中断向量取代 D$_{11}$ 向量即可。

与其他中断服务程序一样,编制通信中断程序也应遵循第 9 章所述的编程原则及方法,但它具有下面两点特殊性。

1. 利用循环队列处理字符的发送与接收

因是通信传输,故通信各方都包括字符的发送和接收两部分,且又是相互独立的。处理机与 UART 之间相互传递信息,必须借助一个中间媒介物。于是,可以设计两个基于 FIFO 工作方式的循环缓冲队列各自为通信发送和通信接收服务,如图 15.23 所示。

由图 15.23 可知,发送队列与接收队列的作用如下。

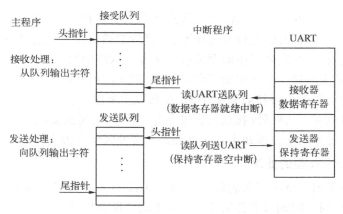

图 15.23　两个循环队列在中断处理中的作用

（1）接收队列　当"接收器数据寄存器就绪"中断产生时,相应的中断子程序直接从 UART 数据寄存器读取字符,送入到当前接收队列尾指针指向的单元,并使尾指针增量,退出返回到主程序。当主程序接收处理时,应按当前接收队列头指针读出队列字符,并使头指针增量。

（2）发送队列　当"发送器保持寄存器为空"中断产生时,相应的中断子程序从当前发送队列头指针读出队列字符,直接送 UART 的保持寄存器,并使头指针增量,退出返回到主程序,当主程序发送处理时,应将发送字符输出到当前发送队列尾指针指向的单元,并使尾指针增量。

可见,不论处理发送与接收,中断程序与主程序使用队列的读/写操作正好相反。这与键盘中断(中断 09H)与键盘 I/O9(INT 16H)使用键盘队列的情况十分类似。不过,键盘队列只相当于通信中断的接收流程而已。

2. 利用数组处理字符的发送与接收

除了可以利用循环队列处理字符的发送与接收外,还可以采用两个一维数组来处理字符的发送与接收,如图 15.24 所示。

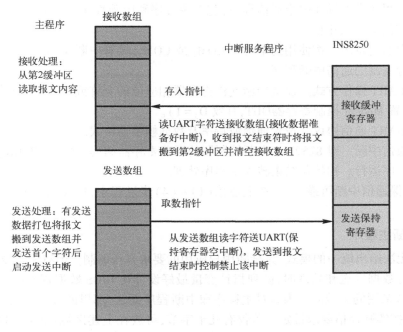

图 15.24　两个一维数组在中断处理中的作用

图 15.24 有发送数组和接收数组各一个,特别适合报文传输,当主程序有数据要传输时,可以打包成报文并且装入发送缓冲区,允许发送中断、设置取数指针并启动首个字符发送,以后发送保持寄存器空即会引发发送中断,发送中断服务程序从发送数组中取数指针处取数发送,并修改取数指针,当发送到报文结束时禁止发送中断,则发送一个报文过程结束。

当 INS8250 收到字符时引发接收数据中断,在接收中断服务程序中读 INS8250 接收缓冲寄存器字符送接收数组对应存入指针处(接收数据准备好中断),收到报文结束符时将报文从接收数组搬到第 2 缓冲区并设置专门标志通知主程序处理第 2 缓冲区中的报文数据。

3. 四种通信中断源类型的处理

在前面叙述 UART 内部寄存器功能时,曾指出 UART 有 4 种通信中断源类型,且它们各自具有固定优先级。因此,在同一时刻可能会出现一个以上的中断条件被满足。然而,中断标志寄存器的标志位($D_2 \sim D_0$)仅仅表示当前最高优先级的那个中断条件,其他满足中断条件的较低优先级因被屏蔽,是不可能在较高优先级被处理机服务期间产生新的中断请求的。这样,为进入一个通信中断服务程序时,应处理好以下两件事。

(1)判断当前中断源类型。首先,读取中断标志寄存器的标志位,然后转入相应的中断处理(按表 15.8 所示的复位控制去处理)。

(2)判断其他悬而未决的中断条件。在上述任一种中断源产生的中断处理之后,应继续读取中断标志寄存器的 D_0 位,判别是否还有其他待处理的中断。若 $D_0 = 0$,则继续第(1)步处理,直至该位为 1,才能转入中断结束处理。

15.3.5 异步通信中断程序模式及应用举例

下面按照前面所述的通信中断程序的特殊性,并结合一般中断处理的编程原则和方法,提出异步通信中断编程模式。

1. 通信中断初始化流程

该初始化流程通常安排在整个通信程序(包括主程序和中断程序)之后,仅装入内存后运行一次。它的工作应包括下面几步。

(1)修改中断向量表。按使用的串行口 COM_1 或 COM_2,接管中断 0CH 或中断 0BH,使新的中断向量指向自行编制的通信中断程序。

(2)确定 UART 操作方式。设置中断允许寄存器相应位的允许或禁止(选择中断源类型),并允许中断操作(置 Modem 控制寄存器 $\overline{OUT_2}$ 有效 $D_3 = 1$)。

(3)确定 UART 通信协议。设置通信波特率及数据帧传输格式。

(4)开放通信中断。对 8259A-5 中断控制器的屏蔽寄存器编程,允许中断 IRQ_4 或 IRQ_3。

(5)通信程序运行。初始化结束转入主程序处理。

注意,为确保通信中断可靠运行,在上述第(1)~(4)步过程中,应关闭中断,完成初始化之后再开放中断。

2. 通信中断主程序

该程序段无法给出统一的模式,完全随用户应用的要求自行编制。但有一点要提醒,当采用两个循环队列进行数据发送和处理时,队列指针变量最好设计在 BIOS 数据资源区(40H 段)或 DOS 通信区(50H 段)未用的区域内。因为对主程序和中断程序而言,那里的位置是可知的。至于缓冲队列的容量,应按实际通信要求设定。若仅有几十字节,可放在上述区域;字节多时应安排在主程序的数据段内。

3. 通信中断子程序

该子程序是中断处理的核心,通常可分成如下三段。

(1)判断发生中断的中断源类型。通过读取中断标志寄存器的标识位,查找相应中断子程序的入口地址。

(2)各个中断源类型相应的中断处理流程。不同的中断源类型,其处理过程也不同:

如接收器数据寄存器就绪中断($D_2D_1D_0 = 100$),则从 UART 数据寄存器读取送到接收队列;

如发送器保持寄存器空中断($D_2D_1D_0 = 010$),则从发送队列读取字符写到 UART 保持寄存器;

如接收器线路状态中断($D_2D_1D_0 = 110$),则从 UART 线路状态寄存器读取状态进行分析,根据错误或间断,做出相应的处理;

如 Modem 状态变化中断($D_2D_1D_0 = 000$),则从 UART 的 Modem 状态寄存器读取状态进行分析,根据状态的变化,做出相应的处理。

(3)判断有否尚未处理的中断。每种中断源类型处理后,要继续判别中断标志寄存器的最低位是否为 0。若为 0,再输入标志位指示的相应中断处理。否则,结束中断处理(通常发中断结束命令 EOI 到中断控制器),并以 IRET 返回被中断的通信子程序。

整个通信程序的编程模式如图 15.25 所示。

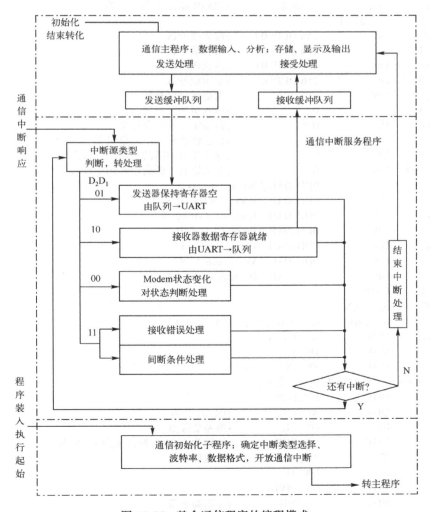

图 15.25　整个通信程序的编程模式

例 15.3 编写一个针对微机第 1 串口 COM1 的异步通信综合性应用程序,采用中断方式,确保通信的实时性,实现不丢数据的报文通信,报文通信屏幕显示样式同图 15.29。设计的程序包括主程序和中断服务程序,主程序在初始化编程后,程序循环查询键盘、报文发送标志和接收完整报文标志,以便扫描输入报文和显示接收的完整报文。中断服务程序包括接收错处理,接收数据处理和发送数据处理,当数据传输错误就显示对应提示信息;接收到数据就存入接收数组;发送数据就从发送数组中取字符发送;当然,如果按下"Esc"键(其 ASCII 代码为 1BH)返回 DOS。

基于汇编语言的综合性通信应用程序清单如下。

```
COM       EQU      3F8H           ;微机 COM1 口基本地址,COM2 口为 2F8H
RBR       EQU      COM            ;8250 接收缓冲寄存器
THR       EQU      COM            ;8250 发送保持寄存器
DIVL      EQU      COM            ;8250 除数低字节寄存器
DIVH      EQU      COM+1          ;8250 除数高字节寄存器
IER       EQU      COM+1          ;8250 中断允许寄存器
IIR       EQU      COM+2          ;8250 中断识别寄存器
LCR       EQU      COM+3          ;8250 线路控制寄存器
MCR       EQU      COM+4          ;8250Modem 控制寄存器
LSR       EQU      COM+5          ;8250 线路状态寄存器
MSR       EQU      COM+6          ;8250Modem 状态寄存器
DATA      SEGMENT
KEYBUF    DB       256 DUP(0)     ;键盘缓冲区
TxBUF     DB       256 DUP(0)     ;发送缓冲区
RxBUF     DB       256 DUP(0)     ;接收缓冲区
DISPBUF   DB       256 DUP(0)     ;显示缓冲区
TxD_PT    DW       0              ;发送缓冲区指针
RxD_PT    DW       0              ;接收缓冲区指针
TxFLAG    DB       0              ;1:表示正在发送报文
RxFLAG    DB       0              ;1:已经收到一个完整报文
IRQ_SEG   DW       0              ;存放原有中断的中断向量段值
IRQ_OFF   DW       0              ;存放原有中断的中断向量偏移量
MSG1      DB       0DH,0AH,' Input a string: $ '
MSG2      DB       0DH,0AH,' Receive a string: $ '
MSG3      DB       0DH,0AH,' Continue a string: $ '
MSG4      DB       0DH,0AH,' Be disconnected!  $ '
MSG5      DB       0DH,0AH,' Frame error!  $ '
MSG6      DB       0DH,0AH,' Verify erroe!  $ '
MSG7      DB       0DH,0AH,' Overflow erroe!  $ '
DATA      ENDS
CODE      SEGMENT
          ASSUME   CS:CODE,DS:DATA,ES:DATA
START:    MOV      AX,DATA
          MOV      DS,AX
          MOV      ES,AX
;=======INS8250 初始化开始==
          MOV      DX,LCR
          MOV      AL,80H         ;DLAB 位为 1
          OUT      DX,AL          ;准备装除数
          MOV      DX,DIVL        ;除数为 0006H,波特率为 19 200b/s
          MOV      AL,06H         ;除数低字节
          OUT      DX,AL
          MOV      DX,DIVH
          MOV      AL,00H         ;除数高字节
          OUT      DX,AL
```

```
        MOV         DX,LCR              ;装线路控制字
        MOV         AL,1BH
        OUT         DX,AL               ;偶检验,1 位停止位,8 位数据位
        CLI                             ;禁止可屏蔽中断请求 IF=0
        PUSH        ES                  ;要占用 ES,先暂存
        MOV         AX,350CH            ;微机 COM1 口中断类型码,COM2 口为 0BH
        INT         21H                 ;0CH 号中断对应的中断向量装入 ES:BX 中
        MOV         IRQ_OFF,BX
        MOV         AX,ES
        MOV         IRQ_SEG,AX          ;0CH 号中断向量保存到 IRQ_SEG 和 IRQ_OFF 中
        POP         ES                  ;恢复 ES
        PUSH        DS                  ;要占用 DS 寄存器,先得暂存
        MOV         AX,CS
        MOV         DS,AX
        MOV         DX,OFFSET Rx_Tx;Rx_Tx 中断处理程序入口地址装入 DS:DX 中
        MOV         AX,250CH            ;
        INT         21H                 ;把 DS:DX 中 32 位地址装入中断向量表的 0CH 号
        POP         DS                  ;恢复数据段
        IN          AL,21H
        AND         AL,11101111B;
        OUT         21H,AL              ;不屏蔽 COM 中断请求 IRQ4
        MOV         DX,IER              ;装中断允许字
        MOV         AL,05H              ;允许错、终止条件和接收器数据就绪中断
        OUT         DX,AL               ;禁止 Modem 状态变化和发送保持寄存器空中断
        MOV         DX,MCR              ;装 Modem 控制字
        MOV         AL,0BH              ;禁止循环,INTRPT 输出到系统
        OUT         DX,AL               ;(/OUT₂ 有效,/OUT₁ 无效,/DTR 有效,/RTS
                                            有效)
        STI                             ;允许可屏蔽中断请求 IF=1
;=======INS8250 初始化结束==
        LEA         AX,RxBUF
        MOV         RxD_PT,AX           ;预备接收指针
GOBACK0:LEA         DX,MSG1
        MOV         AH,09H
        INT         21H                 ;显示提示信息"请输入一个字符串:"
        LEA         SI,KEYBUF           ;SI 是指向键盘缓冲区的指针
GOBACK1:MOV         AH,1
        INT         16H                 ;检测微机内键盘缓冲队列
        JZ          GOBACK2             ;为空,表明无击键,转
        MOV         AH,0                ;键盘缓冲队列不空,表明有键值
        INT         16H                 ;从键盘缓冲队列头指针处读取键值
        CMP         AL,1BH              ;判断是否为' Esc' 键?
        JNZ         GO_NEXT             ;不是
        JMP         QUIT                ;是则退出应用程序
GO_NEXT:MOV         DL,AL
        MOV         AH,02H
        INT         21H                 ;显示该键对应字符
        MOV         [SI],AL             ;字符存放到键盘缓冲区
        INC         SI                  ;修改键盘缓冲区的指针指向下一个单元
        CMP         AL,0DH              ;判断是否输入报文结束(回车键)
        JNZ         GOBACK2             ;不是报文结束,转
WAIT1:  MOV         AL,TxFLAG           ;是报文结束
        TEST        AL,AL               ;检测发送缓冲区空了吗?
        JNZ         WAIT1               ;还未空,等待发送结束
        MOV         CX,SI               ;发送缓冲区已空
```

```
          SUB       CX,OFFSET KEYBUF    ;计算报文长度
          LEA       SI,KEYBUF           ;SI 是指向键盘缓冲区的首地址
          LEA       DI,TxBUF            ;取发送缓冲区的首地址
          MOV       TxD_PT,DI           ;装入发送缓冲区指针变量中
          INC       TxD_PT              ;实际发送指针
          CLD                           ;DF=0
          REP       MOVSB               ;将键盘缓冲区的报文传送到发送缓冲区
          MOV       TxFLAG,1            ;设置发送缓冲区不空标志为满(1)
          MOV       DX,THR
          MOV       AL,TxBUF
          OUT       DX,AL               ;启动发送本缓冲区第一个字符
          MOV       DX,IER              ;装中断允许字
          MOV       AL,07H              ;允许错或终止、THR 空和接收数据就绪中断
          OUT       DX,AL               ;禁止 Modem 状态有变化中断
          LEA       SI,KEYBUF           ;复位键盘缓冲区指针(清空键盘缓冲区)
          LEA       DX,MSG1
          MOV       AH,09H
          INT       21H                 ;显示提示信息:请输入一个字符串:
GOBACK2:  MOV       AL,RxFLAG           ;
          TEST      AL,AL               ;测试显示缓冲区有无要显示的信息
          JZ        GOBACK1             ;显示缓冲区空,无显示要求,继续
          LEA       DX,MSG2             ;有要显示的信息
          MOV       AH,09H
          INT       21H                 ;显示"收到一个字符串:"
          LEA       BX,DISPBUF          ;BX 是指向显示缓冲区的指针
GOBACK3:  MOV       DL,[BX]             ;取字符
          INC       BX                  ;修改指针
          CMP       DL,0DH              ;判断是否为报文结束
          JZ        GOBACK4             ;是,退出字符显示
          MOV       AH,02H              ;不是
          INT       21H                 ;显示该字符
          JMP       GOBACK3             ;继续执行显示字符
GOBACK4:  MOV       RxFLAG,0            ;已经显示结束,清除接收完整报文标志
          CMP       SI,OFFSET KEYBUF    ;检测显示前有无输入字符信息,
          JNE       GOBACK5
          JMP       GOBACK0             ;指针相同,无键入信息
GOBACK5:  MOV       DX,OFFSET MSG3      ;指针不同,表明显示前已经有输入的信息
          MOV       AH,09H              ;
          INT       21H                 ;显示"继续输入一个字符串:"
          LEA       BX,KEYBUF           ;准备把已经输入的字符信息显示出来
GOBACK6:  CMP       BX,SI
          JNZ       GOBACK7
          JMP       GOBACK1             ;已经显示完毕,转
GOBACK7:  MOV       DL,[BX]             ;未显示完,取字符
          INC       BX                  ;修改指针
          MOV       AH,02H
          INT       21H                 ;显示字符
          JMP       GOBACK6
QUIT:     CLI                           ;关中断
          MOV       DX,IRQ_OFF
          MOV       AX,IRQ_SEG          ;把原来保存的中断向量装入到 DS:AX 中
          MOV       DS,AX
          MOV       AX,250CH            ;COM1=0CH,COM2=0BH
          INT       21H                 ;原来 0CH 号的中断向量恢复到中断向量表中
          IN        AL,21H
```

```
            OR        AL,00010000B;
            OUT       21H,AL            ;屏蔽 COM 中断请求 IRQ4
            STI                         ;开中断
            MOV       AH,4CH
            INT       21H               ;退出应用程序,返回操作系统
;* * * * * * * * * * * * * * * * * * * * * * * * * * * * * * * *;
; 功能:COM 口 8250 通信中断处理子程序                           ;
; 使用寄存器:AL/AH/AX/BX/CX/DX/SI/DI/DS/ES                      ;
; 使用存储变量:DATA 段的 TxD_PT、RxD_PT、TxFLAG、RxFLAG          ;
; 使用缓冲数组:DATA 段的:RxBUF、DISPBUF                         ;
; 使用常数数组:DATA 段的:MSG4、MSG5、MSG6、MSG7                  ;
; 处理接收有错或终止条件中断,处理发送器保持寄存器空中断           ;
; 处理接收器数据就绪中断、处理 Modem 状态有变化中断              ;
;* * * * * * * * * * * * * * * * * * * * * * * * * * * * * * * *;
Rx_Tx:      PUSH      AX
            PUSH      BX
            PUSH      CX
            PUSH      DX
            PUSH      SI
            PUSH      DI
            PUSH      DS
            PUSH      ES                ;保护现场
            MOV       AX,DATA
            MOV       DS,AX
            MOV       ES,AX             ;必须装数据段值
            STI                         ;允许更高级别的中断请求
SCANINT:    MOV       DX,IIR            ;D2D1=01THR 空;10 接收数据有效;11 有错。
            IN        AL,DX             ;D0=1 无中断;D0=0 有待处理的中断
            TEST      AL,00000001B      ;测试 D0 位
            JZ        SCAN_GO
            JMP       END_INT           ;无待处理的中断,结束中断
SCAN_GO:    XOR       AL,00000110B;110→000;100→010;010→100;000→110。
            LEA       BX,BRATAB         ;取散转表首地址
            XOR       AH,AH
            ADD       BX,AX             ;获得具体中断处理的转移指令地址
            JMP       BX                ;转移到中断处理程序表相应的转移指令处
BRATAB:     JMP       SHORT ERR_INT;是接收有错或终止条件产生的中断,转
            JMP       SHORT RXD_INT;是接收器数据就绪产生中断,转
;以下是发送中断服务
TXD_INT:    MOV       SI,TxD_PT         ;是发送保持器空中断,继续发送,取指针
            MOV       AL,[SI]           ;取发送报文内容
            MOV       DX,THR
            OUT       DX,AL             ;发送一个字符
            INC       WORD PTR TxD_PT;修改发送指针指向下一个单元
            CMP       AL,0DH            ;测试刚发送的是报文结束吗?
            JNE       SCANINT           ;不是,转
            MOV       TxFLAG,0          ;是报文结束,清除发送标志
            MOV       DX,IER            ;装中断允许字
            MOV       AL,05H            ;允许错或终止条件和接收器数据就绪中断
            OUT       DX,AL             ;禁止 Modem 变化和发送保持寄存器空中断
            JMP       SHORT SCANINT;继续检查还有未处理的中断
;以下是接收中断服务
RXD_INT:    MOV       DX,RBR
            IN        AL,DX             ;接收数据
            MOV       SI,RxD_PT         ;接收缓冲区指针。
```

```
                MOV         [SI],AL            ;保存接收数据到接收缓冲区指针处
                INC         RxD_PT             ;修改接收指针指向下一个单元
                CMP         AL,0DH             ;检测是否收到报文结束
                JNE         SCANINT            ;不是,转
                MOV         CX,SI              ;是报文结束
                SUB         CX,OFFSET RxBUF;
                INC         CX                 ;计算报文长度
                LEA         SI,RxBUF           ;SI 指向接收缓冲区的首地址
                LEA         DI,DISPBUF         ;DI 指向显示缓冲区的首地址
                CLD                            ;设置方向标志
                REP         MOVSB              ;将接收缓冲区的内容传送到显示发送缓冲区
                MOV         RxFLAG,1           ;设置接收到完整报文标志
                LEA         SI,RxBUF
                MOV         RxD_PT,SI          ;重置接收缓冲区指针
                JMP         SHORT SCANINT;继续检查还有未处理的中断
;以下是接收到终止字符或接收有错中断服务
ERR_INT:        MOV         DX,LSR             ;D4 终止;D3 帧格式错;D2 奇偶错;D1 覆盖错。
                IN          AL,DX              ;读取线路状态寄存器
                TEST        AL,00010000B;测试终止条件
                JE          ERR2               ;无,转
                LEA         DX,MSG4            ;提示显示" Be disconnected!"
                INT         21H
ERR2:           TEST        AL,00001000B;测试帧格式错
                JE          ERR3               ;无,转
                LEA         DX,MSG5            ;提示显示" Frame error!"
                MOV         AH,9
                INT         21H
ERR3:           TEST        AL,00000100B;测试校验错
                JE          ERR4               ;无,转
                LEA         DX,MSG6            ;提示显示" Verify erroe!"
                MOV         AH,9
                INT         21H
ERR4:           TEST        AL,00000010B;测试溢出错
                JE          ERR5               ;无,转
                LEA         DX,MSG7            ;提示显示" Overflow erroe!"
                MOV         AH,9
                INT         21H
ERR5:           JMP         SCANINT            ;继续检查还有未处理的中断吗?
END_INT:        MOV         AL,00100000B
                OUT         20H,AL             ;给微机主片 8259A 发 EOI 命令
                POP         ES
                POP         DS
                POP         DI
                POP         SI
                POP         DX
                POP         CX
                POP         BX
                POP         AX                 ;恢复现场
                IRET
CODE            ENDS
                END         START
```

从以上程序可以看出,该应用程序综合了以下几个方面的内容:

① 汇编伪指令的灵活应用;

② 循环程序结构;

③ 单分支、双分支和查表散转程序结构；

④ 中断服务程序编写；

⑤ 可编程 UART 芯片 8250 的应用；

⑥ 缓冲区和标志的灵活应用。

为了更好地体现高级语言的编程优越性，将上述程序实现的功能改用 C 语言程序实现，具体程序如下。

```c
#include <stdio. h>
#include <conio. h>
#include <bios. h>
#include <dos. h>

#define COM 0x3f8        //微机 COM₁ 口基本地址,COM₂ 口为 0x2f8
#define RBR COM          //8250 接收缓冲寄存器
#define THR COM          //8250 发送保持寄存器
#define DIVL COM         //8250 除数低字节寄存器
#define DIVH COM+1       //8250 除数高字节寄存器
#define IER COM+1        //8250 中断允许寄存器
#define IIR COM+2        //8250 中断识别寄存器
#define LCR COM+3        //8250 线路控制寄存器
#define MCR COM+4        //8250 Modem 控制寄存器
#define LSR COM+5        //8250 线路状态寄存器
#define MSR COM+6        //8250 Modem 状态寄存器
#define INTR 0x0c        //微机 COM₁ 口中断类型码,COM₂ 口为 0x0b
#ifdef __cplusplus
  #define __CPPARGS ...
#else
  #define __CPPARGS
#endif                   //以上 5 行是中断向量定义规定格式

void    interrupt ( * oldhandler)(__CPPARGS); //定义中断向量存储变量
char    keybuf[ 256],txbuf[ 256],rxbuf[ 256],dispbuf[ 256];//定义 4 个缓冲区
char    * key_pt, * txd_pt, * rxd_pt, * disp_pt; //定义 4 个指针
char    txdflag;                //1:表示正在发送报文
char    rxdflag;                //1:已经收到一个完整报文
char    exitflag;               //1:准备退出
char    mask;

void interrupt handler(__CPPARGS)
{
    char int_status,temp;       //定义局部变量
    int    count;               //定义局部变量
    for(    ;temp=inportb(IIR),(temp&0x01)==0;   )
    {
        int_status=temp&0x06;
        switch(int_status)  //2:THR 空;4:RBR 收到数据;6:收到终止字符或错
        {
            //以下是发送中断服务
```

```
    case 2:
        temp = * txd_pt;                    //读取发送报文字符
        outportb(THR,temp);                 //输出发送
        txd_pt++;                           //修改指针
        if(temp = = 0x0d)                   //如果发送的是报文结束
        {
            txdflag = 0;                    //清除发送标志
            outportb(IER,0x05);             //关闭发送中断
        }
        break;
    //以下是接收中断服务
    case 4:
        temp = inportb(RBR);                //读取接收数据
        * rxd_pt = temp;                    //存储
        rxd_pt++;                           //修改指针
        if(temp = = 0x0d)                   //如果收到的是报文结束
        {
            count = rxd_pt-rxbuf;           //计算接收报文长度
            for(count+ = 1,disp_pt = dispbuf,rxd_pt = rxbuf;count! = 0;count--)
            {
                * disp_pt = * rxd_pt;       //报文从键盘缓冲区送到发送缓冲区
                rxd_pt++;                   //修改指针
                disp_pt++;                  //修改指针
            }
            rxdflag = 1;                    //设置收到完整报文标志
            rxd_pt = rxbuf;                 //重新设置接收指针
        }
        break;
    //以下是接收到终止字符或接收有错中断服务
    default:
        temp = inportb(LSR);                //读取线路状态
        if((temp&0x10)! = 0) printf(" \r\n Be disconnected!");  //终止字符
        if((temp&0x08)! = 0) printf(" \r\n Frame error!");       //帧格式错
        if((temp&0x04)! = 0) printf(" \r\n Verify erroe!");      //提示校验错
        if((temp&0x02)! = 0) printf(" \r\n Overflow erroe!");    //提示溢出错
    }
    }
    outportb(0x20,0x20);                    //给微机主片 8259A 发 EOI 命令
}

void set_8250_para()
{
    outportb(LCR,0x80);                     //DLAB 位为 1
    outportb(DIVL,0x06);
    outportb(DIVH,0x00);                    //波特率为 19 200b/s
    outportb(LCR,0x1b);                     //帧格式设置
    disable();                              //IF=0
    oldhandler = getvect(INTR);             //保存原来中断向量
    setvect(INTR, handler);                 //设置中断向量
```

```
        mask=inportb(0x21);              //读微机内主片 8259A 的 IMR
        outportb(0x21,mask&0xef);        //不屏蔽 COM₁ 对应的中断请求
        outportb(IER,0x05);              //允许接收就绪中断和接收错中断
        outportb(MCR,0x0b);              //允许 8250 中断请求信号送 8259A(OUT₂ 有效)
        enable();                        //IF=1
}


void main( void )
{
        char keyvalue;                   //定义局部变量
        int temp;                        //定义局部变量
        set_8250_para();                 //初始化 8250
        txdflag=0;                       //清除发送标志
        rxdflag=0;                       //清除接收到完整报文标志
        exitflag=0;                      //清除退出标志
        printf(" \r\n Input a string:");  //输入提示
        key_pt=keybuf;                   //键盘指针指向键盘缓冲区首地址
        rxd_pt=rxbuf;                    //接收指针指向接收缓冲区首地址
        do
        {
            if(bioskey(1) ! = 0 )        //等价于 ROM-BIOS 的 16H 中断的 1 号子功能
            {
                keyvalue=(char)bioskey(0);//等价于 ROM-BIOS 的 16H 中断的 0 号子功能
                if(keyvalue= =0x1b)      //如果按的是"Esc"键
                {
                    exitflag=1;          //设置退出标志
                    break;
                }
                cprintf("%c",keyvalue);  //显示键入字符
                 *key_pt=keyvalue;       //存储键入字符
                key_pt++;                //修改指针
                if(keyvalue= =0x0d)      //如果按了回车键(报文结束)
                {
                    while(txdflag! =0);   //等待报文发送结束
                    temp=key_pt-keybuf;  //计算报文长度
                    for(txd_pt=txbuf,key_pt=keybuf;temp! =0;temp--)
                    {
                         *txd_pt= *key_pt;//报文从键盘缓冲区送到发送缓冲区
                        txd_pt++;        //指针修改
                        key_pt++;        //指针修改
                    }
                    txdflag=1;           //设置发送标志
                    outportb(THR,txbuf[0]);//发送报文第 1 字节
                    outportb(IER,0x07);  //允许发送中断、接收中断和线路状态中断
                    txd_pt=&txbuf[1];    //发送指针指向第 2 字节
                    key_pt=keybuf;       //重新设置键盘指针
                    printf(" \r\n Input a string:");//输入提示
                }
            }
```

```
        if( rxdflag! = 0)                    //如果收到一个完整报文
        {
            printf( " \r\n Receive a string:" );//收到报文提示
            for( disp_pt = dispbuf; * disp_pt! = 0x0d; disp_pt++)
                cprintf( "%c" , * disp_pt);//循环显示报文内容
            rxdflag = 0;                      //清除收到完整报文标志
            if( key_pt! = keybuf)             //如果显示接收报文前已经输入了部分报文
            {
                printf( " \r\n Continue a string:" );//继续输入提示
                for( disp_pt = keybuf; disp_pt! = key_pt; disp_pt++)
                    cprintf( "%c" , * disp_pt);//循环显示已经输入了的部分报文
            }
            else                              //如果显示接收报文前没有任何输入
                printf( " \r\n Input a string!" );//输入提示
        }
    } while( exitflag = = 0);                 //无退出标志则继续循环
    disable( );                               //IF = 0
    setvect( INTR , oldhandler);              //还原原来的中断向量
    outportb( 0x21, mask);                    //还原原来的主片 8259A 的 IMR
    outportb( IER , 0x00);                    //禁止 8250 的所有中断源产生中断
    outportb( MCR , 0x00);                    //禁止 8250 中断请求信号送 8259A( OUT₂ 有效)
    enable( );                                //IF = 1
}
```

从以上程序可以看出,该应用程序综合了以下几个方面的内容:
① C 指令及定义的灵活应用;
② 循环程序结构;
③ 单分支、多分支程序结构;
④ 中断服务程序编写;
⑤ 硬件编程指令的应用;
⑥ 缓冲区和标志的灵活应用;
⑦ 结构化程序设计;
⑧ 模块化程序设计
⑨ 建立了 C 语言与汇编语言的相容关系。

15.4 基于 RS—232 串行接口的硬件设计

例 15.4 两台计算机之间直接用串口通信连接图如图 15.26 所示。编程可直接用 INT 14H 中断调用来实现(请见附录 B),发送方、接收方分别初始化为相同的参数,然后用查询法实现通信处理,一方发送一方接收。具体程序请参考附录 B 自行编写,并且可作为一个上机实验题进行验证。

例 15.5 计算机与单片机智能化仪器的串口通信硬件连接,如图 15.27 所示。

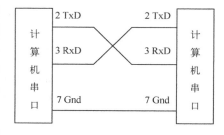

图 15.26 例 15.4 的图

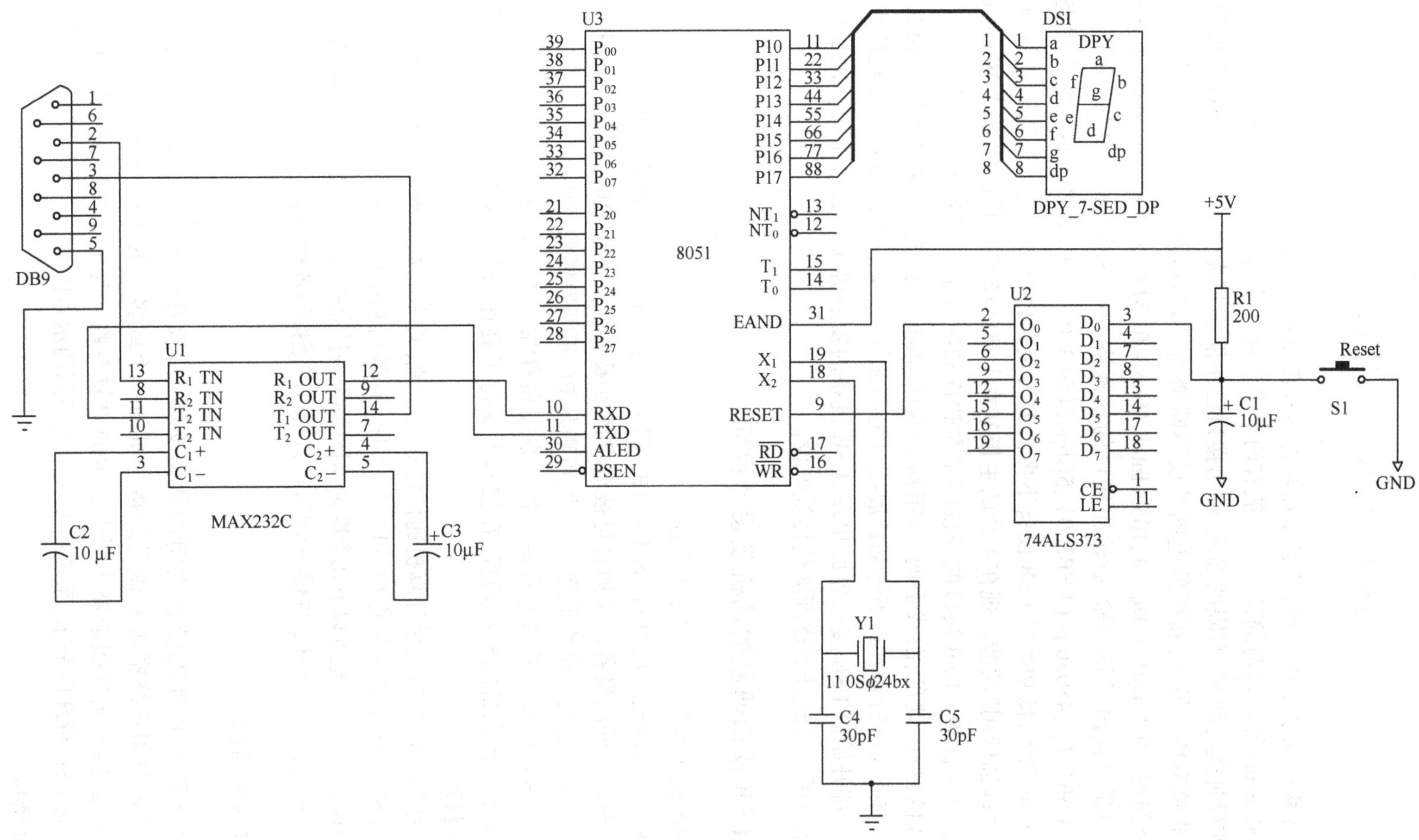

图15.27 串行通信硬件连接

15.5 USB 接口技术

众所周知,计算机除了主机之外,还必须连接许多外部设备,例如显示器、键盘、鼠标、打印机以及调制解调器(Modem)等。目前的计算机一般有两个串口和一个并口,而键盘和显示器又有其专用接口。随着外设种类的增多,有限的输入/输出接口已不能满足需要,经常是用哪个外设插哪个接口,插插拔拔非常麻烦。另外,新型的电脑外设不断增加,如扫描器、数码相机以及数字摄像机等。为解决这个问题,由 ComPaq、Digital、IBM、Intel、Microsoft、NEC 和 NorthernUniversal Serial Bus Telecom 七家公司联合提出了外部输入/输出接口的新规格——USB(Universal Serial BUS)接口。它频宽 12Mbps(USB1.1)、480Mbps(USB2.0)、5Gbps(USB3.0),可以最多支持 127 个设备。USB 接口还提供了 5V 的电源,低功率的 USB 设备不再需要另接其他电源;支持热插拔,即计算机在开机状态下可实现"即插即用"功能。现在生产的主板基本上都已经提供了 USB 接口,Windows 98 操作系统已经支持 USB 设备。USB 接口的外设终于在软件和硬件上都得到了良好的支持。USB 接口的外设从 USB 的鼠标、键盘、游戏手柄、音箱到 USB 的 Modem、扫描器、摄像头甚至 USB 显示器都纷纷问世。以前插在串行和并行等外部扩展接口上的部件,甚至一些以前要连接到计算机内部扩展槽上的设备,都开始以 USB 接口界面出现,USB 设备的发展势头正如日中天。USB 设备在国内外用户的实际应用中已经开始逐渐取代传统外设。

15.5.1 USB 接口研制的动机及设计目标

USB 研制的动机主要基于以下几个方面。

(1) 易用性 达到即插即用(Plug & Plus)的特性,而这正是 USB 研制的初衷。

(2) 端口扩充性 外围设备的添加总是被端口数目限制着。USB 的端口具有不断扩充性,以及具有快速、双向、动态连接且价格低廉等特性,可满足 PC 不断发展的需要。

(3) 兼容性 多媒体技术的高速发展。智能终端和有源设备的大量使用,对 PC 接口提出新的要求,USB 适应了外围设备的发展趋势,在技术上支持了高速与低速数据、智能与一般外设、有源与无源设备的兼容。

(4) 电话的连接 计算机用做计算机通信将成为主流,其中的数据流动需要一个广泛而又便宜的连通网络。USB 提供了统一的标准,可广泛地进行计算机和电话的连接。

开发 USB 的设计目标主要达到以下几个准则:对外围设备扩充的易用性;高性能价格比;支持音频、视频等实时数据的传输;灵活的协议;提供一个标准接口,可广泛接纳各种设备。

15.5.2 USB 结构

USB 提供主机和 USB 外部设备之间的数据交换,其示意图如图 15.28 所示。它表明用户终端可看做是连接主机的一个或多个的 USB 外部设备,不过,实际实现起来要比图中表示的更复杂些。为了解决不同使用者对 USB 特殊的需求,系统需要表示成不同的示意图。

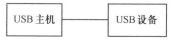

图 15.28 简单 USB 主机/设备示意图

1. 点线拓扑结构

USB 的物理连接是一种分层(Tier)的星型结构,集线器(Hub)是每个星型结构的中心。PC 就是主机和根集线器(RootHub),用户可以将外设或附加的 Hub 与之相连,这些附加的 Hub 可以连接另外的外设以及下层 Hub,USB 最多支持 5 个 Hub 层,127 个外设。USB 的物理拓扑结构如

图 15.29(a)所示。从图中可以看出每一段的连接都是点(Node)对点的。各个点(Node,功能器件,设备)可利用总线供电或自供电的集线器串接起来。总的引线长度,对于低速 USB 传送不允许超过 5m,对于高速传送则不允许超过 3m。PC 的 USB 接口如图 15.29(b)所示。

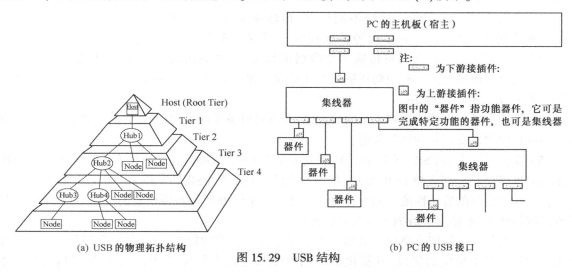

(a) USB 的物理拓扑结构　　图 15.29　USB 结构　　(b) PC 的 USB 接口

2. USB 的接插口

USB 通过一根四线电缆来传输信号与电源,如图 15.30所示。其中 D+和 D-是一对差模信号线,而 V_{USB} 和 GND 则提供了 +5V 的电源,可以有条件地给一些设备(包括 Hub)供电。USB 接口是 4"针"的,其中 2根为电源线,2 根为信号线,设备端接口为方型,接计算机端为长方形,如图 15.30 所示。USB 接口的计数比串口、并口和游戏(MIDI)口都要少,接口体积也要小很多。

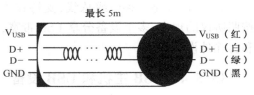

图 15.30　简单 USB 主机/设备示意图

一般的计算机上只有两个 USB 接口,如果要连接更多的设备,可连接 USB 的 Hub,将 USB 接口扩展到需要的数量,USB 的 Hub 需要另外购买。Hub(集线器)在 USB 结构中是一个关键的器件,它提供了附加的 USB 节点,这些节点被称为端口。Hub 可以检测出每一个下行端口的状态,并且可以给下端的设备提供电源。USB1.1 提供了两种数据传输率:一种是12Mb/s 的高速模式,另一种是 1.5Mb/s 的低速模式。这两种模式可以同时存在于一个 USB 系统中,而引入低速模式主要是为了降低要求不高的设备成本,比如鼠标、键盘。USB 信号线在高速模式下必须使用带有屏蔽的双绞线,最长不能超过 5m;在低速模式中可以使用不带屏蔽或不是双绞的线,最长不能超过 3m。这主要是由于信号衰减的限制。为了保证提供一定的信号电压,以及与终端负载相匹配,在电缆的每一端都使用了不平衡的终端负载。这种终端负载也保证了能够检测外设端口的连接或分离,并且可以区分高速与低速设备。所有的设备都有上行的接口。上行和下行的接头不能互换的,以确保不会出现非法的连接。插头与插座有 A、B 两个系列,系列 A 用于基本固定的外围设备,系列 B 用于经常插拔的设备,这两个系列也是不能互换的。

15.5.3　USB 的特点

USB 接口的诞生,很大程度上是为了解决传统总线的不足,与传统总线接口相比,它具有以下一些特点。

（1）终端用户的易用性　USB 外设利用"ONE-SIZE-FITS-ALL"连接器,可简单的插入计算机上(或 USB 和 Hub 上),任意一个 USB 接口,支持热插拔,在不用关闭计算机的情况下真正支持"即插即用"。

（2）具有广泛的应用性　适应不同设备,传输率从几 kb/s 到几 Mb/s,乃至上百Mb/s,并在同一根电缆上支持同步、异步两种传输模式。可以对多个设备同时操作,最多可接 127 个外围设备,在主机和设备之间可传输多个数据流和报文,并利用底层协议,提高总线利用率。

（3）支持多设备连接　利用菊花链的形式对端口加以扩展,最多可在一台计算机上同时支持127 种设备,最长通信可达 5m。

（4）使用灵活　支持一系列大小的数据包,允许对设备缓冲区大小的选择,并通过指定缓冲区大小和执行时间来支持各种数据传输。

（5）操作系统支持 USB　Windows 95 最初不支持 USB,但可以通过一补丁程序使其支持 USB;Windows 98 及之后全面支持 USB;Apple 的平台也已提供了对 USB 的支持。

（6）具有很高的容错性能　因为在协议中规定了出错处理和差错恢复的机制,可以对有缺陷的设备进行认定,对错误的数据进行恢复或报告。

（7）具有较高的性能价格比　虽然 USB 提供了诸多优秀的特性,但其价格是较低的。将外设和主机硬件进行了最优的集成,并提供低价的电缆和连接头等设备,因而也促进了低价外设的发展。

总之,USB 是一种电缆总线,支持在主机和各式各样的即插即用的外设之间进行数据传输。按照协议的规定,多个设备分享 USB 带宽,当主机和其他设备在运行时,总线允许添加、设置、使用和拆除外设。

15.5.4　USB 主机和 USB 设备

1. USB 主机

主机的逻辑构成如图 15.31 所示。

USB 主机在 USB 系统中处于中心地位,并且对 USB 及其连接的设备有着特殊的责任。主机控制着所有对 USB 的访问,一个外设只有主机允许后才有权访问总线。主机同时也监测着 USB 的结构。

USB 主机包括三层(如图 15.31 所示):

设备驱动程序、USB 系统软件和 USB 主控制器(主机的总线接口)。另外,还有两个软件接口:USB 驱动(USBD)接口和主机控制驱动(HCD)接口。

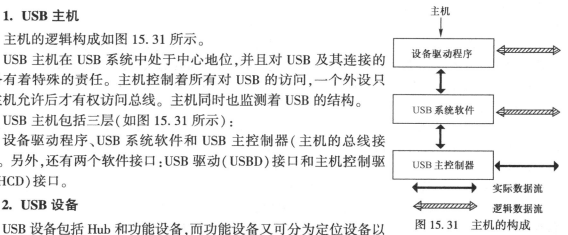

图 15.31　主机的构成

2. USB 设备

USB 设备包括 Hub 和功能设备,而功能设备又可分为定位设备以及字符设备等。为了进一步说明,引入端点(EndPoint)和管道(PIPe)的概念。端点:每一个 USB 设备在主机看来就是一个端点的集合,主机只能通过端点与设备通信,使用设备的功能。每个端点实际上就是一个一定大小的数据缓冲区,在设备出厂时就已定义好,在 USB 系统中,每一个端点都有惟一的地址,是由设备地址和端点号给出的。每个端点都有一定的特性,包括传输方式、总线访问频率、带宽、端点号以及数据包的最大容量等。端点必须在设备配置后才能生效(端点 0 除外)。端点 0 通常为控制端点,用于设置初始化参数等。端点 1、2 等一般用做数据端点,存放主机与设备间往来的数据。

USB 管道:一个 USB 管道是驱动程序的一个数据区缓冲与一个外设端点的连接,代表一种在两者之间移动数据的能力。一旦设备被配置,管道就存在了。管道有两种类型:数据流管道(其中的数据没有 USB 定义的结构)与消息管道(其中的数据必须有 USB 定义的结构)。管道只是一个逻辑上的概念。所有的设备必须支持端点 0 以作为设备的控制管道。通过控制管道可以获取完全描述 USB 设备的信息,包括设备类型、电源管理、配置、端点描述等等。只要设备连接到 USB 上并且上电,端点 0 就可以被访问,与之对应的控制管道就存在了。

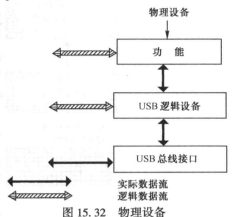

一个 USB 设备可以分为三层,如图 15.32 所示。底层是总线接口,用来发送与接收包。中间层处理总线接口与不同端点之间的数据流通。一个端点是数据最终的使用者或提供者,它可以看做数据源或接收端。最上层就是 USB 设备所提供的功能,如鼠标或键盘等。USB 有如下特点。

图 15.32　物理设备

(1) USB 设备即插即用

USB 设备可以即插即用,但在使用之前必须对设备进行配置。一旦设备连接到某一个 USB 的节点上,USB 就会产生一系列的操作来完成对设备的配置,这种被软件支持的操作称为总线枚举过程:

① 设备所连接的 Hub 检测出端口上有设备连接,通过状态变化管道向主机报告;

② 主机通过询问 Hub 以获取确切的信息;

③ 主机这时知道设备连接到哪个端口上,是向这个端口发出复位命令;

④ Hub 发出的复位信号结束后,端口被打开,Hub 向设备提供 100mA 的电源,这时设备上电,所有的寄存器复位,并且以默认地址 0 以及端点 0 响应命令;

⑤ 主机通过默认地址与端点 0 进行通信,构成赋予设备一个唯一的地址,并且读取设备的配置信息;

⑥ 主机对设备进行配置,该设备就可以使用了。

当该设备被移走时,Hub 就要报告主机,并且关闭此端口。一旦主机接到设备移走的报告,就会改写当前结构的信息。

(2) 设备的电源由 USB 提供

USB 设备的电源可以由 USB 总线供给,也可以自备电源,但同一时刻只能由一种方式供电。这两种供电方式是可以切换的。

(3) USB 设备可自动挂起

为了省电,当设备在指定的时间内没有总线传输时,USB 设备自动进入挂起状态。如果设备所接的 Hub 端口被禁止了,设备也将进入挂起状态(称为选择挂起)。当然主机也可以进入挂起状态。当 USB 设备总线活动时,就会离开挂起状态。一个设备也可以通过电信号来远程唤醒进入挂起状态的主机。这个能力是可选的,如果一个设备具有这个能力,则主机便具有禁止或允许使用这种设备的能力。

15.5.5　USB 数据流

数据是如何通过 USB 总线传输的呢? 图 15.33 表示了 USB 识别系统不同层的描述,特别是有 4 个核心的实现域。

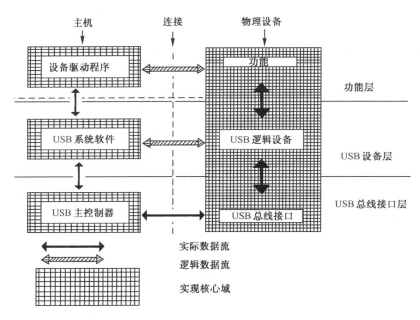

图 15.33　USB 实现域

（1）USB 物理设备——一块在 USB 电缆末端执行一些有用的终端用户功能的硬件设备。

（2）设备驱动程序——执行在主机上相当于 USB 设备的程序。这个客户软件由操作系统支持或由 USB 设备单独提供。

（3）USB 系统软件——在特殊的操作系统上支持 USB 软件。由操作系统支持而不依赖于特殊的 USB 设备或客户软件。

（4）USB 主控制器（主侧总线接口）——允许 USB 设备附属于主机的硬件和软件。

在这 4 个 USB 的系统组件之间有共享的权利和责任。主机到设备的简单连接需要许多层和设备间的交互作用。USB 总线接口层提供了主机和设备间的物理/信号/数据包的连接。USB 设备层是在设备上执行一般 USB 操作的 USB 系统软件表示层。功能层通过和客户软件层适当的匹配向主机提供附加功能 USB 设备层和功能层,它们各自有一个逻辑数据流,在层内实际上使用 USB 总线接口层,并完成数据传输。

习题

一、选择题

1. 异步通信传输信息时,其特点是(　　)。
   A. 通信双方不必同步　　　　　　　　B. 每个字符的发送是独立的
   C. 字符之间的传输时间长度应相同　　D. 字符发送速率由波特率确定

2. 同步通信传输信息时,其特点是(　　)。
   A. 通信双方必须同步　　　　　　　　B. 每个字符的发送不是独立的
   C. 字符之间的传输时间长度可不同　　D. 字符发送速率由数据传输率确定

3. 异步通信接收方采用 16 倍频的发生器时钟作为接收信号时钟,其目的是(　　)。
   A. 取样精度高　　　　　　　　　　　B. 接收速度可以加快
   C. 取样对准峰值信号　　　　　　　　D. 避免起始位由噪声产生

4. 在编制异步传输查询接收程序时,最容易发生的传输错误是(　　)。
   A. 接收到无效字符　　　　　　　　　B. 超越错

C. 奇偶校验错   D. 帧格式错

5. 既然是在数据传输率相同的情况下,那么,又说同步字符传输速度要高于异步字符传输其原因是( )。

     A. 发生错误的概率少   B. 附加位信息总量少

     C. 双方通信同步   D. 字符之间无间隔

6. RS—232C 定义的 EIA 标准规定连接器的物理结构是( )。

     A. DB—25 型   B. DB—15 型

     C. DB—9 型   D. 未作定义

7. RS—232C 定义的 EIA 电平范围对输出信号和输入信号之所以允许有 2V 的压差,其目的是( )。

     A. 增加传输距离   B. 减小波形失真

     C. 克服线路损耗   D. 提高抗干扰能力

8. RS—232C 标准中逻辑 0 的电平为( )。

     A. 0~15V   B. +5~+15V   C. −3~−15V   D. −5~0V

9. 数字基波在长距离传输过程中,除信号发生畸变,还会引起信号( )。

     A. 波形失真   B. 增加延时   C. 幅值下降   D. 脉宽变窄

10. 有关 RS—232C 的技术,错误的说法是( )。

     A. 可连接两个个人计算机,进行数据传输

     B. 属于接口的硬件规范

     C. 为并行传送

     D. 属于美国的 EIA 规范

11. 限制 RS—232C 接口的传输距离和传输速度的主要因素是( )。

     A. 信号源内阻   B. 允许的最大电容负载

     C. 采用了公共地线   D. 使用双工通信

12. 在 RS—232C 标准中,规定发送电路和接收电路采用( )接收。

     A. 单端驱动双端   B. 单端驱动单端

     C. 双端驱动单端   D. 双端驱动双端

二、填空题

1. USART 是英文_____的缩写。

2. 8250 在异步通信时最大波特率可达到_____,此时 CLK 的频率至少为_____Hz,该器件在同步通信时,最大波特率可达到_____。

三、问答题

1. 一个异步串行发送器,发送具有 8 位数据的字符,在系统中使用一个奇偶校验位和两个停止位。若每秒发送 100 个字符,则其波特率和位周期为多少?

2. 在异步串行通信中,为什么一般要使接收端的采样频率是传输波特率的 16 倍?

3. 全双工和半双工通信的区别何在?在二线制电路上能否进行全双工通信?为什么?

4. 什么情况下要使用 Modem?为什么?通常有哪几种调制方法?试简述它们的调制原理。

5. 异步通信和同步通信的根本区别是什么?

6. 试说明异步串行通信中是如何解决同步问题和实现正确采样的?

7. 在 SDLC/HDLC 工作方式的通信网络中,要使所有次站都能接收到主站发送来的信息,可采取什么措施?如果只有指定的次站能接收到主站发来的信息,又必须采取什么措施?

8. RS—232、20mA 电流环和 RS—422A/RS—485 这三种接口有何异同?画出采用 RS—485 通信的计算机和终端连接图。

9. RS—232 标准是为何种设备之间通信制定的?它主要包含哪些特性?

10. 查询 I/O 方式下异步通信编程一般步骤是怎样的?

11. 中断 I/O 方式下异步通信编程一般步骤是怎样的?

12. 8250 中有多少个可访问的寄存器和多少个端口地址?请写出它们的对应关系。8251/8250 可编程接口芯

片中是如何解决寄存器多、端口地址少的矛盾的?

13. 使用 8250 作为串行接口时,若要求以 1200 的波特率发送一个字符,字符格式为:7 个数据位,一个停止位,一个奇校验位。试编写 8250 的初始化程序。(设 8250 的基地址为 2F8H)

14. 使用 8250 芯片作为异片串行数据传送接口,若传送的波特率为 2400,K = 16,则发送器(或接收器)的时钟频率为多少?

15. 某远程数据测量站,它的测量数据以 300、600、1200、2400、4800 及 9600 波特中的一种串行输出,在计算机中用串口接收这个串行数据,试设计它的硬件连接和初始化程序。

16. 要用串口以 300 波特的速率发送汉字编码信息,试为它编写合适的初始化程序(基地址为 3F8H)。

17. 要在 PC/XT 上做一个自发自收的异步串行通信实验,要求通信波特率为 4800,每个字符由 1 位起始位、6 位数据位、1 个偶校验位、2 个停止位组成。实验前先要检查 0 号异步适配板的存在性,并填入板的基地址到基值区。试完成对串口的初始化编程。

18. USB 接口的基本特点及适用场合。

19. 利用 USB 接口通信的基本思路是怎样的?

第16章 微型计算机应用系统的设计

为了全面理解前面所学的微机基本原理和接口技术,本章着重介绍最能反映计算机硬件特征的微机测控应用系统的设计与开发。

16.1 微型计算机应用系统设计概述

16.1.1 微型计算机测控系统的结构

微型计算机测控系统一般由微机、I/O 通道和被控对象三大部分组成,如图 16.1 所示。微机是测控系统的核心,I/O 通道是微机与被控对象的接口。

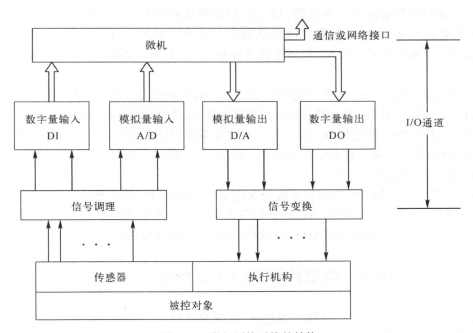

图 16.1 微机测控系统的结构

微型计算机测控系统的功能主要有数据采集、处理及控制。这些任务都是在微机的直接控制下完成的。其工作原理如下:

数据采集与处理:对被控对象进行控制,必须对其参数和状态信号进行检测。这些信号可能有两类:一类是模拟量信号,必须经过相应的传感器转换成电信号,再经信号调理电路进行滤波、放大后变成统一量程的电压或电流信号(如 $0\sim5V$ 或 $4\sim20mA$)后,由A/D转换器变成数字量,输入计算机;另一类是数字量信号,经过信号调理电路(变换成幅值和格式与计算机匹配)后,再经过数字量输入通道 DI 输入计算机。数据采集信号进入计算机以后,计算机要进行必要的加工、分析和处理。

控制:根据数据分析处理的结果,选用一定的控制模型、算法,做出判定和决策的控制方案,发出控制信号,通过执行机构完成对被控对象的控制。计算机发出的控制信号都是数字量信号,如果受控量是开关量,只需对输出信号作简单的功率变换即可;如果受控量是模拟量,则需要先通过D/A转换器将数字信号变成模拟信号,然后通过执行机构去调节被控对象。

16.1.2　微型计算机测控系统的设计原则

对于不同的控制对象,系统设计的具体要求是不同的,但设计的基本原则和要求大体是相同的,主要有以下几个方面:

① 系统的可靠性高。可靠性高是测控系统设计最重要的原则之一,一旦系统出现故障将造成整个生产过程的混乱,引起严重的后果。一般要求测控系统的计算机平均无故障时间 MTBF 至少要达到 8760 小时(一年)以上。所以,测控系统设计必须考虑到抗干扰、抗恶劣环境的设计及系统后援手段,如配备常规控制装置或手动控制装置作后备,重要的系统采用多台微机热备份或冷备份,或采用分级分布集散控制系统。

② 系统通用性好,便于扩充。一般一个微机应用系统,在工作时都能同时控制几台设备工作,且这些设备的控制要求往往有区别,加上测控系统的被控设备和对象经常会发生变化。因此,这就要求系统的通用性好,必要时能灵活地进行扩充。系统设计时应尽量采用通用的标准系统总线结构,以便在需要扩充时,只需增加插件板即可,系统的各项设计指标也应留有余量以便扩充。

③ 系统的实时性好。一个测控系统的"实时性"是指它对输入信号及时做出响应的能力。测控系统的计算机必须能满足某一特定应用场合对数据测量、处理和决策控制的速度要求。

④ 系统设计周期短、性能价格比高。在微机应用系统设计开发时应考虑的一个重要的要求是设计周期短、性能价格比高。在科学技术迅速发展的今天,研制周期太长、价格过高都会使产品失去竞争的能力和实用价值。

⑤ 系统操作简单方便。要求测控系统的操作简单、使用方便、便于操作人员的掌握和使用,而且要有较强的人机对话功能。同时系统设计时应考虑到一旦发生故障,应能尽快排除。从硬件角度要求零部件配置应便于操作人员检修;从软件角度,应配置自检或诊断程序。

16.2　微型计算机应用系统的设计步骤

微型计算机应用系统的设计步骤一般包括:系统设计分析,确定控制算法,系统总体设计,硬件设计,软件设计和系统调试。

1. 系统设计分析

系统设计的第一步是对设计进行分析,一般要做以下工作:

① 对用户的需求进行分析,如系统需要测量的参数、测量精度、工艺过程、控制系统构成形式、执行机构的驱动方式、工作环境等。

② 分析微机控制的必要性和可行性。

③ 分析系统类型。对计算机测控系统来说,即分析计算机在整个测控系统中应起的作用,是数据采集处理、直接数字控制,还是分级控制,是通用性系统,还是满足生产机械特殊工艺要求的系统。

④ 在此基础上用时间和控制流程图来描述用户的要求,画出系统组成框图,作为进一步设计的依据。

2. 建立系统数学模型和确定控制算法

通过分析、推导或试验测定,建立系统数学模型。它是系统动态特性数学表达式,反映了系统输入、输出和内部状态之间的逻辑和数量关系。由数学模型和控制的性能指标要求可推出适合采用的控制算法。控制算法的好坏直接影响控制系统的品质。正确地确定控制算法是系统设计的重要工作之一。

3. 系统总体设计

系统总体设计主要是选择微型计算机,根据被控对象的具体要求确定系统总方案,并进行硬件、软件功能分配。

(1) 微处理器的选择　微处理器泛指一系列具有通用运算和控制功能的大规模集成电路。各种微处理器的功能各有偏重,有的偏重于控制,有的偏重于数据处理,有的控制和数据处理两者兼顾。这种倾向往往可从微处理器的字长及指令系统等看出。一般说,位数少和输入/输出指令较完善的微处理器适用于控制,位数多和数据操作指令较完善的微处理器适用于数据处理。如果把适用于数据处理的微处理器用于控制,有时不仅不能充分利用器件的运算功能,还会使连接复杂化,降低可靠性。因此,在选择微处理器时,必须对字长、处理速度、指令系统、中断功能、软件支援、功耗、负载能力、价格、货源和对微处理器的了解、熟悉程度等进行综合考虑。

(2) 存储器的选择　根据需求分析,大致估计未来系统需要多少 ROM 来存放用户程序和不变的数据,需要多少 RAM 存放经常变化的数据和用做堆栈,并适当留有余量。不同功能的程序一般应分配在不同内存区域,用户程序不要占用基本微机系统的工作区。

(3) I/O 通道划分及输入/输出方式的确定　I/O 通道的划分是总体设计中的重要内容,一般根据被控对象所要求的输入/输出参数的数目来确定系统的 I/O 通道,根据信号的性质配置数字量通道或模拟量通道。另外根据被控对象的要求确定采用中断输入/输出方式还是查询输入/输出方式,一般来讲,中断方式处理器效率高,但系统复杂;查询方式较容易实现,但处理器效率低。

(4) 系统总线的选择　系统总线的选择对系统的通用性和可扩展性具有重要意义。在测控系统中,常用的系统总线有 STD 总线、ISA 总线、VME 总线和 Multi Bus 总线等。常用的外总线有 IEEE—488 总线、RS—232—C 总线、Centronic 总线等,采用标准化总线可以简化系统的设计。

(5) 确定系统的机械结构　微机测控系统一般都要放在控制台中,为方便使用和维护,应合理设计系统的机械结构。

(6) 硬件、软件功能分配　微型机应用系统由硬件和软件共同组成。从功能上讲,硬件完成的任务可部分地由软件完成,反之亦然,就完成某项任务来说,软件和硬件是等价的。因此在总体设计阶段,必须反复考虑和权衡软件和硬件在整个系统所占的比例,将系统的功能进行划分和分配,分别由软件和硬件完成。通常,硬件具有研制时间短、速度快等优点,但灵活性差、功耗大,在构成时各种影响因素多。软件则恰好相反。在成本上,硬件投资高,软件研制代价也颇可观。另外,确定软件和硬件的功能分配还与设计人员对两者的熟悉程度、研制工具,资源和资料情况有关。一般来说,具有高速要求的任务应当由硬件承担,具有灵活性要求的任务多应由软件完成。

另外,在总体设计时,通常还要有功能预留。这是因为在总体设计阶段,不可能面面俱到,今后还要继续开发,必须留有余地。功能预留同样要同时考虑硬件和软件两个方面。

总之,系统总体方案设计是至关重要的,一般应进行反复设计、认真论证和审定,以确保方案的正确性。

4. 硬件、软件设计及调试

① 硬件设计

硬件设计主要包括输入、输出接口电路设计,输入、输出通道设计和操作控制台的设计。系统的硬件设计阶段要设计出硬件原理图,并根据原理图选购元件或模板;要列出明细表;还要进行印制电路板、机架等施工设计。

② 软件设计

在微型机控制系统设计中,软件设计具有十分重要的地位,对同一个硬件系统设计不同的软件,就能获得不同的系统功能。在硬件选定之后,系统功能主要依赖于软件功能。在软件设计中,要绘制程序流程图、编制程序清单,编写程序说明。

③ 微型计算机应用系统的调试

调试任务包括软、硬件的各部分分调,微型机系统与设备的联调,试运行和功能测试等项目。调试过程往往是先分调,再联调,有问题再回到分调,加以修改后再联调。如此反复调试,经过调试不断改进和完善系统,直到达到设计要求为止。

16.3 微型计算机应用系统的可靠性技术

可靠性概念有两个含义:一是系统在规定时间内能无故障运行,二是发生了故障能迅速维修。前者属于可靠性问题,后者属于可维护性问题。衡量可靠性的一个重要指标是平均故障间隔时间(MTBF),它表示从一次故障到下一次故障的平均时间。衡量可维护性的重要指标是平均维修时间(MTBM)。为了提高微机应用系统的可靠性和可维护性,常采用提高元器件的可靠性、设计系统的冗余技术、抗干扰措施、故障诊断和系统恢复技术、软件可靠性技术。下面分别进行讨论。

1. 提高元器件的可靠性

(1) 元器件故障规律

元器件故障规律可分为 3 个期间:

① 初始失效期　这期间的故障随时间的增加而明显减少,故障原因是由于元器件质量、电路设计等方面的先天性缺陷所致,通过系统试运行、更换质量不好的元器件、修改硬件电路可排除早期故障。在系统设计、制作、调试阶段,在元器件上采取提高可靠性措施,能有效地减少早期故障。

② 偶然失效期　这个时期的故障率较轻而且稳定。引起失效的原因主要是意外的冲击或其他偶然因素。一般只在故障发生后,采取应急维修。

③ 损耗失效期　这一期间的故障率随时间增加而显著增加,失效的原因是元器件老化、磨损等。如果已知元器件使用寿命的统计分布规律,则可预先更换元器件。

(2) 提高元器件的可靠性

提高元器件可靠性的具体措施如下:

① 查明失效的统计规律,发现失效原因并加以消除。

② 掌握元器件的性能规格,正确选择元器件,符合电路设计和工作环境的要求,合理地规定使用条件。

③ 利用大规模和超大规模集成电路技术,提高电路或子系统的可靠性。

④ 由于电阻电位器的功耗、噪声、阻值的稳定性对可靠性有影响,所以功耗选择应留有余量,尤其是在高温条件下,留有余量要更大。要选用噪声小的电阻电位器。在各种电阻器中,线绕电阻噪声最小,其次是金属氧化膜、金属膜、炭膜电阻。对用于微小信号放大环节或采样分压电路的电阻,要考虑阻值稳定性。如采用线绕电阻、金属氧化膜电阻等。从可靠性和噪声看,尽量用固定电阻器代替可变电阻器,选择电位器时还要考虑耐磨性、抗振性和结构稳定性。

⑤ 电容器的故障原因主要是短路,所以要注意电容额定工作电压的选择应留有余量。此外,过热、电压频率升高等因素都易使电容击穿。在采样保持器中,电容稳定性对系统可靠工作有一定影响,可选用聚苯乙烯、聚四氟乙烯电容。

⑥ 对元件采用筛选、老化的简便方法是高温储存和功率电老炼。高温储存是在高温(如半导体的最高结温)下储存 24～168h;功率电老练是在额定功率或略高于额定功率的条件下老炼一定的时间(最长可达 168h)。

2. 冗余技术

在设计系统时,如果可靠性要求很高,只靠选择元器件等措施无法满足可靠性要求,则需采用元器件或装置的冗余机构。所谓冗余,是在系统中增设额外的附加成分,来保证整个系统的可靠运行。选择冗余机构时,还要考虑性能价格比、可维护性、应用场合和扩展性等。

3. 抗干扰措施

在微型计算机应用系统中,虽然在元器件及装置方面采取了一系列提高可靠性的措施,但是当将其置入生产现场使用时,发生故障的现象仍不时发生,一个重要原因是存在着对系统的电磁干扰,形成电磁干扰必须具备三个基本条件:存在干扰源、具有传输介质、对干扰敏感的接收单元。

在生产现场,电磁干扰源有各种开关、电机电刷的火花放电、电路的过渡过程,如数字电路的状态转换、电器中负载的切换、半导体变流装置的工作等,还有各种电气设备引起的无线电辐射、机械振动或触点抖动引起的接触不良等。

传输介质有两种形式:"路"传输,如交流电源线和信号线的导线传输,干扰通道与被干扰通道因公共电阻产生的耦合;"场"传输,即电磁场耦合,耦合途径是分布电容和分布电感。当以电场耦合为主时,称为电容性耦合。当以磁场耦合为主时,称为电感性耦合。电容性耦合时,干扰信号通过导体间的分布电容作用影响导体上的电位。两导线平行布线易产生电容性耦合,信号线贴近地或采用屏蔽线可减弱电容耦合。电感性耦合是由于干扰信号产生的磁场穿过信号输入回路时产生感应电势而引起的。

抗电磁干扰的原理是破坏上述三个基本条件之一,或者切断它们之间的联系。针对不同的干扰源有多种不同的抑制干扰措施,通常有屏蔽、滤波、隔离和吸收等。

(1) 电磁干扰的屏蔽

屏蔽方法是利用金属网、板、盒等物体把电磁场限制在一定空间内,或阻止电磁场进入一定空间。屏蔽的效果主要取决于屏蔽体结构的接缝和接触电阻,接缝和接触电阻会导致磁场或电场的泄漏。屏蔽可以直接利用设备的机壳实现,机壳可采用铝材料制成。微处理器的工作频率一般在 500kHz 以上,属于高中频设备。

(2) 电流系统的干扰抑制

由电源引入的干扰是微机控制系统的一个主要干扰源。干扰源有从交流侧来的,也有从直流侧来的。例如,由交流电网的负荷变化引入的 50Hz 正弦波的畸变;由交流输入电线接收的空间高频信号;交流电网的电压波动;直流稳压电源的母线上收到的干扰;电源滤波性能差,纹波大引起的干扰;由于数字电路的脉冲信号通过电源传输引起的交叉干扰等。

① 交流侧干扰的抑制　对付交流侧干扰的主要方法如下。

滤波:交流电源用的滤波器是低通滤波器,一般采用集中参数的 π 型滤波器,滤波器的电容耐压应两倍于电源电压峰值,有时也将数个具有不同截止频率的低通滤波器串联,以获得较好的效果。对于这类滤波器,必须加装屏蔽盒,滤波器的输入、输出端要严格隔离,防止耦合。

屏蔽:变压器绕组加屏蔽后,初、次级间的耦合电容可以大大减少。变压器屏蔽层要接地,初级绕组的屏蔽层接地是与交流"地"相接。而次级绕组的屏蔽层和中间隔离层都与直流侧的工作"地"相连。

稳压:对于交流电压的波动,可采用交流稳压器,大多数的计算机设备都应有交流稳压器。另外,为了吸收高频的短暂过电压,可用压变电阻并接在交流进线处。

② 直流侧干扰的抑制　抑制直流侧的电源干扰,除了选择稳压性能好、纹波系数小的电源外,还要克服因脉冲电路运行时引起的交叉干扰,主要使用去耦法,去耦是在各主要的集成电路芯片的电源输入端,或在印刷电路板电源布线的一些关键点与地之间接入一个$1 \sim 10 \mu F$的电容。同时为了滤除高频干扰,可再并联一个 $0.01 \mu F$ 左右的小电容。

（3）布线的防干扰原则

在控制设备的布线中要注意以下几点:

① 强、弱信号线要分开,交流、直流线要分开,输入、输出线分开。

② 电路间的连线要短,弱电的信号传输线不宜平行,应编成辫子线或双绞线。

③ 信号线应尽量贴地敷设,对于集成电路的印刷板布线应注意,地线要尽可能粗、尽可能覆盖印刷板。在双面印刷板上,正反面的走线要垂直,走线应短,尽量少设对穿孔。对容易串扰的两条线要尽量不使它们相邻和平行。

（4）接地设计

当几个设备互连时,设备之间的地线是用于提供参考电位和信号通路或安全接地。当接地不当时,将引入干扰。通常采用以下方法抑制干扰:

① 消除地环路　将信号源的地和接收设备的地接在一点,消除两个地之间的电位差及其引起的地环路。

② 隔离技术　常用的有隔离变压器和光电耦合器。

③ 共模输入法　将输入信号的屏蔽层和芯线分别接到差动放大器的两个输入端,构成共模输入。这时因地线间的干扰电压不能进入差动输入端,因而有效地抑制了干扰。

4. 故障的检测与解除

微型计算机应用系统的故障检测与解除,是指系统自身的故障检测与恢复。

（1）故障检测

微型计算机应用系统的故障检测可分为硬件自检和软件自检。

① 硬件自检　这些自检装置不受软件的控制,独立地进行故障检测。主要检查的是信息的传输、运算的结果等。例如对存储器、串行通信数据传送等的检查,当有错误发生时,可以通过中断引起 CPU 转向故障处理。

② 软件自检　由软件控制在特定的时机进行自检。自检的方法是执行特殊的自检程序。为此设计有标准的测试数据来核对结果。这种自检方法可以扩展到对通道,乃至设备的检查。

（2）故障的解除

解除故障的方法也有多种,主要看是针对暂时的可恢复性的故障,还是永久性的故障。对暂时性的故障,包括软件故障,可以通过复位、暂停等方法来恢复。对于永久性的故障,除非存在冗余或备份机构,否则只能降低或停止使用,由工作人员来修复。

5. 采用软件可靠性技术

前面讨论的可靠性技术,如某些抗干扰技术、冗余技术和故障的检测与解除等,有一些要配以硬件和软件共同完成,还有一些则主要由软件完成。它们是用软件手段实现可靠性技术的。这里讨论的软件可靠性技术,主要指提高软件本身的可靠性,由于系统由硬件和软件两部分组成,因此提高软件本身的可靠性有着十分重大的意义。

由于软件与硬件之间存在着巨大的差别，因此保证软件可靠的方法也与硬件不同。软件故障的特点是软件不存在失效期，也不会因环境影响而老化；软件的故障可能存在于整个程序，程序中的错误可能是影响全局的，也可能只影响局部。对程序的正确性不能从理论上预测，而必须在软件的各个设计阶段加以检查，这些都对软件的可靠性工程提出了全新的概念。

软件工程的实践表明，要提高软件的可靠性，必须在软件设计的全部阶段(功能分析、设计、编码、调试和维护等阶段)采取一系列规范化的方法来减少错误，提高软件的可维护性。

在功能分析阶段，要对软件的功能、性质、技术条件等加以明确定义，并在定义过程中剔除不合理的要求、逻辑上不一致的技术条件等。因此必须反复推敲，以产生比较严格、清晰的软件技术要求文件，这些措施是保证软件可靠性的基础。

在设计阶段，要以技术要求文件为指导，规划软件的结构和功能模块。为了保证软件的可靠性，在设计上除了要求正确性外，还可采取一系列措施。例如：减少软件的复杂性，采用分解大程序为小程序的办法；软件的模块化设计和结构化设计；在把软件的技术要求转化为软件模块时采用精密的转化技术(如形式化的定义表达，使用数据流图)。一些优秀的软件设计公司还从软件设计的人员组织、工作秩序、方案评审等方面来保证设计的正确性。

编程阶段应保证程序的可读性和可测试性。程序要符合规定的接口要求。

调试阶段要进行测试，测试数据要精心组织。

当软件经初步试用成功后，保证软件可靠性的一个重要方面是软件维护和错误记录。软件维护工作包括对软件运行过程中出现错误的纠正及各种修改工作，还包括对这些修改和错误的记录、核实。详细的错误记录及纠正错误的更改记录对软件维护是相当重要的，因为为了纠正错误而采取的更改可能存在着隐蔽的副作用，甚至导致更多的错误发生。经过更改后引起的副作用要在很久以后才暴露。

软件的可靠性问题是软件工程学要解决的主要问题。整个软件工程学的目标是对软件开发的全过程提出一整套严密的、有组织的工作方法，以提高软件编制工作的效率，保证软件的质量和可靠性。软件工程学中提出的很多方法虽然是针对大型软件设计的，但其中的思想和一些技术仍可为小型软件设计者采用，特别是软件的结构化设计方法、文档要求以及程序编写方法等。

16.4 微型计算机应用系统设计实例

为帮助读者开阔视野、启迪思维，本节将介绍两个具有代表性的微机测控系统实例，限于篇幅，主要介绍它们的硬件结构、软件思想和主要性能特点等。

1. 微型计算机在顺序控制系统中的应用

剪切机是工厂常用设备，用来对板料进行裁剪加工，基本结构如图 16.2 所示。剪切机的工作过程如下：当剪切机未开始工作时，压紧物料的压块 Z_1 在上部位置，开关 K_1 被顶开。剪刀 Z_2 在上部位置，开关 K_3 也被顶开。当台面上没有板料时，开关 K_0 和 K_4 都是断开的。当加工开始时，板

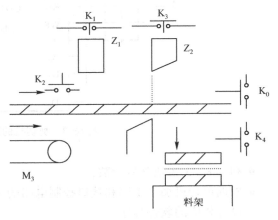

图 16.2 剪切机工作机构示意图

料放在送料皮带上,开动送料机 M_3,沿箭头方向运送板料。当板料使开关 K_0 接通,则板料送到预定长度。当 M_3 停止工作,同时压块 Z_1 下落,开关 K_1 接通,压块压紧板料,使开关 K_2 接通,剪刀 Z_2 下落,开关 K_3 接通。板料被剪断以后,落到料架上,开关 K_0 打开,开关 K_4 接通一次。与此同时,压块 Z_1、剪刀 Z_2 在断电后自动上抬恢复到初始位置,一次剪切过程全部完成。现要求:用计算机对上述加工过程进行自动控制,使剪切机自动连续进行剪切工作,并对剪下的板料进行计数,当剪下 5 块板料后,产生控制信号,将料架上的板料运走。

（1）系统分析

按上述工艺过程编制加工工序为初始状态→送料→送料足尺到位→停止送料、压块→压块压紧板料→剪刀下行剪料→料块下落。

该系统具有前一工序的完成是后一工序开始的特点,是一个典型的顺序控制过程。因此,在设计时要确定出表征系统各工序的先后顺序、各工序的状态特征的状态控制字作为程序设计的主要依据。

（2）设计基本思路

- 利用 8086/8088、8255A 芯片实现剪切机的计算机接口及控制电路（硬件实现如图 16.3 所示）;

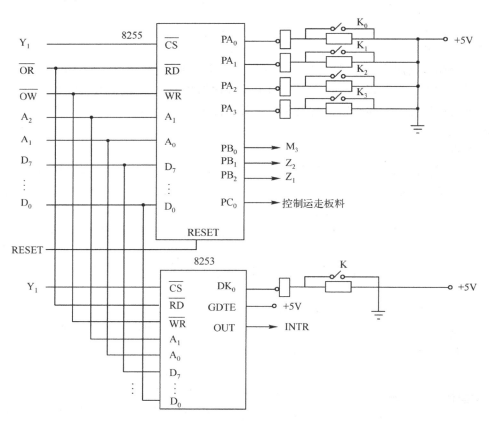

图 16.3 剪切机的计算机接口及控制电路

- 利用 8253 实现落料计数;
- 根据剪切机加工工序和接口控制电路的设计,设计出控制程序流程图（如图 16.4 所示）,并设计相应的软件程序。

中断服务子程序如下。

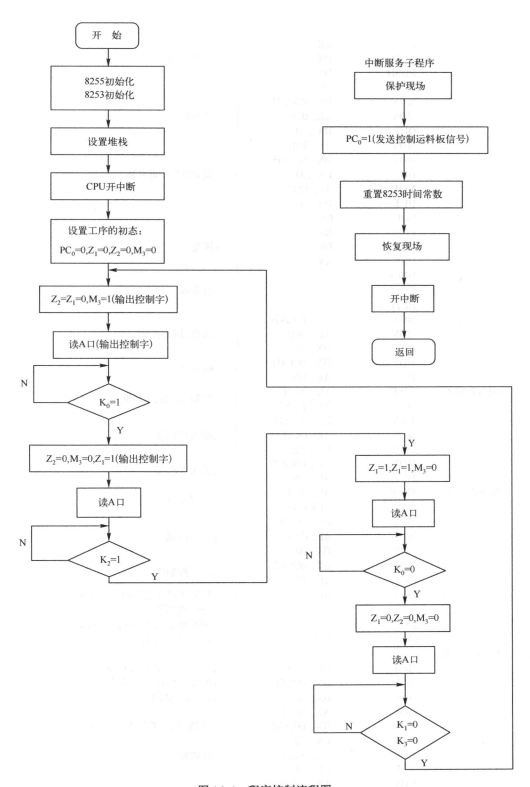

图 16.4　程序控制流程图

```
        PUSHF
        PUSH        AX
        PUSH        DX                      ;保护现场
        PUSH        DS
        PUSH        CS
        MOV         DX, 00CCH
        MOV         AL, 01H                 ;送料信号
        OUT         DX ,AL
        MOV         AL, 10H
        MOV         DX, 00D6H
        OUT         DX ,AL                  ;置 8253 时间常数
        MOV         AL, 05H
        OUT         DX ,AL
        POP         CS
        POP         DS
        POP         DX                      ;恢复
        POP         AX
        POPF
        STI                                 ;开中断
        RETI
        MOV         DX, 00CAH
        MOV         AL, 04H                 ;闭合,输出控制字
        OUT         DX, AL
        MOV         DX, 00C8H               ;输入条件字
        IN          AL, DX
NEXT_IN2：TEST      AL, 04 H                ;判断 K₂ 是否闭和
        JZ          NEXT_IN2
        MOV         DX,00CAH
        MOV         AL, 06 H                ;输入控制字
        OUT         DX, AL
        MOV         DX, 00C8 H              ;输入条件字
        IN          AL, DX
NEXT_IN3：TEST      AL, 01H                 ;K₀ 不为 0,则等待
        JNZ         NEXT_IN3
        MOV         DX, 00CA
        MOV         AL, 00 H                ;输入控制字
        OUT         DX, AL
        MOV         DX, 00C8H               ;输入控制字
        IN          AL, DX
NEXT_IN4：TEST      AL, 09H                 ;判断 K1K3 是否断开,没断
                                             开,则等待
        JNZ         NEXT_IN4                ;断开则进入下一剪切过程
        JMP         LOOP                    ;进入下一过程
控制程序段
        MOV         AL, 90H                 ;A 口工作在方式 0,输入
        MOV         DX, 00CEH               ;B 口工作在方式 0,输出
        OUT         DX, AL                  ;C₀~C₃ 输出
        MOV         AL, 10 H
        MOV         DX, 00D6H               ;计数器 0,工作在方式 0
        OUT         DX, AL
        MOV         AL, 05H                 ;计数初值为 5
        OUT         DX , AL
        MOV         AX , STACK
        MOV         SS , AX                 ;设置堆栈指针
        MOV         AX , TOP
        MOV         SP, AX
        STI                                 ;开中断
```

```
             MOV              AL, 00H      }
             MOV              DX, 00CEH    }   ;PC₀ = 0
             OUT              DX, AL       }
             MOV              AL, 00H      }
             MOV              DX, 00CAH    }   ;PB = 0
             OUT              DX, AL       }
LOOP：       MOV              AL, 01 H     }   ;Z₁ = 0,Z₂ = 0,Z₃ = 0
             OUT              DX, AL       }
             MOV              DX, 00C8 H   }   ;输入条件字
             IN               AL, DX       }
NEXT_IN1：    TEST             AL, 01H      }   ;判断 K₀ 是否闭合,不闭合等待
             JZ               NEXT_IN1     }
```

2. 炉温控制系统设计

图 16.5 是炉温控制设备接口卡逻辑原理图。炉温通过温度传感器转化为模拟电压信号送入 8 位 A/D 转换器,将模拟量转为 8 位数字量,CPU 每隔 10ms 通过 8255A 采集一次炉温并控制炉温。利用 A/D 转换器将反映炉温的模拟信号转换为数字信号 x 后,通过 8255A 口读入,经过算法 $f(x)$ 运算后,经 8255A 的 B 口输出,再经 D/A 转换为模拟信号输出去通过调节机构调节炉温。A/D 转换器的特性为当输入控制端 CI 出现下跳沿时,就启动 A/D 转换,当转换完一个数据时,在 A/D 的输出控制端 CO 会出现负脉冲。所以,将 8255A 的 PC_5(IBFa)接 A/D 的 CI,将 PC_4($\overline{STBa}$) 接 A/D 的 CO,将 PC3 接 8255A 的 IRQ_2。只要执行一次读 A 口的输入指令,CI 就会出现负跳变,则启动 A/D 转换,当一次 A/D 转换完成后,CO($\overline{STBa}$)端出现负脉冲。通过 PC_3 向 IRQ_2 发出中断请求信号。进入中断服务程序后,读 A 口,进行 A/D 输入,调用 $f(x)$ 运算子程序,然后将结果从 B 口经 D/A 输出。以下是炉温控制设备接口卡程序。

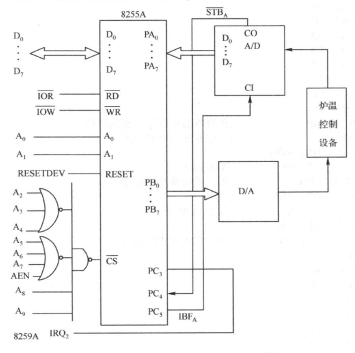

图 16.5　炉温控制设备接口卡原理图

主程序:

```
    MOV    AL,35H           ;8253 计数器 0 初始化,方式 2,BCD 计数
```

313

```
        OUT    73H ,AL
        MOV    AL, 00H              ;N＝5ms/Tc＝5ms×1×10⁶/s＝5 000
        OUT    70H, AL
        MOV    AL ,50H
        OUT    70H, AL
        MOV    AL ,1BH              ;8259A 初始化
        OUT    20H, AL
        MOV    AL, 0AH
        OUT    21H, AL
        MOV    AL, 03H
        OUT    21H, AL
        IN     AL, 21H              ;读入 8259A IMR
        AND    AL, 11111011B
        OUT    21H, AL              ;开放 IRQ₂ 中断
        MOV    DX, 303H             ;指向 8255 控制口
        MOV    AL,10110000B         ;设 8255 A组方式1输入,B组方式0输出
        OUT    DX, AL
        MOV    AL, 00001001B
        OUT    DX, AL               ;开放 8255A A组中断,PC₄＝1
        MOV    DX, 300H             ;指向 8255A 的 A 口数据
        IN     AL, DX               ;虚读使 IBFa 负跳变启动 A/D 转换
        STI                         ;初始化完毕开中断
        …                           ;执行其他可能存在的程序
        RET                         ;返回
```

中断服务程序:

```
ADINT   PROC   NEAR
        PUSH   ES
        PUSH   DX
        PUSH   AX
        PUSH   BX
        PUSH   CX
        PUSH   DX
        PUSH   SI
        PUSH   DI
        PUSH   BP                   ;保存本服务程序用到的现场
        STI                         ;为中断嵌套而开中断
        MOV    DX, 300H
        IN     AL, DX               ;A/D 输入
        CALL   CON                  ;调用控制算法子程序
        MOV    DX, 301H
        OUT    DX, AL               ;从 D/A 输出
        MOV    AL, 20H
        OUT    20H, AL              ;向 8259A 送 EQI 命令
        CLI
        POP    BP
        POP    DI
        POP    SI
        POP    DX
        POP    CX
        POP    BX
        POP    AX
        POP    DS
        POP    ES                   ;恢复现场
        IRET                        ;中断返回
ADINT   ENDP
```

16.5 IBM PC/XT 微机系统板组成原理

IBM PC/XT 微机系统板水平安装在主机箱的底部,如图 16.6 所示。它是一块四层印制电路板,外两层印制信号电路,内两层印制电源(直流+5V,−5V,+12V,−12V)和地线。板上一个 5 芯圆形插座用来连接键盘;一个 3 芯插座用来连接扬声器;两个 6 脚插头用来连接电源信号;安装 8 个 62 线印制板插槽 J1~J8(I/O 通道);还有一个双列直插式组合开关 DIP,其 8 位开关的设置可在程序控制下由 8255A-5 读入,为系统软件提供系统配置信息。

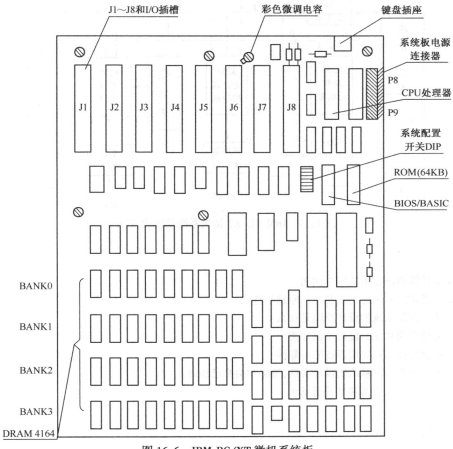

图 16.6　IBM PC/XT 微机系统板

系统板按其功能大致可分为如下 10 个模块(如图 16.7 所示):

(1) Intel 8088 微处理器(CPU);

(2) 8087 数值数据处理器(协处理器,NPU);

(3) 8284 时钟发生器驱动器;

(4) 8288 总线控制器;

(5) 8253-5 定时器、计数器及扬声器接口;

(6) 8255A-5 可编程外设接口及系统配置开关 DIP;

(7) 8259A 可编程中断控制器(优先级中断);

(8) 8237 DMA 控制器;

(9) 存储器(内存);

（10）输入/输出通道（IO 通道）。

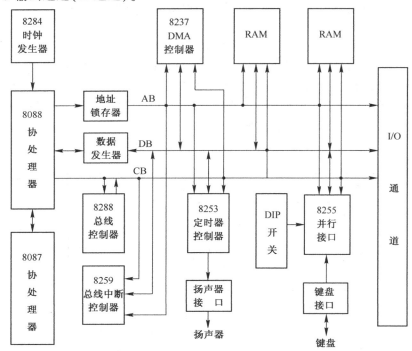

图 16.7　IBM PC/XT 微机系统功能模块图

习题

1. 画出微型计算机测控系统的结构图。
2. 微型计算机测控系统的功能及工作原理是什么？
3. 微型计算机测控系统的设计原则是什么？
4. 微型计算机应用系统的设计步骤如何？
5. 如何保证微型计算机应用系统的可靠性？
6. 理解微型计算机应用系统的设计实例，最终学会自己设计。
7. IBM PC/XT 的十大功能模块是什么？

第四部分　附　录

附录 A　DOS 功能调用

表 A.1　DOS 功能调用

子功能号 AH	功　能	入口参数	出口参数	备　注
00H	退出用户程序并返回 DOS	CS＝PSP 的段地址		应先关闭所有打开文件
01H	键盘输入字符(回显)		AL＝输入字符	Ctrl+Break＝INT 23H 扩充 ASCII 需两次
02H	显示器输出字符	DL＝输出字符		DL＝08H 后退 Ctrl+Break＝INT 23H
03H	串行设备输入字符		AL＝输入字符	建议使用 BIOS 中断 INT 14H
04H	串行设备输出字符	DL＝输出字符		若忙则暂时停止
05H	打印机输出字符	DL＝输出字符		若忙则暂时停止
06H	控制台 I/O	DL＝0FFH(输入) DL＝输出字符	AL＝输入字符	不论当时是否有输入均返回,无输入则 ZF＝1
07H	键盘输入字符		AL＝输入字符	无回显,不检查 Ctrl+Break
08H	键盘输入字符		AL＝输入字符	无回显
09H	显示字符串	DS:DX＝输出缓冲区首址		字符串结束标记为"$"
0AH	键盘输入字符串	DS:DX＝输入缓冲区首址		缓冲区第一字节为最多可接收字符数,第二字节为实际接收字符数,而后才是接收的字符存放缓冲区,回车结束,长度不包括回车
0BH	检查标准输入状态		AL＝00H 无键输入 AL＝0FFH 有键输入	Ctrl+Break＝INT 23H
0CH	清输入缓冲区并执行指定的标准输入功能	AL＝功能号(01,06,07,08 或 0A)	返回由 AL 功能号决定	
0DH	初始化磁盘状态			释放文件缓冲区,未关闭的文件则会丢失
0EH	选择当前盘	DL＝盘号	AL＝系统中盘的数目	0 号为 A:,1 号为 B:,依次类推
0FH	打开文件	DS:DX＝FCB 首址	AL＝00H 成功 AL＝0FFH 未找到	见注 1
10H	关闭文件	DS:DX＝FCB 首址	AL＝00H 成功 AL＝0FFH 未找到	见注 1
11H	查找第一个目录项	DS:DX＝FCB 首址	AL＝00H 成功 AL＝0FFH 未找到	见注 1,可含文件通配符

子功能号 AH	功 能	入 口 参 数	出 口 参 数	备 注
12H	查找下一个目录项	DS:DX=FCB 首址	AL=00H 成功 AL=0FFH 未找到	见注 1 11H 号功能查找成功才可使用
13H	删除文件	DS:DX=FCB 首址	AL=00H 成功 AL=0FFH 未找到	见注 1,指向未打开文件 FCB,可包括通配符
14H	顺序读一个记录到 DTA	DS:DX=FCB 首址	AL=00H 成功 AL=01H 文件结束 AL=02H DTA 太小 AL=03H 缓冲区满	见注 1 DTA:磁盘传送地址
15H	顺序写一个记录	DS:DX=FCB 首址	AL=00H 成功 AL=01H 盘满 AL=02 DTA 太小	见注 1
16H	建立文件	DS:DX=FCB 首址	AL=00H 成功 AL=0FFH 未找到	见注 1 当前记录由 FCB 指定
17H	文件更名	DS:DX=FCB 首址 (DS:DX+17) 新文件名		见注 1,原文件名放在 FCB 开始处,目标文件名 FCB 偏移 17 字节处,可用通配符
18H	DOS 内部使用			
19H	取当前盘盘号		AL=盘号	
1AH	置磁盘传输区	DS:DX=传输区首址		DTA:磁盘传送地址
1BH	取当前盘文件分配表(FAT)		DS:BX = 盘类型字节地址 DX=FAT 表项数 AL=每簇扇区数 CX=每扇区字节数	
1CH	取指定盘文件分配表(FAT)	DL=盘号	DS:BX = 盘类型字节地址 DX=FAT 表项数 AL=每簇扇区数 CX=每扇区字节数	
1DH	DOS 内部使用			
1EH	DOS 内部使用			
1FH	DOS 内部使用			
20H	DOS 内部使用			
21H	随机读一个记录	DS:DX=FCB 首址	AL=00H 成功 AL=01H 文件结束 AL=02H DTA 太小 AL=03H 缓冲区满	见注 1
22H	随机写一个记录	DS:DX=FCB 首址	AL=00H 成功 AL=01H 盘满 AL=02H DTA 太小	见注 1
23H	取文件长度 (结果在 FCB 中)	DS:DX=文件名首址	AL=00H 成功 AL=0FFH 未找到	见注 1
24H	置随机记录号	DS:DX=FCB 首址		见注 1

子功能号 AH	功　能	入口参数	出口参数	备　注
25H	置中断向量	AL＝中断类型号 DS:DX＝入口地址		
26H	建立 1 个程序段	DX＝段号		
27H	随机读若干记录	DS:DX＝FCB 首址 CX＝记录数	AL＝00H 成功 AL＝01H 文件结 AL＝02H DTA 太小 AL＝03H 缓冲区满	见注 1,从相对记录(FCB 的 33～36 字节)给定的文件地址读取指定的记录个数到 DTA
28H	随机写若干记录	DS:DX＝FCB 首址 CX＝记录数	AL＝00H 成功 AL＝01H 盘满 AL＝02H DTA 太小	
29H	分析文件名	DS:SI＝字符串首址 ES:DI＝FCB 首址 AL＝分析时采取动作	ES:DI＝FCB 首址 AL＝00H 标准文件 AL＝01H 多义文件 AL＝0FFH 非法盘符	见注 2,多义文件即含有通配符的文件
2AH	取日期		CX、DX＝日期 AL＝星期几	CX 为年份,DH 为月份,DL 为日子
2BH	置日期	CX、DX＝日期	AL＝00H 成功 AL＝FFH 失败	CX 为年份,DH 为月份,DL 为日子
2CH	取时间		CX、DX＝时间	CH 为小时,CL 为分钟,DH 为秒,DL 为百分秒
2DH	置时间	CX、DX＝时间	AL＝00H 成功 AL＝0FFH 失败	CH 为小时,CL 为分钟,DH 为秒,DL 为百分秒
2EH	置写校验状态	AL＝状态 00H 断开,01H 接通		取状态为 54H 号功能
2FH	取磁盘传输区首址		ES:BX＝传输区地址	用 1AH 号功能设置
30H	取 DOS 版本号		AL＝版号, AH＝次版本号	
31H	终止用户程序并驻留内存	AL＝退出码 DX＝程序长度(B)		可由其父进程用 4DH 功能调用来检索,并能通过 Error Level 批处理命令检验
32H	DOS 内部使用			
33H	置/取 Ctrl + Break 检查状态	AL＝00H 取状态 AL＝01H 置状态 DL	DL＝状态 00H 断开,01H 接通	
34H	DOS 内部使用			
35H	取中断向量	AL＝中断类型号	ES:BX＝入口地址	用 25H 号功能设置
36H	取盘剩余空间数	DL＝盘号	BX＝可用簇数 DX＝总簇数 CX＝每扇区字节数 AX＝每簇扇区数	盘号 0 为默认值,1 为 A:,类推
37H	DOS 内部使用			

子功能号 AH	功 能	入 口 参 数	出 口 参 数	备 注
38H	取/置国别信息	DS:DX=信息区首址 AL=0/1/2	DS:DX=国别数据首址	AL=0/1/2 美国/欧洲/日本标准 CF=1 有错, CF=0 正常 信息区占 32 个字节, 第 0、1 字节为日期及时间的格式, 第 3 字节为货币符号, 第 4 字节为千分符, 第 5 字节为小数分隔符, 而后 27 个字节保留
39H	建立一个子目录	DS:DX=驱动器和路径名字符串首址	CF=0 成功	CF=1 有错 AX=03H 找不到路径 AX=05H 磁盘已满或已存在相同名字的目录
3AH	删除一个子目录	DS:DX=驱动器和路径名字符串首址	CF=0 成功	CF=1 有错 AX=03H 找不到路径, AX=05H 指定的目录不空或目录不存在 AX=06H 指定的是根目录 10H 指定的为当前目录
3BH	改变当前目录	DS:DX=驱动器和路径名字符串首址	CF=0 成功	CF=1 有错 AX=03H 找不到路径
3CH	建立文件	DS:DX=驱动器和路径、文件名字符串首址 CX=文件属性字	AX=文件号(句柄)	CF=1 有错 AX=03H 找不到路径 AX=04H 文件打开太多 AX=05H 存取被拒绝
3DH	打开文件	DS:DX=驱动器和路径、文件名字符串首址 AL=0 读, AL=1 写 AL=2 读/写	AX=文件号(句柄)	CF=1 有错 AX=02H 文件没有找到 AX=03H 找不到路径 AX=04H 文件打开太多 AX=05H 存取被拒绝 AX=0CH 调用时 AL 值不对
3EH	关闭文件	BX=文件号(句柄)		CF=1 有错 AX=06H 文件控制字无效
3FH	读文件或设备	BX=文件号(句柄) CX=读入字节数 DS:DX=缓冲区首址	AX=实际读出的字节数	CF=1 有错 AX=05H 存取被拒绝 AX=06H 文件控制字无效
40H	写文件或设备	BX=文件号(句柄) CX=写入字节数 DS:DX=缓冲区首址	AX=实际写入的字节数	CF=1 有错 AX=05H 存取被拒绝 AX=06H 文件控制字无效
41H	删除文件	DS:DX=驱动器和路径、文件名字符串首址		CF=1 有错 AX=02H 找不到指定文件 AX=06H 指定的文件是目录或只读文件
42H	改变文件读写指针	BX=文件号(句柄) CX、DX 位移量 AL=0 绝对移动 AL=1 相对移动	DX:AX=新的指针位置	CF=1 有错 AX=01H 调用时 AL 值无效 AX=06H 文件控制字无效

子功能号 AH	功　能	入口参数	出口参数	备　注
43H	置/取文件属性	DS:DX=字符串首址 AL=0 取文件属性 AL=1 置属性	CX=文件属性	CF=1 有错 AX=01H 调用时 AL 值无效 AX=03H 路径名无效
44H	设备文件 I/O 控制	BX=文件号(句柄) AL=0 取状态 AL=1 置状态(DX) AL=2、4 读数据 AL=3、5 写数据 AL=6 取输入状态 AL=6 取输出状态 AL=8 特殊设备可改变 AL=9 逻辑设备是本地/远程 AL=0AH 句柄是本地/远程 AL=0BH 改变共享复执计数	DX=状态	
45H	复制文件号(句柄)	BX=文件号1(句柄1)	AX=复制文件号2(句柄2)	CF=1 有错 AX=04H 文件打开太多 AX=06H 文件控制字无效
46H	强制复制文件号(句柄)	BX=文件号1(句柄1) CX=文件号2	CX=文件号1(句柄1)	CF=1 有错 AX=06H 文件控制字无效
47H	取当前目录路径名	DL=盘号 DS:SI=字符串首址	DS:SI=字符串首址	CF=1 有错 AX=0FH 指定的驱动器无效
48H	分配内存空间	BX=申请内存数量(B)	AX=分配内存首址 BX=最大可用空间(失败时)	CF=1 有错 AX=07H 内存控制块无效
49H	释放内存空间	ES=内存始址	CF=0 成功	CF=1 有错 AX=07H 内存控制块已被破坏
4AH	修改已分配的内存空间	ES=原内存始址 BX=再申请内存数量(B)	CF=0 成功 BX=最大可用空间(失败时)	CF=1 有错 AX=07H,内存控制块已被破坏 AX=08H,内存不够 AX=09H,ES 指向的地址不是由功能调用48H 所分配的
4BH	装入一个程序	DS:DX=字符串首址 ES:BX=参数区首址 AL=00H 装入执行 AL=03H 装入不执行	CF=0 成功 CF=1 失败(AX 为错误码)	AX=01H,AL 中的值无效 AX=02H,指定的文件不存在 AX=05H,存取被拒绝 AX=08H,内存不够 AX=0AH,"环境"有错误 AX=0BH,文件为 EXE,但其文件头格式有错 见注 3
4CH	终止当前程序返回调用程序	AL=退出码		可以利用批处理子命令 IF 和 ERRORLEVEL 以及功能调用 4DH 获取 AL 的返回值

子功能号 AH	功 能	入 口 参 数	出 口 参 数	备 注
4DH	取退出码		AL=退出码	AH=00H,正常结束 AH=01H,Ctrl+Break 结束 AH=02H,严重设备错结束 AH=03H,由调用功能 31H 结束
4EH	查找第一个文件	DS:DX=字符串首址 CX=属性	CF=0 成功 DTA 中(见注 4)	CF=1 有错 AX=02H,目录路径无效 AX=12H,指定的文件不存在
4FH	查找下一个文件	DTA	CF=0 成功 CF=1 有错	如果找到下一匹配的文件,则与功能调用 4EH 一样,将有关数据填入磁盘传送地址 DTA 中
50H	DOS 内部使用			
51H	DOS 内部使用			
52H	DOS 内部使用			
53H	DOS 内部使用			
54H	取写校验状态		AL=状态 00H 断开,01H 接通	
55H	DOS 内部使用			
56H	文件更名	DS:DX=字符串首址 EES:DI 新名地址	CF=0 成功 如果第二个字符串中含有红色动器符,则必须与第一个字符串中所指定的驱动器相同	CF=1 有错 AX=02H,DS:DX 指定的文件不存在 AX=03H,DS:DX 指定的路径名称错误 AX=05H,ES:DI 指定的文件已存在 AX=11H,原文件与新文件指定的驱动器不同
57H	置/取日期和时间	BX=文件号(句柄) AL=0 读 AL=1 写 DX:CX 日期和时间	CF=0 成功 DX:CX 日期和时间	CF=1 有错 AX=01H,AL 中的值无效 AX=06H,BX 指定的控制字无效
58H				
59H	取扩充错误	DOS 3.X 版中 BX=0000H	AX=扩充错误码 BH=错误级别 BL=建议采取的措施 CH=出错设备代码	
5AH	建立临时文件	DS:DX = 以反斜杠(\)为结尾字符串地址 CX=属性	AX=文件句柄 DS:DX=附有新文件的文件路径名串地址	CF=0 成功 AX=文件句柄 CF=1 有错
5BH	建立新文件	AH=5BH CX=属性字 DS:DX=包含文件名的 ASCII 串地址	CF=1 有错 CF=0 成功 AX=文件句柄	只有在 DOS 3.X 或以上版本的才能使用。它与功能 3CH 等同,只不过 3CH 功能在文件存在时,会删除此文件,而 5BH 功能在删除时询问

子功能号 AH	功　能	入口参数	出口参数	备　注
5CH	锁定/开锁文件访问	AL＝00H 锁定 AL＝01H 开锁 BX＝文件句柄 CX：DX＝偏移量高位：低位 SI：DI＝长度高位：低位	CF＝0 成功 CF＝1 失败（AX 为错误码）	
5DH	设置扩展的错误信息	AL＝0AH DS：DX＝扩展的错误数据结构地址	CF＝0 成功 CF＝1 有错	此功能由 DOS 3.1 版本或更高版本提供，用来装入扩展的错误信息
5EH	AL＝00H 取机器名	DS：DX＝内存缓冲区地址	计算机名字符填入缓冲区 CH＝0 没有名字否则有名字 CL＝名字的 NETBIOS 名字号	
	AL＝02H 设置打印机	BX＝重定向表的索引 CX＝配置字符串长度（≤64） DS：SI＝打印机配置缓冲区首址	CF＝0 成功 CF＝1 失败（AX 为错误码）	
	AL＝03H 取打印机配置	BX＝重定向表的索引 ES：DI＝打印机配置缓冲区首址	ES：DI＝打印机配置字符串首址 CX＝数据长度	
5FH	AL＝02H 取重定向清单条目	BX＝重定向表的索引 DS：SI＝存放本地设备名的 128 字节缓冲区首址 ES：DI＝存放网络设备名的 128 字节缓冲区首址	BH＝设备状态标志 b_0＝0 有效 ＝1 无效 BL＝设备类型 CX＝被存储的参数值 DS：SI＝本地设备名首址 ES：DI＝网络设备名首址	
	AL＝03H 重定向设备	BL＝03H打印机设备 ＝04H 文件设备 CX＝为调用者保存的数值 DS：SI＝源设备名串首址 ES：DI＝目标网络设备名址	CF＝0 成功 CF＝1 失败（AX 为错误码）	
	AL＝04H 取消重定向	DS：SI＝设备名串或网络设备名串首址	CF＝0 成功 CF＝1 失败（AX 为错误码）	

子功能号 AH	功 能	入 口 参 数	出 口 参 数	备 注
62H	取程序段前缀地址		BX＝当前进程的 PSP 段址	DOS 3.0 以上版本才提供本功能
65H	得到扩展的国别信息	AL＝功能代码 ES:DI＝接受信息的缓冲区地址	CF＝0 成功 CF＝1 有错 CX＝国别信息长度	DOS 3.3 或更高版本才提供本功能
66H	得到/设置代码页	AL＝功能码 BX＝代码页号	CF＝0 成功 CF＝1 有错 BX 活动的代码页号 DX 默认的代码页号	功能码: AL＝01H 为得到代码页号 AL＝02H 为设置代码页号
67H	设置句柄计数	BX＝请求的句柄数	CF＝0 成功 CF＝1 有错	DOS 3.3 或更高版本才提供本功能
68H	提交文件	BX＝句柄号	CF＝0 成功 日期时间标记写到目录上 CF＝1 有错	DOS 3.3 或更高版本才提供本功能
6CH	扩充的打开文件	AL＝00H BX＝打开模式 CX＝属性 DX＝打开标志 DS:SI＝ASCII-Z 串文件名地址	CF＝0 成功 AX＝句柄 CX＝0001H 文件存在并已被打开 CX＝0002H 文件不存在,但已创建	DOS 4.0 或更高版本才提供本功能

注 1:文件控制块 FCB 的结构:0 字节/驱动器号,1~8 字节/文件名,9~11 字节/文件扩展名,12~13 字节/当前块号,以文件的开始为相对值,每块由 128 上记录,文件打开时为 0,14~15 字节/逻辑记录长度(B),文件打开时为 80H,16~19 字节/文件长度,20~21 字节/文件建立或最后修改的日期,22~31 字节/系统保留,32 字节/当前块内的相对记录号(0~127),33~36 字节/相对记录编号,以文件的开始为相对 0,在进行磁盘读写前必须设定此值。

注 2:ASCII 码形式的文件名可以使用控制码(0~1FH)以及括号内字符作为结束标志(:;＝+/ ″[ ]<>空格 Tab＝),AL 低 4 位有效,b_0＝0/1:不忽略/忽略文件名开始的分隔符号,b_1＝0/1:没有包含驱动器时 FCB 的驱动器为 0/不变,b_2＝0/1:没有文件名时 FCB 的文件名为 8 个空格/不变,b_3＝0/1:没有包含扩展名时 FCB 的文件扩展名为 3 个空格/不变。

注 3:AL 为 00 时,参数块的格式:

  1 字节 "环境"的段地址

  2 字节 指向就放入 PSP 的偏移 80H 中的命令行指针

  2 字节 指向应放入 PSP 的偏移 5CH 中的默认 FCB 的指针

  2 字节 指向应放入 PSP 的偏移 6CH 中的默认 FCB 的指针

AL＝03 时,参数块的格式:

  1 字节 文件被装入的段地址

  1 字节 用于程序装入的重定位因子

"环境"具有以下格式:

  1 字节 ASCII 字符 1

  1 字节 ASCII 字符 2

   ⋮   ⋮

| 1 字节 | ASCII 字符 n |
| 1 字节 | 00H |

注 4：如果找到文件，它与指定的驱动器、路径、文件名和属性相会，则在磁盘传送地址。

DAT 装有如下的内容：

21 字节	为 DOS 保留，用来查找下一个文件
1 字节	文件属性
2 字节	文件的时间
2 字节	文件的日期
2 字节	文件大小的低位字
2 字节	文件大小的高位字
13 字节	找到的文件名和扩展名，后跟一个 00 值字节。文件名与扩展名之间有一个点。

附录 B　BIOS 中断

显示器中断(INT 10H)

子功能号 AH	功　能	入口参数	出口参数	备　　注
00H	设置显示方式,初始化数据	AL＝显示方式 00：40×25 字符显示,黑白 01：40×25 字符显示,彩色 02：80×25 字符显示,黑白 03：80×25 字符显示,彩色 04：320×200 图形显示,彩色 05：320×200 图形显示,黑白 06：640×200 图形显示,黑白 07：单色适配器	无	当返回时,屏幕画面变为黑色,各种控制按钮重新设置,光标定位于左上角第一个字符位置,CRT 重新设置,当前页为 0 页
01H	建立光标的类型。用于设置光标的大小	CH 位 0~4＝光标的起始光栅线 CL 位 0~4＝光标的结束光栅线	无	①CH 寄存器的位 6 用来决定是否允许光标闪烁,位 5 用来决定闪烁的频率。位 5 为 1 时,闪烁频率是场频的 1/32,否则是场频的 1/6 ②当设定结束光栅线是零时,显示的光标将取消直到改变光标类型为止 ③光标类型的初始值为 CH＝0FH,CL＝11H,即起始行为 0FH,终止行为 11H
02H	设置光标位置	DH＝字符行号 DL＝字符列号 BH＝页号	无	当返回时,光标在规定的位置上显示,光标参数限制如: 字符行:0~25 字符列:0~79
03H	读取光标位置和类型	BH＝页号	DH＝当前字符行号 DL＝当前字符列号 CH＝光标起始光栅线 CL＝光标的终止光栅线	无
04H	获取当前光笔指在屏幕的地方	无	AH＝光笔触发信号 CH＝像素行号(X 轴) BX＝像素列号(Y 轴) DH＝字符行号(Y 轴) DL＝字符列号(X 轴)	无
05H	选择当前显示页面	AL＝选择页号	无	返回后,已将指定的页面作为当前显示页面

子功能号 AH	功　能	入口参数	出口参数	备　注
06H	向上滚动当前页指定窗口里的内容	AL＝滚动行数。当为00时，整个窗口都滚出去 CH＝滚动窗口左上角所在字符的行号（Y坐标） CL＝滚动窗口左上角所在字符的列号（X坐标） DH＝滚动窗口右下角所在字符的行号（Y坐标） DL＝滚动窗口右下角所在字符的列号（X坐标） BH＝滚动后腾出空行填充字符属性	无	用户可以规定屏幕中任意矩形区作为滚动窗口，当输入参数的右下角大于左上角时，将不会做任何操作
07H	与功能06H相反	同06H	同06H	同06H
08H	读取当前光标位置的字符和属性	BH＝页号（0~3）	AL＝当前光标位置的字符代码 AH＝当前光标位置的字符属性	①如果要使用此功能读取指定页面上任意位置上的字符和属性，可以先调用功能02将光标设定在这个位置上 ②如果当前光标位置上显示的是汉字，使用此功能返回的显示代码不能表明汉字内码的哪一字节
09H	在当前光标位置显示字符和它的属性	AL＝字符的代码（ASCII码或汉字内码） BL＝字符的属性 CX＝字符的个数 BH＝低4位，页号 　　高4位，第二属性 　　位4，上横线 　　位5，下横线 　　位6，左列线 　　位7，右列线	无	①当CX为00时，不执行任何操作，直接返回 ②由于汉字内码是由两字节组成的，只有调用本功能两次，将完整汉字内码的两字节依次写到相邻字符位置上，才能正确显示一个汉字，汉字两字节内码应连续发送，即先将光标定位到要显示的起始位置，调用本功能在当前光标位置上写汉字内码的第一字节，然后光标后移一个位置，再调用本功能在当前光标位置上写汉字内码的第二字节。也可以先写汉字的第二字节，然后将光标前移一个位置，再写汉字内码的第一字节。需引起注意的是，不能把汉字内码的前后字节位置颠倒，否则显示出来的汉字是错误的 ③汉字的显示属性由在写汉字内码的第二字节时所指定的属性来决定，与其他无关 ④使用本功能写汉字时，CX是无效的，因此一次只能显示一个汉字
0AH	在当前光标位置显示字符，使用的属性是当前光标处的原有属性	AL＝字符的代码 CX＝显示的字符个数 BH＝页号	无	使用此功能，不必指定属性，其他和AH＝09H相同

子功能号 AH	功 能	入 口 参 数	出 口 参 数	备 注
0BH	选择调色板号,边沿色或背景色	若 BH=0 在文本方式下为置边沿色,在图形方式下为置背景色 若 BH=1 为置调色板,BL=调色板号	无	无
0CH	在指定的位置显示一个点	AL=点的值 CX=点的列位置(X 坐标),以像素点为单位 DX=点的行位置(Y 坐标),以光栅线为单位	无	①AL 中若最高位为 1,则将写入值和原来的值异或 ②写入值用 AL 中的低 4 位,为 0 到 15 之间,低 4 位的含义: 位 0=蓝色(B),位 1=绿色(G) 位 2=红色(R),位 3=加亮(I)
0DH	与功能 0CH 相反,它读取指定位置的一个点	CX=点的列位置(X 坐标),以像素点为单位 DX=点的行位置(Y 坐标),以光栅线为单位	AL=点的值	AL 返回的值为 0 到 15,低 4 位的含义同功能 0CH
0EH	模拟 TTY(电传打字)字输出方式	AL=显示代码(控制码、ASCII 码、汉字内码)	AL 中的内容不变	①此功能在当前显示页的当前位置上显示一个字符 AL ②每显示一个 ASCII 字符或汉字内码后,光标自动后移一个字符位置。如果光标已处于屏幕字符行尾,则跳到下一行第一个字符的位置。如果光标已处于工作区最后一个字符位置,则整个工作区向上滚动一行,然后光标跳到本行的第一个字符位置。0 行到 24 行为工作区,25 行到 27 行作为汉字提示区使用 ③如果 AL 为如下四个 ASCII 码,将产生控制功能: 0AH:光标移到下一行相同列的字符位置(换一行)。如果当前光标在工作区底行(24 行),则工作区向上滚动一行,光标位置不变 0DH:光标移到当前行的第一个字符位置 08H:光标前移一个字符位置。如果光标已处于当前行的第一个字符位置,则光标不再移动 07H:喇叭鸣叫一声
0FH	取当前显示方式	无	AL=当前显示方式 AH=每行字符个数 BH=当前页号	无

磁盘输入输出中断(INT 13H)

子功能号 AH	功　能	入口参数	出口参数	备　注
00H	硬盘系统复位	无	无	无
01H	读取最近一次操作所形成的磁盘状态	无	AH＝状态字节	状态字节 AH 中各位的含义为 位7:盘超时(回答失败) 位6:随机移动失败 位5:控制器错 位4:读盘数据错 位3:操作时 DMA 超载运行 位2:申请的扇区未找到 位1:盘写保护 位0:传送给驱动器非法命令
02H	将磁盘中指定扇区的数据区读入到内存当中	AL＝读取扇区数 DL＝驱动器号 DH＝磁头号 CH＝磁道号 CL＝扇区号 ES:BX＝内存缓冲区地址	读盘成功时: 进位标志位清0 AH＝00 AL＝实际读取盘的扇区数 读盘失败时: 进位标志位置1 AH＝状态字节	①状态字节 AH 中各位含义同功能01H ②通常 A 驱动器为0号,B驱动器为1号,硬盘 C 为80号
03H	将内存的数据写到指定的磁盘扇区中	AL＝写扇区数 DL＝驱动器号 DH＝磁头号 CH＝磁道号 CL＝扇区号 ES:BX＝内存缓冲区地址	读盘成功时: 进位标志位清0 AH＝00 AL＝实际读取盘的扇区数 读盘失败时: 进位标志位置1 AH＝状态字节	状态字节 AH 中各位含义同功能01H
04H	检验指定的磁盘扇区	AL＝检验扇区数 DL＝红色动器号 DH＝磁头号 CH＝磁道号 CL＝扇区号	检验成功时: 进位标志位清0 AH＝00H 检验失败时: 进位标志置1 AH＝状态字节	状态字节 AH 中各位含义同功能01H
05H	格式化指定的磁道	ES:BX＝磁道的地址记号组的地址	无	①每个地址记号由4字节组成(C,H,R,N)。其中 C 为磁道号,H 为磁头号,R 为扇区号,N 为每个扇区的字节数(00＝128,01＝256,02＝512,03＝1024) ②磁道上的每一个扇区必须与一个地址记号相对应

异步通信口输入输出中断（INT 14H）

子功能号 AH	功　能	入口参数	出口参数	备　注
00H	初始化通信口	AL=初始化参数 DX=通信口号（COM1=0,COM2=1等）	AH=通信口状态 位7=超时 位6=发送用的移位寄存器是空的 位5=发送用的保存寄存器是空的 位4=间断检测 位3=帧错 位2=奇偶错 位1=越限错误 位0=数据准备好 AL=调制解调器状态 位7=检测到接收线信号 位6=呼叫指示器 位5=数传机准备好 位4=清除发送 位3=检测的接收信号改变 位2=呼叫指示器结束 位1=改变数传机准备好状态 位0=改变清除发送状态	见注①
01H	向通信口写一个字符	AL=所写字符 DX=通信口号（COM1=0,COM2=1等）	写字符成功时： AH位7清0 写字符失败时： AH位7置1 AH中位0到6的设置与功能00相同,返回线路的现行状态	无
02H	从通信口读一个字符	DX=通信口号（COM1=0,COM2=1等）	写字符成功时： AH位7清0 写字符失败时： AH位7置1 AH中位0到6的设置与功能00相同,返回线路的现行状态	无
03H	返回通信口的状态	DX=通信口号（COM1=0,COM2=1等）	AH=通信口状态 AL=调制解调器状态	返回时,AH和AL中各位的设置与功能00H相同

键盘输入中断（INT 16H）

子功能号 AH	功 能	入 口 参 数	出 口 参 数	备 注
00H	从键盘缓冲区中读取一个键入的字符代码（ASCII 码、控制码、汉字内码）。如果键盘缓冲区没有键入字符，则一直等待有一个键入字符为止	无	AL＝键入的字符代码（ASCII 码、控制码、汉字内码） AH＝键盘扫描码	返回时，如果 AH＝90H，则表示 AL 为汉字第一个内码；如果 AH＝91H，则表示 AL 为汉字第二字节内码
01H	检查键盘缓冲区中有无输入字符	无	如果有输入的字符，则零标志位清 0 如果无输入的字符，则零标志位置 1	无
02H	读特殊键的状态	无	AL＝特殊键的状态 位 0＝右侧 Shift 键按下 位 1＝左侧 Shift 键按下 位 2＝Ctrl 键按下 位 3＝Alt 键按下 位 4＝Scroll Lock 键按下 位 5＝Num Lock 键打开 位 6＝Caps Lock 键打开 位 7＝Ins 键打开	无

打印机输入输出中断（INT 17H）

子功能号 AH	功 能	入 口 参 数	出 口 参 数	备 注
00H	打印一个字符	AL＝打印的字符 DX＝打印机号(0,1,2)	AH 位 0＝1 AH 的其他位与打印机状态字相同	无
01H	初始化打印机接口	DX＝打印机号(0,1,2)	AH 含打印机状态字	无
02H	读打印机状态	DX＝打印机号(0,1,2)	AH 含打印机状态字	打印机状态字各位含义： 位 0＝超时 位 1、2＝不用 位 3＝输入/输出错 位 4＝被选中 位 5＝纸用完 位 6＝响应 位 7＝忙

读/写时钟中断

子功能号 AH	功　能	入 口 参 数	出 口 参 数	备　注
00H	读当前时钟	无	CX=计数的高位部分 DX=计数的低位部分 若AL=0,从上次读时钟算起未满24小时,否则AL≠0	无
01H	置时钟	CX=计数的高位部分 DX=计数的低位部分 (计数速度为每秒18.2次)	无	无

注 ①:初始化参数字节定义如下。

7　6　5	4　3	2	1　0
波特率	奇偶性	终止位	字长
000=110 波特	X0=无	0=1 位	11=8 位
001=150 波特	01=奇	1=2 位	10=7 位
010=300 波特	11=偶		01=6 位
011=600 波特			00=5 位
100=1200 波特			
101=2400 波特			
110=4800 波特			
111=9600 波特			

附录 C 汇编错误信息中英文对照表

英文错误信息	说　明
Already defined locally	试图定义一个符号作为 EXTERNAL,但这个符号已经在局部定义过了
Already had ELSE clause	在 ELSE 从句中试图再定义 ELSE 语句
Already have base register	试图重复基地址
Already have index register	试图重复变量地址
Block nesting error	嵌套过程、段、结构、宏指令、IRP、IRPC 或 REPT 不是正确的结束。如嵌套的外层已终止,而内层还是打开的状态
Byte register is illegal	在上下文中,使用一个字节寄存器是非法的。例如:PUSH AL
Can't override ES segment	企图非法地在一条指令中取代 ES 寄存器。例如:存储字符串
Can't reach with segment reg.	没有使变量可达到的 ASSUME 语句
Can't use EVEN on BYTE segment	被提出的是一个字节段,但试图使用 EVEN
Circular chain of EQU aliases	EAU 循环链发生混淆
Constant was expected	需要的是一个常量,得到的却是另外的内容
CS register illegal usage	试图非法使用 CS 寄存器。例如:XCHG CS,AX
Directive illegal in STRUC	STRUC 中的伪指令不合法
Division by 0or overflow	给出一个用 0 作除数的表达式
DUP is too large for linker	DUP 嵌套太长,以至于从连接程序不能得到所要的记录
Extra characters on line	当一行上已接受了定义指令的足够信息,而又出现了多余的字符
Feature not supported by Small Assembler (ASM)	小汇编不能支持的汇编功能
Field cannot be overridden	字段(或位组)不能被替代
Forward needs override	目前不使用这个信息
Forward reference is illegal	向前引用心须是在第一遍扫视中定义过的
Illegal register value	指定的寄存器值不能放入"reg"字段中("reg"字段大于 7)
Illegal size for item	引用的项的长度是非法的。例如:双定移位
Illegal use of external	用非法手段进行外部使用
Illegal use of register	在指令中使用了 8088 指令中没有的寄存器
Illegal value for DUP count	DUP 计数必须是常数,不能是 0 或负数
Improper operand type	使用的操作数不能产生操作码
Improper use of segment reg.	段寄存器使用不合法。例如,1 立即数伟送到段寄存器
Index disp1. mst be constant	试图使用脱离变址寄存器的变量位移量。位移量必须是常数
Label can't have seg override	非法使用段取代
Left operand must have segment	右操作数所用的某些东西要求左操作数必须有一个段(例如,":")
More values than defined with	大于被定义的值
Must be associated with code	有关项用的是数据,而这里需要的是代码
Must be associated with data	有关项用的是代码,而这里需要的是数据,例如,一个过程的 DS 取代
Must be AX or AL	某些指令只能用 AX 或 AL。例如,IN 指令
Must be declared in pass 1	得到的不是汇编程序所要求的常数值。例如,向前引用的向量长度

英文错误信息	说　　明
Must be in segment block	企图在段外产生代码
Must be index or base register	指令需要基址或变址寄存器,而指定的是其他寄存器
Must be record field name	需要的是记录字段名,但得到的是其他东西
Must be record or field name	需要的是记录名或字段名,但得到的是其他东西
Must be register	希望寄存器作为操作数,但用户提供的是符号而不是寄存器
Must be segment or group	希望给出段或组,而不是其他
Must be structure field name	需要的是结构字段名,但得到的是其他内容
Must be symbol type	必须是 WORD、DW、QW、BYTE 或、TB,但接收的是其他内容
Must be var,label or constant	需要的是变量、标号或常数,但得到的是其他内容
Must have opcode after prefix	使用前缀指令之后,没有正确的操作码说明
Near JMP/CALLto different CS	企图在不同的代码段内执行 NEAR 转移和调用
No immediate mode	指定的立即方式或操作码都不能接立即数。例如:PUSH
No or unreachable CS	试图转移到不可到达的标号
Normal type operand expected	当需要变量、标号时,得到的地是 STRUCT、FIELDS、NAMES、BYTE、WORD 和 DW
Not in conditional block	在没有提供条件汇骗指令的情况下,指定了 ENDIF 或 ELSE
Not proper align/combine type	SEGMENT 参数不正确
One operand must be const	这是加法指令的非法使用
Only initialize list legal.	只有初始化的表格有效
Operand combination illegal	在双操作指令中,两个操作数的组合不合法
Operand must have segment	SEG 伪操作使用不合法
Operand must have size	需要的是操作数的长度,但得到的是其他内容
Operand not in IP segment	由于操作不在当前 IP 段中,因此不能存取
Operand type must match	在自变量的长度或类型应该一致的情况下,汇编程序得到的并不一样。例如,交换
Operand was expected	汇编程序需要的是操作数,但得到的却是其他内容
Operands must be same or 1 abs	这是减法指令的非法使用
Operator was expected	汇编程序需要的是操作符,但得到的却是它的内容
Override is of wrong type	替代类型有错
Override with DUP is illegal	有 DUP 的替代符不合法
Phase error between passes	程序中有模棱两可的指令,以至于在汇编程序的两次扫视中,程序标号的位置在数值上改变了
Redefinition of symbol	在第二遍扫视时,接着又定义一个符号
Reference to mult defined	指令引用的内容已是多次定义过的
Register already defined	汇编内部出现逻辑错误
Register cant be farward ref	寄存器不能提前引用
Relative jump out of range	指定的转称超出了允许的范围(-128~+127 字节)
Segment parameters are changed	SEGMENT 的自变量与第一次使用这个段的情况不一样
Shift count is negative	移位表达式产生的移位计数值为负数

英文错误信息	说　明
Should have been group name	给出的组合不符合要求
Symbol already different kind	企图定义与以前定义不同的符号
Symbol already external	企图定义一个局部符号,但此符号已经是外部符号了
Symbol has no segment	想使用带有 SEG 的变量,而这个变量不能识别段
Symbol is multi-defined	重复定义一个符号
Symbol is reserved word	企图非法使用一个汇编程序的保留字(例如,宣布 MOV 为一个变量)
Symbol not defined	符号没有定义
Symbol type usage illegal	PUBLIC 符号的使用不合法
Syntax error	语句的语法与任何可识别的语法不匹配
Type illegal in context	指定的类型在长度上不可接收
Unknown symbol type	在符号语句的类型字段中,有些不能识别的东西
Usage of?（indeterminate）bad	"?"使用不合适。例如,? +5
Value is out of range	数值大于需要使用的,例如交 DW 伟送到寄存器中
Wrong type of register	指定的寄存器类型并不是指令中或伪操作中所要求的。例如,ASSUME AX

附录 D   DEBUG 命令格式及使用说明

运行 DEBUG 后显示'-',CS、DS、ES、SS 四个段寄存器值相等(每次进入不一定相等,取决于系统及内存驻留程序的多少),除 IP=0100H、SP=FFEEH,其他通用寄存器值均为 0,PSW 的初值为 NV、UP、EI、PL、NA、PO、NC(后有说明)。特别要注意 CS:IP 代表下一条待执行指令的默认起始地址,SS:SP 为栈顶地址,涉及串操作时 DS:SI 代表源串的起始地址、ES:DI 代表目的串的起始地址,涉及文件操作时 BX、CX 代表文件长度(BX 为高 16 位,CX 为低 16 位),内存变量在 DEBUG 中必须用其他寻址方式替代(一般用直接偏移量表示)。练习各条常用 DEBUG 命令的使用,要求熟悉英文缩写及单词。

1. DEBUG 命令

(1) `-?`　　;显示如下(命令英文全称,命令,参数表)(中括号代表可省略,下同)

assemble	A	[address]
dump	D	[range]
enter	E	[address]
compare	C	range address [list]
fill	F	range　　list
go	G	[=address] [addresses]
hex	H	value1　　value2
input	I	port
load	L	[address] [drive] [firstsector] [number]
move	M	range　　address
name	N	[pathname] [arglist]
output	O	port byte
proceed	P	[=address]　　[number]
quit	Q	
register	R	[register]
search	S	range list
trace	T	[=address]　　[value]
unassemble	U	[range]
write	W	[address] [drive] [firstsector] [number]

(2) 显示和修改寄存器的内容的命令 R 的用法: `-R[ 寄存器名 | F ]`

`-R` ;这可显示所有寄存器的内容,包括标志寄存器的内容,以及当前 CS:IP 处的一条指令的机器码和汇编指令,还有涉及到的存储单元内容。如:

```
-R
AX=0000 BX=0000 CX=0000 DX=0000 SP=FFEE BP=0000 SI=0000 DI=0000
DS=119D ES=119D SS=119D CS=119D IP=0100 NV UP EI PL NZ NA PO NC
119D:0100 B83412          MOV          AX,1234
```

除 PSW 外其余寄存器均显示为十六进制数据,PSW 各标志位的置位/复位(1/0)分别为

OF:OV/NV(Overflow/No Overflow)
DF:DN/UP(Down/Up)
IF:EI/DI(Enable Interrupt/Disable Interrupt)
SF:NG/PL(Negative/Positive)
ZF:ZR/NZ(Zero/Not Zero)
AF:AC/NA(Auxiliary Carry/No Auxiliary Carry)
PF:PE/PO(Parity Even/Parity Odd)
CF:CY/NC(Carry/No Carry)

`-R 寄存器名或标志 F`　　;修改指定寄存器或标志位的内容,如:

`-RBX`

BX 0369
:　　　　　;若不修改,可按 ENTER 键,否则在冒号后输入要修改的内容如 059F 回车,则 BX 的内容由 0369
　　　　　　改为 059F。

-RF

NV UP EI PL NZ NA PO NC -CY ZR ;则 NC 改为 CY,NZ 改 ZR(无序)

内存数据类命令主要有以下三个 D、E、F。

(3) 显示内存单元的内容命令格式:

-D[[段地址:]起始偏移 [终止偏移]]　　　　;显示指定范围的内存单位内容,如:

-D

```
136C:0100  3C 3E 75 70 38 04 75 06   -AC 26 FE 06 3C 04 E8 2E   <>up8. u.. &.. <...
136C:0110  FB 3C 3C 74 04 3C 0D 75   -0D C6 05 0D 34 00 5B 13   . <<t. <. u.... 4. [.
136C:0120  04 09 00 E9 C3 00 57 BF   -E7 04 8B DF 32 D2 06 51   ..... W..... 2.. Q
136C:0130  B9 04 01 AC 3C 0D 74 23   -3C 22 75 05 80 F2 01 EB   .... <. t#<"u...
136C:0140  F2 0A D2 75 19 E8 FF FA   -74 11 3A 06 1E D4 74 0B   ...u.... t. :... t.
136C:0150  3C 3C 74 04 3C 3E 75 06   -4E B0 20 59 EB 68 AA E8   <<t. <>u. N. Y. h..
136C:0160  44 F8 74 09 E3 F5 AC 3C   -0D 74 F0 AA 49 E2 C4 EB   D. t. . <. t. I...
136C:0170  EA 59 EB 4D 3C 3C 75 25   -8B DE E8 C2 FA 3C 3E 74   . Y. M<<u%..... <>t
```

(默认从当前段及偏移地址开始,显示内存单元的 128 字节的内容,每行 16 字节。显示出内容的格式为
内存起始段地址:偏移地址,16 字节的十六进制数据,对应的 ASCII 字符)

(4) 修改内存单元的内容:-E[段地址:]起始偏移　[修改内容列表],如:

-E 0100"ABCD"　或　-E 0100 41 42 43 44

将 0100H 起始偏移单元的内容修改为 41H、42H、43H、44H。

-E100　　　　　　　;省略内容列表,边显示边修改

136C:0100　3C.41　　3E.42　　75.43　　70.44

(5) 填充内容列表:-F[段地址:]起始偏移 终止偏移 填充内容列表,如:

-F 0200 0300 "AB"　;将偏移地址从 0200H 到 0300H 单元的内容都填充为 ABAB...A

内存程序类命令主要有以下 5 个:A、U、T、P、G。这类指令地址断位一定要准确,否则可能将
一条指令拆开造成程序全乱套。

(6) 编写/修改汇编语句:-A[[段地址:]起始偏移],如:

-A100

```
136C:0100 MOV AX,829F
136C:0103 MOV BX,2C78
136C:0106 ADD AX,BX
136C:0108 HLT
136C:0109
```

(7) 反汇编命令:-U[[段地址:]起始偏移　[终止偏移]];将指定地址范围的机器码反汇编
成汇编指令。如:

-U100

```
136C:0100 B89F82      MOV      AX,829F
136C:0103 BB782C      MOV      BX,2C78
136C:0106 01D8        ADD      AX,BX
136C:0108 F4          HLT
136C:0109 26          ES:
136C:010A FE063C04    INC      BYTE PTR [043C]
136C:010E E82EFB      CALL     FC3F
136C:0111 3C3C        CMP      AL,3C
```

136C:0113 7404	JZ	0119
136C:0115 3C0D	CMP	AL,0D
136C:0117 750D	JNZ	0126
136C:0119 C6050D	MOV	BYTE PTR [DI],0D
136C:011C 3400	XOR	AL,00
136C:011E 5B	POP	BX
136C:011F 1304	ADC	AX,[SI]

（未指定终止偏移共显示 15 行,段地址:偏移地址 机器码 汇编指令）

（8）单步跟踪进入命令: -T[=［段地址:］起始偏移］［指令条数］ ;默认为一条指令,该命令可从指定地址起执行指定条数指令后停下来,每条指令执行后均会显示寄存器内容和状态值。如:

-R ;显示当前寄存器、标志位及当前指令
AX=0000 BX=0000 CX=0000 DX=0000 SP=FFEE BP=0000 SI=0000 DI=0000
DS=136C ES=136C SS=136C CS=136C IP=0100 NV UP EI PL NZ NA PO NC
136C:0100 B89F82 MOV AX,829F

-T=100 ;执行 CS 段偏移 100H 处的一条指令 MOV AX,829F ,即将 829FH
送 AX,标志位不变
AX=829F BX=0000 CX=0000 DX=0000 SP=FFEE BP=0000 SI=0000 DI=0000
DS=136C ES=136C SS=136C CS=136C IP=0103 NV UP EI PL NZ NA PO NC
136C:0103 BB782C MOV BX,2C78

-T ;执行当前一条指令 MOV BX,2C78 ,即将 2C78H 送 BX,标志位不变
AX=829F BX=2C78 CX=0000 DX=0000 SP=FFEE BP=0000 SI=0000 DI=0000
DS=136C ES=136C SS=136C CS=136C IP=0106 NV UP EI PL NZ NA PO NC
136C:0106 01D8 ADD AX,BX

-T ;执行当前一条指令 ADD AX,BX ,即将 AX 加 BX 送 AX,标志位相应改变
AX=AF17 BX=2C78 CX=0000 DX=0000 SP=FFEE BP=0000 SI=0000 DI=0000
DS=136C ES=136C SS=136C CS=136C IP=0108 NV UP EI NG NZ AC PE NC
136C:0108 F4 HLT

（9）单步跟踪跳过命令: -P[=［段地址:］起始偏移］［指令条数］ ;默认为一条指令,该命令可从指定地址起执行指定条数指令后停下来,每条指令执行后均会显示寄存器内容和状态值。与上一条 T 命令相比最主要的不同是遇到 CALL 及 INT 指令时是否进入子程序内部,T 会进入,P 不会进入,当成一条指令一次完毕。还有执行带 REP/REPE/PEPZ 的操作指令、LOOP/LOOPE/LOOPNE 循环指令时分次完成还是一次完成,P 是一次完成。所以在调试程序时,若子程序需要调试则用 T 进入,否则用 P 跳过以节省时间。

（10）连续运行命令: -G[=［段地址:］起始偏移］［偏移 2［偏移 3［...］］］
起始偏移规定了运行的起始偏移地址,后面的若干偏移均为断点地址。如:

-G=100 108 ;从 100H 处连续执行到 108H 处,不包括 108H 处指令
AX=AF17 BX=2C78 CX=0000 DX=0000 SP=FFEE BP=0000 SI=0000 DI=0000
DS=136C ES=136C SS=136C CS=136C IP=0108 NV UP EI NG NZ AC PE NC
136C:0108 F4 HLT

以下三个命令 M、C、S 既可用于内存数据处理也可用于内存程序处理。注意:内存中的内容既可看成数据也可看成程序,程序是一种特殊的数据而已。程序是由指令构成,指令包含若干字节的数据。

（11）移动内存数据或程序: -M［段地址:］起始偏移 终止偏移 目的偏移 ,如:

-M0102 0109 0103 ;将偏移地址从 0102H 到 0109H 单元的内容移动到从 0103H 开始的单元中,即后移一字节,注意:010AH 中的内容被覆盖。

（12）比较内存数据或程序: -C［段地址:］起始偏移 终止偏移 目的偏移 ,如:

-C0200 021F 0300 ;将从偏移 0200H 到 021FH 单元的内容与 0300H 到 031FH 中共 32 字节的内存相比较,对应不同时显示它们的地址,相同时则不显示。

-C200 21F 300

136C:021D	89	DA	136C:031D
136C:021E	4C	02	136C:031E
136C:021F	FE	3C	136C:031F

（13）查找内存数据或程序: -S[段地址:]起始偏移　终止偏移　查找内容列表 ,如:

-S200 300 "A"

136C:02C3 ;从偏移 0200H 到 0300H 单元的内容依次与"A"即 41H 相比较,相同则显示它们的地址,否则不显示。

以下两个命令 L、W 主要与外存打交道,可以为磁盘的扇区也可以为文件。N 用于文件取名或指定。BX、CX 为文件长度,BX 为高 16 位,CX 为低 16 位。

（14）N 命令的格式为: -N［盘符］［路径］文件名

（15）将磁盘扇区内容或文件内容装入内存的命令 L,L 命令的格式为

-L[［段地址: ］起始偏移] ;将 N 命令指定的文件内容装入内存指定起始地址处,并将文件长度填充到 BX、CX 中,BX 为长度高 16 位、CX 为低 16 位。装入文件也可由运行 DEBUG 命令时带入参数,如 >DEBUG 文件名 。

-L［段地址: ］起始偏移 盘号 起始扇区号 扇区数 ;将指定盘(0 号对应 A 盘、1 号对应 B 盘,依次类推)的指定扇区的内容(一个扇区 512 字节)装入内存。如:

-L 100 2 0 1 ;将硬盘 C 的引导扇区内容读入内存 100H 开始处

-d 100 ;显示引导扇区内容

```
136C:0100  EB 58 90 4D 53 57 49 4E  -34 2E 31 00 02 08 20 00   . X. MSWIN4. 1.....
136C:0110  02 00 00 00 00 F8 00 00  -3F 00 FF 00 3F 00 00 00   .......? ...? ..
136C:0120  FE E6 DA 00 9F 36 00 00  -00 00 00 00 02 00 00 00   .....6.........
136C:0130  01 00 06 00 00 00 00 00  -00 00 00 00 00 00 00 00   ...............
136C:0140  80 00 29 E9 18 44 09 57  -49 4E 39 38 20 20 20 20   ..)..D. WIN98
136C:0150  20 20 46 41 54 33 32 20  -20 20 33 C9 8E D1 BC F4     FAT32   3.....
136C:0160  7B 8E C1 8E D9 BD 00 7C  -88 4E 02 8A 56 40 B4 08   {......|. N. . V@ .
136C:0170  CD 13 73 05 B9 FF FF 8A  -F1 66 0F B6 C6 40 66 0F   ..s.....f...@ f.
-d
136C:0180  B6 D1 80 E2 3F F7 E2 86  -CD C0 ED 06 41 66 0F B7   ....?......Af.
136C:0190  C9 66 F7 E1 66 89 46 F8  -83 7E 16 00 75 38 83 7E   .f. f. F. . ~. .u8. ~
136C:01A0  2A 00 77 32 66 8B 46 1C  -66 83 C0 0C BB 00 80 B9   *. w2f. F. f.......
136C:01B0  01 00 E8 2B 00 E9 48 03  -A0 FA 7D B4 7D 8B F0 AC   ...+..H..}. }.
136C:01C0  84 C0 74 17 3C FF 74 09  -B4 0E BB 07 00 CD 10 EB   ..t. <. t.......
136C:01D0  EE A0 FB 7D EB E5 A0 F9  -7D EB E0 98 CD 16 CD 19   ...}. }........
136C:01E0  66 60 66 3B 46 F8 0F 82  -4A 00 66 6A 00 66 50 06   f'f;F...J. fj. fP.
136C:01F0  53 66 68 10 00 01 00 80  -7E 02 00 0F 85 20 00 B4   Sfh.... ~....
-d
136C:0200  41 BB AA 55 8A 56 40 CD  -13 0F 82 1C 00 81 FB 55   A. . U. V@........U
136C:0210  AA 0F 85 14 00 F6 C1 01  -0F 84 0D 00 FE 46 02 B4   .............F..
136C:0220  42 8A 56 40 8B F4 CD 13  -B0 F9 66 58 66 58 66 58   B. V@......fXfXfX
136C:0230  66 58 EB 2A 66 33 D2 66  -0F B7 4E 18 66 F7 F1 FE   fX. *f3. f. . N. f...
136C:0240  C2 8A CA 66 8B D0 66 C1  -EA 10 F7 76 1A 86 D6 8A   ...f. f.....v....
136C:0250  56 40 8A E8 C0 E4 06 0A  -CC B8 01 02 CD 13 66 61   V@...........fa
136C:0260  0F 82 54 FF 81 C3 00 02  -66 40 49 0F 85 71 FF C3   . . T.....f@I. q..
136C:0270  4E 54 4C 44 52 20 20 20  -20 20 20 00 00 00 00 00   NTLDR      .....
-d
136C:0280  00 00 00 00 00 00 00 00  -00 00 00 00 00 00 00 00   ...............
```

136C:0290	00 00 00 00 00 00 00 0	0-00 00 00 00 00 00 00 00	. . . .
136C:02A0	00 00 00 00 00 00 00 00	-00 00 00 00 0D 0A 4E 54	. . . . NT
136C:02B0	4C 44 52 20 69 73 20 6	D-69 73 73 69 6E 67 FF 0D	LDR is missing. .
136C:02C0	0A 44 69 73 6B 20 65 72	-72 6F 72 FF 0D 0A 50 72	. Disk error. . . Pr
136C:02D0	65 73 73 20 61 6E 79 20	-6B 65 79 20 74 6F 20 72	ess any key to r
136C:02E0	65 73 74 61 72 74 0D 0A	-00 00 00 00 00 00 00 00	estart. . . . .
136C:02F0	00 00 00 00 00 00 00 00	-00 AC BF CC 00 00 55 AA	. . . . U.

（16）将内存中内容存入磁盘扇区或文件中去的命令 W，W 命令的格式为

-W[[段地址:]起始偏移] ；将内存指定起始地址处的内容(长度由 BX、CX 指定，BX 为长度高 16 位、CX 为低 16 位)存入由 N 命令指定的文件或 DEBUG 命令 时装入的文件中去。如：

-N E:\boot. dat ；文件取名

-r bx ；指定文件长度高 16 位为 0

BX 2C78

:0

-rcx ；指定文件长度低 16 位为 512(200H)

CX 0000

:200

-w100 ；文件存盘

Writing 00200 bytes

-q

C:\WINDOWS>dir e:\boot. dat ；显示文件目录

Volume in drive E is 资料

Volume Serial Number is 741C-8D37

Directory of E:\

BOOT   DAT   512   08-27-04   17:19 BOOT. DAT

1 file(s)   512 bytes

0 dir(s)   1,414. 96 MB free

-W[段地址:]起始偏移 盘号 起始扇区号 扇区数 ；将指定内存起始处的内容存入指定盘的指定扇区中去。如果遇到 C 盘引导区被破坏，此时可用软盘启动后，装入刚才备份的引导区文件覆盖到原引导区即可：

-N e:\boot. dat

-L100

-W100 2 0 1 ；将硬盘 C 的引导扇区内容读入内存 100H 开始处

（17）十六进制计算 H 命令格式为：-H 十六进制数1 十六进制数2 ，如：

-H1234 5678

68AC   BBBC ；求出两数之和、之差

（18）端口输入命令 I 的格式为：-I 端口地址 ，从指定端口输入一个字节内容，如：

-I40

AC

（19）端口输出命令 O 的格式为：-O 端口地址 输出字节内容 ，将字节内容输出到端口，如破解 CMOS 口令：

-O 70 10

-O 71 10

（20）退出命令：-Q，该命令可退出 DEBUG 程序，返回 DOS。

2. DEBUG 环境中编程流程

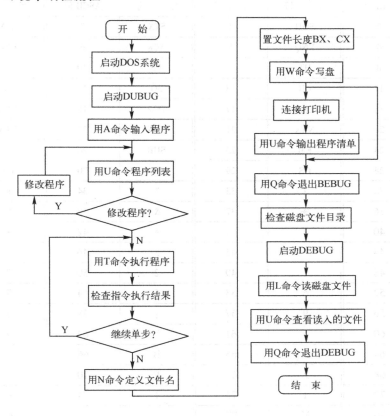

附录 E　标准 ASCII 码表

字　符	ASCII 值	字　符	ASCII 值	字　符	ASCII 值	字　符	ASCII 值
NUL	0	SOH	1	STX	2	ETX	3
EOT	4	ENQ	5	ACK	6	BEL	7
BS	8	HT	9	LF	10	VT	11
FF	12	CR	13	SO	14	SI	15
DLE	16	DCI	17	DC2	18	DC3	19
DCA	20	NAK	21	SYN	22	ETB	23
CAN	24	EM	25	SUB	26	ESC	27
FS	28	GS	29	RS	30	US	31
空格	32	!	33	"	34	#	35
$	36	%	37	&	38	'	39
(	40	)	41	*	42	+	43
,	44	–	45	.	46	/	47
0	48	1	49	2	50	3	51
4	52	5	53	6	54	7	55
8	56	9	57	:	58	;	59
〈	60	=	61	〉	62	?	63
@	64	A	65	B	66	C	67
D	68	E	69	F	70	G	71
H	72	I	73	J	74	K	75
L	76	M	77	N	78	O	79
P	80	Q	81	R	82	S	83
T	84	U	85	V	86	W	87
X	88	Y	89	Z	90	[	91
\	92	]	93	^	94	_	95
·	96	a	97	b	98	c	99
d	100	e	101	f	102	g	103
h	104	i	105	j	106	k	107
l	108	m	109	n	110	o	111
p	112	q	113	r	114	s	115
t	116	u	117	v	118	w	119
x	120	y	121	z	122	{	123
l	124	}	125	~	126	DELETE	127

参 考 文 献

1 郑初华. USB 闪盘的软硬件开发技术[J]. 南昌:南昌航空工业学院学报. 2001. 12

2 郑初华. 进制及码元换算的快速方法[J]. 南昌:南昌航空工业学院学报. 2002. 12

3 Jan Axelson 著. 并行端口大全[M]. 北京:中国电力出版社,2001

4 Jan Axelson 著,陈逸译. USB 大全[M]. 北京:中国电力出版社,2001

5 Jan Axelson 著. 串行端口大全[M]. 北京:中国电力出版社,2001

6 刘乐善主编. 微型计算机接口及应用[M]. 武汉:华中科技大学出版社,2000

7 王力虎,李红波编著. PC 控制及接口程序设计实例[M]. 北京:科学出版社,2004

8 苏广川,沈瑛编著. 高级微型计算机系统及接口技术[M]. 北京:北京理工大学出版社,2001

9 田辉等著. 微型计算机技术——系统、接口与通信[M]. 北京:北京航空航天大学出版社,2001

10 钱晓捷等. 16/32 位微机原理、汇编语言及接口技术. 北京:机械工业出版社,2004

11 孙德文. 微型计算机技术(第 3 版). 北京:高等教育出版社,2010

12 田辉等著. 微机原理与接口技术(第 2 版). 北京:高等教育出版社,2011

13 钱晓捷. 汇编语言简明教程. 北京:电子工业出版社,2013

14 钱晓捷. 微型计算机原理及应用(第 2 版). 北京:清华大学出版社,2011

15 戴梅萼. 微型计算机技术及应用(第 4 版). 北京:清华大学出版社,2008

16 姚君遗. 汇编语言程序设计. 北京:经济科学出版社,2000

17 张念淮,江浩. USB 总线开发指南[M]. 北京:国防工业出版社,2001

18 窦振中. 单片机外围器件实用手册[M]. 北京:北京航空航天大学出版社,2000

19 何立民. MCS-51 系列单片机应用系统设计. 北京:北京航空航天大学出版社,2001

20 www. intel. com 2002

21 www. amd. com 2002

22 www. via. com 2002

反侵权盗版声明

电子工业出版社依法对本作品享有专有出版权。任何未经权利人书面许可,复制、销售或通过信息网络传播本作品的行为;歪曲、篡改、剽窃本作品的行为,均违反《中华人民共和国著作权法》,其行为人应承担相应的民事责任和行政责任,构成犯罪的,将被依法追究刑事责任。

为了维护市场秩序,保护权利人的合法权益,本社将依法查处和打击侵权盗版的单位和个人。欢迎社会各界人士积极举报侵权盗版行为,本社将奖励举报有功人员,并保证举报人的信息不被泄露。

举报电话:(010)88254396;(010)88258888

传　　真:(010)88254397

E - mail: dbqq@ phei. com. cn

通信地址:北京市海淀区万寿路 173 信箱
　　　　　电子工业出版社总编办公室

邮　　编:100036